Dirk Jansen

Optoelektronik

Grundlagen
Bauelemente
Übertragungstechnik
Netzwerke und Bussysteme

Dirk Jansen

Optoelektronik

**Grundlagen
Bauelemente
Übertragungstechnik
Netzwerke und Bussysteme**

Mit 237 Bildern und 18 Tafeln

Springer Fachmedien Wiesbaden GmbH

Die Deutsche Bibliothek – CIP-Einheitsaufnahme

Jansen, Dirk:
Optoelektronik: Grundlagen, Bauelemente,
Übertragungstechnik, Netzwerke und Bussysteme;
mit 18 Tabellen / Dirk Jansen. – Braunschweig;
Wiesbaden: Vieweg, 1993
    (Viewegs Fachbücher der Technik)
    ISBN 978-3-528-04714-6   ISBN 978-3-663-05975-2 (eBook)
    DOI 10.1007/978-3-663-05975-2

Vorwort

Das vorliegende Buch entstand aus Vorlesungen über Optoelektronik, die ich in den Jahren 1986 bis 1990 an der Fachhochschule Offenburg gehalten habe. Insofern richtet sich der Inhalt im Besonderen an die Adresse von Elektronik-Ingenieuren und versucht, die für die Bearbeitung konkreter optoelektronischer Aufgabenstellungen notwendigen Grundkenntnisse zu vermitteln. Der dargestellte Rahmen wurde deshalb auch auf einige Kapitel der Optik ausgedehnt, da diese in den Grundvorlesungen der Physik für eine praktische Anwendung häufig zu kurz behandelt werden, entsprechende Lehrbücher über Optik für den Elektronik-Ingenieur jedoch „schwere Kost" bedeuten bzw. oft nicht zur Hand sind. Somit sind in diesem Buch die nach meiner Meinung wichtigsten für einen Einstieg in die Optoelektronik erforderlichen Inhalte zusammengefaßt.

Wesentliche Fortschritte in der Optoelektronik sind bedingt durch Fortschritte im Bereich der Halbleitertechnik, weshalb dieser Zusammenhang besonders herausgearbeitet wird. Viele neue Bauelemente wie z.B. die Multiple-Quantum-Well Laser sind ohne Kenntnisse in diesem Bereich nicht verständlich, weshalb auf physikalische Hintergründe wie z.B. Bändermodelle ausführlich eingegangen wird, ohne jedoch die vollen quantenmechanischen Zusammenhänge darzustellen, was mir der Physiker unter den Lesern bitte verzeihen, der Ingenieur jedoch begrüßen wird. Grundkenntnisse in der Halbleitertechnik habe ich allerdings vorausgesetzt, wie sie im Rahmen einer Elektronik-Ingenieurausbildung vermittelt werden.

Neben der Darstellung der Grundlagen habe ich ferner versucht, den derzeitig neuesten Stand der Technik in diesem Gebiet aufzuzeigen, wobei sich naturgemäß ein gewaltiger Sprung von dem, was mit den Grundkenntnissen entwickelt werden kann zu dem, was heute in der Forschung läuft, ergeben muß. Hiermit möchte ich eine Perspektive für den Leser zeichnen und ihn motivieren, an diesem faszinierenden Arbeitsgebiet mitzuwirken.

Für die Erstellung der zahlreichen Bilder möchte ich den Studenten Karsten Schütte und Elke Mackensen, für die Durchsicht des Manuskripts meinem Kollegen Prof.Dr. Werner Schröder sowie meiner Frau herzlich danken.

Offenburg, im Februar 1993 *Dirk Jansen*

Inhaltsverzeichnis

Zusammenstellung der im Text verwendeten Formelzeichen

Lateinische Symbole

a	Dämpfung, Abschwächung
A	Fläche
B	Bandbreite
Bd	Bitrate, Baudrate
BER	Bitfehlerrate (Bit Error Rate)
c	Lichtgeschwindigkeit in einem Medium
c_0	Lichtgeschwindigkeit im Vacuum
C	Kapazität
d	Dicke einer Probe
d_a	Durchmesser des Beugungsscheibchens
D	Durchlässigkeit
D	Durchmesser eines optischen Systems (Blenden-Durchmesser)
D	Dispersion
D	Detektivität
D^*	bezogene Detektivität (Detectivity)
e	Ladung des Elektrons
e	Eulersche Zahl
E	Beleuchtungsstärke
E_s	elektrische Feldstärke senkrecht zur Einfallsebene
E_p	elektrische Feldstärke parallel zur Einfallsebene
f	Brennweite einer Linse, Fokusabstand
f	Frequenz (elektrisch)
Δf	Bandbreite (elektrisch)
F_n	Rauschzahl
g	Brechzahlexponent
G	Leitwert
G	Spannungsverstärkung (Gain)
G	Gitterkonstante
h	Plancksches Wirkungsquantum
h_o	Objektgröße
h_i	Bildgröße
I	Strahlstärke, Intensität
I	elektrischer Strom
I_e, λ	spektrale Strahlstärke
I_ph	Photostrom
I_s	Sperrsättigungsstrom
k	Boltzmann-Konstante
k	Betrag des Wellenvektors
k	dekadischer Absorptionskoeffizient
K	Blendenzahl
Km	fotometrisches Strahlungsäquivalent
L	Länge, Entfernung

$L_{e,\lambda}$ spezifische Leuchtdichte, energetisch
n ganze Zahl, Vielfaches
n Brechungsindex
N Rauschleistung
N Modenanzahl
$N.A.$ Numerische Apertur
NEP äquivalente Rauschleistung (Noise equivalent Power)
NEP_o auf 1 Hz bezogene äquivalente Rauschleistung
m Abbildungsmaßstab
M Systemmatrix eines optischen Systems
M Multiplikationsfaktor bei der APD
$M_{e,\lambda}$ spezifische Ausstrahlung, energetisch
p Impuls
$p_r(\alpha)$ Polarisationsgrad der reflektierten Strahlung
$p_t(\alpha)$ Polarisationsgrad der transmittierten Strahlung
P Leistung (Power)
P Wahrscheinlichkeit (Probabillity)
P_e Fehlerwahrscheinlichkeit
P_{ms} Mesialer Leistungspegel
P_{th} Wärmeleistung
r Abstand 1. Hauptebene zu 1. Scheitelpunkt (dicke Linse)
r differentieller elektrischer Widerstand
r_k differentielle Kurzschluß -Widerstand
R Radius, Krümmungsradius einer Kugelschale
R elektrischer Widerstand
R_s el. Feldstärke der reflektierten Strahlung, senkrecht zur Einfallsebene
R_p el. Feldstärke der reflektierten Strahlung, parallel zur Einfallsebene
R_{th} Wärmewiderstand
$R(\alpha)$ Reflexionsvermögen
$R(\lambda)$ Resposivität (Responsivity)
s Schnittweite bei einer Linse oder einem Objektiv
$s(\lambda)$ spektrale Empfindlichkeit
S Signalleistung
$S(f)$ spektrale Leistungsdichte (elektrisch)
t Dicke, Abstand zwischen Grenzflächen
t Zeit
Δt Impulsverbreiterung (zeitlich)
T Absolute Temperatur
T Reinabsorption, Extinktion
T_s el. Feldstärke der transmittierten Strahlung, senkrecht zur Einfallsebene
T_p el. Feldstärke der transmittierten Strahlung, parallel zur Einfallsebene
$T(\alpha)$ Transmissionsvermögen
U elektrische Spannung
U_t Temperaturspannung
V Brechkraft einer Linse

V	Strukturparameter, normierte Frequenz
$V(\lambda)$	Hellempfindlichkeitsgrad des menschlichen Auges für Tagessehen
w	Halbwertsbreite eines Impulses
W	Energie
ΔW	Bandabstand
x	Abstand des Gegenstands vom Fokus einer Linse (Newtonsche Linsenformel)
x	Kartesische Koordinate
y	Kartesische Koordinate
z_m	mittlere Anzahl (von Elektronen)

Griechische Symbole

α	Winkel
α	Dämpfungsbelag in dB/m
α'	Dämpfungskoeffizient pro Länge
$\alpha(\lambda)$	Absorptionskoeffizient
β	Winkel
δ	Wegdifferenz
ε	Dielektrizitätszahl
$\varepsilon(\lambda)$	spektraler Emissionskoeffizient
γ	Exponent
λ	Wellenlänge
η	Wirkungsgrad
ν	Frequenz der optischen Strahlung
ω	Strahldivergenzwinkel
ω	Kreisfrequenz (elektrisch)
Ω	Raumwinkel
Φ	Strahlungsleistung
Φ	Strahlungsfluß
ψ	Winkel
ρ_s	Reflexionskoeffizient senkrecht zur Einfallsebene
ρ_p	Reflexionskoeffizient parallel zur Einfallsebene
σ	Winkeldifferenz
σ	Planksche Strahlungskonstante
σ	Streuung bei der Gaußverteilung
τ	Zeitraum, Zeitkonstante
τ_s	Transmissionskoeffizient senkrecht zur Einfallsebene
τ_p	Transmissionskoeffizient parallel zur Einfallsebene
Θ	Akzeptanzwinkel
Θ_b	Brewster-Winkel

1 Einführung

Die Optoelektronik ist als neue Disziplin aus den klassischen Arbeitsgebieten der Nachrichtentechnik und Optik hervorgegangen. Sie ist vor allem gekennzeichnet durch das Vordringen der Elektronik in den Bereich der bisher mehr der Physik zugeordneten Optik und konnte um so mehr Eigenständigkeit entwickeln, wie die Elektronik durch Steigerung der Integrationsdichte die Verwirklichung immer komplexerer Aufgabenstellungen ermöglichte.

Im folgenden soll unter Optoelektronik jenes interdisziplinäre Gebiet verstanden werden, das eine gemeinsame Schnittmenge mit den in Bild 1.1 dargestellten Arbeitsbereichen besitzt.

Die Stichworte in Bild 1.1 beschreiben folgende Gebiete:

- Geometrische Optik
  Ausbreitung, Brechung und Spiegelung von Licht nach geometrischen Gesetzen, auch als „Strahlenoptik" bezeichnet. Hierzu gehören insbesondere die Verfahren zur Auslegung von abbildenden Objektiven, die Berechnung von Strahlengängen in optischen Systemen sowie die Fragen der Dimensionierung geeigneter optischer Elemente wie Linsen und Spiegel.

- Physikalische (Wellen-) Optik
  Behandlung der optischen Strahlung als Ausbreitung einer elektromagnetischen Welle. Hierzu gehören die Phänomene der Beugung, der Interferenz, der Polarisation sowie Dispersion. In der Physikalischen Optik steht heute mit der Fouriertransformation (FFT) ein sehr leistungsfähiges Verfahren zur Behandlung der Abbildung und der Transformation von Bildern durch optische Elemente zur Verfügung.

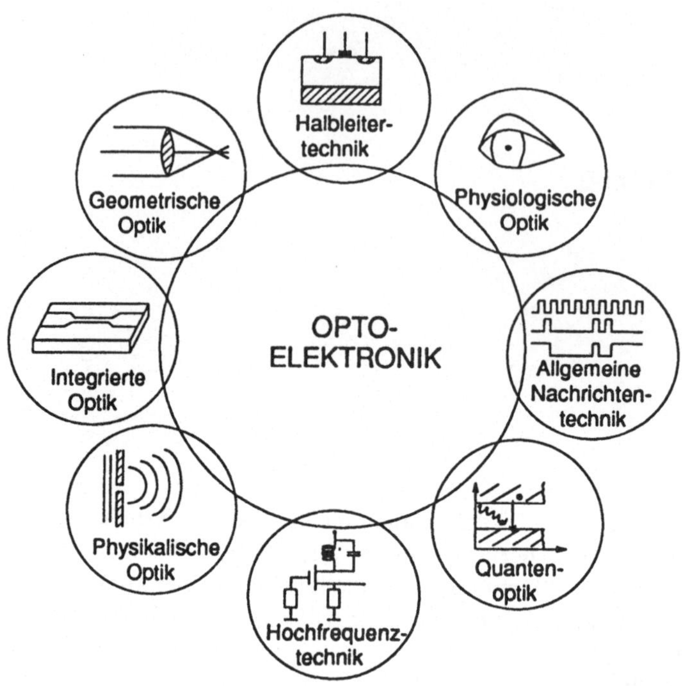

Bild 1.1 Optoelektronik als gemeinsame Schnittmenge klassischer Arbeitsgebiete

□ Quantenoptik
Die Quantenoptik behandelt Licht als quantenphysikalischen Vorgang und beschreibt damit insbesondere Erscheinungen wie den lichtelektrischen Effekt, die Erzeugung von Licht in Halbleitern sowie die Vorgänge der spontanen und stimulierten Emission von Strahlung in Lasern.

□ Physiologische Optik
Beschreibung des Sehvorgangs durch das menschliche Auge. Hierzu gehört insbesondere die Theorie des Farbensehens sowie die in der Anwendung sehr bedeutungsvolle Lichttechnik, die sich quantitativ u.a. um die richtige Beleuchtung des Arbeitsplatzes kümmert.

□ Integrierte Optik
Dies ist eine neue Disziplin, die ähnlich der integrierten Elektronik optische Elemente auf einem Substrat zu einer funktionellen Einheit zusammenfügt, wobei alle Elemente in einem Fertigungsgang gleichzeitig hergestellt werden. Als Elemente werden insbesondere optische Wellenleiter, Interferometer, Koppler, Detektoren und Strahlungsquellen integriert. Die integrierte Optik ist damit eher eine Technologie, wobei jedoch spezielle Berechnungsverfahren aus der Hochfrequenz-Hohlleitertechnik hier Eingang gefunden haben.

□ Allgemeine Nachrichtentechnik
Aus diesem Bereich kommen die Übertragungs- und Kodierverfahren, die die Lichtwellenleitertechnik kennzeichnen, sowie die Verfahren der Entscheidungsfindung, die Behandlung von Netzwerken aus optischen Verbindungen sowie die nachrichtentechnische „Denkweise" in Übertragungsfunktionen bei der Behandlung optischer Übertragungen.

□ Hochfrequenztechnik
Als Sonderdisziplin der Nachrichtentechnik liefert die HF-Technik die mathematischen Ansätze zur Beschreibung von Lichtfortpflanzung in optischen Wellenleitern sowie der Behandlung der Sender- und Empfängerschaltungen hoher Bandbreite, wie sie in Lichtwellenleiternetzen verwendet werden.

□ Halbleitertechnik
An der Schnittstelle zwischen der Optik und der Elektronik dominieren heute Halbleiterbauelemente, die in ihrer Funktion nur mit Kenntnissen aus dem Bereich der Halbleitertechnik zu verstehen sind.

Damit sind bestimmt nicht alle Berührungspunkte zu bestehenden Arbeitsgebieten aufgeführt. So bestehen enge Verbindungen zur Bildverarbeitung (eher der Informatik zuzurechnen) sowie zur Spektroskopie (eher der physikalischen Chemie zuzurechnen), wobei hier die Optoelektronik sich auf die Sensorseite beschränkt. Desweiteren kann auch die Anzeigetechnik, von der Fernsehtechnik einerseits bis zur Technologie des „Flachen Bildschirms" im weiteren Sinne zur Optoelektronik zugerechnet werden.

Unter Optoelektronik soll insbesondere die

Erzeugung, Übertragung und Auswertung elektromagnetischer Strah- *·lung im optischen Wellenlängenbereich sowie deren Umwandlung in* *elektrische Signale mit elektronischen Mitteln*

verstanden werden, wobei der optische Wellenlängenbereich mit 100 nm (UV) bis 1000 mm (fernes IR) nach DIN 5031 definiert ist.

Hier soll nun nicht ein weiterer Versuch der Definition in einem jungen, sich ständig erweiterndem Arbeitsgebiet hinzugefügt werden. Vielmehr wird die Aufgabe andersherum gestellt:

Welche Kenntnisse sind mindestens erforderlich, um als Ingenieur auf *dem Gebiet der Optoelektronik arbeiten zu können?*

Tatsächlich berührt die klassische Ausbildung in den Ingenieurdisziplinen Nachrichtentechnik, Feinwerktechnik oder Physikalische Technik die optoelektronischen Problemstellungen jeweils nur in Einzelaspekten, wenn überhaupt. Es besteht deshalb ein enormer Bedarf an Ingenieuren mit optoelektronischen

Grundlagenkenntnissen, um in den heute immer zahlreicheren Anwendungen deduktive Entwicklung zu betreiben, d.h. erst auszulegen und zu berechnen, dann zu bauen (nicht umgekehrt). In diesem Buch wird versucht, dafür das notwendige Handwerkszeug zusammenzustellen, indem

- Verständnis für den Aufbau, die Funktion und den Einsatz optoelektronischer Bauelemente vermittelt wird,

- Strahlung quantitativ beschrieben und der Umgang mit Strahlungsgrößen soweit geübt wird, daß Probleme der Praxis bearbeitet werden können,

- Einblick in die Struktur optoelektronischer Systeme und ihre Behandlung mit Mitteln der Nachrichtentechnik gegeben wird.

Dieses Buch entstand aus einer Vorlesungsreihe „Optoelektronik" vor Studenten der Nachrichtentechnik und ist deshalb für Ingenieure der Nachrichtentechnik geschrieben. Die Physiker unter den Lesern werden mir hoffentlich verzeihen, daß einige physikalische Zusammenhänge deshalb vereinfacht und nur modellmäßig behandelt werden. Es wird ferner kein Anspruch auf wissenschaftlich erschöpfende Behandlung des Themas erhoben, vielmehr steht die didaktische Vermittlung von Grundlagenwissen im Vordergrund.

Letztlich geht es um Anwendung, d.h. Entwicklung von optoelektronischen Sensoren, Geräten oder Systemen. Solche Geräte können nicht entworfen werden ohne fundamentale Kenntnisse der Optik und strahlungsphysikalischer Größen. Diesem Thema ist deshalb der erste Abschnitt des Buches gewidmet.

Der zweite Teil des Buches widmet sich intensiv den optoelektronischen Lichtquellen und Detektoren sowie weiteren typischen Bauelementen, da sie die Bausteine für alle weiteren Geräte bilden.

Der dritte Teil behandelt schließlich die Lichtwellenleitertechnik als typischen Einsatz von Optoelektronik in Systemen, wobei neben den eigentlichen optoelektronischen Fragestellungen die nachrichtentechnische Seite behandelt werden muß.

Die Abschnitte sind ergänzt durch Zahlenbeispiele, in denen die Anwendung der Formeln geübt werden kann sowie rekapitulierende Fragen und Übungsaufgaben für das Selbststudium. Bezüglich weiterführender Literatur sei auf das Literaturverzeichnis verwiesen, das auf umfangreiche Spezialliteratur zu allen Kapiteln hinweist.

2 Grundlagen der Optik

Für den Entwurf optoelektronischer Systeme wird ein Minimum an optischen Kenntnissen benötigt, die hier aufgeführt werden sollen. Der Leser soll in die Lage versetzt werden

- einfache optische Systeme geometrisch zu berechnen,

- das Auflösungsvermögen von Objektiven wellenoptisch zu deuten,

- die Zusammenhänge zwischen der Wellennatur des Lichtes und der quantenoptischen Beschreibung zu deuten.

Darüberhinaus gehende Aufgabenstellungen sind in der angeführten Literatur behandelt.

2.1 Geometrische Optik

2.1.1 Brechung

In der geometrischen Optik wird Licht als ein sich in einem homogenen Medium geradlinig ausbreitender Vorgang (Lichtstrahl) behandelt. Im Vakuum erfolgt dies mit der Lichtgeschwindigkeit c_0, in allen anderen für Licht transparenten Medien mit einer gegenüber c_0 niedrigeren Geschwindigkeit c_1. Das Verhältnis

$$n_1 = \frac{c_0}{c_1} \qquad n_1 > 1 \qquad\qquad \textit{Definition des Brechungsindex} \quad (2.1)$$

wird als Brechungsindex n des jeweiligen Mediums definiert. Da c_0 die höchste mögliche Gruppengeschwindigkeit des Lichtes ist, ist damit n_1 immer größer als 1. Die Bezeichnung Brechungsindex erklärt sich aus der Tatsache, daß ein Lichtstrahl, der von einem Medium n_1 in ein anderes Medium n_2 übergeht, an der Übergangsstelle eine abrupte Winkeländerung erfährt d.h. „gebrochen" wird.

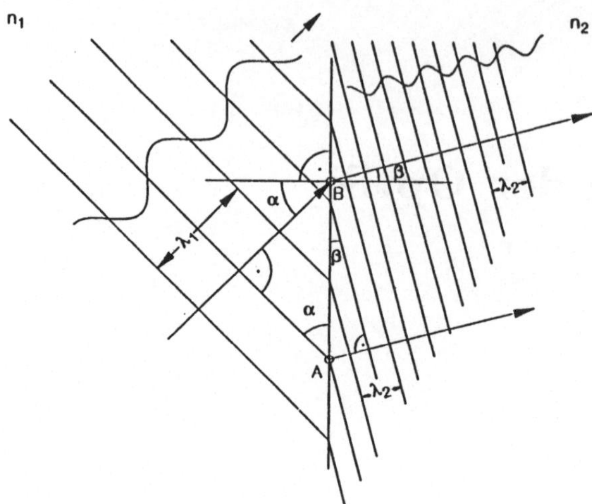

Bild 2.1   Zum Brechungsgesetz

Trifft eine Wellenfront aus einem Medium n_1 auf die Grenzfläche zu einem Medium n_2, so kann an dieser Stelle kein „Sprung" in der Feldstärke erfolgen, Wellental in Medium n_1 berührt sich also mit Wellental in Medium n_2, Wellenberg in n_1 mit Wellenberg in n_2. Aufgrund des höheren Brechungsindex $n_2 > n_1$ wird die Wellenlänge im Medium n_2 auf

$$\lambda_2 = \frac{\lambda_o}{n_2} \tag{2.2}$$

mit λ_o = Wellenlänge im Vakuum

und λ_2 = Wellenlänge im Medium n_2

verringert. Aus der Geometrie folgt unmittelbar:

$$\frac{\lambda_1}{AB} = \sin\alpha \qquad \frac{\lambda_2}{AB} = \sin\beta \qquad \Longrightarrow \qquad \frac{\lambda_1}{\lambda_2} = \frac{\sin\alpha}{\sin\beta}$$

Wegen

$$\lambda_1 = \frac{c_o}{n_1 \nu} \quad \text{und} \quad \lambda_2 = \frac{c_o}{n_2 \nu}$$

folgt damit die als SNELLIUSsches Brechungsgesetz bekannte Beziehung:

$$n_1 \cdot \sin\alpha = n_2 \cdot \sin\beta \qquad\qquad \textit{Brechungsgesetz} \quad (2.3)$$

Das Brechungsgesetz läßt sich in ähnlicher Weise auch aus dem sogenannten FERMATschen Prinzip [KLEIN-FURTAK] herleiten, welches besagt:

Ein Lichtstrahl durchquert eine Folge optischer Medien auf dem Wege,
für den das Licht die kürzeste Zeit benötigt.

Aus dem Brechungsgesetz folgt sofort für den Grenzwinkel $\alpha = 90°$ die Bedingung
der Totalreflexion:

$$\sin \beta_{\text{grenz}} = \frac{n_1}{n_2} \tag{2.4}$$

mit β_{grenz} = Grenzwinkel der Totalreflexion

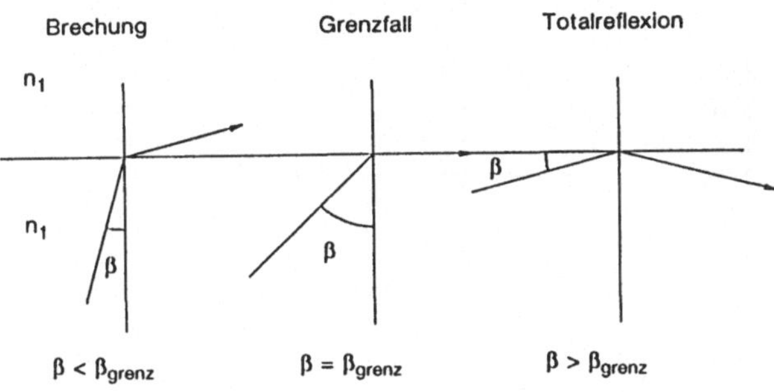

Bild 2.2   Totalreflexion an einer Grenzfläche

Licht, das aus dem optisch dichteren Medium n_2 unter einem Winkel $\beta > \beta_{\text{grenz}}$
auf die Grenzfläche fällt (Bild 2.2), kann das Medium nicht mehr verlassen, vielmehr
wird es an der Grenzfläche reflektiert.

Hierbei kommt es offensichtlich auf das Verhältnis der Brechungsindices der
Medien an. Wie Tabelle 2.1 zeigt, nehmen diese Werte zwischen 1,2 und etwa 1,8
bei Gläsern, bei Halbleitern bis zu 3,5 an, was insbesondere im letzteren Fall zu
sehr kleinen Grenzwinkeln führt.

Der Brechungsindex ändert sich mit der Frequenz des Lichtes, d.h. Licht
unterschiedlicher Frequenz breitet sich im Medium unterschiedlich schnell aus. Diese
Erscheinung wird als *Dispersion* des Lichtes bezeichnet und ermöglicht zum Beispiel
die spektrale Zerlegung des Lichtes in einem Prisma aus entsprechendem Material.
Die Angaben in Tabelle 2.1 können also nur als Richtwerte gelten, im Einzelfall sind
diese Werte aus entsprechenden Tabellenwerken oder den Angaben der Hersteller
zu entnehmen [z.B. SCHOTT Glaskatalog].

Der Zusammenhang zwischen Wellenlänge des Lichtes und Brechungsindex ist
nichtlinear (Bild 2.3), wie das am Beispiel des Quarzes dargestellt ist. Da der
Brechungsindex über das Brechungsgesetz die Geometrie der Abbildung bestimmt,
sind schon geringfügige Änderungen hochwirksam. In optischen Rechnungen wird
deshalb der Brechungsindex meist mit 5 Stellen hinter dem Komma gerechnet.

Bei einfachen Linsen als Abbildungsoptik tritt deshalb ein sogenannter Farbfehler
auf, d.h. die Lage des Brennpunktes ist abhängig von der Wellenlänge des
Lichtes. Durch Kombination von Gläsern mit unterschiedlicher Dispersion und

Tabelle 2.1 Brechungsindizes und Grenzwinkel der Totalreflexion bei optischen Materialien (alle Werte sind wellenlängenabhängig)

Material	Brechungsindex für Na-D Linie	Grenzwinkel [grad]
Luft	1,000296	88,6
Wasser	1,3330	48,8
Kronglas BK 7	1,51673	41,2
Flintglas SF 56	1,78444	34,1
Plexiglas	1,50 ... 1,52	41,5
Quarz	1,45867	43,3
Saphir	1,67	36,8
Diamant	2,4173	24,4
Silizium (IR)	3,45	16,8
GaAs (IR)	3,40	17,1
Germanium (IR)	3,9 ... 4	14,6
GaP	3,36	17,3
InP	3,2	18,2
InSb	3,9	14,8

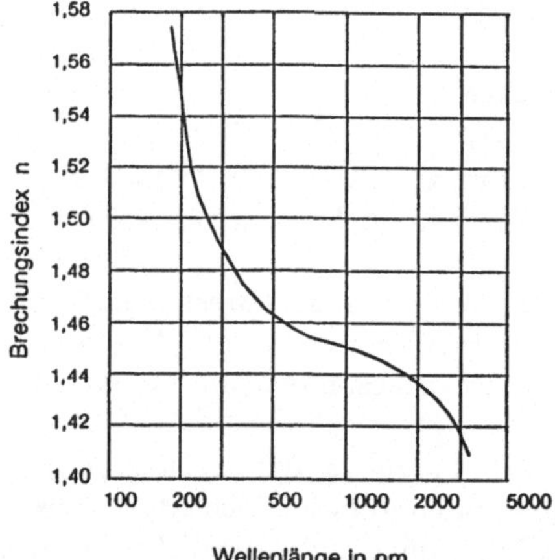

Bild 2.3 Der Brechungsindex von Quarzglas in Abhängigkeit von der Wellenlänge [SPINDLER & HOYER]

geeignete Anpassung der optischen Flächen können farbfehlerarme *Achromate* geschaffen werden, die in zumindest einem beschränkten Wellenlängenbereich eine Kompensation der Brechzahlabhängigkeit erlauben.

Der Brechungsindex ist zudem temperaturabhängig, bei Quarz z.B. in der Größenordnung von 10 ppm/K, bei Halbleiterwerkstoffen im IR-Bereich z.T. drastisch größer mit z.T. sehr starker Dispersion. Optiken, die auch den Temperaturgang kompensieren, werden als *athermal kompensiert* bezeichnet.

2.1.2   Reflexion

Fällt ein Lichtstrahl auf eine Grenzschicht, tritt neben der Brechung eine Reflexion auf, d.h. der Lichtstrahl wird in das Medium, aus dem er kommt, zurückgeworfen. Hierbei gilt das einfache Reflexionsgesetz (Bild 2.4):

$$Einfallswinkel = Ausfallswinkel$$

wobei die Winkel sich auf die Flächennormale beziehen. Ferner liegen der Winkel des einfallenden und ausfallenden Strahls in der gleichen Ebene.

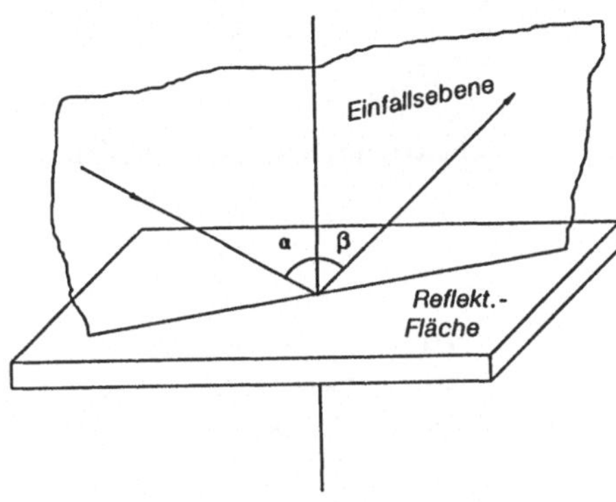

Bild 2.4
Reflexion eines Strahls an einer Oberfläche

Bei nicht transparenten, hochglänzenden Oberflächen wie z.B. Aluminium und Silber wird der größte Teil des einfallenden Lichtes reflektiert (95 ... 99 %). Eine Reflexion tritt jedoch auch bei transparenten Medien wie z.B. Glas auf, wobei das Verhältnis von gebrochenem Licht zu reflektiertem Licht vom Auftreffwinkel und dem Unterschied der Brechungsindices abhängt. Diese Erscheinung kann z.B. an einem stillen Bergsee beobachtet werden. So ist es zwar möglich, bei senkrechtem Blick ins Wasser den Boden zu erkennen, bei flachem Blick über den See sieht man jedoch nur noch die Spiegelung der Berge und des Himmels, d.h. die Reflexion überwiegt.

Die Zusammenhänge sind nur vollständig zu erfassen, wenn man Polarisationseffekte mit hinzunimmt. Licht ist eine elektromagnetische Welle, die senkrecht zur Ausbreitungsrichtung transversal schwingen kann. Bei nichtpolarisiertem Licht sind die Richtungen dieser Transversalschwingungen statistisch verteilt, bei polarisiertem Licht ist eine bestimmte Richtung, z.B. parallel zur Einfallsebene oder senkrecht dazu, überwiegend vorhanden (abhängig vom sogenannten Polarisationsgrad). Dies kann z.B. durch ein Polarisationsfilter erreicht werden. Beliebiges Licht kann somit als aus zwei orthogonal zueinander polarisierten Anteilen zusammengesetzt aufgefaßt werden.

An einer Grenzfläche werden die senkrecht zur Eintrittsebene polarisierten Anteile f_s und parallel zur Eintrittsebene polarisierten Anteile f_p unterschiedlich reflektiert bzw. transmittiert Bild 2.5:

$$n = \frac{n_2}{n_1} \qquad\qquad relativer\ Brechungsindex \qquad (2.5)$$

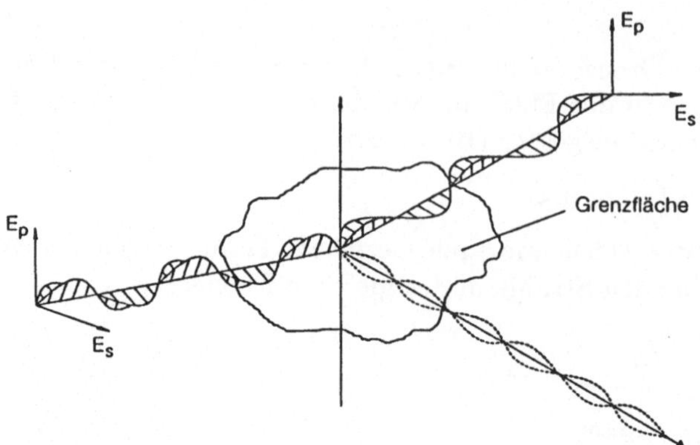

Bild 2.5 Reflexion und Transmission von elektromagnetischen Wellen an einer Grenzfläche

$$R_{\mathrm{s}} = -E_{\mathrm{s}}\, \frac{(\sqrt{n^2 - \sin^2\alpha} - \cos\alpha)^2}{n^2 - 1}$$

Reflexionskomponente (2.6)
mit senkrechter
Polarisierung

$$R_{\mathrm{p}} = E_{\mathrm{p}}\, \frac{n^2\cos\alpha - \sqrt{n^2 - \sin^2\alpha}}{n^2\cos\alpha + \sqrt{n^2 - \sin^2\alpha}}$$

Reflexionskomponente (2.7)
mit paralleler
Polarisierung

$$T_{\mathrm{s}} = E_{\mathrm{s}}\, \frac{2\cdot\cos\alpha\sqrt{n^2 - \sin^2\alpha} - 2\cdot\cos^2\alpha}{n^2 - 1}$$

Transmittierte (2.8)
Komponente, senkrechter
Polarisation

$$T_{\mathrm{p}} = E_{\mathrm{p}}\, \frac{2\cdot n\cos\alpha}{n^2\cos\alpha + \sqrt{n^2 - \sin^2\alpha}}$$

Transmittierte (2.9)
Komponente, paralleler
Polarisation

Hier handelt es sich bei E, R und T um die jeweiligen Feldstärken der elektromagnetischen Lichtwellen. Die Formeln werden als FRESNELsche Formeln bezeichnet. Da Detektoren wie auch das menschliche Auge jedoch auf Leistungen ansprechen, ist der zu beobachtende Reflexions- bzw. Transmissionskoeffizient definiert als:

$$\rho_{\mathrm{s}}^2 = \frac{R_{\mathrm{s}}^2}{E_{\mathrm{s}}^2} \qquad \rho_{\mathrm{p}}^2 = \frac{R_{\mathrm{p}}^2}{E_{\mathrm{p}}^2}$$

Reflexionskoeffizient (2.10)

$$\tau_{\mathrm{s}}^2 = \frac{R_{\mathrm{s}}^2}{E_{\mathrm{s}}^2} \qquad \tau_{\mathrm{p}}^2 = \frac{R_{\mathrm{p}}^2}{E_{\mathrm{p}}^2}$$

Transmissionskoeffizient (2.11)

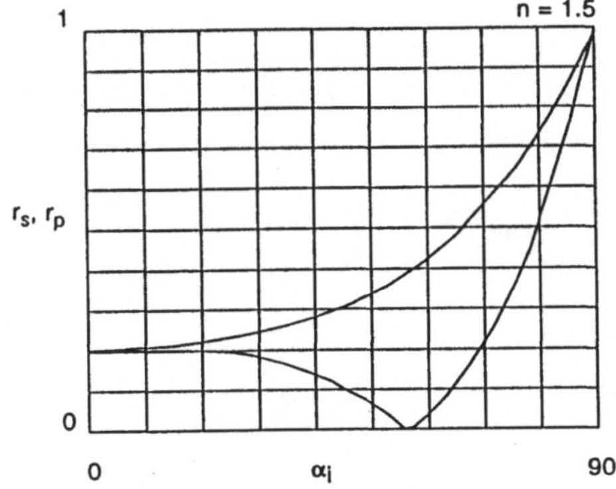

Bild 2.6
Reflexion von Licht an einer Grenzfläche mit $n = 1,5$. r_s bezeichnet den Reflexionsfaktor der zur Einfallsebene senkrechten Polarisationsrichtung, r_p den Reflexionsfaktor der zur Einfallsebene senkrechten Polarisationsrichtung in Abhängigkeit vom Einfallswinkel.

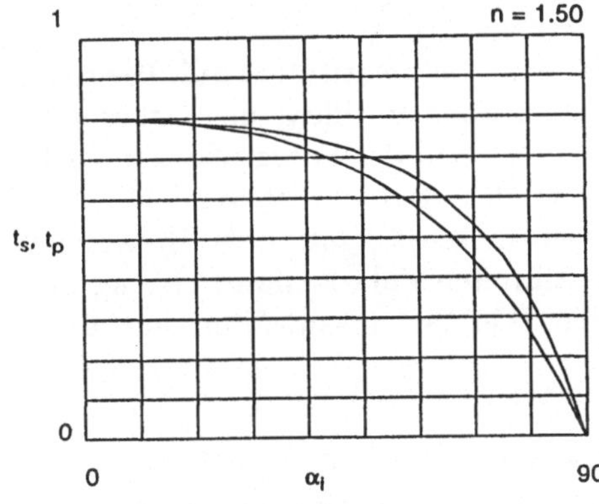

Bild 2.7
Transmission von linear polarisiertem Licht durch eine Grenzfläche in Abhängigkeit vom Einfallswinkel

Der Reflektionskoeffizient für parallel zur Einfallsebene polarisiertes Licht weist bei einem ausgezeichneten Winkel eine ausgepräg

$$\tan \Theta_b = \frac{n_2}{n_1} = n \qquad \qquad \textit{Brewster-Winkel} \quad (2.12)$$

Setzt man diesen Winkel in das Brechungsgesetz ein, so folgt unmittelbar:

$$\beta = 90 - \Theta_b$$

als Winkel des gebrochenen Strahls zum Lot auf die Grenzfläche. Aus der Geometrie folgt hieraus (Bild 2.8), daß reflektierter und gebrochener Strahl beim Brewster-Winkel senkrecht aufeinander stehen.

Bei jeder Reflexion tritt also zumindest eine Teilpolarisation auf. Hierauf beruht der abschwächende Effekt von polarisierten Sonnenbrillen, die insbesondere am Meer reflektiertes Licht stark abschwächen. Auch in der Fotografie werden Polfilter zur Unterdrückung von Reflexionen verwendet. Umgekehrt versieht man Laser gern mit einem *Brewster*-Fenster, d.h. einem schräg mit dem Brewster-Winkel angeordneten Fenster, um Licht einer bestimmten Polarisationsrichtung möglichst verlustlos aus dem Plasmarohr mit dem Verstärkungsmedium auf die extern

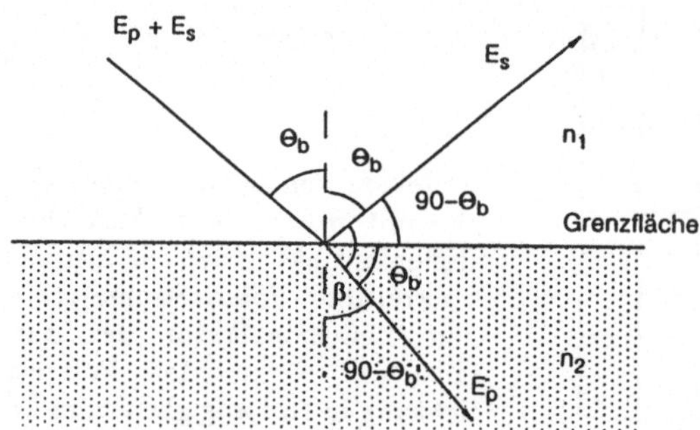

Bild 2.8 Geometrische Verhältnisse beim Brewster-Winkel Θ_b; reflektierter und gebrochener Strahl stehen senkrecht aufeinander

Bei jeder Reflexion tritt also zumindest eine Teilpolarisation auf. Hierauf beruht der abschwächende Effekt von polarisierten Sonnenbrillen, die insbesondere am Meer reflektiertes Licht stark abschwächen. Auch in der Fotografie werden Polfilter zur Unterdrückung von Reflexionen verwendet. Umgekehrt versieht man Laser gern mit einem *Brewster*-Fenster, d.h. einem schräg mit dem Brewster-Winkel angeordneten Fenster, um Licht einer bestimmten Polarisationsrichtung möglichst verlustlos aus dem Plasmarohr mit dem Verstärkungsmedium auf die extern angeordneten Resonatorspiegel zu leiten.

Beispiel 2.1: Der Brewster-Winkel von Glas mit $n_{glas} = 1,5$ gegen Luft $n = 1$ beträgt $\tan\Theta_b = 1,5$ und somit ist $\Theta_b = \arctan 1,5 = 56,3°$. Bei Silizium ergibt sich mit $n = 3,5$ gegen Luft ein Winkel von $\Theta_b = 74°$!

Um die Strahlungsleistung zu berechnen, die abhängig vom Winkel β reflektiert wird, muß man das Reflexionsvermögen bestimmen:

$$R(\alpha) = \frac{\varphi_r}{\varphi_0} = \frac{R_s(\alpha)^2 + R_p(\alpha)^2}{E_s^2 + E_p^2} \qquad \text{\textit{Reflexionsvermögen}} \qquad (2.13)$$

Im Falle der Transmission ist die Querschnittsveränderung im Medium und die veränderte Phasengeschwindigkeit der Strahlung zu berücksichtigen:

$$T(\alpha) = \frac{\varphi_t}{\varphi_0} = \frac{\sqrt{n^2 - \sin^2\alpha}}{\cos\alpha} \cdot \frac{T_s(\alpha)^2 + T_p(\alpha)^2}{E_s^2 + E_p^2} \qquad \text{\textit{Transmissions-}} \qquad (2.14)$$
$$\text{\textit{vermögen}}$$

$$R(\alpha) + T(\alpha) = 1 \qquad\qquad\qquad \text{\textit{für verlustloses}} \qquad (2.15)$$
$$\text{\textit{Medium}}$$

Die Summe muß sich für jeden Winkel zu 1 ergänzen. Die reflektierte als auch die transmittierte Strahlungsleistung ist abhängig vom Winkel teilpolarisiert. Den

Grad der Polarisierung und die dominierende Richtung kann man bestimmen durch Bildung von:

$$p_r(\alpha) = \frac{R_s(\alpha)^2 - R_p(\alpha)^2}{R_s(\alpha)^2 + R_p(\alpha)^2}$$

Polarisierungsgrad der (2.16)
reflektierten
Strahlungsleistung

$$p_t(\alpha) = \frac{T_s(\alpha)^2 - T_p(\alpha)^2}{T_s(\alpha)^2 + T_p(\alpha)^2}$$

Polarisierungsgrad der (2.17)
transmittierten
Strahlungsleistung

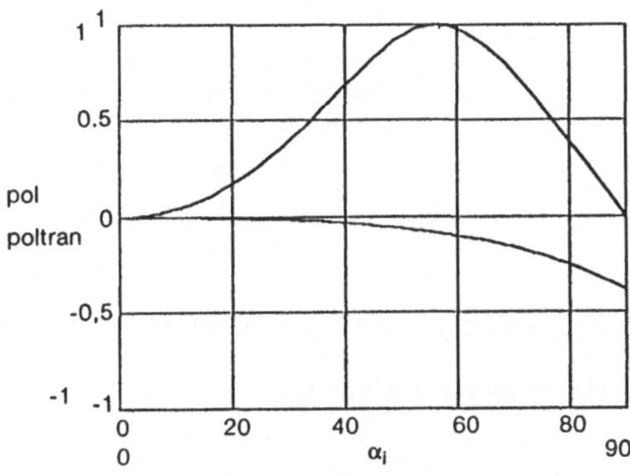

Bild 2.9 Darstellung des Anteils der linear polarisierten Strahlungsleistung an der Strahlungsleistung des reflektierten Lichtes und des transmittierten Lichtes. Positives Vorzeichen bedeutet überwiegend senkrecht zur Einfallsebene polarisiert, negatives Vorzeichen bedeutet überwiegend parallel zur Einfallsebene polarisiert. Kurven berechnet für $n = 1,33$.

Den Verlauf von p_r und p_t über dem Einfallswinkel β zeigt Bild 2.9. Für Winkel in der Umgebung des Brewster-Winkels wird das reflektierte Licht nahezu vollständig senkrecht zur Einfallsebene polarisiert. Auch das transmittierte Licht wird polarisiert, jedoch in geringerem Umfang und parallel zur Einfallsebene. Die Polarisationsrichtungen des reflektierten und des transmittierten Strahls stehen also senkrecht aufeinander.

Die geringe Polarisation des transmittierten Strahls ergibt sich aus der Tatsache, daß praktisch 95 % der Strahlung transmittiert wird, jedoch nur etwa 5 % reflektiert wird. Selbst wenn der reflektierte Anteil beim Brewster-Winkel zu 100 % polarisiert ist, macht das auf die transmittierten 95 % gerade 5 % aus. Erst durch Hintereinanderschaltung von einer Anzahl planparalleler Glasplatten kann ein befriedigender Polarisationsgrad erreicht werden. Der Bereich großer Einfallswinkel, was einem streifenden Einfall entspricht, kann nicht genutzt werden, da sich hier die gesamte transmittierte Strahlungsleistung drastisch vermindert.

Von besonderer Bedeutung ist der Sonderfall des senkrechten Einfalls $\alpha = 0$ von Licht auf eine Grenzfläche:

$$R_{\mathrm{s}} = -E_{\mathrm{s}}\,\frac{n-1}{n+1} \qquad R_{\mathrm{p}} = E_{\mathrm{p}}\,\frac{n-1}{n+1}$$

$$T_{\mathrm{s}} = E_{\mathrm{s}}\,\frac{2}{n+1} \qquad T_{\mathrm{p}} = E_{\mathrm{p}}\,\frac{2}{n+1}$$

Um das resultierende Reflexionsvermögen unabhängig von der Polarisationsrichtung zu finden, muß man die Summe der Quadrate bilden:

$$\rho = \frac{R_{\mathrm{s}}^2 + R_{\mathrm{p}}^2}{E_{\mathrm{s}}^2 + E_{\mathrm{p}}^2} = \frac{(n-1)^2}{(n+1)^2} \qquad \textit{Reflexionsvermögen bei senkrechtem Einfall} \qquad (2.18)$$

$$\tau = \frac{T_{\mathrm{s}}^2 + T_{\mathrm{p}}^2}{E_{\mathrm{s}}^2 + E_{\mathrm{p}}^2} = \frac{4\cdot n}{(n+1)^2} \qquad \textit{Transmissionsvermögen bei senkrechtem Einfall} \qquad (2.19)$$

Bei den obigen Formeln wird eine vernachlässigbare Absorption vorausgesetzt.

Beispiel 2.2: Wieviel Licht dringt senkrecht durch eine Fensterscheibe mit $n = 1,5$?

Lösung: Es liegen 2 Grenzflächen vor. Beim Eintritt des Lichtes wird:

$$\rho = \frac{(1,5-1)^2}{(1,5+1)^2} = 0,04$$

Es werden also 4 % reflektiert und somit 96 % transmittiert. Für den Austritt des Lichtes gilt die gleiche Beziehung, so daß erneut 4 % Reflexionsverluste auftreten, somit also nur 92,16 % des Lichtes durchgelassen werden.

Beispiel 2.3: Die Sonne steht mit $40°$ Höhe am Himmel über einem See. Mit welchem Winkel fällt das Licht in das Wasser? Wie groß ist der Prozentsatz an Licht, der ins Wasser gelangt? Wie ist das Licht im Wasser polarisiert und mit welchem Polarisationsgrad? Wie groß ist der Anteil des polarisierten Lichtes am reflektierten Licht?

Lösung: Für $40°$ Höhe ergibt sich ein $\alpha = 50°$. Der Brechungsindex von Wasser beträgt $n = 1,33$. Aus dem Brechungsgesetz ergibt sich ein Winkel im Wasser von:

$$\beta = \arcsin \frac{\sin 50}{1,33} = 35,16°$$

Das Transmissionsvermögen (Gl. 2.13) und Reflexionsvermögen (Gl. 2.14) in Abhängigkeit vom Einstrahlwinkel ist in Bild 2.10 dargestellt. Die Kurven sind erwartungsgemäß spiegelsymmetrisch um die Linie 0,5. Für den gegebenen Winkel von $\alpha = 50°$ finden wir

$$\rho = 96,7\% \qquad \tau = 3,3\%$$

Der überwiegende Teil der Sonnenstrahlung gelangt also bei diesem Sonnenstand noch ins Wasser. Erst unterhalb einer Sonnenhöhe von $20°$ findet ein drastischer,

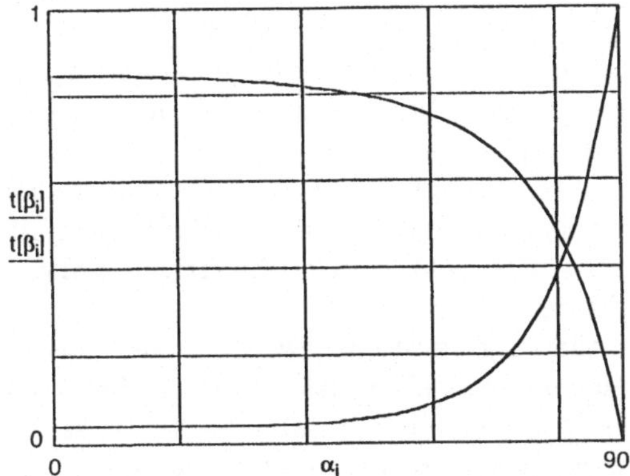

Bild 2.10 Reflexions- und Transmissionsvermögen in Abhängigkeit des Einstrahlwinkels an einer Wasseroberfläche ($n = 1,33$)

brechungsbedingter Abfall statt. Der Polarisationsgrad beträgt senkrecht zur Einfallsebene polarisiert, d.h. waagerecht zur Wasseroberfläche (Reflexion nach Gl. 2.16):

$$p_\mathrm{r} = 98,5\%$$

Der Polarisationsgrad beträgt parallel zur Einfallsebene polarisiert (Transmission nach Gl. 2.17):

$$p_\mathrm{t} = 3,4\%$$

Im Wasser liegt also eine schwach polarisierte Strahlung vor. Das von der Seeoberfläche reflektierte Licht ist dagegen fast vollständig polarisiert, sodaß eine Sonnenbrille mit einem Polarisationsfilter mit senkrechter Polarisierung eine nahezu vollständige Unterdrückung der Reflexe ermöglicht.

Die Reflexion an einer Oberfläche kann durch eine sogenannte Vergütungsschicht stark vermindert werden. Hierzu wird eine dünne Schicht mit dem Brechungsindex

$$n_\mathrm{v} = \sqrt{n_1 \cdot n_2} \qquad\qquad \textit{Brechungsindex der} \qquad (2.20)$$
$$\textit{Vergütungsschicht}$$

in einer Schichtdicke von $\lambda/4$ aufgedampft. Durch Reflexion an der Oberfläche der Vergütungsschicht und an der Trennschicht zwischen Vergütungsschicht und Substrat tritt für die entsprechende Wellenlänge und senkrechten Einfallswinkel vollkommene Auslöschung durch Interferenz auf. Bei hochwertigen Objektiven werden mehrere Schichten unterschiedlicher Dicke und Zusammensetzung aufgebracht, um diesen Effekt auch in einem breiteren Wellenlängenbereich zu erzielen (Breitbandvergütung). Vergütungen sind an dem typischen schillernden Farbeindruck, den die optischen Oberflächen hinterlassen, leicht zu erkennen.

Vergütung steigert in gleichem Maße, wie die Reflexion vermindert wird, das Transmissionsvermögen der Optik.

Reflexionsvermögen an metallischen Oberflächen hängt stark von dem verwendeten Material ab. Zum einen zeigen die Reflexionsfaktoren des reinen Materials erhebliche Wellenlängenabhängigkeit, zum andern sind Aluminium und auch Silber immer von einer dünnen Oxidschicht überzogen, die das Reflexionsvermögen herabsetzt. Metallische Oberflächenspiegel werden deshalb ebenfalls mit einer dünnen Schutzschicht überzogen (meist SiO_2), in hochwertigen Fällen auch hier mit einer reflexsteigernden Vergütung.

Sehr hochwertige Spiegel z.B. für Lasersysteme werden als sogenannte dielektrische Spiegel hergestellt, bei denen ein Aufbau aus mehreren dielektrischen dünnen Schichten eine hohe Reflektivität in einem bestimmten Wellenlängenbereich erlaubt. Die metallische Reflexion wird hierbei nicht genutzt. Bezüglich näherer Einzelheiten sei auf die Literatur verwiesen [BERGMANN-SCHÄFER].

2.1.3 Absorption

Jeder Körper, der von Licht durchstrahlt wird, absorbiert einen Teil der Strahlungsleistung. Lediglich im Vakuum tritt keine Absorption auf. Der Vorgang der Absorption ist ein atomarer quantenphysikalischer Prozeß, auf den hier nicht näher eingegangen werden soll. Es ist jedoch festzuhalten, daß der innere molekulare Aufbau bestimmt, welche Wellenlängen absorbiert und welche Wellenlängen den Körper ungehindert passieren können. Hierauf beruht die Spektrometrie, die die Analyse einer Substanz aus dem spektralen Transmissionsverhalten des Stoffes erlaubt. Die Transmissionsspektren sind sehr kompliziert aufgebaut und häufig schwierig zu deuten, da in den meisten Fällen sich die Spektren unterschiedlichster Substanzen überlagern.

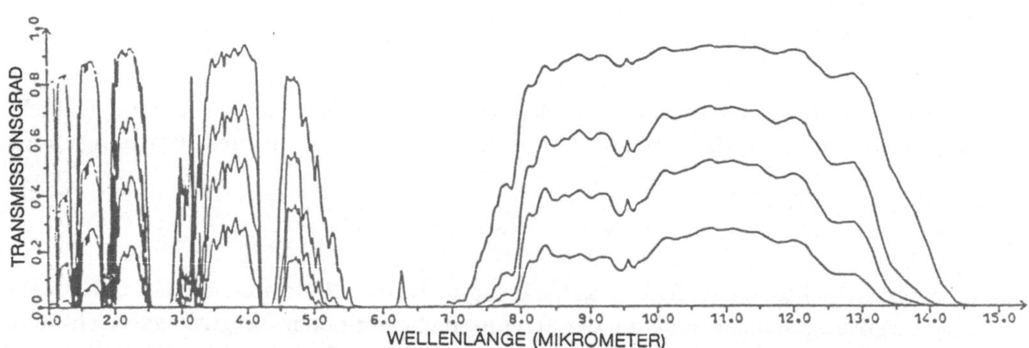

Bild 2.11 Transmissionsspektrum der Atmosphäre, gerechnet mit LOWTRAN III, Winter, mittlere Breite, Dunstmodell trocken- kontinental, Sichtweite 10 km, Temperatur 272 K [MIOSGA]

Als Beispiel sei das Transmissionsspektrum der Atmosphäre in Bild 2.11 dargestellt. Die Abbildung zeigt allerdings ein mit dem Programm LOWTRAN III berechnetes Atmosphärenmodellspektrum [MIOSGA], wobei auch die Effekte der Streuung noch berücksichtigt wurden. Die Abbildung zeigt deutlich, daß in einigen Wellenlängenbereichen die Absorption in der Atmosphäre, hauptsächlich bedingt durch Wasserdampf- und Kohlendioxidabsorption, so groß ist, daß praktisch keine Transparenz über größere Entfernung mehr gegeben ist.

Bei festen Körpern wie optischen Gläsern sind die Anforderungen an eine geringe Absorption noch höher. Bild 2.11 zeigt das Transmissionsverhalten von Glas und Quarz über der Wellenlänge. Dargestellt ist die leicht zu messende Größe Durchlässigkeit, die sich auf senkrechten Einfall bezieht und die die Verluste durch zweimalige Reflexion beim Eintritt in die Probe und beim Austritt aus der Probe bereits beinhaltet:

$$D = (1 - \rho)^2 \cdot 10^{-k \cdot d} \qquad\qquad\qquad Durchlässigkeit \quad (2.21)$$

Hierin bedeutet ρ das Reflexionsvermögen an der nicht vergüteten Oberfläche der Probe nach Gl. (2.18). Da der Meßstrahl die Probe zweifach durchläuft, ergibt sich der quadratische Vorfaktor. Die eigentliche *Reinabsorption* T

$$T = 10^{-k \cdot d}$$

$$\text{mit} \quad k \quad = \text{dekadischer Absorptionskoeffizient}$$
$$\text{und} \quad d \quad = \text{Dicke der Probe}$$

ist eine Exponentialfunktion der durchstrahlten Probendicke und einem in dB angegebenen Absorptionskoeffizient (Dimension: dB/m). Häufiger noch findet sich die Darstellung:

$$\varphi = \varphi_0 \cdot e^{-\alpha(\lambda) \cdot d} \qquad\qquad\qquad\qquad\qquad (2.22)$$

$$\text{mit} \quad \alpha(\lambda) \quad = \text{Absorptionskoeffizient}$$
$$\text{und} \quad d \quad = \text{Probendicke}$$

Hierbei sind eventuelle Eintritts- bzw Austrittsverluste nicht berücksichtigt. Die in Bild 2.11 dargestellte Transmissionskurve technischer Materialien enthält bereits diese Verluste, die jedoch durch geeignete Antireflexvergütungsschichten in begrenzten Wellenlängenbereichen praktisch vermieden werden können.

2.2 Abbildung durch dünne Linsen

Beim Aufbau optoelektronischer Geräte werden sehr häufig optische Elemente wie Linsen und Objektive benötigt, auf deren wichtigste Eigenschaften hier nur kurz eingegangen werden soll.

Aus dem Brechungsgesetz (Gl. 2.3) läßt sich für eine durch sphärische Oberflächen der Radien R_1 und R_2 begrenzte „dünne" Linse folgende als *Linsenmachergleichung* bezeichnete Formel zur näherungsweisen Berechnung der Brennweite ableiten [PEDROTTI]:

$$\frac{1}{f} = \frac{n_2 - n_1}{n_1} \cdot \left(\frac{1}{R_2} - \frac{1}{R_2} \right) \tag{2.23}$$

mit f = Brennweite der Linse,

  R_1 = Radius 1. Kugelfläche,

  R_2 = Radius 2. Kugelfläche,

  n_2 = Brechungsindex Glas,

  n_1 = Brechungsindex Umgebung.

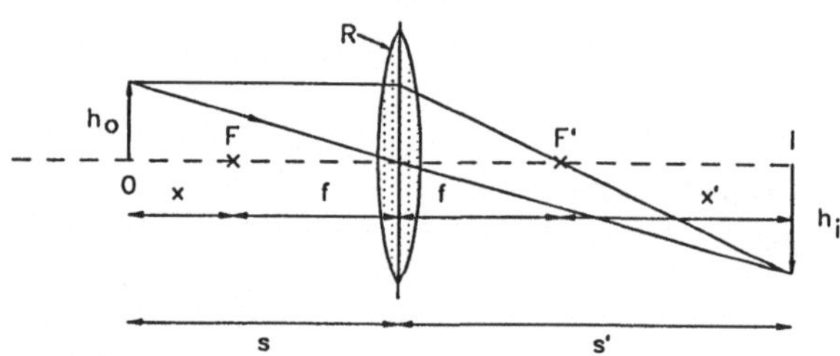

Bild 2.12   Abbildung durch eine dünne Linse

Diese Formel gilt jedoch nur für Linsen, deren Dicke gegenüber ihrer Brennweite vernachlässigt werden kann, so daß die Brechung an den beiden Oberflächen so behandelt werden kann, als ob sie in der Mitte der Linse stattfinden würde. Solche dünnen Linsen werden deshalb in der optischen Zeichnung einfach durch senkrechte Striche ersetzt (Bild 2.12). Hierfür läßt sich auch eine einfache Beziehung zwischen Gegenstandsweite s und Bildweite s' angeben:

$$\frac{1}{s} + \frac{1}{s'} = \frac{1}{f} \qquad\qquad \textit{Abbildung durch dünne Linsen} \tag{2.24}$$

Unmittelbar aus der Geometrie folgt auch der Abbildungsmaßstab m:

$$m = \frac{h_\mathrm{i}}{h_\mathrm{o}} = \frac{s'}{s} \qquad\qquad \textit{Abbildungsmaßstab} \tag{2.25}$$

mit h_i der Bildgröße (i = image) und h_o der Gegenstandsgröße. Die Abbildungsgleichung läßt sich auch in der von Newton angegebenen Form

$$x \cdot x' = f^2 \qquad\qquad \textit{Newtonsche Form} \tag{2.26}$$

schreiben, wobei x bzw x' den Abstand des Gegenstandes bzw. Bildes vom jeweiligen vorderen und hinteren Brennpunkt der Linse angibt. Hiermit folgt für den Maßstab:

$$m = -\frac{f}{x} = -\frac{x'}{f} \qquad \text{Abbildungsmaßstab} \quad (2.27)$$

Die Newtonschen Formen der Abbildungsgleichungen sind häufig besser zu handhaben als die Form von Gl. 2.24. Das negative Vorzeichen in Gl. 2.27 ergibt sich aus der Konvention, ein invertiertes Bild (auf dem Kopf stehendes) mit einem negativen Maßstab zu versehen. Zu Vorzeichenkonvention gehört ferner, positive Oberflächenkrümmung der Linse (konvex) von negativer Krümmung (konkav) durch das Vorzeichen zu unterscheiden. Im besonderen wird festgesetzt:

- Ein Lichtstrahl hat die Richtung von links nach rechts.

- Alle Strecken, die von einem Bezugspunkt aus in Lichtrichtung gemessen werden, sind positiv. Strecken, die in Gegenrichtung gemessen werden, sind negativ.

- Alle in Lichtrichtung konvex erscheinenenden Flächen haben einen positiven Krümmungsradius. Gegen die Lichtrichtung gemessene Flächen haben einen negativen Radius.

- Alle Strecken, die von der optischen Achse nach oben gemessen werden, sind positiv. Nach unten gemessene Strecken sind negativ zu nehmen.

Setzt man diese Konventionen in die obigen Gleichungen ein, z. B. für eine Konkavlinse, ergibt sich eine negative, als *virtuell* bezeichnete Brennweite und ein nicht invertiertes, *virtuelles* Bild. Bezüglich der genauen Handhabung dieser Vorzeichenregeln sei auf die einschlägigen Optik-Lehrbücher verwiesen [KLEIN-FURTAK, BERGMANN-SCHÄFFER u.a.].

Die zur Brennweite inverse Größe wird als *Brechkraft V* bezeichnet und in Dioptrien gemessen und wird dem Leser aus den Angaben über seine Brille bekannt sein:

$$v = \frac{1}{f} \qquad \text{Brechkraft (Dioptrien)} \quad (2.28)$$

Eine Dioptrie entspricht dabei der Brechkraft einer Linse mit 1 Meter Brennweite. Die Brechkräfte dünner Linsen addieren sich additiv:

$$v_1 + v_2 + v_3 + \ldots + v_n = v \qquad (2.29)$$

Damit kann das Verhalten zusammengesetzter Systeme zumindest grob abgeschätzt werden.

Beispiel 2.4: An einer Linse werden folgende Krümmungsradien gemessen:

$$R_1 = 15 \text{ cm} \qquad R_2 = 10 \text{ cm}$$

Die Linse besteht aus Quarzglas mit $n = 1{,}45$. Wie groß ist die Brennweite und die Brechkraft? Ein 20 cm entferntes Objekt soll mit der Linse abgebildet werden, wo findet sich das Bild? Wie groß ist der Vergrößerungsmaßstab?

Lösung: R_1 ist positiv, R_2 ist negativ in Gl. 2.23 einzusetzen:

$$\frac{1}{f} = (1{,}45 - 1)\left(\frac{1}{15} - \frac{1}{-10}\right) \quad \Longrightarrow \quad f = 13{,}3 \text{ cm}, \quad v = 7{,}5 \text{ Dioptrien}$$

Abbildung:

$$s' = s \cdot \frac{f}{s - f} = 40 \text{ cm}$$

Vergrößerungsmaßstab:

$$m = \frac{s'}{s} = 2$$

2.3 Abbildung durch Spiegel

Als weitere wichtige Abbildungselemente dienen Spiegel sowohl in der Form des konkaven Hohlspiegels als auch des konvexen Spiegels. Hierfür gelten die gleichen Abbildungsgesetze wie für Linsen, wobei die Brennweite eines sphärischen Hohlspiegels (Bild 2.13) sich bestimmt aus

$$f = -\frac{R}{2} \qquad\qquad \textit{Brennweite eines Hohlspiegels} \quad (2.30)$$

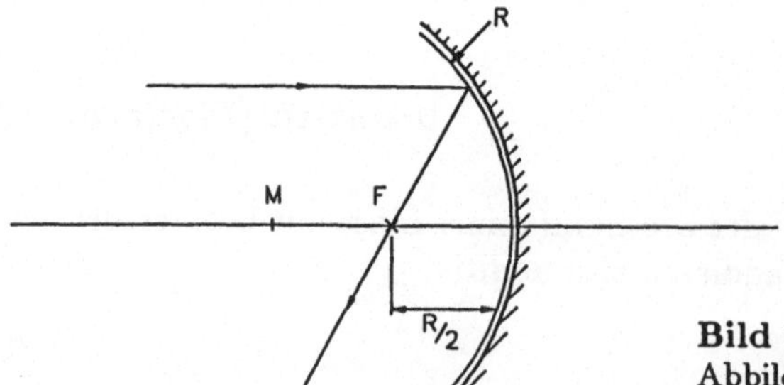

Bild 2.13
Abbildung mit einem Hohlspiegel des Krümmungsradius R

Wegen der konkaven Krümmung ist der Radius negativ einzusetzen, woraus sich eine positive Brennweite, also eine reelle Abbildung ergibt. Umgekehrt führt ein positiver Wert für den Radius auf eine negative Brennweite, was eine virtuelle Abbildung angibt.

Sphärische Spiegel sind wegen ihrer großen Abbildungsfehler nur bei sehr großen Brennweiten gebräuchlich, häufig werden Parabolspiegel verwendet, bei denen die Höhlungskontur einer Parabel entspricht. Der Abbildungsfehler sphärischer Spiegel kann auch durch eine SCHMITTsche Korrekturplatte korrigiert werden (SCHMITT-Spiegelteleskop). Für achsparallele Strahlen sind Parabolspiegel frei von Abbildungsfehlern und können damit auch für sehr große Verhältnisse von Spiegelöffnung zu Brennweite verwendet werden (z.B. in Scheinwerfern). Weitere Anwendungen finden sich bei einer Vielzahl von Teleskopen und auch Spektrometern, weil die Reflexion an der Spiegeloberfläche unabhängig ist von der Lichtwellenlänge und damit ein breites Spektralband vom UV-Bereich bis ins ferne IR verarbeitet werden kann.

In Lasern werden zum optischen Pumpen durch Blitzröhren ferner elliptische Zylinderspiegel verwendet, die zwei Brennlinien aufweisen, in deren einen Brennlinie die Lichtquelle, in deren anderen Brennlinie der Laserstab angeordnet wird. Jeder von der Lichtquelle ausgehende Strahl wird am elliptischen Spiegel so reflektiert, daß er auf den Laserstab fällt und zum Pumpen beiträgt.

2.4 Abbildung durch dicke Linsen und Objektive

Die Vernachlässigung der Linsendicke ist bei kurzbrennweitigen Optiken, insbesondere bei Objektiven nicht mehr zulässig. Es fällt z.B. schwer, die Brennweite „richtig" abzumessen, da ein Bezugspunkt an der Linse nicht gegeben ist. Es ist deshalb erforderlich, die optisch relevanten Größen auf an der Linse wiederzufindende Referenzpunkte zu beziehen, am einfachsten auf die Scheitelpunkte V (von Vertrix) und V', deren Abstand als Dicke der Linse t leicht zu ermitteln ist. Die Distanzen zum Objekt O bzw. zum Bildpunkt I werden nun als Schnittweiten s bzw. s' bezeichnet Bild 2.14.

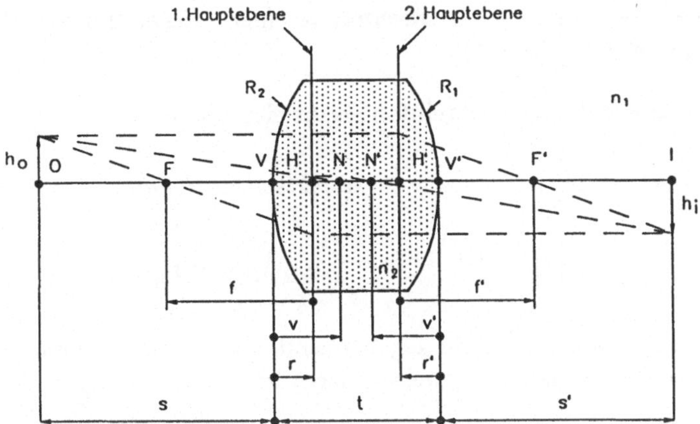

Bild 2.14 Abbildung durch eine dicke Linse bzw. Objektiv. Es bedeuten:
O = Objekt, I = Bild, F, F' = Brennpunkte, V, V' = Scheitelpunkte,
H, H' = Hauptpunkte, $'N$, N' = Nodal- (Knoten-) Punkte

Zeichnet man nun in bewährter Form einen Strahlengang vom Objekt durch die Linse zum Bild, so wird der eingangsseitig parallele Strahl ausgangsseitig durch den Brennpunkt F' verlaufen. Stellt man sich die Brechkraft konzentriert an einer Stelle vor, so wird der Schnittpunkt des ausgangsseitigen Strahls mit dem Parallelstrahl irgendwo innerhalb der Linse liegen. Die Ebene senkrecht zu diesem Punkt wird als Hauptebene H' (2. Hauptebene) bezeichnet. Der zweite vom Objekt durch den Brennpunkt F verlaufende Strahl wird nun in ähnlicher Weise an der ersten Hauptebene gebrochen und verläßt die Linse parallel. Die Linsendicke wird also indirekt durch den Abstand der beiden Hauptpunkte H und H' berücksichtigt, welche bei der dünnen Linse in einen Punkt zusammenfallen. Für den Mittelpunktsstrahl ergibt sich eine Sonderkonstruktion, da er unter einem schrägen Winkel auf die erste Linsenoberfläche trifft. Die bei der dünnen Linse mögliche direkte Verbindung von Objektpunkt zu zugehörigem Bildpunkt ist wegen der Linsendicke nicht möglich. Der zugehörige Punkt auf der optischen Achse N bzw. N' wird als Nodalpunkt (Knotenpunkt) bezeichnet und ist nicht mit den Hauptpunkten identisch. Der Strahl durch den Nodalpunkt kennzeichnet den Mittelpunkt des Bündels.

Die oben für eine einzelne Linse dargestellten Konstruktionspunkte finden sich bei einem aus vielen optischen Elementen zusammengesetzten System wieder, was eine einfache optische Konstruktion auch bei Objektiven erlaubt. Hierbei sind die Größen: Schnittweiten s und s', Lage und Abstand der Hauptebenen und Nodalpunkte sowie die Brennweiten f und f' aus den Datenblättern des Objektivs zu entnehmen. Haupt- und Nodalpunkte müssen nicht innerhalb des Objektivs liegen, sie können auch außerhalb liegen. Nodal- und Hauptpunkte fallen zusammen, wenn der Brechungsindex n_o des Ausgangsmediums mit dem Brechungsindex n_f des Endmediums gleich ist, z.B. wenn Objekt und Bildraum beide Luft sind (häufigster Fall). Wichtig ist, zwischen der Schnittweite und der Brennweite des Objektivs zu unterscheiden! Für eine einzelne „dicke" Linse kann die Brennweite berechnet werden mit [SPINDLER & HOYER]:

$$f = \frac{R_1 \cdot R_2}{(n-1)\left[(R_2 - R_1) + \dfrac{t}{n}(n-1)\right]} \qquad \textit{Brennweite einer „dicken"Linse} \qquad (2.31)$$

für die Schnittweiten bei parallelem Lichteinfall ergibt sich dann:

$$s_f = -f\left[1 + \frac{t}{n \cdot R_2}(n-1)\right] \qquad \textit{objektseitige Schnittweite} \qquad (2.32)$$

$$s_f' = -f\left[-1 + \frac{t}{n \cdot R_1}(n-1)\right] \qquad \textit{bildseitige Schnittweite} \qquad (2.33)$$

Sofern die Daten der Hauptebenen nicht gegeben sind, können sie mit dem weiter unten beschriebenen Verfahren näherungsweise für ein beliebiges optisches System berechnet werden.

Beispiel 2.5: Die in Beispiel 2.4 gerechnete Linse soll eine Dicke $t = 8$ mm aufweisen. Wie groß ist die Brennweite und die Schnittweiten?

Lösung: Mit Gl. 2.31 ergibt sich

$$f = 135 \text{ mm} \quad \text{und} \quad v = 7,426 \text{ Dioptrien.}$$

Aus Gln. 2.32 und 2.33 ergibt sich:

$$s_f = -131 \text{ mm} \quad \text{und} \quad s_f' = +132 \text{ mm.}$$

Die Werte sind mit der vereinfachten Rechnung aus Beispiel 2.4 zu vergleichen.

2.5 Strahldurchrechnung für paraxiale Strahlen mit der Matrix-Methode

Schon bei einfachen optischen Systemen aus wenigen Elementen sind die obigen Formeln bald am Ende. Hier haben sich die Verfahren der Strahldurchrechnung bewährt, bei der das „Schicksal" eines vom Objekt auf die Optik fallenden Lichtstrahls und seine Ablenkung an allen optisch wirksamen Grenzflächen schrittweise verfolgt wird (Bild 2.15).

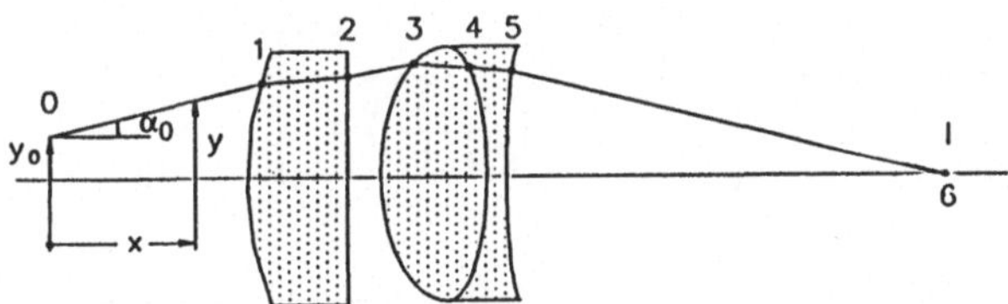

Bild 2.15   Verlauf eines Lichtstrahls durch ein optisches System

Der Verlauf eines Lichtstrahls kann beschrieben werden durch seine Position in x, y-Koordinaten sowie durch den Winkel α, den er mit der optischen Achse bildet. Von einem Ausgangspunkt $P_1(x_1, y_1)$ zu einem Punkt $P_2(x_2, y_2)$ kann die einfache Translation, d.h. geradlinige Ausbreitung beschrieben werden durch:

$$y_2 = y_1 + (x_2 - x_1) \cdot \tan \alpha_1$$

$$\alpha_2 = \alpha_1$$

Tabelle 2.2 Systemmatrizen zur paraxialen Strahldurchrechnung

Operation	Matrix
1. Translation 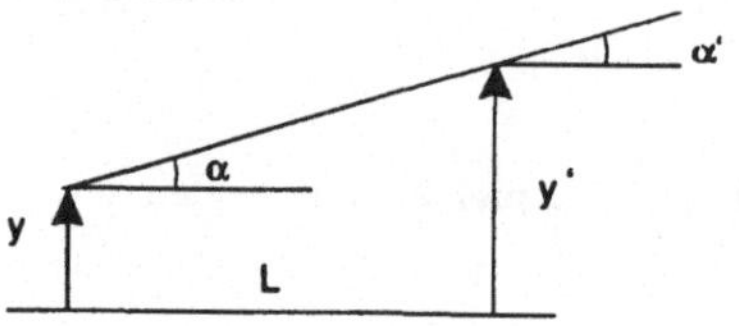	$\begin{bmatrix} 1 & L \\ 0 & 1 \end{bmatrix}$
2. Sphärische Flächen 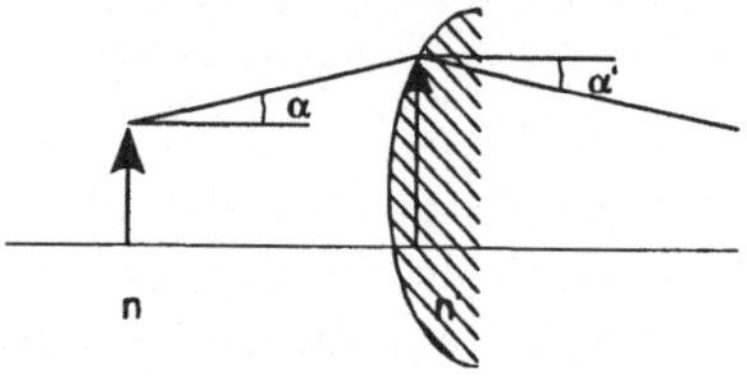	$\begin{bmatrix} 1 & 0 \\ \frac{1}{R}\left(\frac{n}{n'}-1\right) & \frac{n}{n'} \end{bmatrix}$
3. Dünne Linse 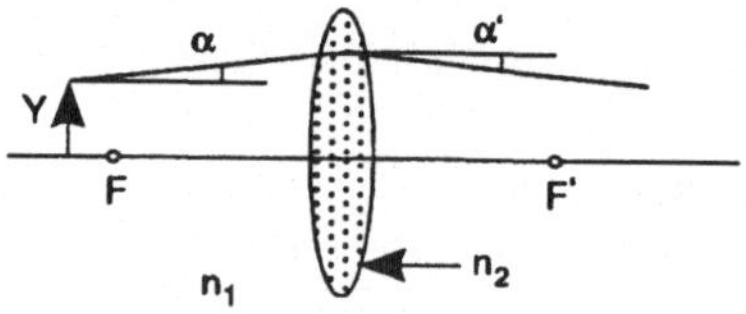	$\begin{bmatrix} 1 & 0 \\ \frac{n_2-n_0}{n_0}\left(\frac{1}{R_2}-\frac{1}{R_1}\right) & 1 \end{bmatrix} = \begin{bmatrix} 1 & 0 \\ \frac{1}{f} & 1 \end{bmatrix}$
4. Sphärischer Spiegel 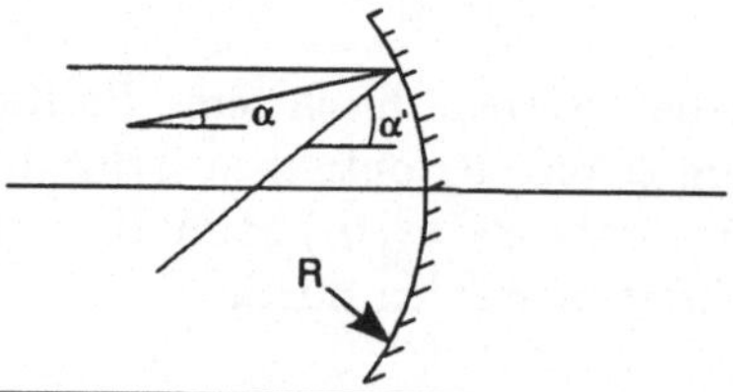	$\begin{bmatrix} 1 & 0 \\ \frac{2}{R} & 1 \end{bmatrix}$
5. Optisches System 	$M = M_1 \cdot M_2 \ldots M_n$

Mit der Beschränkung auf paraxiale Strahlen kann

$$\tan \alpha = \alpha \quad \text{und} \quad x_2 - x_1 = t$$

gesetzt werden:

$$y_2 = y_1 + t \cdot \alpha_1$$
$$\alpha = \qquad \alpha_1$$

oder in Matrix-Schreibweise:

$$\begin{bmatrix} y' \\ \alpha' \end{bmatrix} = \begin{bmatrix} 1 & t \\ 0 & 1 \end{bmatrix} \cdot \begin{bmatrix} y \\ \alpha \end{bmatrix} \tag{2.34}$$

Damit kann von einer Ausgangshöhe y und einem Ausgangswinkel α des Strahls die Höhe y' nach der Distanz t und der zugehörige Winkel berechnet werden, indem mit einer Matrix $\mathbf{M}$ multipliziert wird. Die gleiche Vorgehensweise kann auch bei sphärischen Flächen oder beliebigen Grenzschichten verwendet werden, wobei sich die in Tabelle 2.2 zusammengestellten Systemmatrizen ergeben. Eine dicke Linse kann damit durch folgende drei Matrizen beschrieben werden:

$$\mathbf{M} = \mathbf{M_{R2}} \cdot \mathbf{M_t} \cdot \mathbf{M_{R_1}} = \underbrace{\begin{bmatrix} 1 & 0 \\ \dfrac{1}{R_2}\left(\dfrac{n_1}{n_o}-1\right) & \dfrac{n_1}{n_o} \end{bmatrix}}_{2.sph\ddot{a}rischeFl\ddot{a}che} \cdot \underbrace{\begin{bmatrix} 1 & t \\ 0 & 1 \end{bmatrix}}_{Translation} \cdot \underbrace{\begin{bmatrix} 1 & 0 \\ \dfrac{1}{R_1}\left(\dfrac{n_o}{n_1}-1\right) & \dfrac{n_o}{n_1} \end{bmatrix}}_{1.sph\ddot{a}rischeFl\ddot{a}che}$$

Die Matrizen sind in der Reihenfolge von rechts her zu multiplizieren, wie der Strahl durch die jeweiligen Flächen verläuft. Dabei wird hier bei der dicken Linse als Weg durch die Linse der Einfachheit halber die Linsendicke t verwendet, was naturgemäß nur eine Näherung darstellt. Dies gilt auch für das Gleichsetzen der Scheitelpunkte mit dem Ort der Brechung.

Die optischen Eigenschaften eines komplexen optischen Systems lassen sich damit für paraxiale Strahlen (in der Nähe der optischen Achse) relativ gut abschätzen, wenn man das Produkt aller Matrizen der optischen Flächen und Translationen bildet:

$$\mathbf{M} = \mathbf{M_n} \ldots \mathbf{M_3} \cdot \mathbf{M_2} \cdot \mathbf{M_1} \qquad \textit{Systemmatrix eines} \tag{2.35}$$
$$\textit{optischen Systems}$$

Dies ist bei der Verfügbarkeit zahlreicher mathematischer Programme zur Matrizenberechnung heute sehr leicht durchzuführen. Aus der Systemmatrix können nun die Hauptebenen leicht berechnet werden:

$$\mathbf{M} = \begin{bmatrix} A & B \\ C & D \end{bmatrix} \qquad (2.36)$$

$$s = \frac{D}{C} \qquad \text{\textit{Schnittweite eingangsseitig}} \qquad (2.37)$$

$$s' = -\frac{A}{C} \qquad \text{\textit{Schnittweite ausgangsseitig}} \qquad (2.38)$$

$$r = \frac{D - n_o/n_f}{C} \qquad \text{\textit{erste Hauptebene - erster Scheitelpunkt}} \qquad (2.39)$$

$$r' = \frac{1 - A}{C} \qquad \text{\textit{zweite Hauptebene - zweiter Scheitelpunkt}} \qquad (2.40)$$

$$v = \frac{D - 1}{C} \qquad \text{\textit{erster Nodalpunkt - erster Scheitelpunkt}} \qquad (2.41)$$

$$v' = \frac{n_o/n_f - A}{C} \qquad \text{\textit{zweiter Nodalpunkt - zweiter Scheitelpunkt}} \qquad (2.42)$$

$$f = \frac{n_o/n_f}{C} \qquad \text{\textit{Brennweite eingangsseitig}} \qquad (2.43)$$

$$f' = -\frac{1}{C} \qquad \text{\textit{Brennweite ausgangsseitig}} \qquad (2.44)$$

hierin bedeuten:

$$n_o \ = \text{Brechungsindex Ausgangsmedium}$$
$$n_f \ = \text{Brechungsindex Endmedium}$$

Sind Ein- und Ausgangsmedium gleich, z.B. Luft, wird $n_o/n_f = 1$, wodurch die Nodalpunkte mit den Hauptpunkten zusammenfallen. In den obigen Gleichungen ist streng auf die Vorzeichenregeln zu achten!

Mit diesem Verfahren kann relativ schnell das Verhalten unbekannter optischer Systeme abgeschätzt und wesentliche Systemparameter bestimmt werden. Für genauere Rechnung stehen heute zahlreiche auf Personalcomputer lauffähige Programme zur Strahlverfolgung zur Verfügung (z.B. SYNOPSIS), mit denen exakte Abbildungsrechnungen durchgeführt werden können. Diese Programme berücksichtigen zudem Linsenfehler sowie die Wellenlängenabhängigkeit des Brechungsindexes, so daß die Abbildungsqualität optischer Systeme damit bestimmt werden kann.

Beispiel 2.6: Gegeben ist das in Bild 2.16 dargestellte und dimensionierte optische System aus 3 Elementen. Die Linsen bestehen aus jeweils unterschiedlichem Glas. Das System ist zu analysieren.

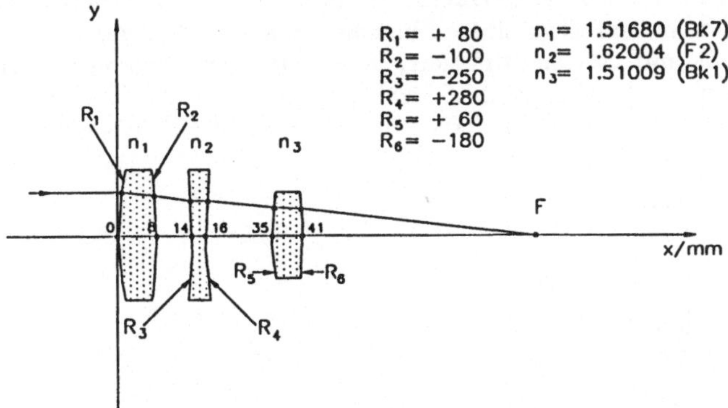

Bild 2.16 Optisches System aus 3 Linsen zum Beispiel 2.6, mit optischen Daten und Dimensionen

Lösung: Für die Linsen sind die jeweiligen Matrizen gemäß der Tabelle 2.2 zu bilden. Für die Luftzwischenräume sind die entsprechenden Translationsmatrizen zu bilden. Im folgenden werden die Zahlenwerte angegeben:

$$\mathbf{M_1} = \begin{bmatrix} 0.966 & 5.274 \\ -0.011 & 0.973 \end{bmatrix} \qquad \textit{erste Linse (konvex)}$$

$$\mathbf{M_2} = \begin{bmatrix} 1 & 6 \\ 0 & 1 \end{bmatrix} \qquad \textit{erster Luftzwischenraum, 6 mm}$$

$$\mathbf{M_3} = \begin{bmatrix} 1.003 & 1.235 \\ 0.005 & 1.003 \end{bmatrix} \qquad \textit{zweite Linse (konkav)}$$

$$\mathbf{M_4} = \begin{bmatrix} 1 & 19 \\ 0 & 1 \end{bmatrix} \qquad \textit{zweiter Luftzwischenraum, 19 mm}$$

$$\mathbf{M_5} = \begin{bmatrix} 0.966 & 3.973 \\ -0.011 & 0.989 \end{bmatrix} \qquad \textit{dritte Linse (konvex)}$$

Hieraus ergibt sich durch Multiplikation die Systemmatrix:

$$\mathbf{M} = \begin{bmatrix} 0.694 & 34.877 \\ -0.016 & 0.658 \end{bmatrix} \qquad \textit{Systemmatrix}$$

Hieraus folgt mit Gln. (2.36) ... (2.43):

$$s = -42,2 \qquad s' = 44,5 \qquad \textit{Schnittweiten}$$

$$r = 21,95 \qquad r' = -19,65 \qquad \textit{Lage der Hauptebenen}$$

$$f = -64,15 \qquad f' = 64,15 \qquad \textit{Brennweiten}$$

Die ermittelten Daten sind in Bild 2.17 eingetragen. Führt man die Matrix-Multiplikation schrittweise durch, indem man zunächst einen Eingangsstrahl parallel zur Achse (d.h. Winkel = 0) als Vektor S_0 mit M_1 multipliziert, so erhält man nach und nach alle Punkte auf den Grenzlinien und kann so den Strahlverlauf nachvollziehen. Für einen Eingangsstrahl mit 10 mm Abstand von der optischen Achse ergibt sich folgende Tabelle:

x	y	a
0	10.000	0,000
8	9,659	- 0,115
14	8,972	- 0,115
16	8,858	- 0,073
35	7,478	- 0,073
41	6,937	- 0,156
86	- 0,078	- 0,156

Bei der Koordinate x = 86 mm schneidet der Strahl die optische Achse, was den zuvor berechneten Angaben zur Brennweite bzw. Schnittweite entspricht. Das Verfahren ist besonders in Zusammenhang mit einem Rechner, der über Matrix-Multiplikation verfügt, geeignet.

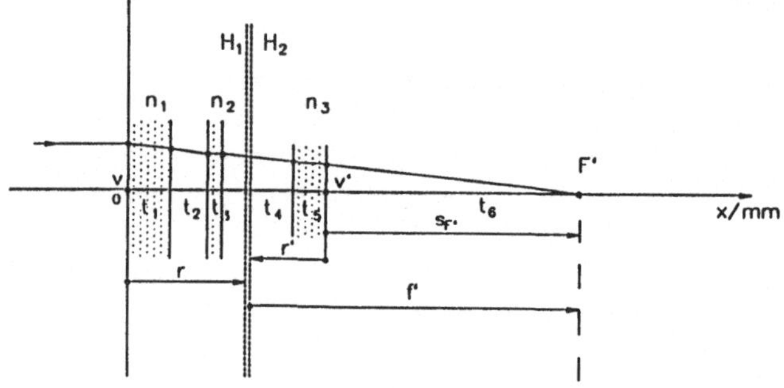

Bild 2.17   Schema des optischen Systems aus Beispiel 2.6, mit Hauptebenen und berechnetem Strahlengang

2.6   Abbildungsfehler und Auflösungsvermögen

Die Abbildung durch ein Objektiv ist immer fehlerbehaftet. Es treten folgende Abbildungsfehler auf:

- Sphärische Aberation (Öffnungsfehler)
  Strahlen, die einen größeren Abstand von der optischen Achse haben, schneiden sich erst hinter dem paraxialen Brennpunkt (Längsaberation). Der Öffnungsfehler hängt direkt mit der sphärischen Oberflächengestalt der Linsen zusammen und kann durch Zusammenfügen von Konvex- und Konkavlinsen geeigneter Brechkraft in Grenzen korrigiert werden.

□ Koma

Bei nicht achsparalleler Durchstrahlung einer Linse entsteht ein unsymmetrischer Abbildungspunkt mit Konzentration der Strahlung in einem Teil und einem breiten „Schweif". Koma setzt insbesondere den Kontrast in Randbereichen des Gesichtsfelds herab. Koma kann durch entsprechende Optikauslegung weitgehend korrigiert werden.

□ Astigmatismus

Auf die Linse schräg einfallende runde Lichtbündel werden zu einem elliptischen Bildpunkt verzerrt. Der Bereich scharfer Abbildung liegt auf einer gekrümmten Ebene (Bildfeldwölbung). Der Astigmatismus kann durch entsprechende Linsenkombinationen korrigiert werden.

□ Verzeichnung

Das Bild ist gegenüber dem Objekt verzerrt, z.B. kissenförmig oder tonnenförmig. Die Verzeichnung wird durch die Aperturblende beeinflußt. Gewisse Verzeichnung wird in photographischen Objektiven häufig in Kauf genommen, um eine gleichmäßige Bildausleuchtung zu erreichen. Für besondere Zwecke werden jedoch auch verzeichnungsarme Objektive hergestellt.

□ Farbfehler

Veränderung der Brennweite bei unterschiedlicher Wellenlänge, bedingt durch die Wellenlängenabhängigkeit des Brechungsindex. Ohne Korrektur entstehen Farbränder an allen Kanten. Durch Kombination entsprechender Glassorten kann der Farbfehler in einem begrenzten Wellenlängenbereich kompensiert werden.

Nähere Angaben zu den Abbildungsfehlern können den einschlägigen Optiklehrbüchern [PEDROTTI] entnommen werden. In der Praxis können zur Abbildung nur korrigierte Objektive verwendet werden, wobei die Korrektur nach unterschiedlichen Gesichtspunkten erfolgt sein kann. Bei relativ langen Brennweiten können erfolgreich auch die aus 2 ... 3 Linsen zusammengekitteten *Achromate* verwendet werden, die heute katalogmäßig angeboten werden und in ausgewählten Wellenlängenbereichen bis zur Beugungsgrenze korrigiert sind.

Die Korrektur eines optischen Systems hat nur Sinn bis zur sogenannten *Beugungsgrenze*, d.h. das durch die Abbildungsfehler erzeugte Streuscheibchen wird kleiner als das Airy-Beugungsscheibchen, welches durch Beugung an der Aperturblende entsteht. Bild 2.18 zeigt die Beugung eines parallelen Lichtstrahls an einer Lochblende. In der Entfernung l entsteht ein Lichtscheibchen des Durchmessers d_a , welches von einer Anzahl leuchtschwacher Ringe umgeben ist. Diese als Airy-Scheibchen bekannte Zentralfigur hat den Durchmesser:

$$d_a = \frac{2,44 \cdot \lambda \cdot l}{D} \qquad \text{*Größe des Airy-Scheibchens bei einer Lochblende vom Durchmesser D*} \qquad (2.45)$$

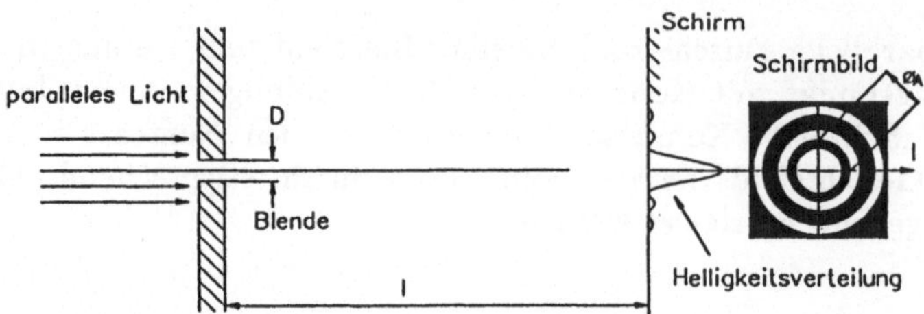

Bild 2.18 Beugung an einer Lochblende

Wird anstelle der Lochblende eine Linse verwendet, gilt:

$$d_\mathrm{a} = \frac{2,44 \cdot \lambda \cdot f}{D} = 2,44 \cdot \lambda \cdot K \qquad (2.46)$$

mit K = Blendenzahl

Für einen He-Ne-Laser mit $\lambda = 632{,}8$ nm gilt:

$$d_\mathrm{a} = 1,54 \cdot K \quad [d_\mathrm{a}] = \mu\mathrm{m}$$

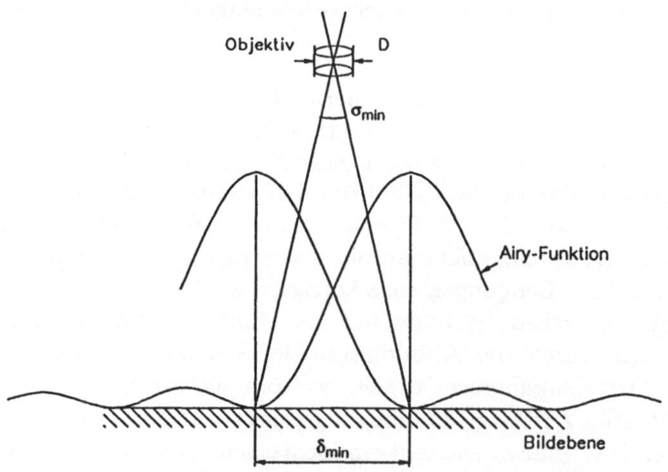

Bild 2.19 Zur Definition des Auflösungsvermögens

Zwei abgebildete Objekte sind noch dann einwandfrei zu trennen, wenn das
Maximum des Airy-Scheibchens des einen Bildes auf das 1. Minimum des Airy-
Scheibchens des anderen Bildes fällt Bild 2.19 (RAYLEIGH-Kriterium). In diesem

Fall spricht man von beugungsbegrenztem Auflösungsvermögen.

$$\delta_{\min} = 1,22 \cdot \lambda \cdot \frac{f}{D} = 1,22 \cdot \lambda \cdot K \qquad \textit{Auflösungsvermögen in} \qquad (2.47)$$
$$\textit{der Bildebene}$$

Hieraus folgt unmittelbar die Winkelauflösung $\sigma_{\min}$, welche nur noch von der Wellenlänge und der Eintrittsapertur D abhängt:

$$\sigma_{\min} = 1,22 \cdot \frac{\lambda}{D} \qquad\qquad \textit{Winkelauflösungsvermögen} \quad (2.48)$$

Bei Laserstrahlung gilt eine etwas modifizierte Beziehung, da diese Strahlen eine annähernd gaußförmige Strahldichteverteilung aufweisen. Der Durchmesser eines praktisch parallelen Laserstrahls wird bestimmt als der Wert, bei dem die Strahlungsleistung auf $1/e^2$ zurückgeht und als $2 \cdot \omega_0$ bezeichnet. Wird dieser Strahl z.B. durch einen fehlerfreien Achromaten abgebildet, ergibt sich genähert folgender Fleckduchmesser Bild 2.20, ebenfalls definiert durch die $1/e^2$-Grenze:

$$d_{\min} = 2 \cdot \omega_0 = 2 \cdot f \cdot \alpha \qquad \textit{Durchmesser eines Laserstrahls} \qquad (2.49)$$

mit $\quad \alpha \quad = $ Strahldivergenz

$$\alpha = \frac{\lambda}{\pi \cdot \omega_0} \qquad\qquad \textit{Strahldivergenz eines Laserstrahls} \qquad (2.50)$$

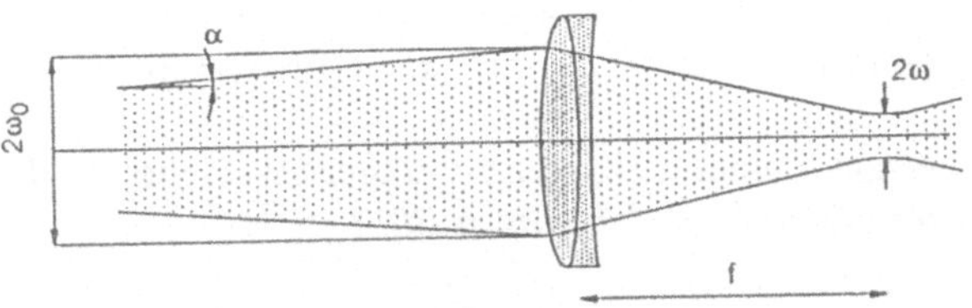

Bild 2.20 Fleckdurchmesser bei der Fokussierung von Laserstrahlung

Die Strahldivergenz ist damit umgekehrt proportional zum Strahldurchmesser, d.h. je feiner ein Laserstrahl gebündelt ist, desto mehr Tendenz hat er, sich durch die Beugung aufzuweiten. Damit folgt für den minimalen Brennfleck eines Lasers:

$$d_{\min} = 2 \cdot \omega_0 = \frac{4 \cdot \lambda \cdot f}{\pi \cdot D} \qquad \textit{Minimaler Brennfleck eines Laser} \qquad (2.51)$$

Auch hier ist die Blendenzahl f/D maßgeblich für die erzielbare Fleckgröße. Die Zahl ist etwas kleiner als die in Gl. (2.45) bestimmte, was aus der gaußförmigen Leistungsverteilung folgt.

Beispiel 2.7: Ein Spiegelteleskop verfügt über eine Öffnung von 350 mm und eine Brennweite von 900 mm. Wie groß ist das auf einem fotografischen Film abgebildete Bild eines entfernten Sterns, wenn das Teleskop beugungsbegrenzt ist? Die untersuchte Wellenlänge soll 580 nm betragen. Wie groß ist das Auflösungsvermögen in der Bildebene und in Winkeln?

Lösung: Nach Gl. (2.45) eingesetzt:

$$d_a = 3,5 \ \mu m.$$

Mit Gl. (2.46) erhält man:

$$d_{min} = 1,82 \ \mu m \quad \text{und} \quad \sigma_{min} = 0,002 \ \text{mrad}$$

Beispiel 2.8: Der Laserstrahl eines Halbleiterlasers von 850 nm Wellenlänge hat einen Durchmesser von $2 \cdot \omega_o = 2$ mm. Wie groß ist die Strahldivergenz auf Grund der Beugung? Auf welchen Fleckdurchmesser läß er sich mit einer Optik mit 3 mm Brennweite reduzieren?
Lösung: Mit Gl. (2.49) folgt:

$$a = 0,271 \ \text{mrad} \qquad Strahldivergenz$$

Mit Gl. (2.50) folgt:

$$d_{min} = 1,6 \ \mu m$$

Fragen und Aufgaben zu Abschnitt 2:

1. Wie lautet das FERMATsche Prinzip und welche Auswirkung hat es auf die Brechung von Strahlen an einer Grenzfläche?

2. Was versteht man unter dem Brewster-Winkel, wie groß ist er bei Glas (n= 1,653) in Luft? Nennen Sie eine Anwendung aus dem Bereich der Optoelektronik.

3. Wie groß ist der Polarisationsgrad eines zuvor unpolarisierten Lichtstrahls nach Reflexion an einer Quarzglasoberfläche (n = 1,5) unter 30°?

4. Wieviel Prozent des Lichtes einer entfernten Quelle erreicht den Fahrer eines PKW durch eine unter dem Winkel von 45 ° geneigten Windschutzscheibe aus getöntem Glas (n= 1,5 , a = 10 dB/cm, 5 mm dick)?

5. Berechnen Sie die wichtigsten optischen Daten eines Objektivs aus 2 Plankonvexlinsen der Brechkräfte 1 diop. und 1,5 diop. aus Glas (BK 7) mit einem inneren Scheitelabstand von 5 mm für die Wellenlänge 650 nm nach der Matrix-Methode. Skizzieren Sie die Lage der Hauptebenen und der Fokuspunkte durch Auswertung der Systemmatrix.

6. Wie groß ist das theoretische Winkel-Auflösungsvermögen eines Fotoobjektivs mit dem Öffnungsverhältnis (Blendenzahl) 1:2,8 und 50 mm Brennweite und grünem Licht (555 nm)? Welche Anforderung folgt daraus für die Feinkörnigkeit des Films?

3 Physik der optischen Strahlung

3.1 Das elektromagnetische Spektrum

Der sichtbare Bereich ist nur ein sehr kleiner Teil des gesamten elektromagnetischen Spektrums Bild 3.1, welches sich über 24 Dekaden der Wellenlänge erstreckt. Der optische Bereich ist hiervon nur ein kleiner Ausschnitt, der sichtbare Bereich wiederum nur ein kleiner Ausschnitt des optischen Spektrums.

Die verschiedenen Lichtwellenlängen werden im sichtbaren Teil des Spektrums als Spektralfarben wahrgenommen. Der sichtbare Bereich reicht von

$$380 \text{ nm (violett)} \quad \Longrightarrow \quad 780 \text{ nm (rot)}$$

Wellenlänge und Frequenz gehorchen dem wichtigen Gesetz:

$$\lambda = \frac{c_0}{\nu} \tag{3.1}$$

$$\begin{aligned}
\text{mit} \quad c_0 &= \text{Lichtgeschwindigkeit,} \\
\lambda &= \text{Wellenlänge,} \\
\nu &= \text{Frequenz der Strahlung.}
\end{aligned}$$

Seit MAX PLANCK wird elektromagnetische Strahlung neben der Darstellung als Welle mit bestimmter Wellenlänge als ein Strom von diskreten, als Lichtquanten bezeichneten Energiepaketen verstanden, die eine endliche Energiemenge besitzen:

$$W_\mathrm{q} = h \cdot \nu = h \cdot \frac{c_0}{\lambda} \tag{3.2}$$

$$\text{mit } h = 6{,}6262 \cdot 10^{-34} \text{ Js} = 4{,}1357 \cdot 10^{-15} \text{ eVs} \quad \text{(PLANCKsches Wirkungsquantum)}$$

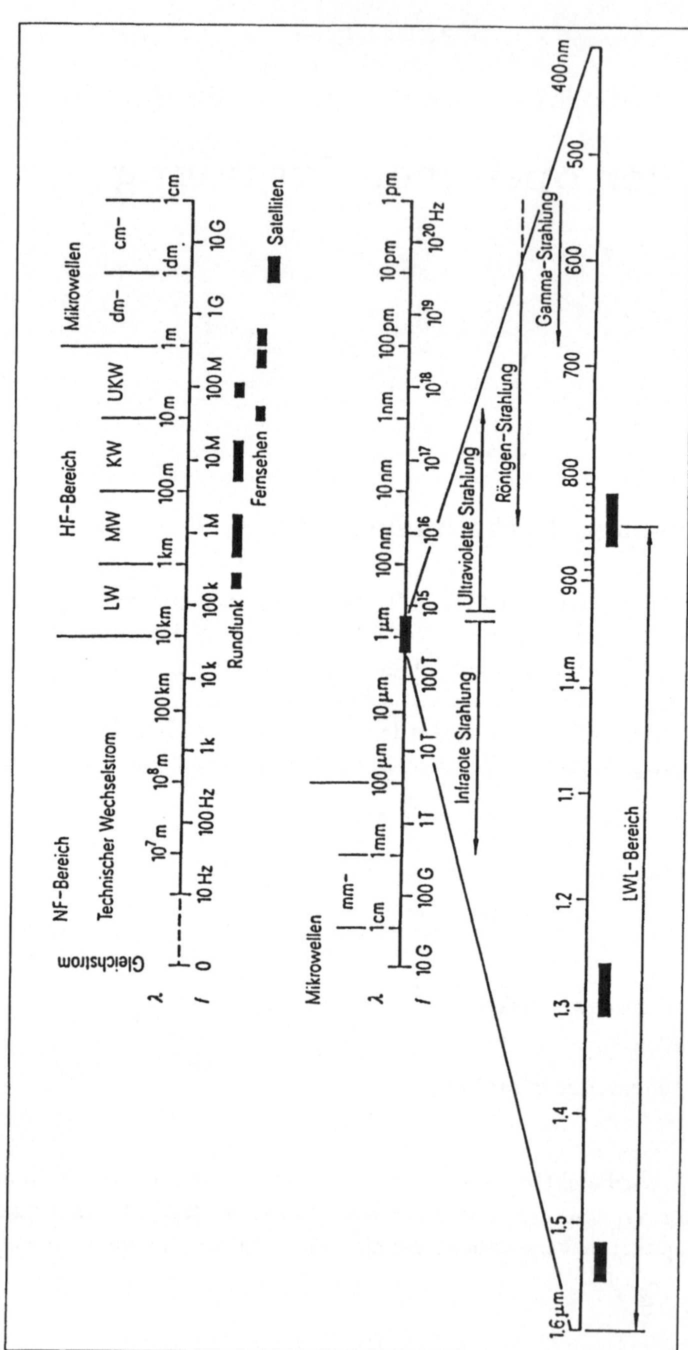

Bild 3.1　Das elektromagnetische Spektrum

Diese Energiemenge wächst mit steigender Frequenz, d.h. ist umso höher, je kürzer die Wellenlänge ist. Blaues Licht ($W_q = 2{,}7$ eV) ist deshalb energiereicher als rotes Licht ($W_q = 1{,}8$ eV).

Obige Beziehungen gelten für das Vakuum, für die Lichtausbreitung in festen Körpern ist anstelle der Lichtgeschwindigkeit die jeweilige Phasengeschwindigkeit zu setzen, die über

$$c_{ph} = \frac{c_0}{n} \qquad \text{\textit{Phasengeschwindigkeit}} \qquad (3.3)$$

mit dem Brechungsindex zusammenhängt. Bezüglich einer näheren Erklärung, was unter *Phasengeschwindigkeit des Lichtes* zu verstehen ist, sei auf die Literatur [TIMMMERMANN, Lichtwellenleiter] verwiesen.

3.2 Strahlungsgesetze des „schwarzen Körpers"

Elektromagnetische Strahlung wird von jedem Körper ausgesendet, dessen Temperatur höher ist als die Temperatur des absoluten Nullpunkts (-273,16 °C). Gleichzeitig absorbiert er Strahlung von andern Körpern der Umgebung, so daß sich bei gleicher Temperatur ein thermodynamisches Gleichgewicht von Emission und Absorption einstellt. Hieraus folgt die Regel

Emission eines Körpers = Absorption eines Körpers

integriert über alle Wellenlängen, da es andernfalls zu einer Aufheizung bzw. Abkühlung kommen würde.

Ein Körper, der nun alle Strahlung, gleich welcher Wellenlänge, absorbiert, sieht schwarz aus und wird deshalb als „schwarzen Körper" mit dem Emissionskoeffizienten gleich Absorptionskoeffizienten

$$\varepsilon(\lambda) = \alpha(\lambda) = 1 \qquad (3.4)$$

definiert, der damit wellenlängenunabhängig ist. Für einen solchen Körper, auf dessen praktische Ausführung noch weiter unten eingegangen wird, gilt das PLANCKsche Strahlungsgesetz des „schwarzen Körpers":

$$M_{e,\lambda} = \frac{2 \cdot \pi \cdot c_0^2 \cdot h}{\lambda^5 \cdot \exp[(c_0 \cdot h/\lambda \cdot k \cdot T) - 1]} \qquad \begin{array}{l} \textit{PLANCKsches} \\ \textit{Strahlungsgesetz des} \\ \textit{schwarzen Körpers} \end{array} \qquad (3.5)$$

mit $\quad k \; = 1{,}3807 \cdot 10^{-23}$ Ws/K $\quad$ (BOLTZMANN-Konstante)

Hierin steht $M_{e,\lambda}$ für die spektrale spezifische Ausstrahlung des schwarzen Körpers:

$$M_{e,\lambda} = \frac{d\Phi}{dA \cdot d\lambda} , \quad [M_{e,\lambda}] = \text{W/m}^3 \qquad \textit{Spezifische Strahlung} \qquad (3.6)$$

mit $\quad \Phi \; =$ Strahlungsfluß

Auf die Definition der strahlungs- und lichttechnischen Größen wird später noch genauer eingegangen.

Ein „schwarzer Körper" kann am ehesten durch einen Hohlraumstrahler (Bild 3.2) realisiert werden, der so ausgebildet ist, daß einfallendes Licht durch vielfache verlustbehaftete Reflexion an den Innenwänden praktisch zu 100 % absorbiert wird (also ein schwarzes Loch), was weitgehend wellenlängenunabhängig geschehen kann. Wird ein solcher Hohlraum erhitzt, sendet er umgekehrt Strahlung aus, die der *Schwarzkörperstrahlung* entspricht.

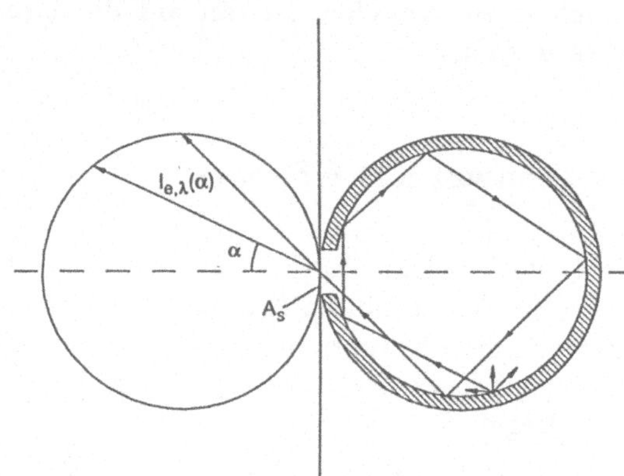

Bild 3.2   Hohlraum als „schwarzer Körper"

Diese Strahlung verläßt den Hohlkörper mit einer idealen räumlichen Verteilung, die dem LAMBERTschen Gesetz des diffusen Strahlers gehorcht. Für die Strahldichte folgt dann wegen

$$L_{e,\lambda} = M_{e,\lambda} \cdot \frac{1}{\Omega_o \cdot \pi} \tag{3.7}$$

Für den Halbraum gilt: $\Omega_o = 1$ sr   (Raumwinkeleinheit). Somit ist:

$$L_{e,\lambda} = \frac{2 \cdot c_o^2 \cdot h}{\Omega_o \cdot \lambda^5 \cdot \exp[(c_o \cdot h/\lambda \cdot k \cdot T) - 1]} \qquad \begin{array}{l}\textit{Strahldichte des}\\ \textit{schwarzen Körpers}\end{array} \tag{3.8}$$

Für die spektrale Strahlstärke $I(\lambda, \alpha)$ der strahlenden Austrittsfläche A_s folgt dann:

$$I_{e,\lambda} = L_{e,\lambda} \cdot A_s \cdot \cos \alpha$$

Somit gilt:

$$I_{e,\lambda} = \frac{2 \cdot c_o^2 \cdot h \cdot A_s \cdot \cos \alpha}{\Omega_o \cdot \lambda^5 \cdot \exp[(c_o \cdot h/\lambda \cdot k \cdot T) - 1]} \qquad \begin{array}{l}\textit{spektrale Strahlstärke des}\\ \textit{schwarzen Körpers}\end{array} \tag{3.9}$$

Im linearen Maßstab aufgetragen zeigt Bild 3.3 die spektrale Verteilung der Schwarzkörperstrahlung bei unterschiedlichen Temperaturen des Körpers.

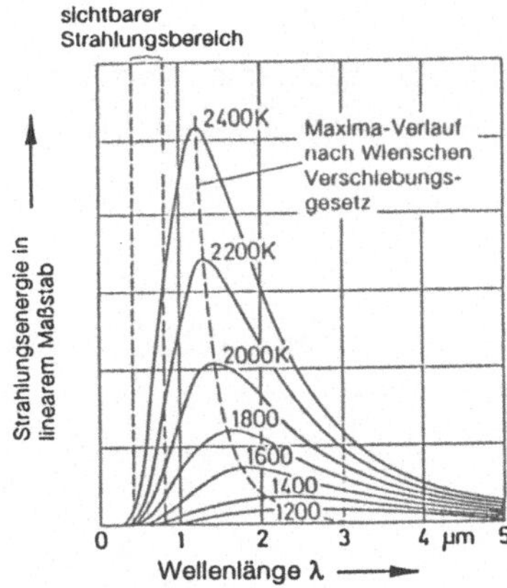

Bild 3.3
Strahldichteverteilung des „schwarzen Körpers"

Die Verteilung zeigt ein ausgeprägtes Maximum, welches sich mit höheren Temperaturen in den kurzwelligeren Bereich verschiebt. Das Maximum ist dabei umso ausgeprägter, je höher die Temperatur des schwarzen Körpers ist. In dem Diagramm ist zusätzlich der Bereich der sichtbaren Strahlung hinterlegt. Erst bei sehr hohen Temperaturen fällt das Maximum der Strahlung in den sichtbaren Bereich, nämlich bei der Temperatur der Sonnenstrahlung, die mit ca. 6000 K „Farbtemperatur" ihr Maximum bei 480 nm (gelb) erreicht, wie das dem Sonnenspektrum Bild 3.4 entnommen werden kann.

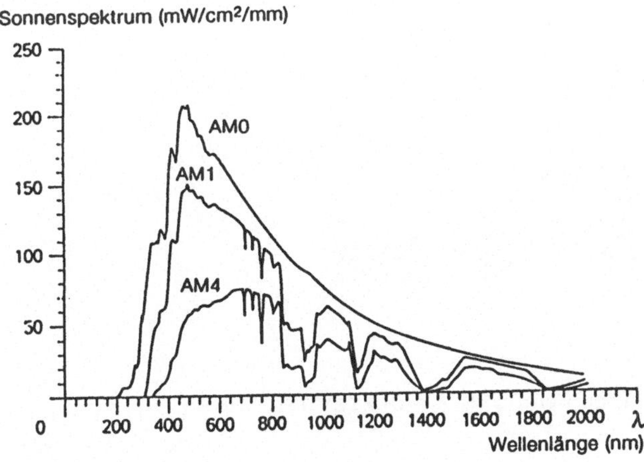

Bild 3.4 Extraterristisches (AM0) und terrestrisches (AM1 und AM4) Sonnenspektrum

AM0 steht für *air mass* 0, also außerhalb der Atmosphäre, AM1 für den Fall senkrechter Einstrahlung, gemessen in Meereshöhe, AM4 für nahezu waagerechte Einstrahlung, also Sonne in der Nähe des Horizonts, die Verschiebung des

Maximums durch die Absorption in der Atmosphäre zum Roten hin, ist deutlich zu erkennen.

Das PLANCKsche Strahlungsgesetz beschreibt die spektrale Verteilung, die Gesamtstrahlung im Halbraum ergibt sich durch Integration über die Wellenlänge:

$$M_\mathrm{e} = \int\limits_0^\infty M_{\mathrm{e},\lambda}\, \mathrm{d}\lambda$$

Dies entspricht dem Flächeninhalt unter der Verteilungskurve Bild 3.5. Löst man das Integral, erhält man das STEFAN-BOLTZMANN-Gesetz:

$$M_\mathrm{e} = \sigma \cdot \varepsilon \cdot T^4 \tag{3.10}$$

mit $\quad \varepsilon \quad = \text{Emissionsgrad} = \varepsilon(\lambda)$

$\qquad T \quad = \text{absolute Temperatur}$

$\qquad \sigma \quad = 5{,}670 \cdot 10^{-8}\ \mathrm{W/m^2 \cdot K^4} \quad$ PLANCKsche Strahlungskonstante

$$\sigma = \frac{2\pi^5 \cdot k^4}{15 \cdot h^3 \cdot c_\mathrm{o}^2}$$

Die spezifische Ausstrahlung ist damit proportional zur 4. Potenz der absoluten Temperatur!

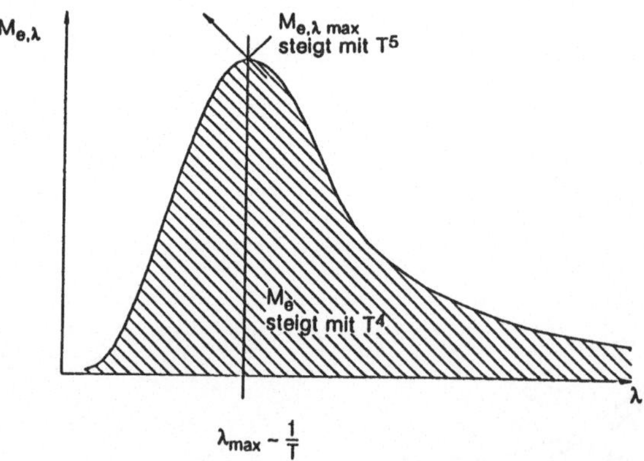

Bild 3.5 Zusammenhänge beim STEFAN-BOLTZMANN-Gesetz

Bezüglich der Wellenlänge des Maximums der Ausstrahlung gilt das WIENsche Verschiebungsgesetz:

$$\lambda_\mathrm{max} \cdot T = \text{const.} = \frac{h \cdot c_\mathrm{o}}{k \cdot 4{,}965} = 2880\ \mu\mathrm{m} \cdot \mathrm{K} \tag{3.11}$$

Aus dem WIENschen Verschiebungsgesetz kann die Wellenlänge maximaler Strahlung sehr einfach bestimmt werden.

Die spektrale spezifische Ausstrahlung an der Wellenlänge maximaler Strahlung steigt mit der 5. Potenz der absoluten Temperatur T an:

$$M_{e,\lambda max} = 1{,}309 \cdot 10^{-18} \cdot \frac{W}{cm^2 \cdot nm \cdot K^5} \cdot T^5 \qquad \textit{max. Ausstrahlung} \qquad (3.12)$$

Alle diese Beziehungen gelten nur für den idealen „schwarzen" Strahler. In der Realität ergeben sich erhebliche Abweichungen, da der Absorptionsgrad von Oberflächen sehr unterschiedlich sein kann und in hohem Maße von der Wellenlänge abhängt. Eine Annäherung an die ideale Strahlungscharakteristik ergibt sich erst bei hohen Temperaturen von einigen 1000 K. So kann man z.B. beim Glühfaden einer Halogenlampe, der eine Temperatur von 4000 ... 5000 K aufweist, sehr gut von der Schwarzkörperstrahlung ausgehen. Bei Raumtemperatur von 300 K ergeben sich bereits erhebliche Abweichungen, z.B. weisen Metalle wegen des hohen Reflexionsgrades (blanker Kochtopf!) auch einen niedrigen Emissionsgrad auf (das Essen hält länger warm!) und verhalten sich durchaus nicht wie ein „schwarzer" Körper. Auf dem unterschiedlichen Emissionsgrad von Materialien beruht die gesamte Infrarot-Bildaufnahmetechnik, da der Kontrast hier nur durch die unterschiedlichen Emissionsgrade (und Temperaturen) der Körper zustandekommt.

Körper, die eine spektral ähnliche Emissionsverteilung aufweisen wie der „schwarze" Strahler, jedoch den Emissionsgrad von 1 nicht erreichen, werden als „graue" Strahler bezeichnet.

Allgemein kann die in einem bestimmten Wellenlängenbereich abgegebene Strahlungsleistung durch Integration über die Wellenlänge gefunden werden:

$$M_e = \int_{\lambda_1}^{\lambda_2} M_{e,\lambda} \cdot T(\lambda)\, d\lambda \qquad \begin{array}{l}\textit{Strahlungsleistung in einem} \\ \textit{Wellenlängenbereich von } \lambda_1 \textit{ bis } \lambda_2 \end{array} \qquad (3.13)$$

Die Auswertung dieses Integrals erfolgt entweder numerisch oder über geeignete Tafeln. $T(\lambda)$ ist dabei die Transmissivität eines Filters, welches z.B. zur Selektion eines bestimmten Wellenlängenbereichs verwendet werden soll. Ohne Filter ist für $T = 1$ einzusetzen. Die Operation entspricht der integralen Gewichtung der spezifischen Ausstrahlungsverteilung mit der Filterfunktion. Für die übrigen Größen wie Strahldichte und Strahlstärke gilt das entsprechende.

Bei der Auswertung des STEFAN-BOLTZMANN-Gesetzes ist zu beachten, daß der betrachtete Körper nicht nur Strahlung aussendet, sondern auch aus seiner Umgebung empfängt. Wirklich Strahlungsleistung abgeben kann der Körper nur bei Übertemperatur. Es ist deshalb anzusetzen:

$$M_e = \sigma \cdot \varepsilon \cdot (T_1^4 - T_2^4) \qquad (3.14)$$

Dies kann man zerlegen in:

$$M_e = \sigma \cdot \varepsilon \cdot (T_1^2 + T_2^2)(T_1 + T_2)(T_1 - T_2)$$

Liegen T_1 und T_2 nicht allzuweit auseinander, kann man hier auf den Begriff des Wärmewiderstandes

$$R_{th} = \frac{\Delta T}{P_{th}} \qquad \textit{Strahlungs-Wärmewiderstand} \qquad (3.15)$$

zurückgreifen, wobei die strahlungsmäßig transportierte Leistung

$$P_{th} = M_e \cdot A_s \qquad\qquad\qquad\qquad Strahlungsleistung \quad (3.16)$$

beträgt. Hieraus folgt schließlich für den so ermittelten strahlungsbedingten Wärmewiderstand, wenn man ausreichend weit vom absoluten Nullpunkt entfernt ist:

$$R_{th} = \frac{1}{A_s \cdot \sigma \cdot \varepsilon \cdot (T_1^2 + T_2^2)(T_1 + T_2)} = \frac{1}{A_s \cdot \sigma \cdot \varepsilon \cdot 4T_1^3} \qquad (3.17)$$

Für $\varepsilon = 1$ (Schwarzkörper) und 1 cm^2 Fläche folgt dann:

$$R_{th} = \frac{4,4 \cdot 10^{10}}{T^3} \frac{K}{W}, \quad [R_{th}] = K/W$$

Daraus läßt sich folgende kleine Tabelle für eine 1 cm^2 strahlende Fläche berechnen:

T in K	R_{th} in K/W
300	1633
400	687
500	352
600	203
1000	44

Aus der Tabelle ersieht man, daß der Wärmeabfluß durch Strahlung bis etwa 100 °C keine allzu große Rolle spielt. Erst bei höheren Temperaturen kommt er voll zur Wirkung.

Beispiel 3.1: Wie groß ist die spezifische Ausstrahlung und die Strahldichte des schwarzen Körpers bei gegebener Temperatur?

$$T_1 = 2045\ K \quad \text{(Temperatur des Platin-Schmelzpunktes, wird zur Definition des Candela (cd) verwendet);}$$
$$T_2 = 2856\ K \quad \text{(Temperatur der Normallampe A nach DIN 5033)}$$

Lösung:

$$M_{e1} = 99\ \text{W/cm}^2 \qquad L_{e1} = 31,55\ \text{W/srcm}^2$$
$$M_{e2} = 377\ \text{W/cm}^2 \qquad L_{e2} = 120\ \text{W/srcm}^2$$

Beispiel 3.2: Wie groß ist die spezifische Ausstrahlung bei der Wellenlänge maximaler Strahlung:

$$T_1 = 2045\ K,$$
$$T_2 = 2856\ K,$$
$$T_3 = 6000\ K?$$

Lösung:

$$T_1 : \lambda_{\max} = 1,4~\mu\text{m} \qquad M_{e,\lambda\max} = 46~\text{W/cm}^2\mu\text{m}$$
$$T_2 : \lambda_{\max} = 1~\mu\text{m} \qquad M_{e,\lambda\max} = 248~\text{W/cm}^2\mu\text{m}$$
$$T_3 : \lambda_{\max} = 480~\text{nm} \qquad M_{e,\lambda\max} = 10178~\text{W/cm}^2\mu\text{m}$$

Beispiel 3.3: Mit welcher Wellenlänge strahlt der menschliche Körper (300 K) maximal?

Lösung:

$$\lambda_{\max} = 9,6~\mu\text{m}$$

Beispiel 3.4: Der spektrale Emissionsgrad eines grauen Strahlers beträgt $\varepsilon = 0,4$. Wie groß ist die in die Umgebung abgegebene Strahlungsleistung und wie groß ist der Wärmewiderstand, wenn die Strahlertemperatur 250 °C und der Durchmesser der strahlenden Fläche 0,5 cm beträgt?

Lösung:

$$M = \sigma \cdot \varepsilon \cdot (T^4 - T_u^4)$$

Mit $T = 523$ K und $T_u = 300$ K folgt: $M = 1513$ W/m^2. Die Fläche beträgt:

$$A_s = 4\pi \cdot R^2 = 0,000314~\text{m}^2$$

Daraus folgt die Wärmeleistung mit:

$$\Phi = 0,475~\text{W}$$

und der Wärmewiderstand mit:

$$R_{th} = \frac{250~^\circ\text{C} - 27~^\circ\text{C}}{0,475~\text{W}} = 469~\text{K/W}$$

Es wird also allein für die Strahlung bereits ein halbes Watt benötigt, um z.B. einen kleinen Lötkolben auf der Löttemperatur von 250 °C zu halten.

Beispiel 3.5: Wieviel Prozent der gesamten Strahlungsleistung eines schwarzen Körpers der Temperatur $T = 2856$ K entfällt auf den sichtbaren Bereich von 380 ... 780 nm?

Lösung: Die Gesamtstrahlungsleistung folgt aus:

$$M_e = \sigma \cdot T^4 = 377~\text{W/cm}^2$$

Die spektrale Ausstrahlung integriert über den sichtbaren Wellenlängenbereich ergibt (numerisch):

$$M_{es} = 39,8~\text{W/cm}^2$$

Damit fallen nur 10,5 % der erzeugten Strahlung in den sichtbaren Bereich, woraus der schlechte Wirkungsgrad von Glühbirnen abzulesen ist.

3.3 Quantitative Beschreibung von Licht durch strahlungsphysikalische und lichttechnische Größen

Im vorherigen Abschnitt wurde bereits der lichttechnische Begriff der *Ausstrahlung* verwendet. Im folgenden sollen in Anlehnung an DIN 5031 und 5033 die wichtigsten Begriffe besprochen und in Beispielen der Umgang mit ihnen geübt werden. Als Literatur hierzu wird [HENTSCHEL, Licht und Beleuchtung] empfohlen. Strahlung kann einmal durch

□ rein physikalische Größen (*Radiometrie*) oder durch

□ physiologische Größen, die die Empfindlichkeitscharakteristik des Auges mit einbeziehen (*Fotometrie*)

charakterisiert werden. Im 2. Fall spricht man von lichttechnischen Größen, für die ein eigenes Maßsystem geschaffen wurde.

Fotometrische Größen gehen dabei aus den entsprechenden radiometrischen Größen durch die Bewertung mit der spektralen Augenempfindlichkeitsfunktion $V(\lambda)=$ Hellempfindlichkeitsgrad hervor:

$$X_v = \mathrm{Km} \int\limits_{380}^{780} \frac{\mathrm{d}X_e}{\mathrm{d}\lambda}\, V(\lambda)\, \mathrm{d}\lambda \tag{3.18}$$

mit   Km $= 680\ \mathrm{lm/W}$ für Tagessehen

Hierin wird Km als fotometrisches Stahlungäquivalent für Tagessehen bezeichnet. Für Nachtsehen gilt das Äquivalent Km'$=1725\ \mathrm{lm/W}$ mit der etwas veränderten spektralen Empfindlichkeitskurve $V'(\lambda)$. Für den Hellempfindlichkeitsgrad ist das Verhältnis der Strahldichten:

$$V(\lambda) = \frac{L_{e,\lambda\mathrm{max}}}{L_{e,\lambda}} \tag{3.19}$$

mit $L_{e,\lambda\mathrm{max}}$ $= 555\ \mathrm{nm}$, gelbgrün

definiert, wobei hier auf die Wellenlänge größter Augenempfindlichkeit bezogen ist. $V(\lambda)$ ist zusammen mit $K(\lambda)$ in Bild 3.6 aufgetragen und in Tabelle 3.2 tabelliert.

Tabelle 3.1 Definition der Strahlungs- und lichttechnischen Größen nach DIN 5031 und 5033. Der Index e steht für energetisch, Index v für visuell. A_s = Sendefläche, A_e = Empfangsfläche. Der Winkel α ist definiert zur Normalen der Sendefläche, vom Empfänger aus gesehen.

Radiometrisch	Zeichen	Dim.	Fotometrisch	Zeichen	Dim.
Strahlungs-energie	W_e	Ws	Lichtmenge	W_v	lms
Strahlungs-leistung	$\Phi_e = \dfrac{dW_e}{dt}$	W	Lichtstrom	$F_v = \dfrac{dW_v}{dt}$	lm
Spezifische Ausstrahlung	$M_e = \dfrac{d\Phi_e}{dA_s}$	W/m²	spez. Licht.	$M_v = \dfrac{d\Phi_v}{dA_s}$	lm/m²
Strahlstärke	$I_e = \dfrac{d\Phi_e}{d\Omega}$	W/sr	Lichtstärke	$I_v = \dfrac{d\Phi_v}{d\Omega}$	lm/sr
Strahldichte	$L_e = \dfrac{dI_e}{dA_s \cos\alpha}$	W/m²sr	Leuchtdichte	$L_v = \dfrac{dI_e}{dA_s \cos\alpha}$	cd/m²
Bestrahlungs-stärke	$E_e = \dfrac{d\Phi_e}{dA_e}$	W/m²	Beleuchtungs-stärke	$E_v = \dfrac{d\Phi_v}{dA_e}$	lm/m², lx
Bestrahlung	$H_e = \int E_e\,dt$	W/m²s	Belichtung	$H_v = \int E_v\,dt$	lm/m²s, lx s

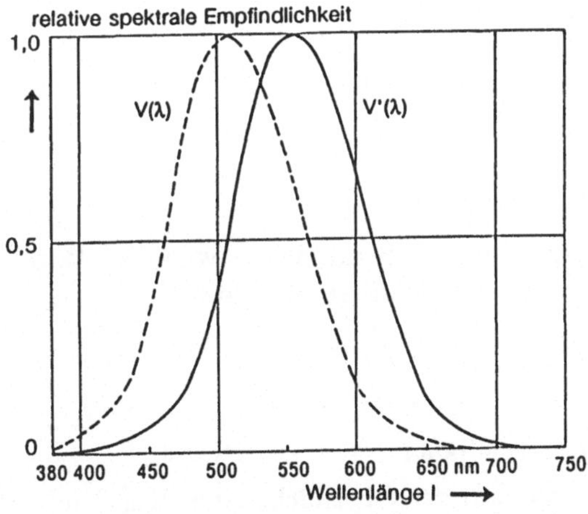

Bild 3.6 Relative spektrale Hellempfindlichkeit für Tagessehen $V(\lambda)$ und Nachtsehen $V'(\lambda)$ für den fotometrischen Normalbeobachter nach CIE

Bei den Wellenlängen λ = 405 nm (violett) und λ = 720 nm (rot) ist $V(\lambda)$ bereits auf 1 % der Maximalempfindlichkeit abgefallen. Das Auge empfindet hier monochromatisches Licht dieser Wellenlänge nur dann als gleich hell wie gelbgrünes Licht, wenn es eine 100-mal größere Leuchtdichte sieht. Die Empfindlichkeitscharakteristik der bei großer Lichtstärke verwendeten Zäpfchen-Zellen der Retina (Tagessehen) und der bei geringer Lichtstärke verwendeten Stäbchen-Zellen (Nachtsehen) ist unterschiedlich. Farbsehen ist nur mit den weniger empfindlichen Zäpfchen möglich, beim Sehen mit Stäbchen sind, wie bekannt, bei Nacht alle Katzen grau.

Tabelle 3.2 Spektraler Hellempfindlichkeitsgrad für Tagessehen $V(\lambda)$ und Nachtsehen $V'(\lambda)$

λ	Tagessehen $V(\lambda)$	Nachtsehen $V'(\lambda)$
380	0	0,006
400	0,0001	0,0092
420	0,0040	0,0966
440	0,0230	0,3281
460	0,060	0,5670
480	0,139	0,7930
500	0,323	0,982
520	0,75	0,935
540	0,954	0,650
560	0,995	0,3288
580	0,870	0,1212
600	0,631	0,0332
620	0,381	0,0074
640	0,175	0,0015
660	0,061	0,0003
680	0,017	0,0001
700	0,0041	0
720	0,005	0
740	0,0002	0
760	0,0001	0
780	0	0

Bei der Definition der Strahlstärke und der Strahldichte wird der Begriff des Raumwinkels eingeführt, der folgendermaßen definiert ist Bild 3.7:

$$\Omega = \frac{A}{R^2} \tag{3.20}$$

mit　Ω　= Raumwinkel in sr (Steradiant)

　　　A　= Fläche eines Segments auf der Oberfläche einer Kugel mit dem Radius R

Obgleich Ω eigentlich eine dimensionslose Größe ist, wird die Kennzeichnung sr verwendet. Der größte mögliche Raumwinkel ist die Oberfläche einer Kugel mit dem Radius R:

$$\Omega = \frac{4\pi \cdot R^2}{R^2} = 4\pi \cdot \Omega_\mathrm{o} \qquad \textit{größter möglicher Raumwinkel} \tag{3.21}$$

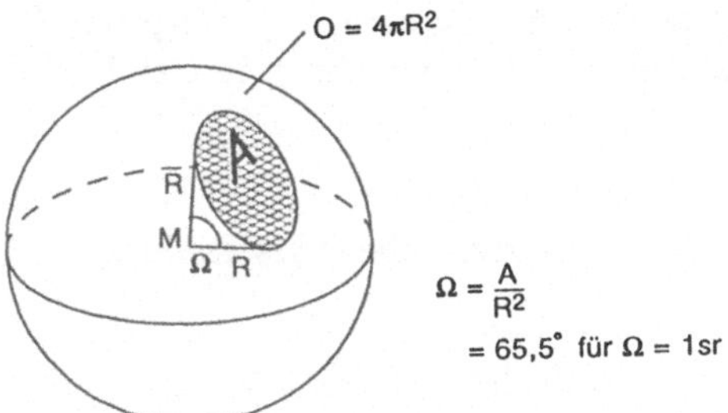

Bild 3.7 Zur Definition des Raumwinkels Ω

In vielen Fällen wird die *Einheitskugel* verwendet mit der Abkürzung $\Omega_o = 1$ sr, um dimensionsrichtige Rechnung zu ermöglichen. Um den Raumwinkel eines Kugelsegments der Öffnung 2α zu finden, bilden wir (Bild 3.8):

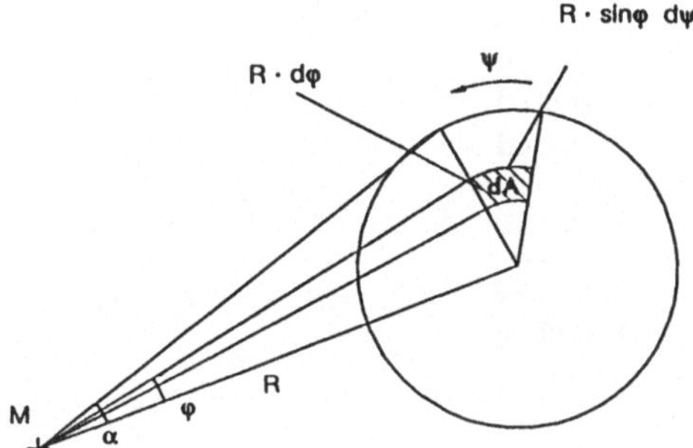

Bild 3.8 Zur Berechnung des Raumwinkels eines Kugelsegments des Öffnungswinkels 2α

$$dA = R\,d\varphi\, R\sin\varphi\, d\psi \quad \text{(differentielle Fläche auf der Kugeloberfläche)}$$

$$A = R^2 \int\limits_{0}^{\alpha} \sin\varphi\, d\varphi \int\limits_{\varphi}^{2\pi} d\psi$$

$$A = 2\pi \cdot R^2[-\cos\varphi]\,\Big|_{0}^{\alpha}$$

$$A = 2\pi \cdot R^2(1-\cos\alpha)$$

$$\Omega = 2\pi(1-\cos\alpha) \qquad \text{(3.22)}$$

Raumwinkel eines Kugelsegments mit dem halben Öffnungswinkel α

1 sr sind deshalb gleichwertig einem halben Öffnungswinkel von $\alpha = 32,72°$ oder dem Öffnungswinkel von $65,5°$.

Bei der Arbeit mit den Größen ist ferner streng zwischen den integralen Größen und den spektralen Größen zu unterscheiden. Letztere werden mit dem Index λ als solche ausgewiesen, z.B.:

$$M_{e,\lambda} = \frac{\mathrm{d}M_e}{\mathrm{d}\lambda} \quad \text{bzw.} \quad M_e = \int_0^\infty M_{e,\lambda}\, \mathrm{d}\lambda \qquad \textit{spezifische Ausstrahlung} \qquad (3.23)$$

Typische Werte für fotometrische Größen enthält die Tabelle 3.3.

Tabelle 3.3 Richtwerte für lichttechnische Größen

Leuchtdichten:	
Glühlampe 220 V, 40 W	600 cd/m^2
Schwarzer Strahler 2042 K	60 cd/m^2
Himmel bei Tageslicht	0,5 ... 1 cd/m^2
Lichtstärken:	
Glühlampe 220 V, 40 W	35 cd
Glühlampe 220 V, 100 W	100 cd
LED (typisch)	0,1 cd
Beleuchtungsstärken:	
Tageslicht (Sommer, Mittag)	50000 lx
Tageslicht (Winter, Mittag)	10000 lx
Arbeitsplatzbeleuchtung	500...1000 lx
Wohnraumbeleuchtung	50 ... 300 lx
Lesbarkeitsgrenze	0,3 ... 3 lx
Vollmondschein	0,1 lx

Von besonderer Bedeutung ist der Begriff des LAMBERTschen-Strahlers. Dieser besitzt nach allen Richtungen die gleiche Strahldichte, erscheint also von jeder Seite betrachtet gleich hell. Dies gilt insbesondere auch für eine flächenhafte Strahlungsquelle, die in diesem Fall als ideal diffus strahlend bezeichnet wird. Es gilt dann das LAMBERTsche Cosinusgesetz:

$$I_{e,\alpha} = I_{e,o} \cdot \cos\alpha \qquad\qquad \text{LAMBERT\textit{sches Gesetz}} \qquad (3.24)$$

$$\Phi_e = I_{e,o} \int_{\text{Halbraum}} \cos\alpha\, \mathrm{d}\Omega = I_{e,o} \cdot \pi \cdot \Omega_o \qquad (3.25)$$

Die Strahlungscharakteristik des LAMBERTschen Strahlers (Bild 3.9) ist also ein Kreis, der die Strahleroberfläche tangiert.

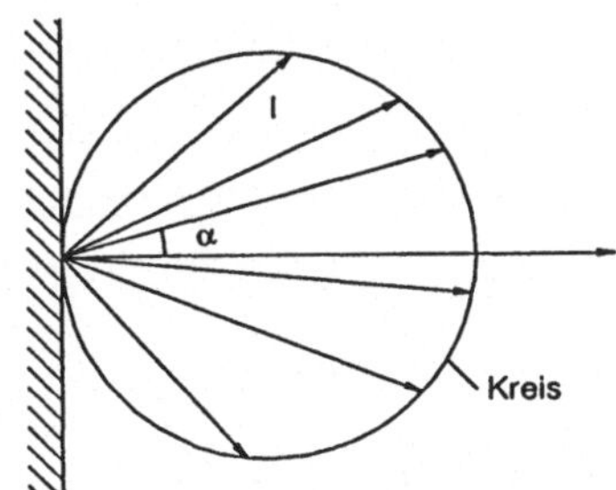

Bild 3.9
Strahlungscharakteristik einer ideal diffus streu-
enden Fläche (LAMBERTscher Strahler)

Fällt Strahlung auf einen Körper, so kann sie entweder

□ reflektiert werden,

□ absorbiert, d.h. in Wärme umgewandelt

□ oder durchgelassen werden.

Entsprechend sind die Größen

$$\rho = \frac{\Phi_r}{\Phi_o} \qquad\qquad \textit{Reflexionsgrad} \qquad (3.26)$$

$$\alpha = \frac{\Phi_a}{\Phi_o} \qquad\qquad \textit{Absorptionsgrad} \qquad (3.27)$$

$$\tau = \frac{\Phi_t}{\Phi_o} \qquad\qquad \textit{Transmissionsgrad} \qquad (3.28)$$

definiert mit:

$$\rho + \alpha + \tau = 1 \qquad\qquad\qquad\qquad (3.29)$$

Diese Größen sind alle stark spektral abhängig und werden zur Identifizierung eines Stoffes verwendet (Spektralfotometer). Auf die bei der Reflexion und Transmission auftretende Polarisierung des Lichtes wurde schon zuvor eingegangen. Für eine ideal diffus reflektierende Fläche gilt dann:

$$L = \frac{\rho \cdot E}{\Omega_o \pi} \qquad\qquad \textit{Reflexion} \qquad (3.30)$$

$$L = \frac{\tau \cdot E}{\Omega_o \pi} \qquad\qquad \textit{Transmission} \qquad (3.31)$$

Im Allgemeinen ist die Reflexion selten ideal diffus, sondern meist gemischt, so daß sich eine unsymmetrisch überlagerte Lichtstärkefunktion ergibt, die rechnerisch schwer zu handhaben ist (Bild 3.10). Hier mischt sich das normale Reflexionsgesetz:

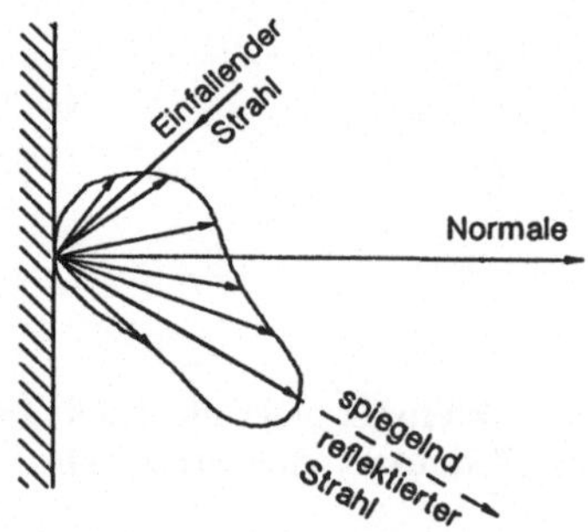

Bild 3.10
Strahlungscharakteristik eines Strahlers mit gemischter Reflexion (spiegelnd und diffus)

Einfallswinkel = Ausfallswinkel mit der Cosinus-Verteilung des LAMBERTschen Strahlers.

Wenn die Strahlungsquelle klein ist gegenüber der Entfernung Sender—Empfänger, kann die Quelle als punktförmig angenommen werden. Dies gilt immer, wenn der Abstand größer ist als die 10-fache größte Ausdehnung der Quelle. Es gilt das *fotometrische Entfernungsgesetz* (Bild 3.11):

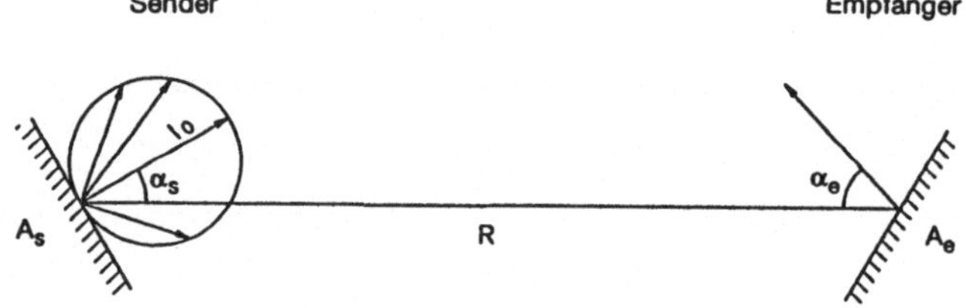

Bild 3.11 Projektion der Sender- und Empfängerflächen beim fotometrischen Entfernungsgesetz

$$d\Phi^2 = L\,\frac{dA_s \cos\alpha_s \cdot dA_e \cos\alpha_e}{R^2} \qquad (3.32)$$

mit R = Abstand Sender—Empfänger

A_s = Senderfläche

A_e = Empfängerfläche

α_s = Winkel Normale/Verbindungslinie S—E

Eine Konsequenz aus diesem Gesetz ist, daß die Beleuchtungsstärken unter sonst gleichen Verhältnissen sich wie die Quadrate der Abstände verhalten:

$$\frac{E_s}{E_e} = \frac{R_e^2}{R_s^2} \qquad (3.33)$$

In einer anderen Form folgt ebenfalls:

$$E(\alpha_\mathrm{s}, \alpha_\mathrm{e}) = \frac{I(\alpha_\mathrm{s})}{R^2} \cdot \Omega_\mathrm{o} \cdot \cos \alpha_\mathrm{e} \qquad (3.34)$$

mit $\quad I(\alpha_\mathrm{s}) \quad$ = Lichtstärke des Senders in Richtung Empfänger

Die Beleuchtungsstärke E nimmt also quadratisch mit dem Abstand ab, wenn die Lichtquelle relativ zum Abstand des Empfängers klein ist. Die Verwendung der Cosinus-Funktion ist wiederum nur in Zusammenhang mit einem ideal diffusen Empfänger, z.B. einer Fotodiodenfläche zulässig. Ist der Fotodiode eine Optik vorgeschaltet, z.B. in Form einer geformten, transparenten Vergußmasse, ist die jeweilige Funktion des Empfängerdiagramms zu verwenden.

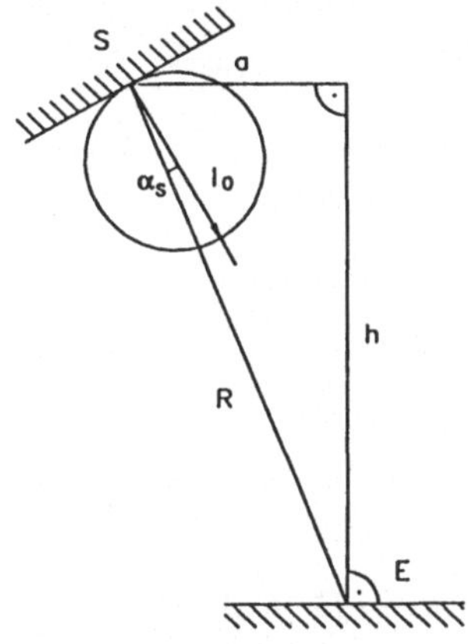

Bild 3.12
Beleuchtungsstärke in Abhängigkeit vom senkrechten Abstand

Drückt man die Winkel durch die Abstände h, a aus (Bild 3.12), ergibt sich:

$$E = I(\alpha_\mathrm{s}) \cdot \Omega_\mathrm{o} \frac{h}{(a^2 + h^2)^{3/2}} \qquad (3.35)$$

Damit läßt sich die Beleuchtungsstärke auf einer Empfängerfläche leicht abschätzen. Die Formeln setzen jedoch immer das *Fernfeld* voraus, d.h. eine gegenüber der Entfernung um mindestens den Faktor 10 kleinere Lichtquelle. Großflächige Lichtquellen, wie sie z.B. in geschlossenen Räumen mit hellen Wänden gegeben sind (indirekte Beleuchtung), führen auf weit kompliziertere Beziehungen [HENTSCHEL]. Die Beleuchtungsstärke auf dem Schreibtisch (Soll: 1000 lx) läßt sich hiermit also nur sehr schlecht und ungenau bestimmen.

Beispiel 3.6: Welche Beleuchtungsstärke erzeugt eine Leuchtdiode mit 100 mcd Lichtstärke und 3 mm Durchmesser im Abstand von 50 mm?

$$E = \frac{I_\mathrm{o}}{R^2} \Omega_\mathrm{o} = \frac{50 \ \mathrm{mcd} \cdot 1 \ \mathrm{sr}}{50^2 \ \mathrm{mm}^2} = 0,04 \cdot 5^{-3} \ \mathrm{lm/m}^2 = 40 \ \mathrm{lx}$$

Die beleuchtete ideal diffuse Fläche ist um den Winkel 45° geneigt.

$$E = \frac{I_0}{R^2}\, \Omega_0 \cdot \cos 45 = 28,28 \text{ lx}$$

Die Diode hat eine Strahlungscharakteristik $I(\alpha) = I_0 \cdot cos^2\alpha$. Wie groß ist die Beleuchtungsstärke auf der Fläche unter einem Winkel von 30° vom LED aus gesehen?

$$E = \frac{I_0 \cos^2 \alpha}{R^2}\, \Omega_0 = 30 \text{ lx}$$

Wie groß ist die Leuchtdichte der bestrahlten Fläche dann bei einem Reflexionsgrad von $\rho = 0,8$, Fläche ideal diffus?

$$L = \frac{\rho \cdot E}{\Omega_0 \cdot \pi} = \frac{0,8 \cdot 30 \text{ lx}}{1 \text{ sr} \cdot 3,14} = 7,64 \text{ cd/m}^2$$

Die Leuchtdiode strahlt bei $\lambda = 650$ nm. Wieviel Strahlungsleistung gibt sie ab?

$$\Phi_v = \text{Km} \int \frac{d\Phi_e}{d\lambda} \cdot V(\lambda)\, d\lambda$$

mit   Km   = 673 lm/W

$$\Phi_v = \text{Km} \cdot V(650 \text{ nm}) \cdot \Phi_e \quad \text{(da monochromatisch)}$$

$$\Phi_v = 673 \text{ lm/w} \cdot 0,107 \cdot \Phi_e$$

Daraus folgt:

$$\Phi_e = \frac{1}{673 \cdot 0,57} \text{ W/lm} \cdot \Phi_v \qquad \textit{Strahlungsäquivalent für 650 nm}$$

Φ_v ist nicht direkt gegeben. Es muß durch Integration aus der Verteilungscharakteristik der Intensität (Lichtstärke) bestimmt werden:

$$I = I_0 \cdot \cos^2 \alpha \quad \text{mit} \quad I_0 = 0,1 \text{ cd}$$

Für einen Kugelabschnitt nach Bild 3.13 gilt:

$$F_v = \int I\, d\Omega \quad \text{(integriert über den Halbraum)}$$

mit $d\Omega = dA/R^2 = Rd\alpha \cdot R \cdot \sin\alpha\, d\beta \cdot 1/R^2 = \sin\alpha\, d\alpha \cdot d\beta$ folgt der Lichtstrom

$$\Phi_v = \int_0^{2\pi} \int_0^{\pi/2} I_0 \cdot \cos^2 \alpha \cdot \sin \alpha\, d\alpha\, d\beta$$

$$\Phi_v = 2\pi \cdot I_0 [-1/3 \cdot \cos^3 \alpha]\,\Big|_0^{\pi/2}$$

$$\Phi_v = 2/3\pi \cdot I_0 = 0,209 \text{ lm}$$

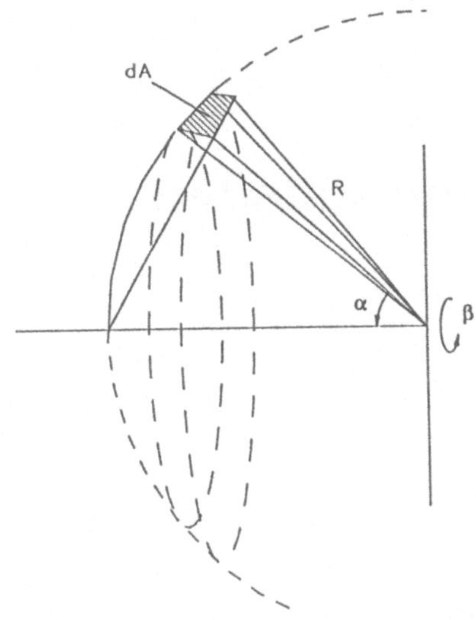

Bild 3.13
Zur Integration über den Halbraum in Beispiel 3.6

Die optische Strahlungsleistung ergibt sich hieraus mit:

$$\Phi_e = 2,8 \text{ mW}$$

Fragen und Aufgaben zu Abschnitt 3:

1. Wieviel Strahlungsleistung strahlt ein Satellit ($\varepsilon = 0{,}2$) mit der Eigentemperatur von 350 K und einem Durchmesser von 120 cm in das Weltall ($T = 5$ K) ab? Bei welcher Wellenlänge liegt das Strahlungsmaximum?

2. Eine Herdplatte wird 500 °C heiß. Ist die abgegebene Strahlung für das menschliche Auge sichtbar?

3. Eine LED-Anzeige strahlt bei 720 nm mit $I_a = 0{,}5$ mW/sr, eine andere mit $I_b = 0{,}1$ mW/sr bei 580 nm. Welche erscheint dem Auge heller?

4. Eine LED mit $I_o = 10$ mW/sr und einer Richtcharakteristik von $I(a) = I_o \cdot \cos^2\alpha$ beleuchtet eine ideal diffuse Fäche A im Abstand von 10 cm unter einem Winkel von 30°. Wie groß ist die maximale Bestrahlungsstärke E_e auf der Fläche A? Ein Fotodetektor ist im Abstand von 5 cm senkrecht zur Fläche und zum Auftreffpunkt angebracht. Wie groß ist die Beleuchtungsstärke auf dem Detektor?

5. Eine optische Dickenmeßvorrichtung besteht aus einer LED und einem Detektor. Der gemessene Signalstrom beträgt ohne das zu messende Band 50 mA, mit Band 10 mA. Der Absorptionskoeffizient des Bandes beträgt bei 850 nm 30 dB/mm. Wie dick ist das Band? (Reflexionsverluste vernachlässigen).

4   Lumineszenzstrahlungsquellen

4.1   Übersicht über nicht-thermisch erzeugte Strahlung

Wie schon zuvor dargestellt, wird elektromagnetische Strahlung durch Photonen übertragen, die eine ihrer Wellenlänge umgekehrt proportionale Energie besitzen. Diese Energie können sie durch die thermischen Prozesse in Form von Gitterschwingungen erhalten, was zu der PLANCKschen Strahlung des Körpers führt.

Die Energie kann jedoch auch aus anderen, z.B. chemischen oder elektrischen Prozessen stammen, hat somit nicht thermischen Ursprung (kaltes Licht). Lichtquellen dieser Art werden unter dem übergeordneten Begriff der *Lumineszenz* zusammengefaßt:

> *Lumineszenz ist die Erzeugung von optischer Strahlung durch nicht thermische Prozesse.*

Die Art der Reaktionen können sehr vielfältig sein, wie die folgende, nicht vollständige Übersicht zeigt:

Art der Anregung	Lumineszenzsstrahler
chemisch	Biolumineszenz
thermisch	Thermolumineszenz
Teilchen	Kathodenlumineszenz
Stoßionisation	Lumineszenz der Gasentladung
Elektrisches Feld	Halbleiterlumineszenz
Licht	Fotolumineszenz

Chemo-Lumineszenz tritt bei verschiedenen geeigneten Reaktionen auf, bekannt ist insbesondere die Biolumineszenz von Tieren (z.B. Glühwürmchen).

Thermolumineszenz ist von der thermischen Strahlung zu unterscheiden. Sehr viele Verbindungen zeigen bei Erwärmung Leuchterscheinungen, z.B. in der Flamme (Grundlage für spektrale Analyse) oder als Metalldampf (Grundlage für Metalldampflampen).

Lumineszenz durch Teilchenbeschuß finden wir z.B. in den Leuchtstoffen von TV-Bildschirmen, bei Detektoren für radioaktive Strahlung (Szintillationszähler) u.a.

Lumineszenz durch Stoßionisation ist die uns aus Gasentladungen und der Glimmlampe bekannte Leuchterscheinung. Ferner gehört hierher der DESTRIAU-Effekt, bei dem Leuchtstoffe in Wechselfeldern hoher Feldstärke zum Leuchten angeregt werden.

Lumineszenz im elektrischen Feld findet z.B. in den Halbleiterbauelementen statt. Hierzu gehören also LED und Halbleiterlaser.

Lichtinduzierte Lumineszenz. Durch einfallende Strahlung höherer Energie wird Strahlung niedrigerer Energie ausgelöst (frequenzgewandelt), z.B. wird durch UV-Bestrahlung die Emission von blauem, grünem oder weißem Licht ausgelöst. Zahlreiche Anwendungen findet man in der Leuchtstoffröhre, bei Bildwandlern, bei der Fluoreszenzspektroskopie.

Bei allen diesen Leuchterscheinungen wird Energie dem Festkörper zugeführt, dort in Form von potentieller Energie gespeichert und in Form von Strahlung spezifischer Wellenlänge abgegeben.

Die emittierte Strahlung ist damit charakteristisch für den atomaren Aufbau des Festkörpers, sie ist schmalbandig, d.h. auf wenige Linien oder Banden im Spektrum beschränkt. Der optische Wirkungsgrad der Strahlung, sofern sie in den sichtbaren Bereich fällt, ist deshalb ungleich größer als beim thermischen Strahler, da nahezu alle Energie in den entsprechenden Linien abgestrahlt wird.

Beispiel 4.1: Für die Straßenbeleuchtung werden bevorzugt Na-Dampflampen eingesetzt (Farbe orange/gelb), bei denen $V(\lambda)max = 588$ nm sich mit der Hauptlinie der Na-Emission $\lambda = 589$ nm trifft. Da aber fast alles Licht bei dieser Wellenlänge emittiert wird, sind keine Farben zu erkennen und alle Gegenstände erscheinen in einem fahlen gelben Licht.

Weiter beruhen alle Leuchtstoffröhren auf dem Prinzip der Lumineszenz. Durch eine Gasentladung wird UV-Licht erzeugt, welches durch einen Leuchtstoff in sichtbares Licht umgewandelt wird. Durch entsprechende Mischung von Leuchtstoffen unterschiedlicher Emissionslinien kann Licht der gewünschten Zusammensetzung erzeugt werden (z.B. Warmton-Leuchtstoffröhre).

Die Lumineszenz der Xenon-Bogenlampe, bei der das Gas unter Hochdruck steht, liegt primär im Infraroten (Bild 4.1), im sichtbaren Bereich liegen die Linien bereits so dicht, daß sich ein quasi kontinuierliches Spektrum, woraus eine gute Farbwiedergabe folgt, ergibt.

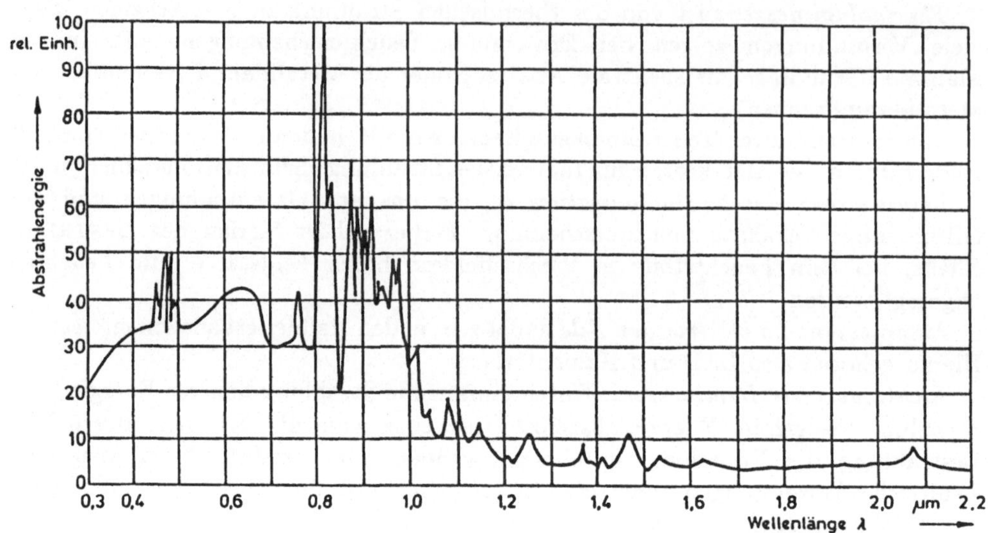

Bild 4.1   Spektrum einer Hochdruck-Xenon-Bogenlampe

Hinsichtlich des zeitlichen Verhaltens der Leuchterscheinung ist zu unterscheiden zwischen:

Fluoreszenz $\Longrightarrow$ **Phosphoreszenz**
Die Emission klingt in sehr kurzer Zeit ab ($< 10^{-8}$ s).

Die Emission klingt sehr langsam mit einer Nachleuchtdauer von Sekunden ab.

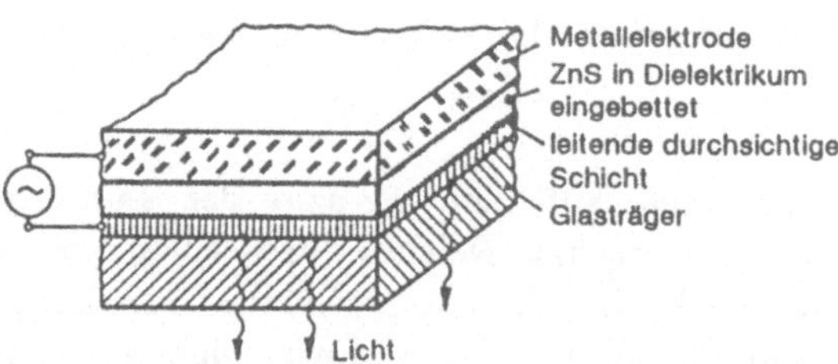

Bild 4.2   Elektrolumineszenz-Zelle für Anzeigezwecke

Für Anzeigezwecke werden heute Lumineszenz-Zellen hergestellt, bei der der Leuchtstoff (meist ZnS mit Dotierung entsprechend der gewünschten Farbe) zwischen den Elektroden eines Kondensators (Bild 4.2) angeordnet ist, wobei eine dieser Elektroden transparent ist (SnO_2 oder In_2O_3). Wird eine Wechselspannung von einigen Dutzend Volt angelegt, erfolgt durch die elektrische Wechselfeldstärke (DESTRIAU-Effekt) eine Anregung des ZnS (2,4 eV Bandabstand) und es wird sichtbare Strahlung abgegeben. Die Leuchtdichte ist jedoch noch recht niedrig und der Wirkungsgrad schlecht, es sind jedoch schon hochauflösende flache Bildschirme nach diesem Verfahren auf dem Markt. Entsprechende Folien zur flächigen Hintergrundbeleuchtung von LCD-Anzeigen sind weit verbreitet. Mit dem besseren Verständnis der hier ablaufenden Anregungsprozesse und verbesserten Materialien sind in Zukunft bei diesen Zellen noch bedeutende Steigerungen der Leuchtdichte zu erwarten.

In allen obigen Fällen erfolgt die Emission von Elektronen spontan, d.h. zufällig verteilt. Das dabei entstehende Licht ist somit hinsichtlich seiner Phase und Frequenz deshalb ebenfalls zufallsverteilt oder *inkohärent*.

Wird die Emission durch ein äußeres Ereignis so synchronisiert, daß alle Photonen quasi gleichzeitig bzw. in Phase emittiert werden, so spricht man von *stimulierter Emission* und kohärenter Strahlung (*Laser*). Kohärentes Licht zeichnet sich durch besonders schmale Bandbreite d.h. einheitliche Wellenlänge aus. Der Laser gehört somit auch zu den Lumineszenzstrahlern. Hierauf wird weiter unten noch genauer eingegangen.

4.2 Inkohärente Halbleiterstrahlungsquellen

Lichtquanten werden emittiert, wenn in einem Halbleiter potentielle Energie frei wird. Dies ist bei der Rekombination von Ladungsträgern im Material ständig der Fall. Im Bändermodell (Bild 4.3) eines Halbleiters mit der Energielücke ΔW findet mit einer gewissen Ausbeute ein strahlender Übergang statt, wenn ein Elektron aus dem Leitungsband mit einem Loch im Valenzband rekombiniert.

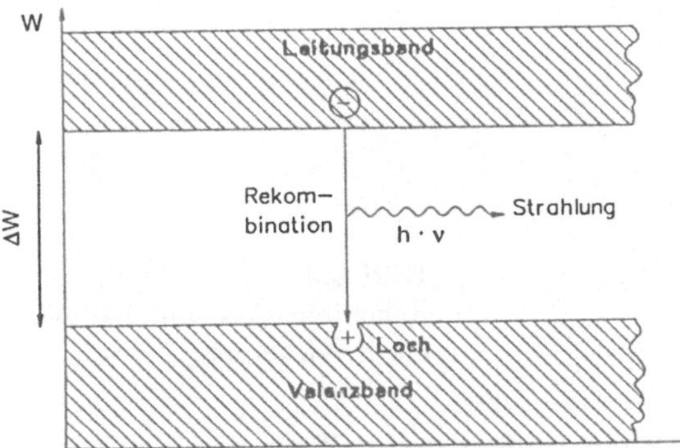

Bild 4.3 Bändermodell eines Halbleiters (vereinfacht)

Das abgestrahlte Lichtquant hat die Energie:

$$\Delta W = \text{h} \cdot \nu \qquad \text{oder} \qquad \Delta W = \frac{\text{h} \cdot c_0}{\lambda} \tag{4.1}$$

Hieraus mit c = Lichtgeschwindigkeit:

$$\lambda = \frac{h \cdot c_o}{\Delta W}$$

mit h = 4,1357 $\cdot 10^{-15}$ eVs, c_o = 2,99792458$\cdot 10^8$ m/s und z.B. ΔW = 1,4 V bei GaAs:

$$\lambda = 885 \text{ nm} \quad \text{(im infraroten Strahlungsbereich).}$$

Man sieht aus dieser Beziehung, daß zur Erzeugung sichtbaren Lichtes mit Wellenlängen von weniger als 780 nm Halbleiter mit großem Bandabstand von > 1,6 eV benötigt werden.

Bei diesen Halbleitern ist jedoch die Besetzungswahrscheinlichkeit des Leitungsbandes bei rein thermischer Anregung verschwindend gering, entsprechend selten auch ein strahlender Rekombinationsübergang, so daß keine Lichterscheinung zu beobachten ist.

Die Besetzungswahrscheinlichkeit des Leitungsbandes kann jedoch durch zwei Maßnahmen entscheidend beeinflußt werden:

▫ Dotierung mit Fremdatomen der Nachbargruppe,

▫ Herstellung eines PN-Übergangs mit Stromfluß in Durchflußrichtung.

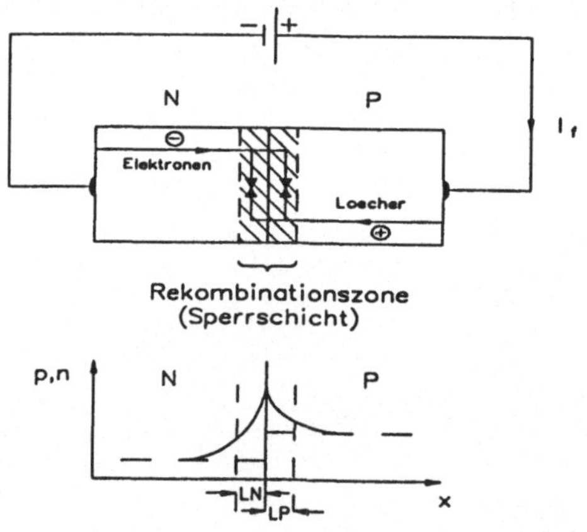

Bild 4.4
Rekombination von Ladungsträgern
am PN-Übergang

Die Dotierung sorgt für eine ausreichende Bereitstellung von Ladungsträgern, so daß ein nennenswerter Stromfluß zustande kommen kann. Zugleich findet in der Umgebung des PN-Übergangs eine Erhöhung der Minoritätsträgerkonzentration (Bild 4.4) statt, so daß auf beiden Seiten eine intensive Rekombination stattfindet. Hierbei geht der von den Löchern im P-Gebiet getragene Strom in den von den Elektronen im N-Gebiet getragenen Strom über. Die Wahrscheinlichkeit eines strahlenden Übergangs ist damit um Größenordnungen erhöht.

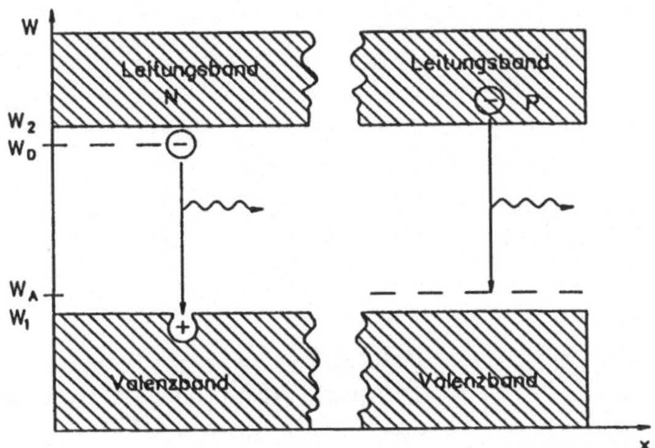

Bild 4.5 Bändermodell eines dotierten Halbleiters

Die Rekombination findet in den meisten Fällen mit den jeweiligen Akzeptoren bzw. Donatoren statt (Bild 4.5), so daß die Energielücke geringfügig verringert ist. Die ausgestrahlte Wellenlänge ist deshalb von der Dotierung schwach abhängig.

Da der Übergang spontan erfolgt, ist das ausgesendete Licht inkohärent. Seine Bandbreite ergibt sich aus der Überlegung, daß die Übergänge zusätzlich auch thermisch beeinflußt sind, d.h. die Ausgangsenergie des Elektrons ist schon durch die Gitterschwingungen vorgegeben. Bild 4.6 zeigt die typische spektrale Verteilung von Zn- und Si-dotierten GaAs-LED. Mit steigender Temperatur nimmt deshalb die Bandbreite der Emission zu. Sie beträgt bei typischen LEDs etwa 40 ... 60 nm bei 50 % der Strahlungsleistung (Bild 4.7).

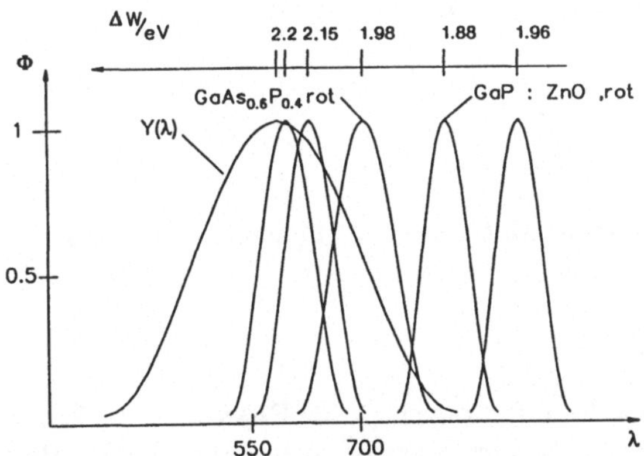

Bild 4.6 Emissionsspektren von modernen LED (jeweils normiert auf maximale Emission) und die Augenempfindlichkeitskurve $V(\lambda)$

Wegen der Injektion von Ladungsträgern in das jeweils andere Gebiet spricht man auch von *Injektionslumineszenz*.

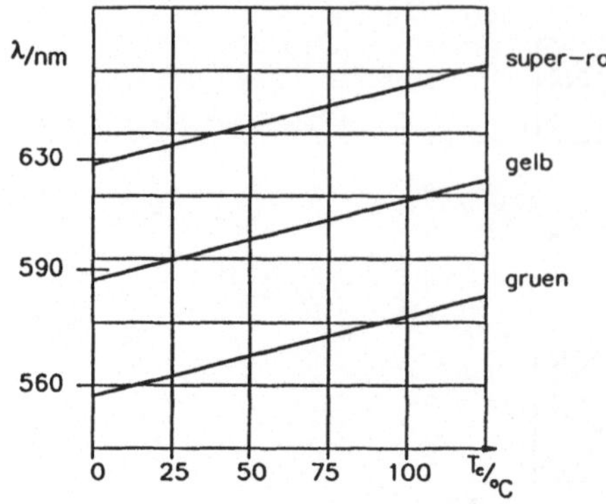

Bild 4.7
Temperaturabhängigkeit der Emissionswellenlänge von LED

Die Bedingung für die Entstehung eines strahlenden Übergangs ist in Wirklichkeit noch komplizierter. Das bisher dargestellte Bändermodell zeigte nur die Potentialdifferenz. Bei einem Übergang muß außer dem Energieerhaltungssatz auch der Impulserhaltungssatz erfüllt werden. Da dem Elektron eine Ruhemasse und eine Geschwindigkeit zugeschrieben werden kann, besitzt es neben der potentiellen Energie auch noch eine kinetische Energie:

$$W_{kn} = \frac{1}{2}\, m \cdot v^2 \tag{4.2}$$

mit m = Ruhemasse und
   v = Geschwindigkeit

oder ausgedrückt mit dem Impuls (p = Impuls):

$$p = m \cdot v$$

$$W_{kn} = \frac{p^2}{2 \cdot m} \tag{4.3}$$

Da es sich um DE-BROGLIEsche Materiewellen handelt, wird anstelle des Impulses der Betrag des Wellenvektors k

$$k = 2\pi\, \frac{p}{h} \tag{4.4}$$

auf der Abzisse des Bändermodells aufgetragen (h = PLANCKsches Wirkungsquantum). Für ein einzelnes freies Elektron ergibt sich dann die in Bild 4.8 dargestellte Parabel.

Nimmt man für die Löcher eine ähnliche Beziehung an und trägt man diese wegen des anderen Vorzeichens negativ auf, ergibt sich die Darstellung von Bild 4.9. Die obere Parabel kann nun als Unterkante des Leitungsbandes, die untere Parabel als Oberkante des Valenzbandes interpretiert werden. Ein Elektron mit größerem Impuls ist aber statistisch selten, so daß sich die Ladungsträger quasi

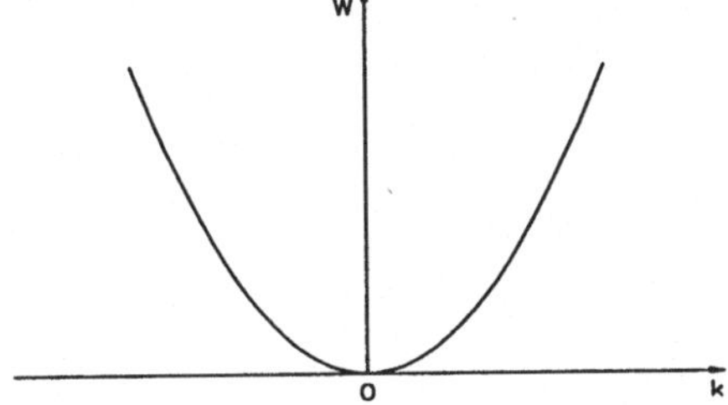

Bild 4.8
Kinetische Energie eines freien Elektrons

in der Senke bei $k = 0$ sammeln, d.h. hier ist die Besetzungswahrscheinlichkeit am größten. Gleiches gilt auch für die Löcher. Im Modell kann man sich die Verhältnisse gut veranschaulichen, wenn man sich die Elektronen wie Stahlkugeln vorstellt, die in eine Energiesenke rollen und sich dort ansammeln, die Löcher wie Luftblasen, die in einer Flüssigkeit nach oben steigen.

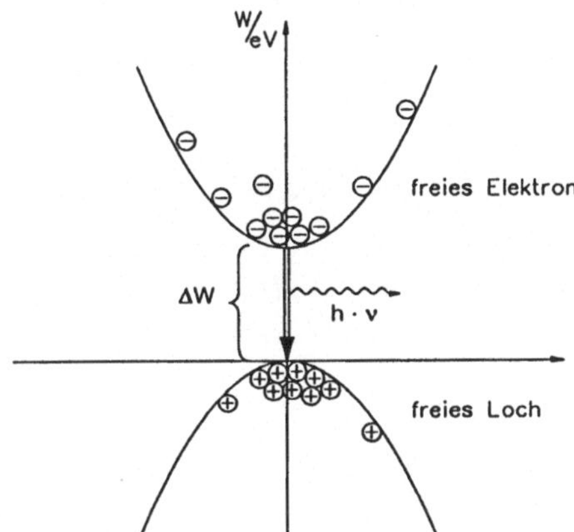

Bild 4.9
Rekombination von Elektron und Loch im Bändermodell

In einem Festkörper sind die Verhältnisse bei gleicher Darstellungsart wesentlich komplizierter. Je nach Material unterscheidet man zwischen den direkten Halbleitern (Bild 4.10), z.B. GaAs und den indirekten Halbleitern, z.B. Si und Ge sowie GaP (Bild 4.11).

Beim direkten Halbleiter liegen sich der „Valenzbandberg" und das „Leitungsbandtal" direkt gegenüber, wobei beide dicht besetzt sind und eine strahlende Rekombination deshalb mit hoher Wahrscheinlichkeit eintreten kann.

Beim indirekten Halbleiter wie z.B. Silizium ist das nicht der Fall. Hier besteht der Übergang aus der Abgabe eines Impulses in Form eines (gequantelten) *Phonons*, d.h. einer Gitterschwingung, und dem daran anschließenden strahlenden Übergang (Bild 4.11). Es ist zur Aufnahme des Impulses deshalb noch ein passender 3. Partner erforderlich, da das Photon keinen nennenswerten Impuls aufnehmen kann. Als Partner kommen in Frage:

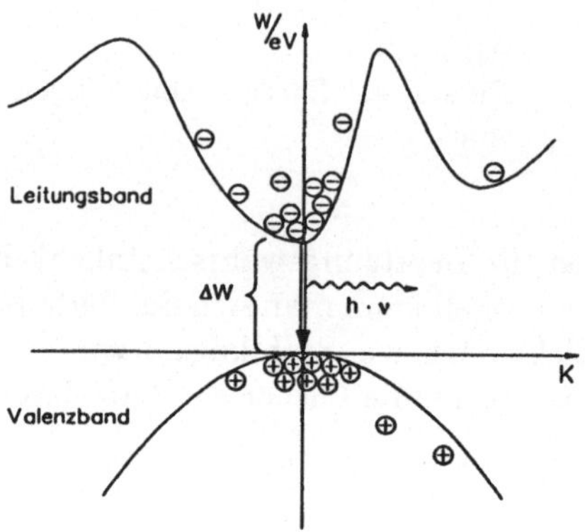

Bild 4.10
Bändermodell eines direkten Halbleiters (GaAs)

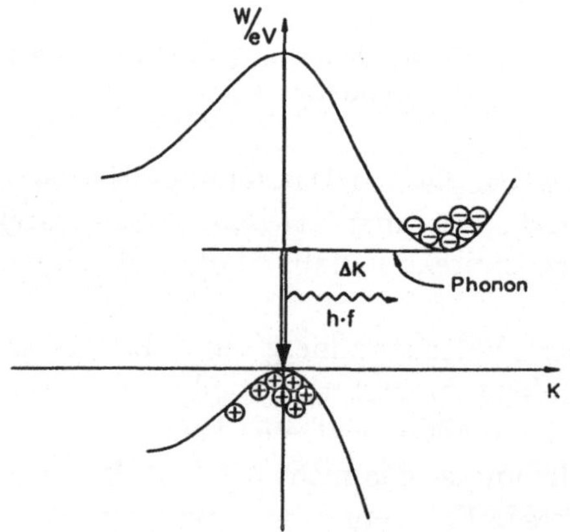

Bild 4.11
Bändermodell eines indirekten Halbleiters (Si)

▫ Ein weiteres Elektron oder Loch,

▫ das Kristallgitter,

▫ Störstellen wie Donatoren oder Akzeptoren.

Wegen der notwendigen Beteiligung eines 3. Partners ist die Wahrscheinlichkeit eines indirekten strahlenden Übergangs um Größenordnungen geringer als beim direkten Halbleiter. Bei den wichtigen Halbleitern Si und Ge ist deshalb die Rekombination nicht mit der Erzeugung von Lichtstrahlung verbunden, hier kommt es nur zur Erwärmung des Materials durch Gitterschwingungen. Eine Übersicht enthält die Tabelle 4.1:

Tabelle 4.1 Rekombinationsraten wichtiger Halbleiter

Halbleiter	Übergang	Rekombinationskoeffizient r in 10^{-12} cm^3/s
GaAs	direkt	70
InP	direkt	1000
InSb	direkt	5
Si	indirekt	0,001
Ge	indirekt	0,005
GaP	indirekt	0,05

Die Rekombinationsrate ist in Tabelle 4.1 definiert als:

$$w = g = r \cdot n \cdot p = r \cdot n_\mathrm{i}^2 \tag{4.5}$$

mit w = Anzahl der pro Volumen und Zeit rekombinierenden Ladungsträger,

g = Anzahl der pro Volumen und Zeit generierten Ladungsträger.

Die Lumineszenz von indirekten Halbleitern ist deshalb verschwindend gering. Allerdings kann durch geeignete „Tricks" auch ein indirekter Halbleiter wie GaP zum Leuchten angeregt werden, wenn man durch Störstellen den Übergang erleichtert und dabei die Bildung von sogenannten *Exzitonen* ermöglicht. Bild 4.12 zeigt das Bändermodell für diesen Fall. Das Material ist mit ZnO stark P-dotiert, was durch Aufwachsen einer Epitaxialschicht auf schwach N-dotiertem Grundmaterial in Flüssigphasenepitaxie erfolgte.

Der ZnO-Komplex ist an sich elektrisch neutral, vermag jedoch auf Grund seiner Struktur negative Elektronen anzulagern. Er wirkt als Elektronenfalle (*trap*) und wird auch als isoelektronisches Zentrum bezeichnet. Ist der PN-Übergang in Flußrichtung gepolt, werden hier Elektronen eingefangen und angelagert. Da der Bandabstand des Trap zur oberen Bandkante immerhin 0,31 eV beträgt, ist die Anlagerung relativ stabil.

Am negativ geladenen isolelektrischen Zentrum lagert sich nun sofort ein vorbeidriftendes Loch an und bildet mit dem Elektron einen Komplex, ein

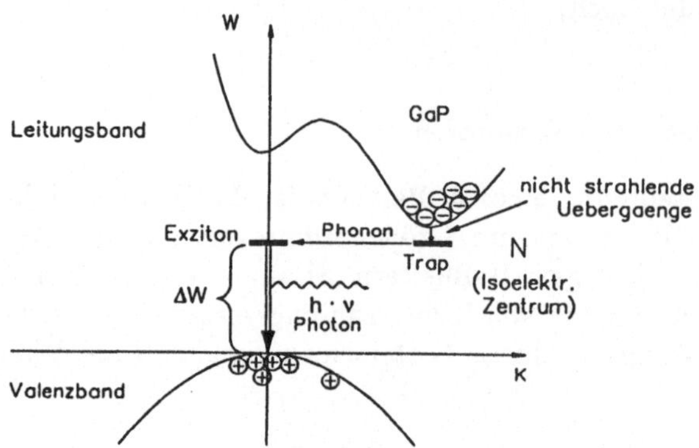

Bild 4.12   Bändermodell des mit Stickstoff dotierten Galliumphosphids (N:GaP)

sogenanntes Exziton. Das Elektron umkreist dabei das Loch, ohne zu rekombinieren. Die Bindung an das isoelektrische Zentrum wird dabei geringfügig verringert, was sich im Bändermodell durch das herabgesetztes Potential des Exitons ausdrückt. Das Exiton ist jedoch nicht lange stabil. Es zerfällt nun, d.h. das angelagerte Elektron rekombiniert mit dem Loch unter Abstrahlung der Energiedifferenz ΔW = 1,8 eV. Hieraus ergibt sich eine rot leuchtende Strahlung der Diode. Durch andere Dotierung z.B. mit N können auch gelb und grün leuchtende LED hergestellt werden.

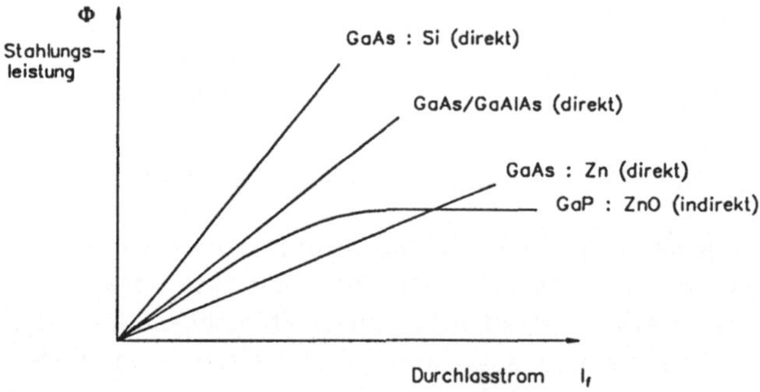

Bild 4.13   Strahlungsleistung als Funktion des Durchlaßstroms für direkte und indirekte Halbleiter

Die Strahlungsleistung dieser indirekten Halbleiter ist jedoch erheblich geringer als bei direkten Halbleitern. Außerdem zeigen die indirekten Halbleiter ein ausgeprägtes Sättigungsverhalten, d.h. der emittierte Lichtstrom überschreitet auch bei beliebiger Steigerung der elektrischen Eingangsleistung nie den Wert, der sich aus der maximalen Konzentration der Störstellen ergibt (Bild 4.13). Die Tabelle 4.2 soll eine Übersicht über die heute verwendeten Werkstoffe geben.

Tabelle 4.2 Halbleitermaterialien für Leuchtdioden und IR-Strahler

Wellenlänge	Emittermaterial	Substrat	Farbe
1480	InGaAs-InGaAsP	InP	infrarot
1300	$In_{0,72}Ga_{0,28}As_{0,6}P_{0,4}$	InP	infrarot
1060	$In_{0,15}Ga_{0,85}As$	InP	infrarot
940	GaAs:Si (epi)	GaAs	infrarot
900	GaAs:Si (diff)	GaAs	infrarot
750 ... 900	AlGaAs	GaAs	infrarot
700	GaP: ZnO	GaP	rot
660	$GaAs_{0,6}P_{0,4}$	GaAs	standardrot
650	$Ga_{0,65}Al_{0,35}As$	GaAlAs	rot (superhell)
635	$GaAs_{0,35}P_{0,65}:N$	GaP	superrot
590	$GaAs_{0,15}P_{0,85}:N$	GaP	gelb
565	GaP:N	GaP	grün
480	SiC	SiC	blau
450	$ZnSe_{1-x}S_x$	ZnS	blau
440	GaN	GaN	blau

Durch die Legierung von III-V-Halbleitern lassen sich Bandlücke und Gitterkonstante geradezu maßschneidern (Bild 4.14). Die Gitterkonstante des epitaktisch aufwachsenden Materials muß in etwa mit der Gitterkonstante des Materials übereinstimmen, wenn nicht Versetzungsfehler und Störstellen, die beide Anlaß zu nicht strahlender Rekombination sind, auftreten sollen.

Das Diagramm zeigt, daß dies für AlGaAs und GaAs beinahe perfekt erfüllt ist. Bei anderen Materialien ergeben sich größere Veränderungen der Gitterkonstante mit dem Mischungsverhältnis, was andere Substrate oder spezielle Pufferschichten zum Abbau von Gitterspannungen erfordert. Für das im Bereich der LWL-Technik wichtige Halbleitermaterial InGaAsP, welches den Bereich von 900 nm bis 1600 nm abzudecken vermag, ist in Bild 4.15 der Zusammenhang zwischen Mischungsverhältnis, Bandlücke und emittierter Wellenlänge dargestellt.

Das Material GaAsP wird als ternäre Mischung in verschiedener Zusammensetzung verwendet:

$$GaAs_x P_{1-x} \quad \text{mit x = Anteil an As in der Legierung}$$

Mit $x < 0,45$ zeigt dieses Material ein indirektes Verhalten, mit $x > 0,45$ einen direkten strahlenden Übergang. Über das Mischungsverhältnis kann wieder der Bandabstand und damit die Lichtfarbe beeinflußt werden.

Die genaue Beherrschung der Halbleiterzusammensetzung auch bei extrem dünnen Schichten von wenigen Atomlagen rechtfertigt hier schon den Begriff des *bandgap-engineering*, der Konstruktion von Halbleitern gewünschter Eigenschaften.

Heute dominieren im Konsumbereich die GaAsP-LED und AlGaAs-LED, da diese von den sichtbaren Strahlern am billigsten herzustellen sind. Die rote GaP-Diode zeigt ein ausgeprägtes Sättigungsverhalten bei höheren Strömen (indirekter Halbleiter), während die grüne Variante dies nicht so ausgeprägt zeigt. Die Verwendung in Multiplexanordnungen ist deshalb erheblich eingeschränkt.

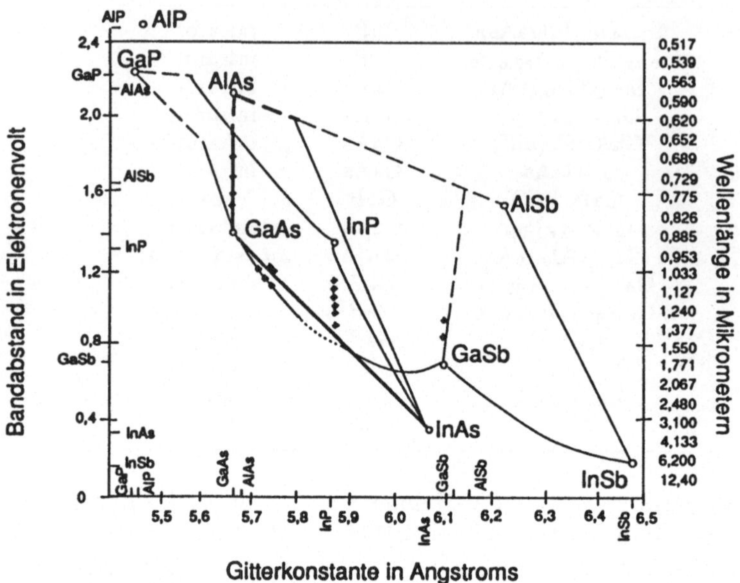

Bild 4.14 Bandabstand und Emissionswellenlänge aufgetragen über die Gitterkonstante für verschiedene III-IV-Halbleiter und ihre Mischlegierungen nach [LEE,
Proc.IEEE 3/91]

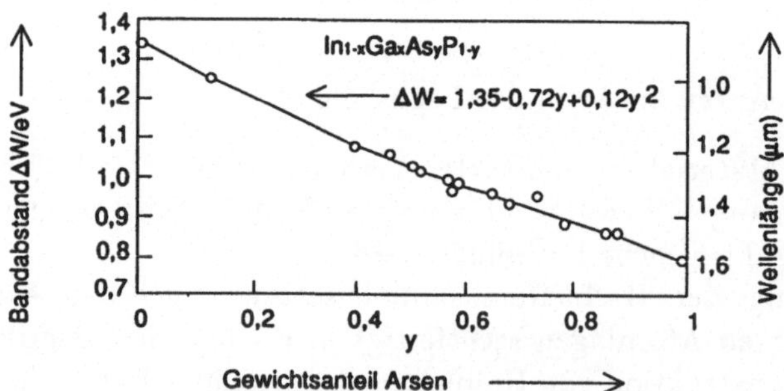

Bild 4.15 Bandabstand von InGaAsP in Abhängigkeit des Mischungsverhältnisses
des quaternären Verbindungshalbleiters

Blaue LED sind mit den noch exotischen Materialien SiC und GaN herstellbar, jedoch in der optischen Leistung noch sehr gering und kaum aus den Labors heraus (Hersteller u.a. General Electric und Siemens). Die Dioden sind noch sehr teuer, da die Substratmaterialen nur schwer herstellbar sind bzw. Sonderverfahren angewendet werden müssen. Die Anwendung beschränkt sich auf Spektrometer und Geräte, bei denen eine blaue kompakte Lichtquelle benötigt wird.

Für den Gesamtwirkungsgrad der LED ist nicht nur der Prozeß der Lichtentstehung, der bei direkten Halbleitern mit nahe 100 % abläuft, von Bedeutung, sondern auch die Frage der Auskopplung des Lichts von der tief im Halbleiter vergrabenen Sperrschicht in die Umgebung. Hierbei entstehen Verluste, die den Wirkungsgrad auf wenige Prozent herabsetzen:

Absorption
Direkte Halbleiter absorbieren naturgemäß Licht genau bei der Wellenlänge am besten, bei der sie auch strahlen. Sie sind also nicht transparent, sondern absorbieren über 80 % des erzeugten Lichts in der Übergangszone (Bild 4.16) von Sperrschicht zur Halbleiteroberfläche.

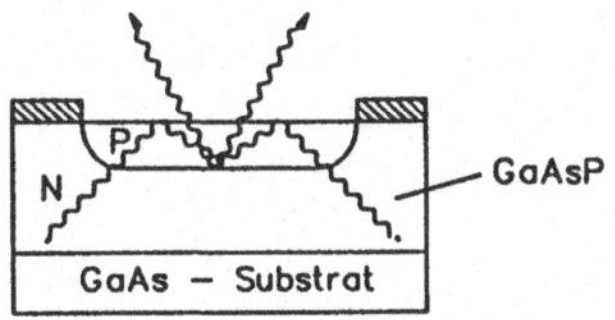

Bild 4.16
Schematischer Aufbau einer GaAsP-Diode auf nicht transparentem GaAs-Substrat

Indirekte Halbleiter wie GaP sind dagegen für das erzeugte Licht transparent. Der Aufbau ist deshalb sehr verschieden (Bild 4.17) und das indirekt abgestrahlte Licht wird ebenfalls genutzt. Es ist deshalb günstig, das transparente, wenn auch teurere GaP als Substrat zu verwenden.

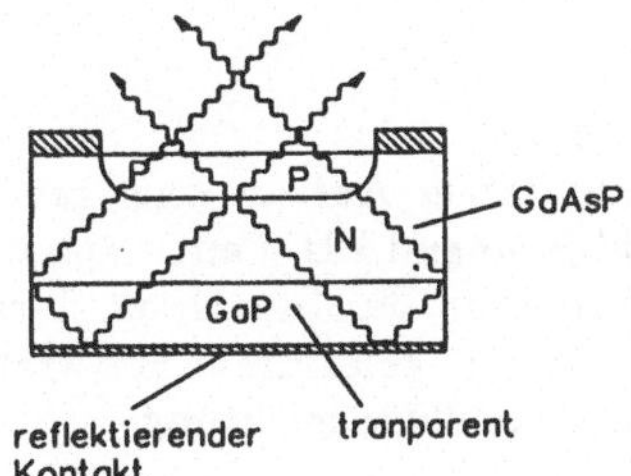

Bild 4.17
Schematischer Aufbau einer GaAsP-Diode auf transparentem GaP-Substrat

Reflexion beim Lichtaustritt
Durch den großen Unterschied im Brechungsindex zwischen Luft $n = 1$ und Halbleiter $n = 3,5$ werden etwa 30 % des Lichtes reflektiert. Abhilfe ist durch Vergütungsschichten möglich. Eine gewisse Verbesserung bringt auch hier der Verguß mit Epoxy ($n = 1.5$).

Totalreflexion
Am Übergang Halbleiter/Luft tritt Totalreflexion unter der Bedingung auf:

$$\sin \alpha = \frac{n_2}{n_1}$$

mit n_2 = optisch dünneres Medium (Luft),

$\quad\;\;$ n_1 = optisch dichteres Medium (Halbleiter).

Mit $n_1 = 3{,}5$ ergibt sich der sehr kleine kritische Winkel von nur $\alpha = 17°$!
Licht, daß unter einem größeren Winkel auf die Grenzfläche fällt, wird also in
den Kristall zurückreflektiert und geht durch Absorption verloren. Der prozentuale
Anteil der Strahlung, die den Kristall überhaupt verlassen kann, beträgt bezogen
auf den Halbraum:

$$\frac{\Omega_e}{\Omega_o/2} = \frac{2\pi(1 - \cos\alpha)}{2\pi} = 1 - \cos\alpha = 4,4\ \%$$

Dies ist die wichtigste Ursache für den schlechten Wirkungsgrad der LED. Eine
Verbesserung läßt sich durch eine Kunststoffabdeckung mit Epoxy ($n = 1{,}5$) oder
durch entsprechende Formgebung des Kristalls (sehr teuer) erzielen. Mit Epoxy
ergibt sich immerhin der vergrößerte Winkel von $\alpha = 25°$, woraus sich eine dreifach
höhere Ausgangsleistung ergibt.

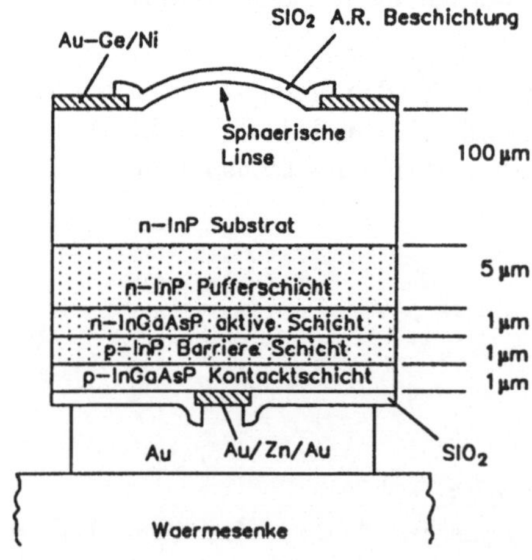

Bild 4.18
Schematischer Aufbau einer InGaAsP-
Hochleistungs-LED mit sphärischer
Auskopplung der Strahlung durch ein
kugelförmig geformtes Substrat mit
Antireflexionsbeschichtung

Für hohe optische Ausgangsleistung wird der Kristall so geformt, daß Totalreflexion nicht auftreten kann (Bild 4.18), und es werden Antireflex-Schichten
aufgebracht. Dies ist aber ein sehr aufwendiger Prozeß, der Sonderanwendungen
vorbehalten bleibt. Die dargestellte Hochleistungsdiode besitzt zudem eine Hetero-
Struktur, bei der die lichtemittierende Schicht durch optisch begrenzend wirkende
Epitaxie-Schichten von Materialien mit leicht höherem Brechungsindex auf eine
dünne, auch lateral nur gering ausgedehnte Zone begrenzt wird.

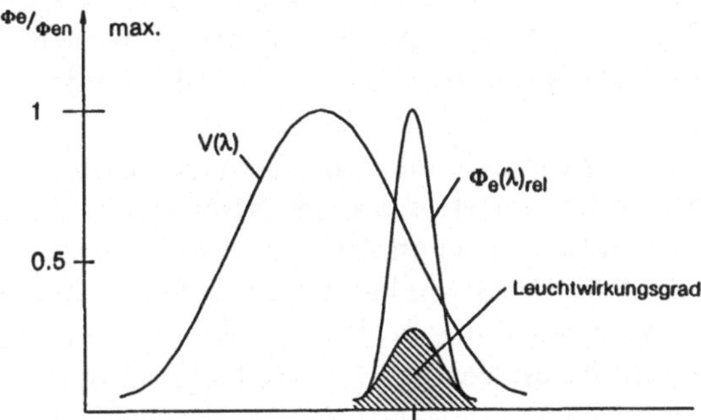

Bild 4.19 Leuchtwirkungsgrad als Faltung von Augenempfindlichkeitscharakteristik $V(\lambda)$ und spektraler Emission der LED

Der letztlich auf das Auge wirkende Lichteindruck hängt, bedingt durch die spektrale Augenempfindlichkeit, sehr stark von der Wellenlänge des Strahlers ab. So kann durchaus eine grün leuchtende LED mit geringer Strahlungsleistung dem Auge heller erscheinen als eine viel stärker strahlende rote LED. Der Leuchtwirkungsgrad h_v ergibt sich durch Gewichtung der Augenempfindlichkeit (Bild 4.19) mit der spektralen Emission, bezogen auf die gesamte abgestrahlte Leistung:

$$\eta_v = Km \, \frac{\int \Phi_e(\lambda) \cdot V(\lambda) \, d\lambda}{\int \Phi_e(\lambda) \, d\lambda} \, , \quad [\eta_v] = lm/W \tag{4.6}$$

Die zur Herstellung heute verwendeten Verfahren sind ausschließlich Epitaxie-Verfahren aus der flüssigen (LPE) oder dampfförmigen Phase (VPE). Bei diesen Prozessen sind hohe Drücke bis 40 bar bei Temperaturen über 1000 °C zu beherrschen.

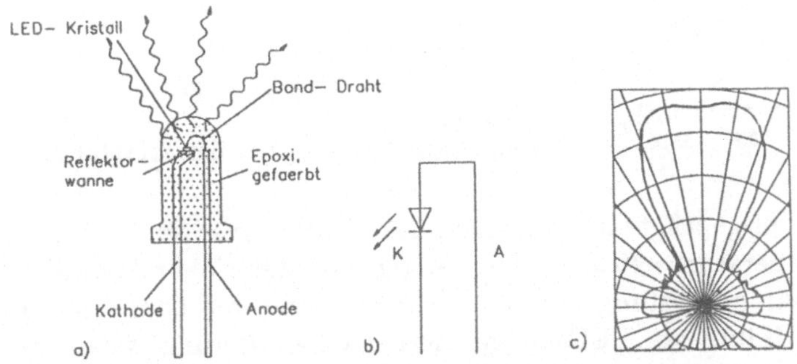

Bild 4.20 LED im Kunststoffgehäuse vergossen, Schaltbild und typische Abstrahlcharakteristik

Als Massenprodukte werden heute LEDs aus GaAsP in den Farben rot, gelb und grün im Epoxy-Gehäuse vergossen mit angegossener Linse zur Verbesserung der Auskoppelbedingungen (Bild 4.20). Diese Dioden zeigen eine ausgeprägte Richtcharakteristik für die Lichtstärke I bedingt durch den Linsencharakter der Vergußmasse, der Kristall selbst weist eine nahezu ideale LAMBERTsche Charakteristik auf.

Die Ausstrahlung von LEDs ist etwa proportional zum Strom. Sie sollten deshalb entweder mit einem Vorwiderstand oder besser mit einer Stromquelle betrieben werden. Wegen des hohen Dotierungsunterschieds an der Sperrschicht vertragen Sie nur geringe Sperrspannung von 3 ... 10 V. Die Strombelastbarkeit hängt ähnlich wie bei anderen Bauelementen von der Wärmeabfuhr ab. Die Durchlaßspannung hängt direkt von der Bandlücke ΔW ab und damit von der Lichtfarbe (Bild 4.21).

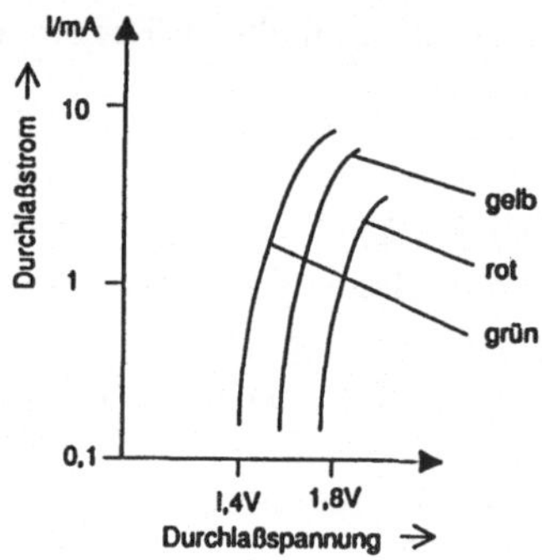

Bild 4.21
Durchlaßspannung einer LED als Funktion des Durchlaßstromes

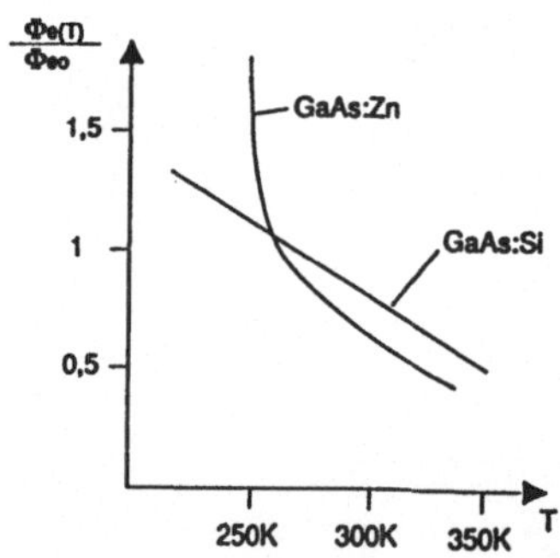

Bild 4.22
Temperaturabhängigkeit der Strahlungsleistung

LEDs zeigen eine ausgeprägte Abhängigkeit des Lichtstroms von der Temperatur (Bild 4.22). Der Temperaturkoeffizient ist abhängig vom Material und beträgt -0.3 % ... -0.8 %. Die Strahlungsleistung fällt also bei Temperaturerhöhung um 100 °C auf weniger als die Hälfte ab. LEDs zeigen ferner eine Alterung, wenn auch die Lebensdauer mit ca. 100.000 h (auf halbe Leistung) recht groß ist.

Bedingt durch den inneren Aufbau besitzen insbesondere direkte Halbleiter relativ große Diffusionskapazitäten. GaAs zeigt deshalb eine relativ große Zeitkonstante von $0,5 \ldots 1$ μs und ist deshalb für schnelle Datenübertragung nur bedingt geeignet. Mit GaAsP und GaAlAs sind jedoch Impulse bis in den GHz-Bereich erzeugbar. Die populäre GaP-Diode liegt zwischen 50 ... 100 ns und ist damit mäßig schnell. Die Bedeutung der LEDs für nachrichtentechnische Zwecke hat jedoch mit der Verfügbarkeit leistungsfähiger Halbleiterlaser stark abgenommen, lediglich die Laser-ähnliche Superlumineszenzdiode hat wegen der einfachen Ansteuerschaltung eine gewisse Bedeutung.

4.3 Die Superlumineszenz Diode

Für die optische Nachrichtentechnik werden modulierbare Lichtquellen benötigt, deren räumliche Ausdehnung möglichst klein sein soll, um eine einfache Kopplung an einen Lichtwellenleiterkern von nur wenigen Mikrometer Durchmesser zu ermöglichen. Die flächenhafte Abstrahlung der LED ist hierfür wegen der LAMBERTschen Charakteristik ungeeignet und führt zu schlechten Koppelwirkungsgraden.

Mit der Verfügbarkeit leistungsfähiger Epitaxieprozesse war nun die Herstellung einer lichtemittierenden Diode in Form eines „Sandwich"-Aufbaus möglich geworden, wobei der aktive, Strahlung emittierende Bereich nach oben und unten sowie auch in Querrichtung durch Materialzonen eingeschlossen wird, die einen etwas vergrößerten Bandabstand und damit niederen Brechungsindex aufweisen, so daß die in der aktiven Zone entstehende Strahlung wie in einem Wellenleiter eingeschlossen ist und sich nur in Längsrichtung ausbreiten kann (Bild 4.23). Die Strahlung tritt erst an der Bruchkante des Halbleiterkristalls aus (Kantenstrahler), nicht senkrecht wie bei den Standard LEDs. Die Austrittsfläche ist damit entschieden kleiner, sie beträgt nur ca. 0,5 μm x 6 μm und ist damit dem Querschnitt von Lichtwellenleiterkernen gut angepaßt. Da die oben dargestellten optischen Verlustmechanismen wie Reflexion und Absorption weitgehend entfallen, ergibt sich zudem ein um Größenordnungen erhöhter Wirkungsgrad.

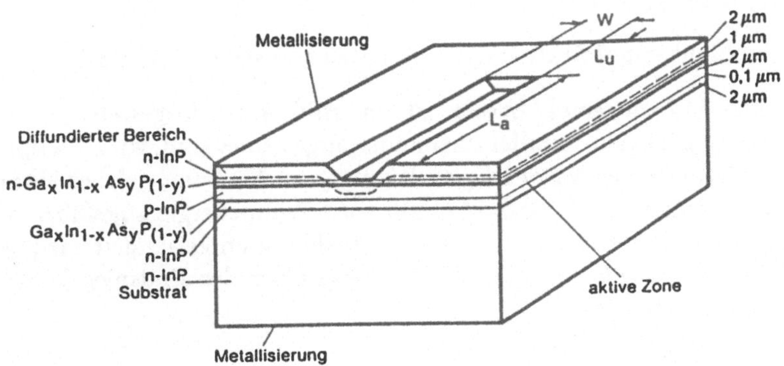

Bild 4.23 Schematischer Aufbau einer Super-Lumineszenzdiode (Kantenstrahler)

Da das Licht nur in einer schmalen Zone generiert wird, kann durch Anordnung der Elektroden auch eine hohe Stromdichte und damit eine starke Besetzung des

Leitungsbandes erzeugt werden, was ebenfalls zu einer Effizienzsteigerung führt. Hieraus folgt weiter auch eine relativ geringere Kapazität und damit höhere Modulationsfrequenz.

Die planare Anordnung der aktiven Zone als Streifenleiter hat noch einen weiterer Effekt: Lichtquanten, die am hinteren Ende des Streifenleiters entstehen, durchlaufen den Leiter der Länge nach und stimulieren dabei weitere Übergänge, die damit synchron mit dem Durchlaufen der Lichtwelle einsetzen. Dieser Effekt, der eigentlich die Laserdiode kennzeichnet, wird als *stimulierte Emission* bezeichnet und bewirkt eine „Verstärkung" der optischen Strahlung. Hierauf wird später noch genauer eingegangen.

Eine Superlumineszenzdiode arbeitet damit ähnlich einer Laserdiode, es kommt jedoch nicht zur Ausprägung der Laserresonanz wegen fehlendem Resonator. Sie stellt somit einen Kompromiß zwischen Laserdiode und LED dar, wobei sie die einfache Ansteuerschaltung und das relativ breite Emissionsspektrum mit der LED teilt, jedoch wesentlich größere optische Leistung in Lichtwellenleiter einzukoppeln vermag. Der als Superlumineszenz bezeichnete Verstärkungseffekt arbeitet zudem nahezu verzögerungsfrei, so daß die Modulationsbandbreite erheblich gegenüber der LED verbessert ist.

4.4　Kohärente Halbleiterstrahlungsquellen (Laserdioden)

Die bisher besprochenen Halbleiterstrahlungsquellen basieren auf dem Effekt der *spontanen Emission*, d.h. die einzelnen Wellenzüge der Strahlung sind in Frequenz und Phase statistisch verteilt, die Strahlung somit inkohärent.

Bereits von EINSTEIN wurde der Prozeß der *stimulierten Emission* vorhergesagt, der auf einer gleichzeitigen, synchronen Emission, ausgelöst durch optische Strahlung gleicher Wellenlänge, beruht. Dies ist technisch im Laser realisiert, wobei die Abkürzung Laser steht für:

LASER = Light Amplification by Stimulated Emission of Radiation

Der prinzipielle Aufbau eines Lasers ist in Bild 4.24 dargestellt. Aus zwei optischen Spiegeln, die exakt parallel zueinander angeordnet sind, wird ein optischer Resonator gebildet. Der Resonator ist gefüllt mit einem Medium, welches als aktives Lasermedium bezeichnet wird. Dem Medium wird Pumpenergie zugeführt, welche schließlich durch atomare Prozesse in die Laserstrahlung umgewandelt wird, welche über einen teildurchlässigen Spiegel, üblicherweise einer der Endspiegel, aus dem Resonator ausgekoppelt wird.

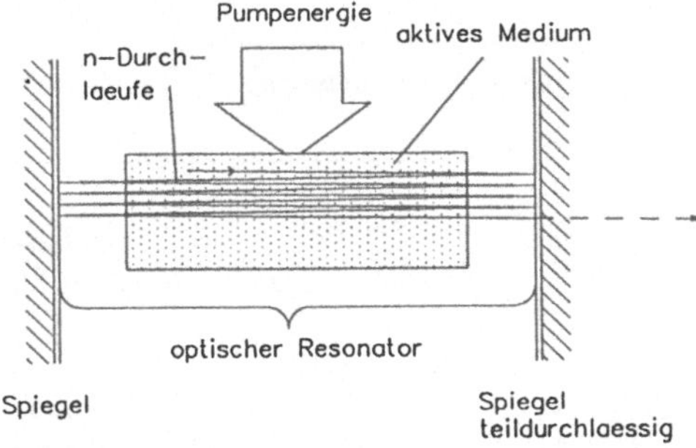

Bild 4.24 Prinzipieller Aufbau eines Lasers

Nach Art des Mediums unterscheidet man:

- **Gaslaser**
  mit der elektrischen Gasentladung als Pumpenergiequelle (HeNe-Laser, CO_2-Laser),

- **Festkörperlaser**
  mit Kristallen oder Gläsern als aktivem Medium (Rubin-Laser, Neodym-YaG-Laser)

- **Halbleiterlaser**

Die folgenden Betrachtungen beziehen sich auf die Halbleiterlaser, wobei viele Effekte auch bei anderen Laserarten zutreffen. Tabelle 4.3 zeigt eine Übersicht über die heute häufig verwendeten Laser.

Wie schon im vorherigen Abschnitt dargestellt, ist ein Festkörper in der Lage, Licht einer bestimmten Wellenlänge zu emittieren, wenn eine strahlende Rekombination eines angeregten Elektrons mit einem Loch stattfindet. Bei einem direkten Halbleiter wird dieses Licht bei ebenderselben Wellenlänge auch besonders gut und vollständig absorbiert, wodurch wieder ein Elektron in den angeregten Zustand gelangt.

Durch quantenphysikalische Zusammenhänge kann nun gezeigt werden, daß ein eingestrahltes Photon den Übergang eines weiteren Photons auslösen kann, so daß nunmehr 2 Photonen emittiert werden, die wiederum weitere Elektronen auslösen, woraus sich lawinenartig ein Anwachsen der Strahlung ergibt. Da die Stimulation unmittelbar und praktisch verzögerungsfrei erfolgt, sind alle Photonen in Phase und das emittierte Licht kohärent (Bild 4.25).

Tabelle 4.3 Zusammenstellung der wichtigsten Eigenschaften von Lasern

Lasermaterial	Wellen- länge	Wirkungs- grad	typ. Leistung	Bezeichnung
Festkörperlaser:				
$Cr^{3+}Al_2O_3$	694	0.1 %	1 W	Rubin-Laser
$Nd^{3+}Y_3Al_3O_{12}$	1060	0,4 %	10 W ... 2 kW	ND:YAG-Laser
Gaslaser:				
HeNe	633	0,1 %	0,3 ... 15 mW	HeNe-Laser
Ar^{1+}	514,5	0,2 %	5 ... 50 mW	Argon-Laser
CO_2	10600	5 %	0,01 ... 10 kW	CO_2-Laser
Halbleiterlaser:				
GaAs	850 ... 900	20 %	2 ... 200 mW	Laserdiode IR
$Ga_xAl_{1-x}As$	820 ... 850	30 %	2 ... 200 mW	Laserdiode IR
$Ga_xAs_{1-x}P$	750 ... 830	15 %	1 ... 100 mW	LD (sichtbar)
$InGa_xAs_{1-x}P$	1250 ... 1550	20 %	1 ... 30 mW	Laserdiode IR

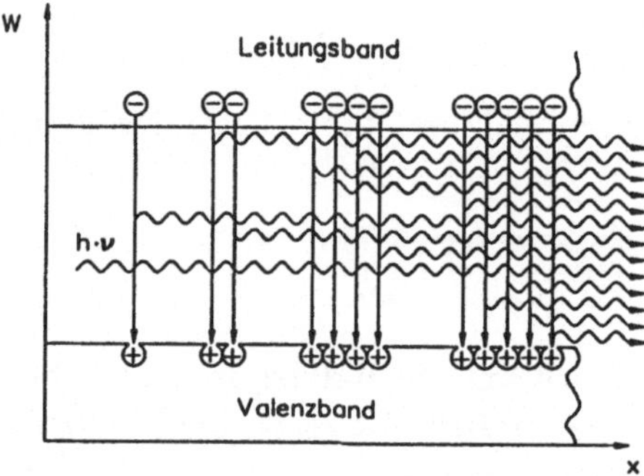

Bild 4.25
Stimulierte Emission, anschauliche Darstellung des Verstärkungseffekts im Bändermodell

Voraussetzung dazu ist, daß sich genügend Möglichkeiten für Rekombinationen anbieten, d.h. daß das Leitungsband stark besetzt sein muß und das Valenzband nur wenig besetzt sein darf. Dieser Zustand wird als Inversion

Inversion = Leitungsbanddichte > Valenzbanddichte

bezeichnet und ist nur durch Zufuhr von genügend „Pumpenergie" zu erreichen.

Elektronen, die in das Leitungsband hochgepumpt werden, können dort für eine gewisse Lebensdauer gespeichert werden, bis sie statistisch wieder rekombinieren. Die Anregung kann erfolgen durch:

- **Stoßanregung**(Gaslaser),

- **Optisches Pumpen**
  mit Blitzlampen, heute auch mit Laserdioden (Rubin Laser, Neodym-YAG-Laser),

- **Ladungsträgerinjektion**
  am PN-Übergang (Halbleiterlaser),

- **Chemische Reaktionen.**

Beim Halbleiterlaser wird die Bildung einer Inversionsdichte durch hohe Dotierung $N > 10^{19}$, was einem entarteten PN-Übergang entspricht, forciert (Bild 4.26). Die Ferminiveaus, die die Besetzungswahrscheinlichkeit kennzeichnen, treten beim entarteten PN-Übergang in die Bänder ein, so daß sich in einer ganz bestimmten Zone bei Anliegen einer Durchlaßspannung U_f die Inversion einstellen kann. In dieser *aktiven Zone* stehen sich also dicht besetztes Leitungsband und leeres Valenzband auch räumlich gegenüber.

Damit ist die erste Bedingung für die Laser-Funktion erfüllt, wenn eine Mindestschwellspannung bzw. Schwellstrom gegeben ist. Unter diesem Schwellstrom tritt keine Inversionsdichte auf, und es erfolgt deshalb nur spontane Emission wie bei einer LED.

Der lawinenartige Vermehrungsprozeß der Photonen kann als Verstärkung oder Gewinn aufgefaßt werden, d.h. das Licht wird beim Durchlauf durch den Kristall verstärkt. Die dabei möglichen Wellenlängen sind noch relativ vielfältig, erst durch die Selektion durch den optischen Resonator ergibt sich die eigentlich kohärente schmalbandige Strahlung. Der Resonator wird dabei von den Photonen vielfach durchlaufen, so daß sich schon bei einem Gewinn von wenig größer als 1 eine kohärente Strahlung ausprägt. Damit haben wir 2 Bedingungen für die Erzeugung von Laser-Strahlung:

- **1. Laser-Bedingung:**
  Vorhandensein einer Inversion d.h. optischer Verstärkung,

- **2. Laser-Bedingung:**
  Vorhandensein eines optischen Resonators hoher Güte zur Selektion einer Wellenlänge.

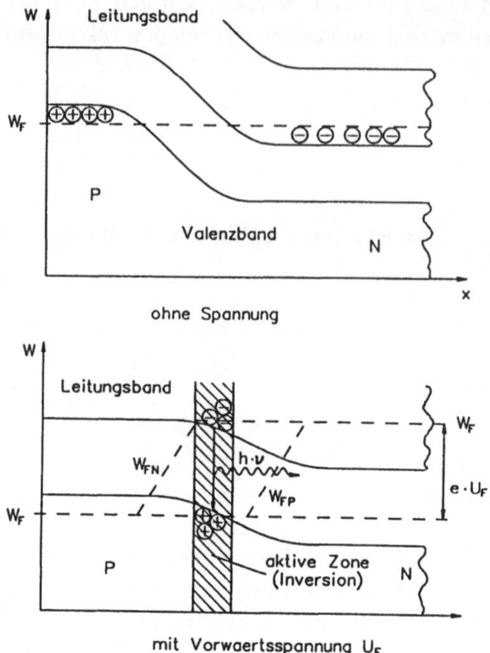

Bild 4.26   Entstehung der Inversionszone durch Betrieb eines entarteten PN-Übergangs mit der Durchlaßspannung U_f, veranschaulicht im Bändermodell. Oben: ohne äußere Spannung, Unten: mit Durchlaßspannung angelegt. W_f ist die FERMI-Energie

Für den Resonator gilt die klassische Bedingung zur Erzeugung stehender Wellen:

$$d = m\,\frac{\lambda}{2 \cdot n} \tag{4.7}$$

mit λ = Wellenlänge der Strahlung,

   m = ganze Zahl,

   n = Brechungsindex des Mediums und

   d = Entfernung der Spiegelflächen.

Die Anordnung entspricht einem FABRY-PEROT-Interferometer. Bild 4.27 zeigt einen prinzipiellen Längsschnitt durch einen Halbleiterlaser.

Wegen des hohen Brechungsindex des Grundmaterials bei der Laserdiode von ca. $n = 3{,}4$ tritt an den Grenzflächen des Materials zu Luft bereits ohne Verspiegelung eine Reflexion von ca. 30 % auf, die durch entsprechende Beschichtung noch erhöht werden kann. Die Parallelität der Enden wird durch Brechen des Kristalls entlang der Gittergrenzen erreicht. Ein solcher Halbleiterlaserkristall hat typische

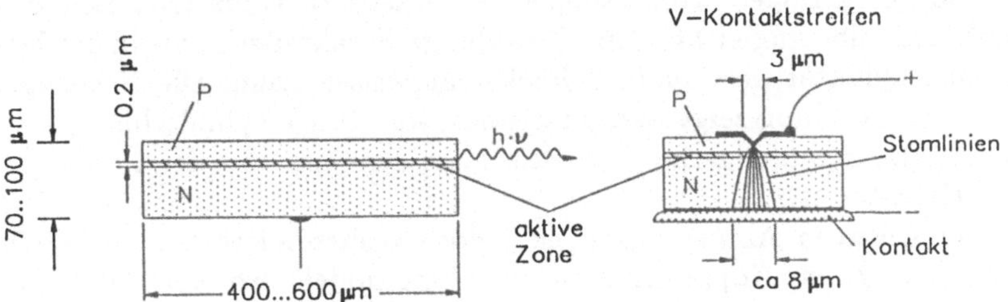

Bild 4.27 Längs- und Querschnitt durch einen Halbleiterlaser (schematisch) mit Gewinnführung

Abmessungen von 400 μm Länge und 70 μm Dicke. Die aktive Schicht liegt im Übergang von P- zu N-Material und hat streifenförmige Gestalt. Durch geeignete Ausbildung der einen Elektrode konzentriert sich der Stromfluß auf einen schmalen, nur wenige Mikrometer breiten und $0,1 \ldots 0,2$ μm dicken Streifen.

Die Strahlung wird in diesem Streifen wie in einem Lichtleiter geführt, da durch die Ladungsträgerinversion hier eine dünne Zone mit geringfügig höherem Brechungsindex (gewinngeführt) entsteht. Bei einigen Laser-Typen (indexgeführt) wird durch zusätzliche lithographische Prozesse dieser Streifenleiter künstlich hergestellt. In beiden Anordnungen ist der lateralen Führung große Aufmerksamkeit zu schenken, da sonst Instabilitäten auftreten können. Bild 4.28 zeigt einen Oxid-streifenLaser aus GaAlAs/GaAs und seine typische Strahlcharakteristik.

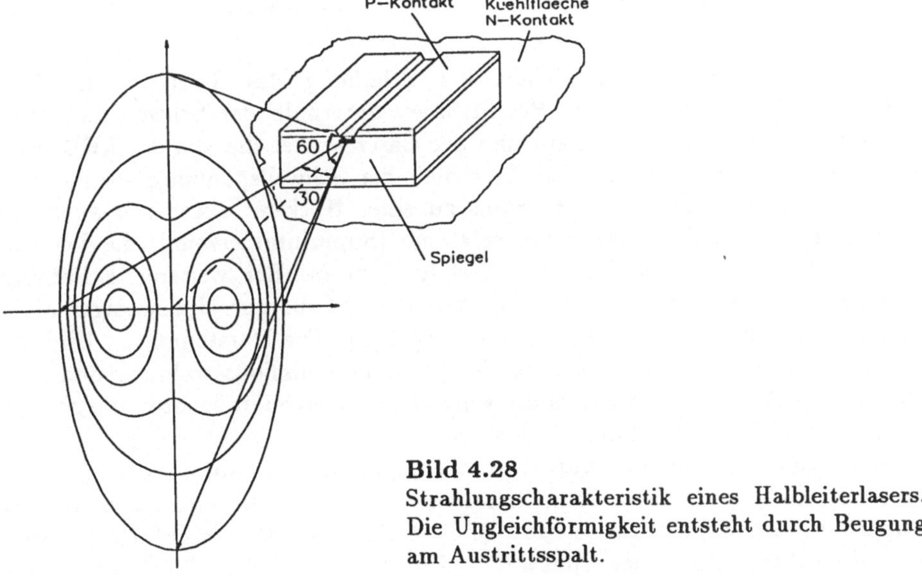

Bild 4.28
Strahlungscharakteristik eines Halbleiterlasers. Die Ungleichförmigkeit entsteht durch Beugung am Austrittsspalt.

Auf Grund der geringen Abmessungen des Austrittfensters tritt Beugung auf, und es ergibt sich eine ungleichförmige Strahlungscharakteristik, die in der lateralen Achse je nach Qualität der Diode 2 Höcker aufweisen kann. Die Konvergenz ist schlecht und die Stahlung zeigt Astigmatismus, was durch Zylinderlinsen korrigiert werden kann. Die Strahlungscharakteristik ist dabei weit von der LAMBERTschen Charakteristik entfernt.

Wegen der geringen Abmessungen ist jedoch insbesondere bei indexgeführten Laserdioden ein guter Kopplungsgrad in Monomodefasern von 50 % und in Gradientenfasern von fast 100 % realisierbar.

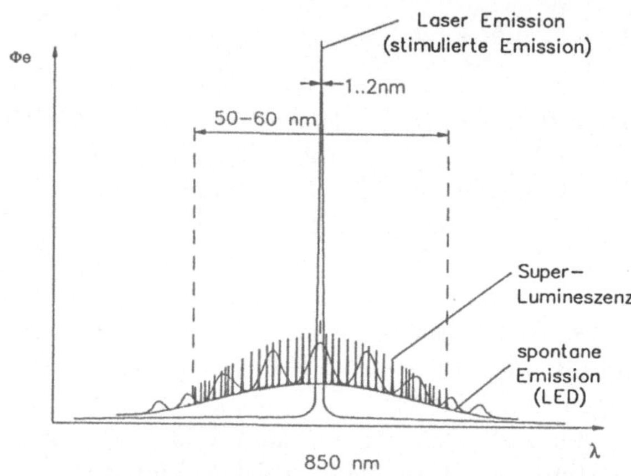

Bild 4.29   Laserspektrum für Ströme weit unter der Laserschwelle (spontane Emission), im Bereich der Laserschwelle (Super-Lumineszenz) und weit oberhalb der Laserschwelle. Die Strahlungsleistung ist nicht maßstäblich dargestellt.

Das Spektrum des Laserlichtes bei Erhöhung des Stromes von Null auf Betriebswerte zeigt Bild 4.29. Bei Strömen unterhalb der Schwellspannung tritt nur spontane Rekombination auf und der Laser sendet die von der LED bekannte breitbandige Strahlung aus. Das Erreichen der Schwellspannung wird signalisiert durch die Verformung des Spektrums zu einer Höckerstruktur mit ausgeprägten Linien, die stimmulierte Emission setzt ein (Superlumineszenz), die Verstärkung ist jedoch geringer als die Güte des Resonators. Bei weiterer Erhöhung des Stromes verschwinden alle Seitenlinien und es bleibt nur eine weniger als 1 nm breite Hauptlinie sehr intensiver Strahlung übrig. Die Darstellung in Bild 4.29 ist nicht maßstabgerecht. Die auftretende spontane Emissionsstrahlung und auch die Superlumineszenz ist in der Strahlungsleistung um eine Größenordnung geringer als die resonante Laserstrahlung.

Je höher der Strom durch die Laserdiode gewählt wird, desto mehr konzentriert sich die Strahlung in nur einer Linie (Bild 4.30). Ein detailliertes Superlumineszenzspektrum zeigt Bild 4.31. Es ist wesentlich breiter als die Hauptlinie mit einer spektralen Feinstruktur (Bild 4.32) aus nur etwa $0,01 \ldots 0,02$ nm breiten Einzellinien.

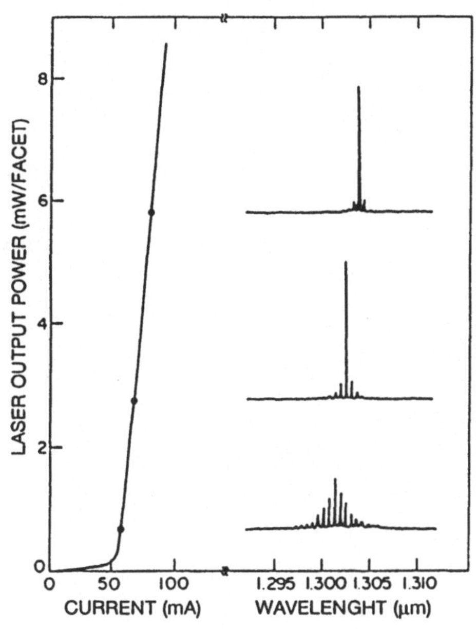

Bild 4.30
Ausgangsleistung und Modenspektrum einer Laserdiode (InGaAsP) mit Fabry-Perot-Resonator

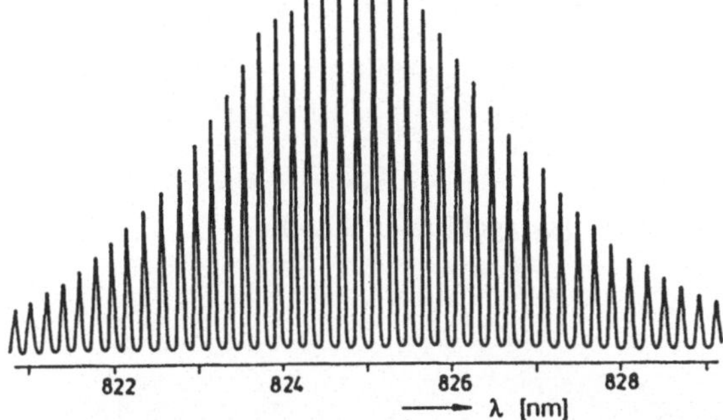

Bild 4.31
Spektrum einer Superlumineszenz-Diode

In dem optische Resonator können sich verschiedene Moden ausbreiten, die durch die nicht ideal scharfkantige Begrenzung des Wellenleiters in Lateralrichtung entstehen (Bild 4.34). Der Abstand der Feinlinien beträgt ca. 0,2 nm und ist von der Länge des Resonators abhängig, die Breite der einzelnen Linie beträgt jedoch nur 0,01 nm, und ist somit extrem schmalbandig.

Die Umhüllende des Laserspektrums entspricht dem Produkt aus Verstärkung und Resonatorgüte des optischen Resonators. Da dieser nur sehr kurz ist und auf Grund der eingeschränkten Reflexion an den Endflächen nur eine relativ geringe Güte aufweist, treten zahlreiche Moden auf. Bei Änderung der Temperatur des Kristalls und damit Änderung der Resonator-Länge verändert sich damit auch die Resonatorwellenlänge und damit die Wellenlänge der Laserstrahlung. In Grenzen erfolgt dies auch bei Änderung des Betriebsstromes, da dieser einer bestimmten Inversionsdichte entspricht, welche wiederum geringfügig den Brechungsindex des

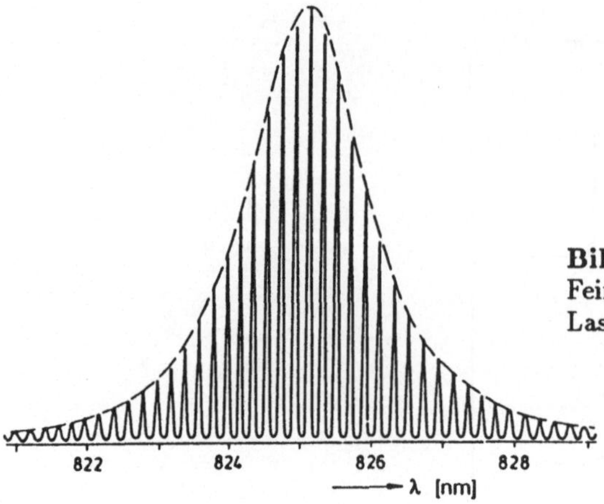

Bild 4.32
Fein-Spektrum eines gewinngeführten
Lasers

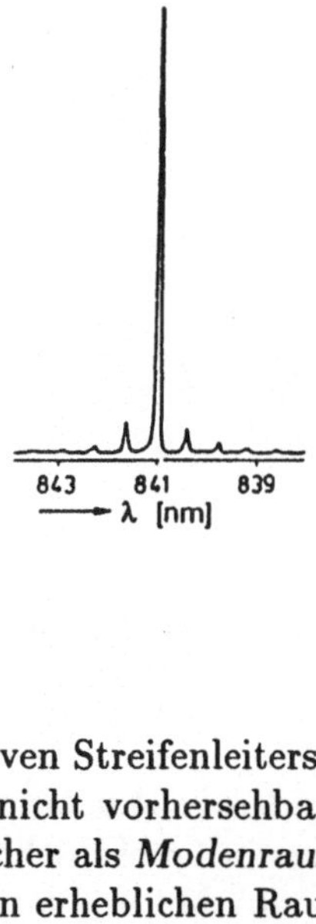

Bild 4.33
Fein-Spektrum eines indexgeführten Lasers

aktiven Streifenleiters beeinflußt. In Verbindung mit den Kopplungen tritt deshalb
ein nicht vorhersehbarer sprunghafter Energieaustausch zwischen den Moden auf,
welcher als *Modenrauschen* bezeichnet wird und bei der Modulation der Laserdiode
einen erheblichen Rauschanteil dem Signal hinzufügt.

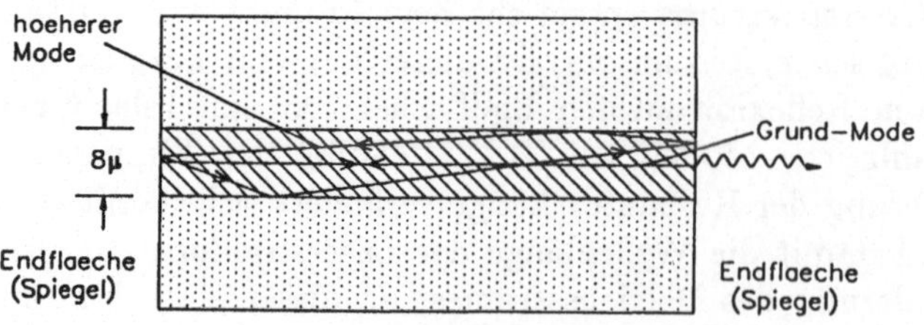

Bild 4.34 Ausbildung von höheren Moden in der aktiven Zone eines Halbleiters

4.5 Indexgeführte BH-Laser und DFB-Laser

Für die optische Nachrichtentechnik werden jedoch Strahlungsquellen mit möglichst geringem Rauschen und eindeutig definierbarer Frequenz benötigt. Als erste Maßnahme kann dazu die laterale Ausdehnung der aktiven Zone weiter begrenzt werden, indem ein „echter"Streifenleiter mit lateral durch verringerten Brechungsindex begrenzter aktiver Zone hergestellt wird. Solche Laser werden als *indexgeführt* bezeichnet und weisen gegenüber den gewinngeführten Lasern bereits eine erheblich verbessertes Modenspektrum (Bild 4.33) auf. Den Querschnitt durch einen solchen als DC-PBH (*double channel planar buried heterostructure*) zeigt Bild 4.35 für den 1300 nm-Bereich. Die aktive Zone aus InGaAsP wird hier lateral durch eine weniger brechende P-InP-Barriereschicht begrenzt.

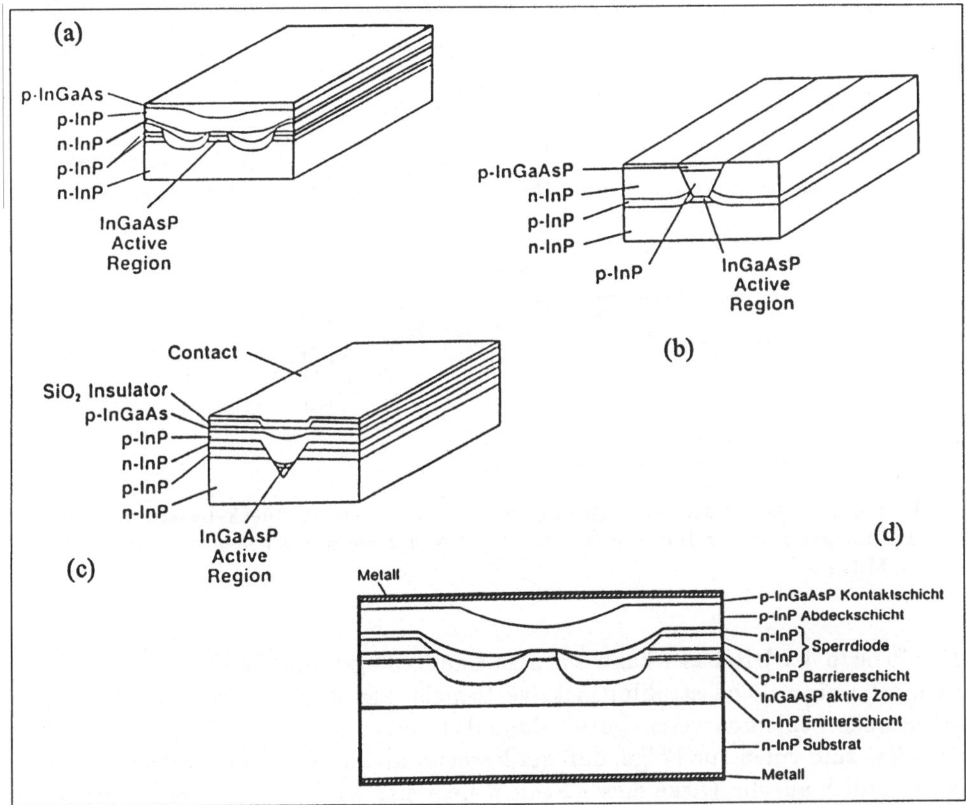

Bild 4.35 Aufbau üblicher indexgeführter Double-Heterostructure-Laser (DH-Laser). a) Double-Channel-Plannar-(DCPBH)-Struktur, b) Planar-BH-(PBH)-Struktur, c) Channel-Substrate-Buried-Crescent-(CSBC)-Struktur d) Schematischer Aufbau eines DCPBH-Laser im Detail

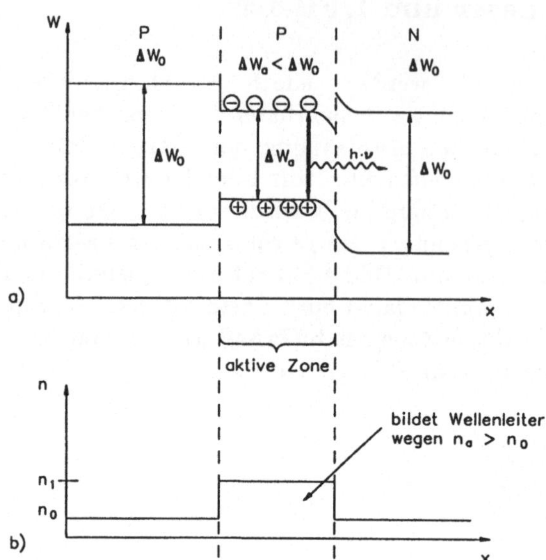

Bild 4.36   Bändermodell eines Double-Heterostructure-(DH)-Lasers (oben) und Auswirkung des niederen Bandabstands auf den Brechungsindex (unten)

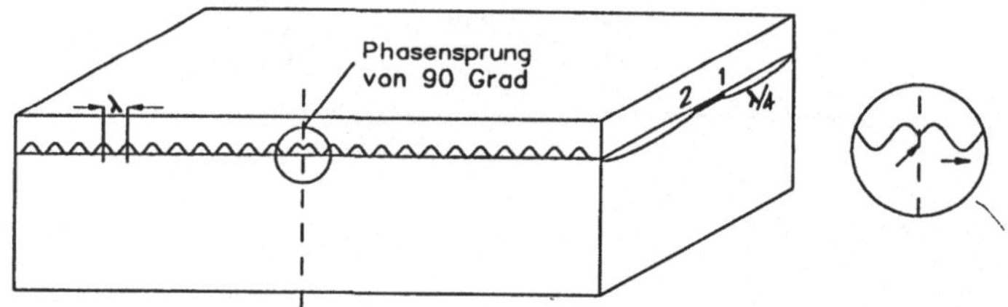

Bild 4.37   Schematischer Aufbau einer Distributed-Feedback-Laserdiode (DFB-LD) mit periodischer Indexvariation der aktiven Zone und Phasensprung von $\pi/2$ in der Mitte

Das Prinzip der BH-Laser kann aus dem Bänderdiagramm (Bild 4.36) verstanden werden. Die eigentliche strahlungsaktive Schicht hat einen etwas gegenüber den angrenzenden Schichten verringerten Bandabstand.

Dies hat zum einen zur Folge, daß der Bereich, in dem Inversionsdichte auftreten kann, räumlich auf die Dicke dieser Schicht begrenzt wird. Zum andern weist diese Schicht wegen des Zusammenhangs zwischen Bandabstand und Brechungsindex einen höheren Index auf, was zu einem Einschluß (*confinement*) der Strahlung wie in einem Wellenleiter führt.

Die in diesem Wellenleiter generierte Strahlung, der mit Auftreten der Inversionsdichte transparent wird, kann diesen nicht mehr verlassen und breitet sich damit längs des Wellenleiters aus, wobei im Sinne der stimulierten Emission weitere

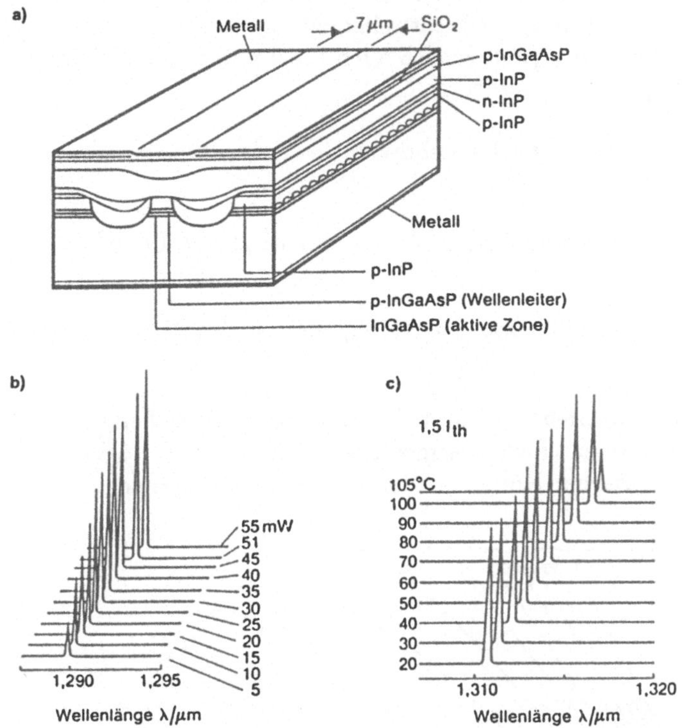

Bild 4.38 DFB-DC-PBH-Laserdiode und Abhängigkeit von der emittierten Wellenlänge von Ausgangsleistung und Temperatur [Quelle: ANT]

Photonen ausgelöst werden. Die laterale (d.h. seitliche) Begrenzung erfolgt dabei auf ähnliche Weise durch Materialien niederen Brechungsindex, in der in Bild 4.35 dargestellten Bauweise durch die beiden eingeätzten Kanäle, die mit einer Barriereschicht gefüllt sind.

Um eine noch weitergehende Unterdrückung der Nebenmoden zu erreichen, muß man die Güte des Resonators weiter erhöhen. Dies gelingt durch Herstellverfahren der *Integrierten Optik*, bei denen der Laserresonator durch eine verteilte, aus wechselnden Zonen höheren und niedrigeren Brechnungsindex in Längsrichtung des Wellenleiters mit $\lambda/2$-Periode gebildet wird. In der Mitte benötigt man einen Phasensprung von $\lambda/4$, was die Herstellung dieser Feinststrukturen mit holographischen Methoden erst in den letzten Jahren ermöglichte. Laser dieser Bauart werden als DFB-Laser für *distributed feed back*, also verteilte Rückstrahlung, bezeichnet (Bild 4.37). Sie weisen heute eine praktisch einmodige Strahlung auf, da durch die Selektivität der Reflexion an der periodischen Indexstruktur nur die hierdurch geometrisch vorgegebene Welle zur Resonanz führen kann.

Diese Einmodigkeit bleibt zudem über einen großen Temperatur- und Betriebsstrombereich erhalten (Bild 4.38), so daß nur ein sehr geringes Rauschen bei der

optischen Nachrichtenübertragung auftritt. Die DFB-Laserdiode ist damit zum
hauptsächlich verwendeten Sender in Lichtwellenleitersystemen geworden. Wegen
der hohen spektralen Reinheit eignet sie sich auch für die Heterodyn-Übertragung,
worauf später noch eingegangen werden soll.

Die mit einem Halbleiterlaser erzeugbare optische Leistung ist enorm groß (bis
zu mehreren W) und nur durch die Belastbarkeit des Kristalls begrenzt:

- **thermisch**
  durch Stromdichten am Streifenkontakt von bis zu 10000 A/cm^2,

- **optisch**
  durch eine Strahlungsflußdichte von 1MW/cm^2 an den Facetten (abhängig
  von der Wellenlänge).

Ein kontinuierlicher Betrieb ist deshalb nur bei ausreichender Kühlung
durch einen Kühlkörper oder einen thermoelektrischen Kühler möglich. Auf die
Arbeitsweise thermoelektrischer Kühler wird später noch eingegangen.

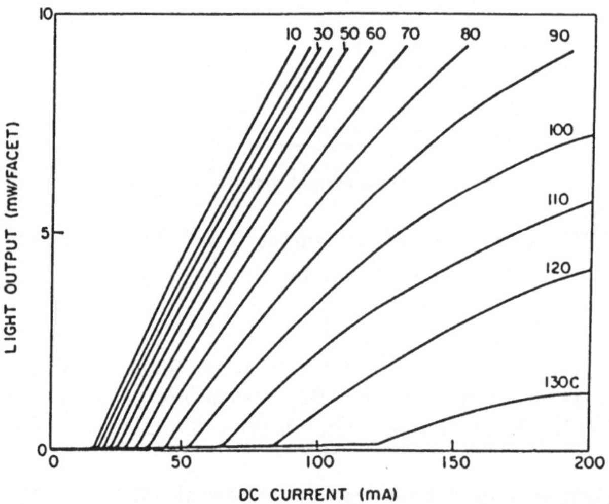

Bild 4.39 Laserdiodenkennlinien von 1300 nm InGaAsP-Laserdioden in Abhängigkeit von der Betriebstemperatur nach [Lee, Proc IEEE 3/91]

Bei Erhöhung der Temperatur in der aktiven Zone ergibt sich sofort eine
Erhöhung des Schwellstromes und die Laserwirkung kann abreißen (Bild 4.39).
Oberstes Gebot für den Betrieb eines Halbleiterlasers ist deshalb eine vorzügliche
Kühlung.

Für moderne Laser sind heute bei Schwellströmen von 20...60 mA Ausgangsleistungen von 2...10 mW typisch, was gegenüber LEDs erheblich erhöht ist. Die
typischen Betriebsdaten sind in Tabelle 4.4 zusammengestellt.

Tabelle 4.4   Betriebsdaten typischer Halbleiterlaser

Schwellstrom	20 ... 60 mA
optischer Wirkungsgrad	0,15 ... 0,25 W/A
Wellenlängen	750 ... 1600 nm
Abstrahlung lateral	25° ... 35°
Abstrahlung transversal	30° ... 80°
Innerer Widerstand	1 ... 5 Ω
Durchlaßspannung	1,8 ... 2,2 V
Optische Strahlungsleistung kont.	10 ... 100 mW
Lebensdauer	> 40000 h

4.6   Neuere Laserentwicklungen auf der Basis von Quantum-Well-Strukturen

Seit dem ersten Nachweis des Halbleiterlaser-Effektes 1962 [HALL et.alt., NATHAN et.alt.] bei GaAs konnte die Schwellstromdichte von anfänglich über 10000 A/cm^2 mit Hilfe der BII-Strukturen und einem sorgfältigen, immer exakteren Einschluß der aktiven Zone auf unter 1000 A/cm^2 gesenkt werden, was sich in der Senkung des Schwellstromes von über 100 mA auf nur wenige mA niederschlägt. Höchste Effektivitäten lassen sich mit Halbleiterstrukturen gewinnen, die als *Multiple Quantum Well* oder MQW-Strukturen bekannt sind. Bild 4.40 zeigt den Querschnitt durch eine nach diesem Prinzip aufgebaute Laserdiode und das zugehörige Bänderschema.

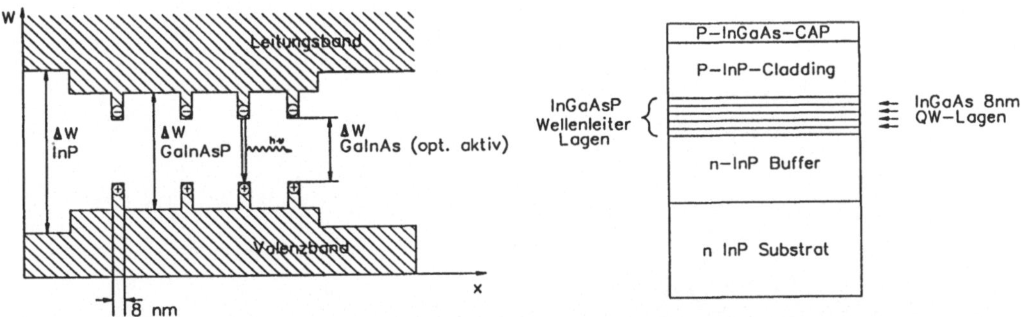

Bild 4.40   Schematischer Querschnitt durch einen InGaAs/InGaAsP-Multiple-Quantum-Well-Laser (SCH-MQW-LD) und zugehöriges Bändermodell

Die aufgebrachten aktiven Halbleiterschichten aus InGaAs sind nur noch 8 nm dick, was geringer als die freie Weglänge der Elektronen im Leitungsband ist. Die Elektronen können sich damit nur noch in 2 Dimensionen (in der Fläche der Schicht), nicht mehr senkrecht der Schicht bewegen, was zu einer Diskretisierung der von den Elektronen einnehmbaren Energieniveaus führt. Gleiches geschieht auch mit den Löchern, so daß sich nun in der aktiven Schicht Elektronen

und Löcher mit gleichem Impuls gegenüberstehen. Nach den zuvor dargelegten
Eigenschaften direkter Halbleiter ergibt sich damit eine besonders hohe Ausbeute
strahlender Rekombinationen und damit ein besonders niedriger Schwellstrom von
unter 0,35 mA [LEE] bei GaAs/AlGaAs, bei InGaAs/InGaAsP von 0,98 mA
entsprechend Schwellstromdichten von 65 A/cm2 bzw. 319 A/cm2 [LEE]. Diese als
Quantum-Well bezeichneten Ladungsträger-Einschlußschichten werden mehrfach
übereinander angeordnet, z.B. 4-fach, woraus sich die Bezeichnung *Multiple-QW*
ergibt.

Die aktive Zone liegt zudem in einem Bereich höheren Brechnungsindex, um eine
optische Führung des generierten Lichtes zu erreichen, was wegen der vergleichs-
weise großen Wellenlänge des Lichtes nicht in den MQW-Strukturen erfolgen kann
(SCH = *seperate confinement heterostructure*). Die Führung der Lichtwelle läßt
sich noch verbessern, indem der stufenförmige Übergang von höherem zu niederem
Brechnungsindex durch einen mehr graduellen, gleichförmigeren Übergang, erzeugt
durch jeweils kleine schrittweise Änderung des Bandabstands und damit des
Brechungsindex, ersetzt wird (Bild 4.41). Dies wird als *graded index* , GRIN-
SCH-MQW-Laser bezeichnet. Mit diesen komplexen Schichtstrukturen wurden
die bisher geringsten Schwellstromdichten erzielt. Es handelt sich zudem immer
um DFB-Strukturen, um die Energie in nur einer Linie zu konzentrieren. Dabei
werden Ausgangsleistungen bis 200 mW und Linienbreiten bis hinunter zu 250 kHz
Bandbreite in den Labors verwirklicht [LEE]. Eine gute Übersicht über den
Stand der Entwicklung gibt der ausgezeichnete Übersichtsartikel von LEE in den
Proceedings of the IEEE vom März 1991.

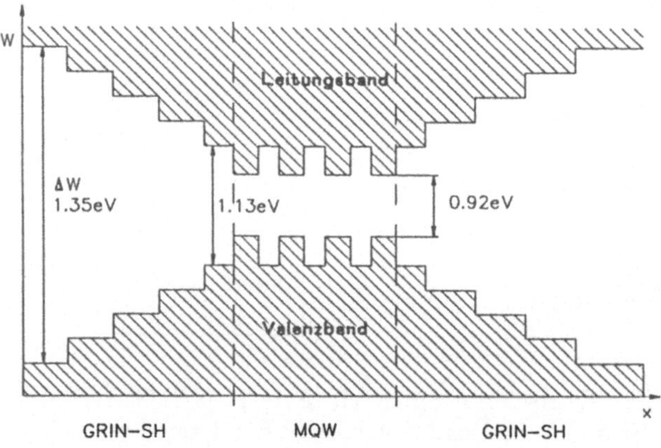

Bild 4.41 Bänderschema eine GRIN-SCH-MQW-Lasers (Graded-Index-Separate-
Confinement-Hetrostructure-Multiple-Quantum-Well) mit zahlreichen dünnen
Cladding-Lagen zur Erzeugung eines langsam abnehmenden Brechungsindexes nach
[LEE, Proc IEEE 3/91]

4.7   Laser mit abstimmbarer Wellenlänge

Für die optische Übertragungstechnik (und zahlreiche andere Anwendungen) wünscht man sich kohärente Lichtquellen, deren Wellenlänge einstellbar ist. Ein Laser entspricht damit einem Oszillator mit der Frequenz

$$\nu = \frac{c_0}{\lambda}$$

Die Wellenlänge 1500 nm entspricht damit der Frequenz von 200 TeraHerz, 1 nm bei dieser Wellenlänge der Bandbreite von 133 GHz. Allein im Bereich um 1550 nm, dem Absorptionsminimum von Glasfasern, lassen sich damit mehrere hundert Breitbandkanäle nebeneinander unterbringen, wenn die von der Lichtquelle emittierte Strahlung ausreichend genau in der Frequenz, d.h. in der Wellenlänge kontrolliert werden kann.

Die einfachste Kontrolle der emittierten Wellenlänge erfolgt über die Temperatur des Kristalls, die letztlich die Dimensionen bestimmt. Durch sorgfältige Kontrolle der Temperatur des thermoelektrischen Kühlers läßt sich damit ein gewisser Wellenlängenbereich von etwa 10 ... 20 nm durchstimmen. Als Einstellzeit ist jedoch im Sekundenmaßstab zu rechnen, was dieses Verfahren für den Wellenlängen-Multiplex ungeeignet macht.

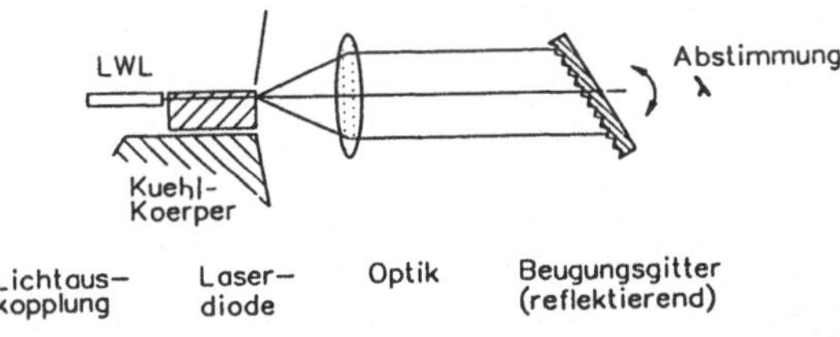

Bild 4.42   Laserdiode mit externem optischen Resonator. Die Emissionswellenlänge ist durch Drehung des Beugungsgitters einstellbar.

Versieht man die Laserdiode auf der einen Facette mit einer Anti-Reflexionsschicht und schafft durch einen externen Spiegel einen externen Resonator (Bild 4.42), so kann man durch entsprechende wellenlängenselektive Maßnahmen, z.B. durch ein holographisches Reflexionsgitter dafür sorgen, daß nur eine einzige Wellenlänge im optisch verstärkenden Halbleiter zur Resonanz kommt. In der Praxis werden mit dieser Anordnung durchstimmbare Laser mit einem Verstellbereich von 55 nm [LEE] erreicht. Geringere Abstimmbereiche, jedoch dafür elektrisch beeinflußbar, erreicht man mit einer besonderen Form des DFB-Lasers (Bild 4.43), wobei der strahlende Streifen in drei hintereinander geschaltete Einzellaser aufgeteilt ist, deren Strom einzeln beeinflußt werden kann.

Da die Injektionsstromdichte eine entsprechende Inversionsstromdichte und damit indirekt wieder einen davon abhängigen Brechungsindex erzeugt, kann

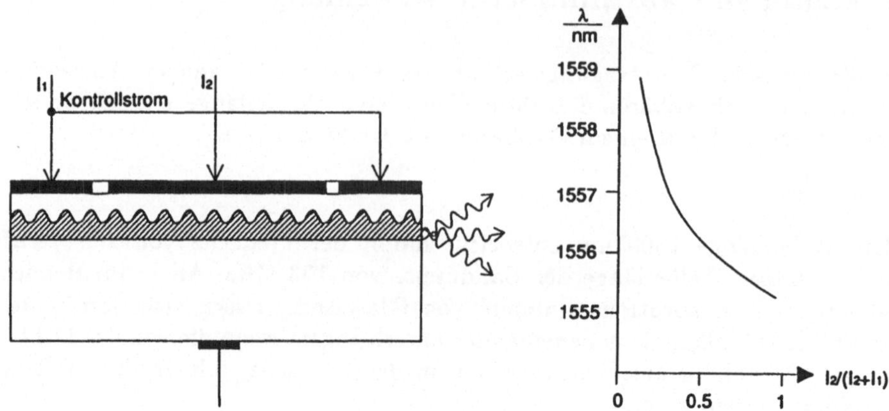

Bild 4.43   Schematischer Aufbau und Kennlinien einer in der Wellenlänge (bzw. Frequenz) abstimmbaren DFB-Laserdiode mit 3 Elektroden [LEE, Proc IEEE 3/91]

über den Strom die emittierte Wellenlänge kontrolliert werden. Die DFB-Struktur verhindert dabei ein Modenspringen, d.h. die Wellenlänge ist wirklich kontinuierlich veränderbar. Einen schon weit entwickelten Opto-Elektronischen-Integrierten-Schaltkreis (OEIC) mit drei elektrisch abstimmbaren Laserdioden für einen zusammengenommen 21 nm breiten Abstimmbereich zeigt Bild 4.44.

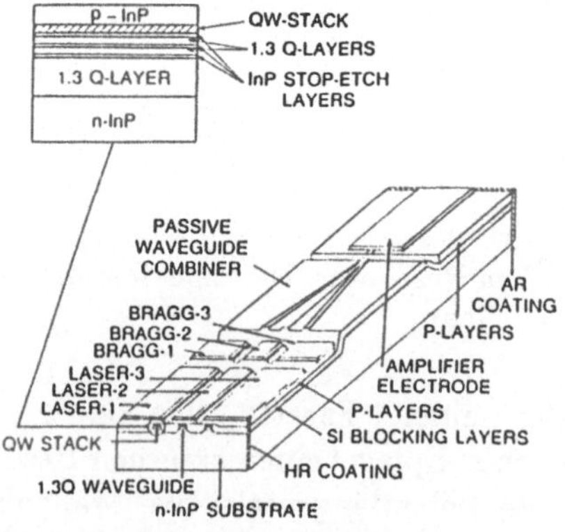

Bild 4.44   Optische Sendebaugruppe mit 3 elektrisch abstimmbaren Laserdioden für einen Abstimmbereich von 21 nm [LEE, Proc IEEE 3/91]

Die hierzu gehörenden Daten zeigt Bild 4.45. Damit lassen sich im interessierenden Wellenlängenbereich mit Hilfe der Heterodyntechnik (siehe Abschnitt Empfänger) Dutzende von Breitbandkanälen auf nur einer Glasfaser übertragen. Ähnliche OEICs werden in Zukunft erhebliche Bedeutung erlangen.

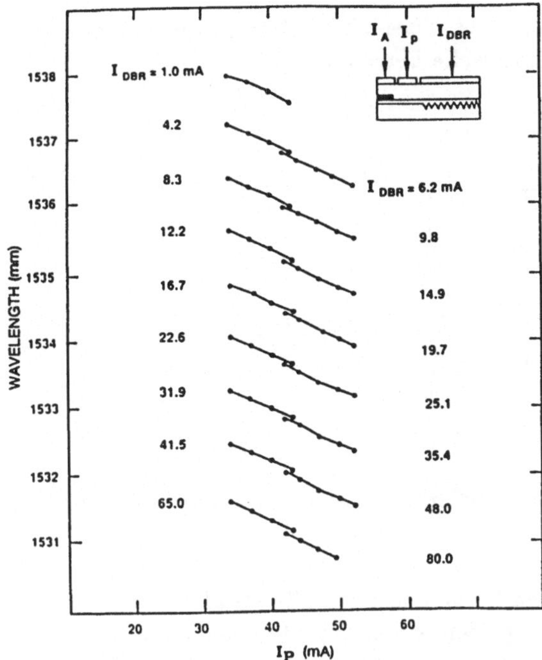

Bild 4.45 Abstimmverhalten einer 3-Elektroden-Distributed-Bragg-Reflector - DBR)-Laserdiode. Eine kontinuierliche Abstimmung über einen Bereich von mehr als 7 nm ist möglich.

4.8 Modulation von Halbleiterlasern

Halbleiterlaser weisen oberhalb des Schwellstroms eine nahezu lineare Kennlinie auf. Sie können über den Strom bis zu sehr hohen Frequenzen moduliert werden, da der, die optische Verstärkung erzeugende, Lawineneffekt nahezu verzögerungsfrei abläuft. Allerdings können verschiedene Effekte die maximale Modulationsfrequenz beeinträchtigen:

□ Relaxationsschwingungen,

□ Rückwirkungen durch angeschlossene Faser.

Die optische Strahlung schwingt an wie ein System 2.Ordnung mit geringer Dämpfung. Hier wirken die im Resonator gespeicherten Photonen als der eine, die elektrischen Ladungsträger als der zweite Energiespeicher, zwischen denen Energie ausgetauscht wird. Die Schwingung wird in ihrer Frequenz maßgeblich durch die Ladungsträger-Lebensdauer bestimmt. Die Frequenz dieser Schwingung, die die Grenze der Modulation darstellt, liegt im GHz-Bereich und ist durch die typische Überhöhung der Frequenzgangkurve (Bild 4.46) vor Erreichen der

Übertragungsbandbreite gekennzeichnet. Dieses Verhalten gilt jedoch nur, wenn der Laser deutlich oberhalb der Laserschwelle betrieben wird.

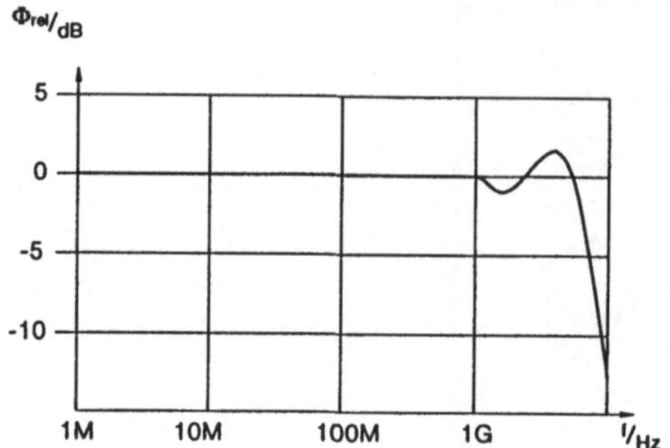

Bild 4.46 Frequenzgang der modulierten Laserstrahlleistung (relativ) bei Direktmodulation

Betreibt man den Laser unterhalb der Laserschwelle (Bild 4.47), so werden nur langdauernde Impulse wegen der großen Zeitkonstanten der spontanen Emission (LED-Verhalten) in Strahlung umgesetzt. Dabei kann es in der Nähe der Laserschwelle zu einem Anschwingen der stimulierten Emission kommen, was sich durch die gering gedämpfte Schwingung der Strahlungsleistung ausdrückt. Erhöht man den Vorstrom weiter, wird dieser Effekt noch deutlicher und tritt schließlich bei jedem Zeichen auf, wenn die Laserschwelle durchfahren wird.

Das elektrische Signal wird erst dann vollständig und ohne Relaxationsschwingungen in Strahlungsimpulse umgesetzt, wenn der Vorstrom bereits oberhalb der Laserschwelle liegt. Für nachrichtentechnische Anwendungen sollte also die Laserdiode immer oberhalb der Laserschwelle betrieben werden, die optische Ausgangsleistung „Null" kommt also nicht vor.

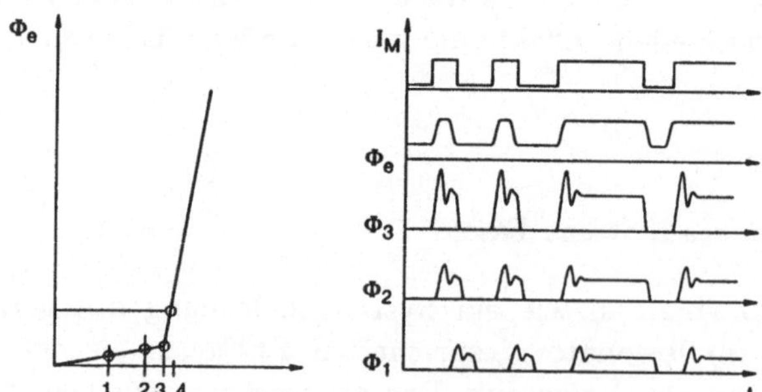

Bild 4.47 Modulation eines Halbleiterlasers bei unterschiedlichen Arbeitspunkten. Beim Überschreiten der Laserschwelle treten Relaxationsschwingungen auf

Allgemein kann man sagen, daß die Modulationsbandbreite umso höher ist, je größer die optische Ausgangsleistung des Lasers ausgefahren wird. Das optische Signal bewegt sich also zwischen einem *high level-* und einem *low level-*Signal, das Verhältnis aus diesen beiden Pegeln wird als Extinktion

$$\frac{P(L)}{P(O)} = \frac{high\ level\ opt.\ power}{low\ level\ opt.\ power} = extinction\ ratio \quad \text{(Extinktion)} \tag{4.8}$$

bezeichnet, der arithmetrische Mittelwert beider Pegel als *mesial power* oder Mesial-Leistung.

Hieraus folgt eine kontinuierliche thermische Belastung, die nur durch sorgfältige Kühlmaßnahmen, Kühlkörper und insbesondere thermoelektrische, geregelte Kühlsysteme beherrscht werden kann.

Die angeschlossene Faser kann bei niedriger Dämpfung und hohem Koppelwirkungsgrad auf den Laser zurückwirken. Schon geringe Rückwirkungen können das Modenspektrum der Laserdiode gewaltig beeinflussen (Bild 4.48).

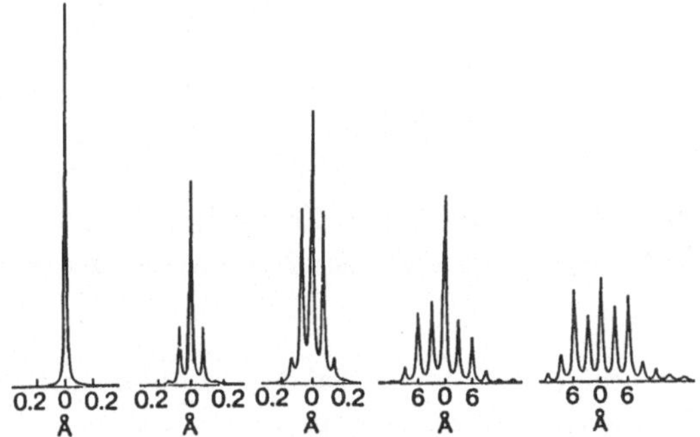

Bild 4.48 Einfluß der Rückwirkung auf das Modenspektrum eines 830 nm Halbleiterlasers nach [DAKIN]

Der Lichtwellenleiter stellt einen 2. Resonator dar, der allerdings auf Grund seiner Ausdehnung eine erheblich längere Verzögerungszeit besitzt. Unter ungünstigen Verhältnissen können dadurch auch Pulsationen auftreten, die die Verwendung im Übertragungssystem in Frage stellen. Besonders betroffen sind hier analog arbeitende Übertragungssysteme. Gewinngeführte Halbleiterlaser sind dagegen jedoch unempfindlicher als indexgeführte Laser. Je geringer die Emissionsbandbreite, desto empfindlicher reagiert der Laser auf diese Rückwirkung. Eine Abhilfe ist durch optische „Isolatoren" möglich, die aufgrund der Wellennatur des Lichtes eine Energieübertragung des Lasers zur Faser, nicht aber in umgekehrter Richtung zulassen. Auch in diesem Bereich ist ein Vergleich mit den bei HF-Oszillatoren bekannten Erscheinungen zulässig.

Das Rauschen der Laserdioden kann grob in einen Amplituden-Effekt (AM) und einen Frequenz-Effekt (FM) bzw. Wellenlängeneffekt unterteilt werden. Insbesondere das AM-Rauschen kann durch eine elektrische Rückführung des

an einer Monitordiode abgegriffenen Signals auf den Modulationsstrom erheblich
reduziert werden. Das FM-Rauschen läßt sich ebenfalls elektrisch stabilisieren,
wenn man ein wellenlängenabhängiges Signal, z.B. über ein FABRY-PEROT-
Interferometer, zurückführt. Die besten Ergebnisse lassen sich gewinnen, wenn nicht
das Signal der Monitordiode, welches an der rückwärtigen Facette gewonnen wird
und nicht völlig mit dem Signal der Austrittsfacette korreliert ist, verwendet wird,
sondern das zu stabilisierende Licht direkt.

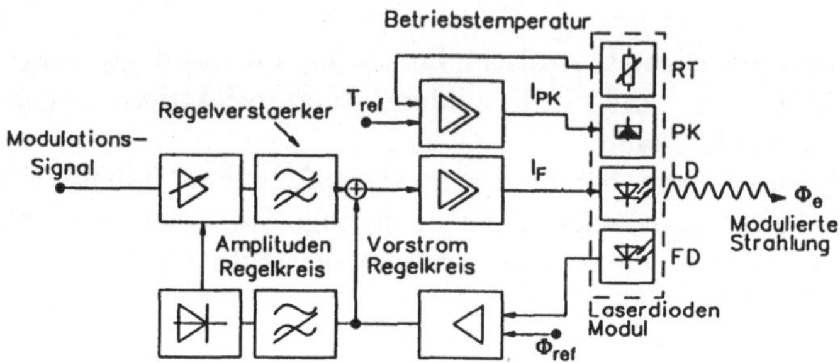

Bild 4.49   Aufbau der Elektronik eines LWL-Sendemoduls: RT = Thermistor,
PK = Peltier-Kühler, LD = Laserdiode, FD = Fotodiode.

Das Blockschaltbild eines typischen Lasermoduls für die optische Nachrichtentechnik zeigt Bild 4.49. Zum Betrieb des Lasers sind mehrere Regelkreise
erforderlich:

- Temperaturstabilisierung über einen thermoelektrischen Kühler mit NTC-
  Widerstand o.ä. als Fühler für die Kristalltemperatur,

- Stabilisierung der optischen Ausgangsleistung durch Vergleich der mittleren
  Leistung mit einer Referenz und Regelung des Vorstroms hierdurch,

- Stabilisierung des Modulationshubes durch Messung des Signalhubes an der
  Monitordiode.

Die Monitordiode ist dabei üblicherweise an der rückwärtigen Facette des Lasers
montiert.

Der Lasertreiber muß für die hohen Betriebsfrequenzen ausgelegt sein. Geeignet
sind symmetrische Differenzverstärkerschaltungen mit schnellen HF-Transistoren
(Bild 4.50), Die Treiber müssen wegen der hohen Frequenzen zu einem Hybridmodul
integriert werden. Ein besonderes Problem stellt die Kopplung der winzigen
Lichtleitfaser mit ihrem Kern von weniger als 8 Mikrometer an den Laser dar, wobei
wegen der Sorge um die chemische Stabilität keine Klebstoffe verwendet werden
können. Die Geometrie der Ankopplung muß auf Bruchteile von Mikrometern über
Jahre stabil gehalten werden, geringe Variationen können bereits zu Rückwirkungen
auf den Laser und damit zu Veränderungen des Spektrums führen. Die im
Rahmen der öffentlichen Netzbetreiber erhobenen Forderungen beziehen sich

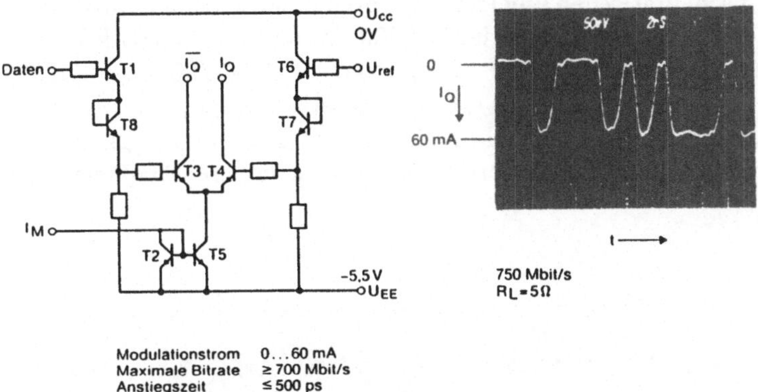

Bild 4.50 Schaltbild einer Lasertreiberstufe nach [BAMBACH] für Modulationsfrequenzen bis 700 Mb/s

auf eine garantierte Lebensdauer von 30 Jahren! Der Sendemodul wird deshalb heute komplett integriert in Hybridtechnik mit Monitordiode, Peltier-Kühler und Temperaturfühler geliefert, die Ausgangsleistung ist an einem *pigtail* (zu deutsch „Schweineschwanz"), der mit beliebigen optischen Steckern konfektioniert werden kann, abgreifbar.

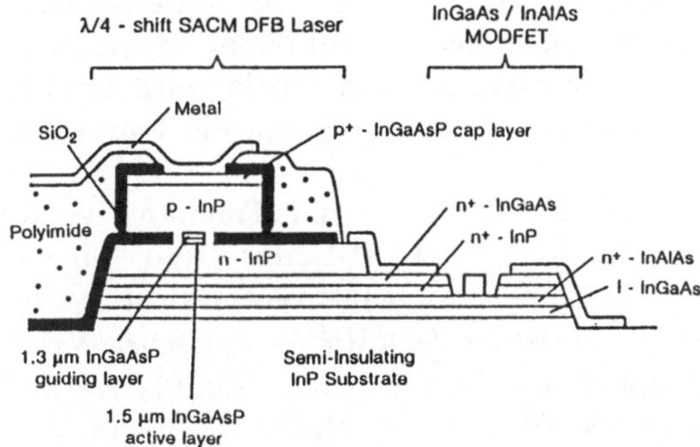

Bild 4.51 Schematischer Aufbau eines als optisch elektrischen integrierten Schaltkreises (OEIC) ausgeführten Transmitter, bestehend aus einer DFB-Laserdiode und einem InGaAs/InAlAs-MODFET nach [LEE, Proc IEEE 3/91]

Die hohe Modulationsbandbreite der DFB-Laserdiode läßt sich nur wirklich nutzen, wenn die elektrische Treiberansteuerung nur durch geringe parasitäre Kapazitäten und Induktivitäten belastet wird. Deshalb wurde schon früh versucht, Laser und Treiberschaltung auf einem GaAs-Schaltkreis zu vereinigen. Da aber der Schwerpunkt der optischen Nachrichtentechnik im 1300 bzw. 1550 nm Wellenlängenbereich liegt, ist GaAs hier nicht geeignet. Erst in neuester Zeit wird über OEICs berichtet, die Laser und Ansteuerung auf einem InGaAs/InAlAs vereinigen [LEE].

Bild 4.51 zeigt den schematischen Querschnitt durch einen solchen Opto-Elektronik-IC. Realisiert sind eine DFB-Laserdiode für 1300 nm und ein MODFET-Transistor mit einer Stromtragefähigkeit von 40 mA [GOTO, PTL 12/90]. Der OEIC kann zur digitalen Datenübertragung bis 10 GB/s eingesetzt werden, wie Bild 4.52 zeigt. Das Augendiagramm (siehe auch Abschnitt 7) bei 10 GB/s Leistungsmodulation ist noch einwandfrei offen, in Zukunft werden sogar noch höhere Frequenzen möglich sein.

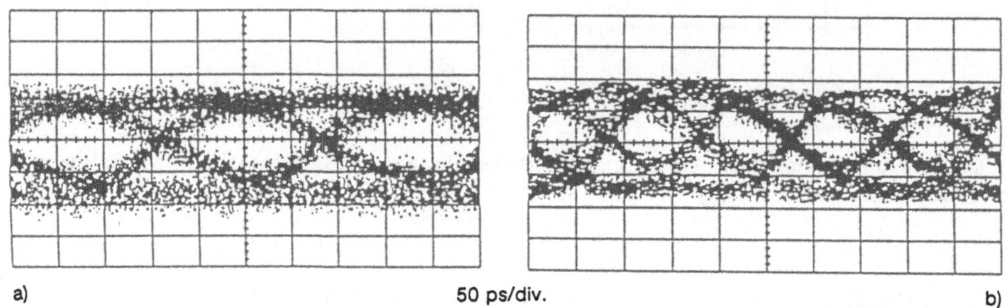

Bild 4.52   Augendiagramm eines mit Pseudo-Random Noise-Bit-Mustern modulierten OEIC-Transmitters bei 5,5 Gb/s und 10 Gb/s nach [LEE, Proc IEEE 3/91]

Ein erhebliches Problem in allen Anwendungen mit Schmalbandlasern ist der *Chirp*, d.h. die Änderung der emittierten Wellenlänge mit der Strahlungsleistung bzw. dem Injektionsstrom, was auch bei einer Leistungsmodulation wirksam wird und sich in einer Linienverbreiterung niederschägt. Der Effekt wird unmittelbar durch die Änderung des Brechungsindex im Resonator durch die Ladungsträgerinjektion verständlich.

Eine Maßnahme zur Verringerung des Chirps ist die Trennung von DFB-Reflexionszone (also BRAGGsche Reflexion: BDFB-Laser) und eigentlicher Verstärkungszone. Weitere Maßnahmen können in OEICs verwirklicht werden, wo eine Kette von Baugruppen: Laser → optischer Isolator → optischer Verstärker → Auskopplung realisiert werden kann, wobei die eigentliche Modulation nicht im Laser, sondern im nachgeschalteten Verstärker erfolgt. Kein HF-Techniker käme auf die Idee, seinen Präzisionsoszillator direkt zu modulieren, vielmehr moduliert er immer in den nachgeschalteten Verstärkerstufen.

4.9 Laserarrays

Die Quantum-Well-Laserstrukturen weisen einen sehr hohen differentiellen Wirkungsgrad von über 60 % auf, d.h. daß oberhalb der Laserschwelle von 100 injizierten Elektronen mehr als 60 in Photonen entsprechender Wellenlänge umgewandelt werden, was zu einem elektrisch optischen Wirkungsgrad von über 50 % bei Einbeziehung der ohmschen Verluste führt. Laserdioden sind damit die effektivsten technisch bekannten Lichtquellen überhaupt, die zudem noch in einem genau definierten Wellenlängenbereich ihre Strahlung abgeben.

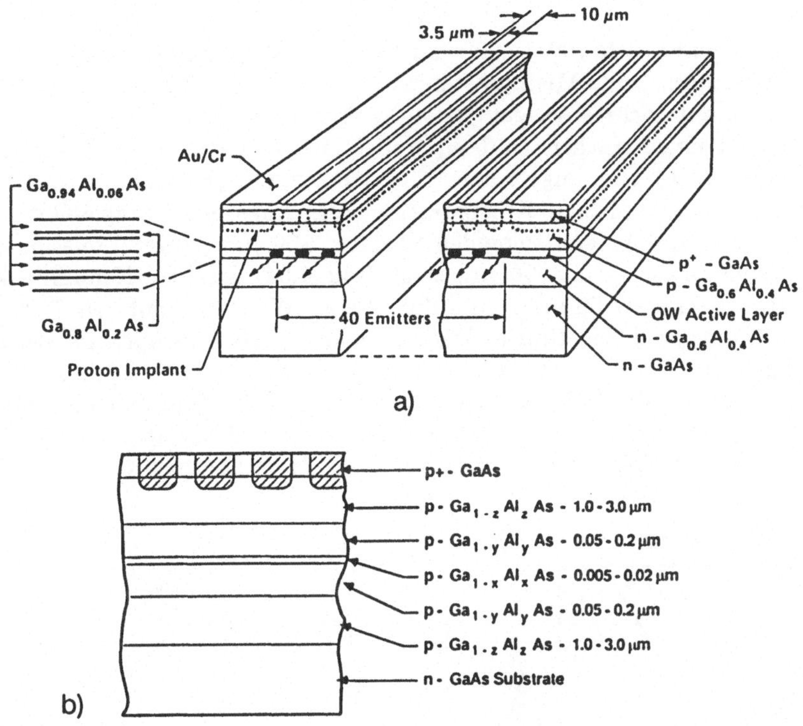

Bild 4.53 a) Aufbau eines Multiple-Quantum-Well-(MQW)-Laserarrays, b) Querschnitt durch die SCH-Struktur mit Angabe der üblichen Schichtdicken der einzelnen Lagen nach [STREIFER, QE 6/88]

Es liegt nun nahe, diese Lichtquelle unmittelbar zum Pumpen von Festkörperlasern zu verwenden, wobei die optische Anregung gezielt in einem der im Infraroten liegenden Absorptionsbänder des Laserstabes liegen soll. Im Bereich um 800 nm herum liegen die Bänder der Selten-Erdmetalle Neodym (Nd), Holmium (Ho), Erbium (Er) und Praseodym (Pr), die alle sich als Dotierungsstoffe in Festkörperlaser-Materialien eignen. Tabelle 4.5 zeigt eine Übersicht.

Tabelle 4.5   Festkörperlaser

Material	Wellenlänge
Er^{3+}:YLF	2800 nm
Ho:YAG	2100 nm
Nd:BeL	1070 nm
Nd:YVO$_4$	1060 nm
Nd:YAG	1060 nm
Nd:Glass	1080 nm

Der Wellenlängenbereich 700 ... 900 nm kann mit dem Halbleiterlasermaterial GaAlAs durch entsprechende Mischung abgedeckt werden. Die hieraus hergestellten Streifenlaser sind auf höchste Ausgangsleistung optimiert.

Bild 4.53 zeigt einen solchen Aufbau, wobei hier 40 einzelne MQW-Laser im Abstand von etwa 10 μm angeordnet sind [STREIFER,QE 6/88, S. 884]. Die Emissionsdaten einer ähnlichen Konfiguration, allerdings eines Single-Quantum-Well-(SQW)-Lasers mit 10 emittierenden Streifen, 100 μm breiter Emissionszone und einer Resonatorlänge von 250 μm zeigt Bild 4.54. Aus der Kennlinie kann ein Schwellstrom von etwa 50 mA, ein differentieller Wirkungsgrad von 77 % und ein Gesamtwirkungsgrad der Umwandlung von elektrischer in optische Leistung von 54 % abgelesen werden. Der Gesamtwirkungsgrad zeigt ein Maximum, da die ohmschen Verluste quadratisch mit dem Strom zunehmen, während die optische Ausgangsleistung nur linear mit dem Strom zunimmt. Aus dem linearen Array kann also eine optische Ausgangsleistung von 0,75 W (CW) entnommen werden.

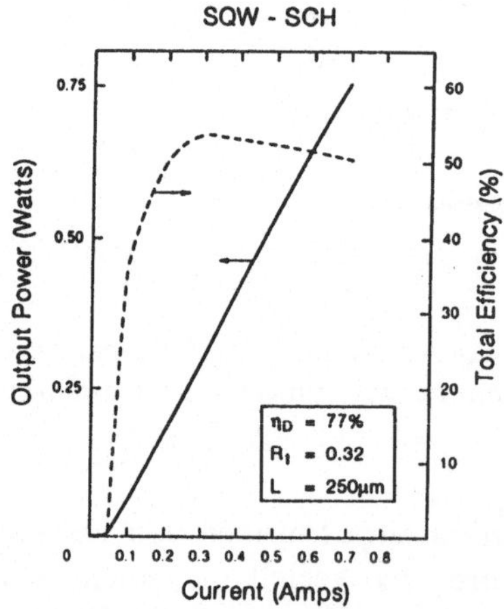

Bild 4.54
Dauerausgangsleistung (CW) und Wirkungsgrad eines SQW-SCH-Lasers mit 100 μm breiten Emissionszone nach [STREIFER, QE 6/88]

Handelt es sich bei dem oben beschriebenen Array noch um eine Laserdiode mit einem Strahlaustrittsfenster von etwa 0,1 μm, was noch als beinahe punktförmig anzusehen ist, können solche Arrays auch wesentlich breiter bis zu einer

Kristallbreite von 10 μm oder mehr hergestellt werden. Diese streifenförmigen eindimensionalen Laserarrays werden allgemein als *Laserbars* bezeichnet und enthalten hunderte einzelner Streifenlaser, die durch eine gemeinsame Elektrode versorgt werden.

Durch „Stapeln" solcher Laserbars können auch 2-dimensionale Arrays aufgebaut werden, insbesondere rechteckförmige *Laser-Stacks*, die sich zum Pumpen von Festkörperlasern besonders eignen. Bild 4.55 zeigt die Laserkennlinie eines solchen Stacks aus 13 übereinander angeordneten Bars von jeweils 1 cm Länge [STREIFER, QE 6/88]. Es können hiermit im Quasi-CW-Betrieb bis 800 W optische Leistung emittiert werden, inzwischen sind Arrays bis 2 KW Impulsausgangsleistung bekanntgeworden.

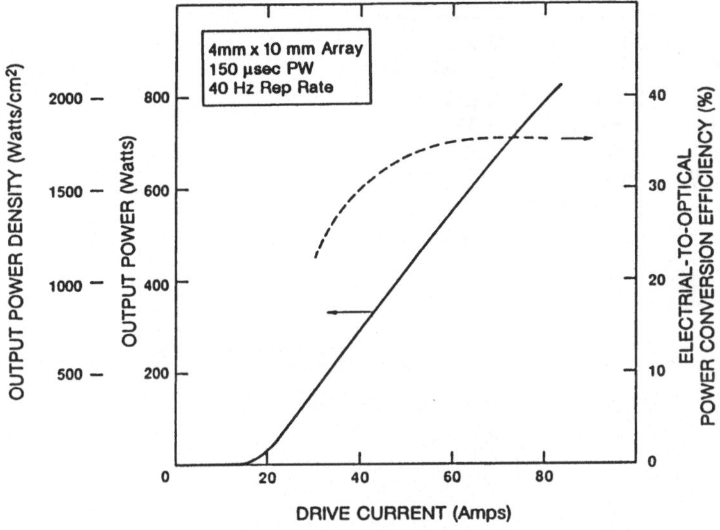

Bild 4.55 Optische Ausgangsleistung eines Laser-Stacks aus 13 jeweils 1 cm breiten MQW-Laserbars nach [STREIFER, QE 6/88]

Ein wesentliches Problem bei diesen hohen Leistungen ist die Beherrschung der Wärmeabfuhr vom Kristall, da auch bei einem hohen Wirkungsgrad von 60 % noch immer 40 % Verlustleistung in Form von Wärme in einem nur einige Hundert Quadratmikrometer großen Gebiet anfällt. Insbesondere die Laser-Stacks sind schwierig zu kühlen, da die Wärme über die Länge des Kristalls (250 ... 350 mm) abzuführen ist. Die Kristalltemperatur darf dabei nicht zu sehr erwärmt werden, da sonst der Schwellstrom ansteigt und der Lasereffekt durch Zunahme der nicht strahlenden Rekombination zurückgeht.

Thermoelektrisches Kühlen mit Peltierkühlern ist häufig auch zur Kontrolle der Wellenlänge erforderlich, um die emittierte Strahlung exakt auf die Absorptionslinie des anzuregenden Materials abzugleichen. Für größere Leistungen werden auch Flüssigkeitskühlung über Mikrokanalstrukturen [MISSAGIA, QE 9/89] realisiert. Zur

Wärmeabführ werden teilweise auch Diamant-Substrate wegen der extrem hohen
Wärmeleitung von Diamant eingesetzt.

Das Kühlproblem betrifft insbesondere CW- und Quasi-CW-Laser, beim
Impulsbetrieb steht mehr das Problem einer durch die optische Leistung induzierte
Beschädigung der Facette im Mittelpunkt. Trotz dieser Probleme sind heute
kommerzielle Laserarrays mit Lebensdauern im Bereich einiger Jahre zu erhalten,
z.B. die 12 Streifen Laserarrays von Siemens SFH 48E1 und SFII 48R1 mit den in
Tabelle 4.6 aufgeführten Daten [Siemens Datenbuch S. 99]:

Tabelle 4.6 Typische Daten kommerziell erhältlicher Laserarrays

Typ	SFH 48E1	SFH 48R1
Streifen	12	5 x 12
Wellenlänge	805 nm	805 nm
Linienbreite	2 nm	2 nm
Wirkungsgrad	0,35 W/A	0,35 W/A
Schwellstrom	400 mA	2000 mA
Opt. Leist. CW	150 mW	800 mW
Pulsleistung	250 mW	1000 mW

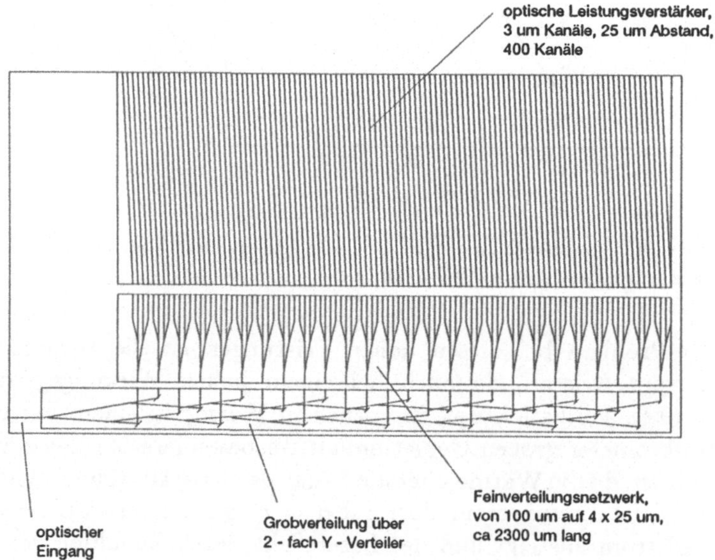

Bild 4.56 Aufbau eines kohärenten Laser-Leistungsverstärkers mit 400 Emittern,
einem Verteilungsnetzwerk mit Y-Verzweigern und Ablenkspiegeln mit bis zu 22 W
Ausgangsleistung nach [KREBS, PTL 4/91]

Die einzelnen Streifen der Laserarrays emittieren unabhängig voneinander, d.h. es gibt geringfügige Unterschiede in der emittierten Wellenlänge und damit erst recht in der Phase, so daß solche Quellen nicht als *kohärent* anzusprechen sind. Um eine kohärente, entsprechend leistungsstarke Lichtquelle zu erhalten, sind die einzelnen Laserstreifen miteinander zu synchronisieren. Hierfür gibt es zahlreiche Vorschläge und auch ausgeführte Muster. Bild 4.56 zeigt den Aufbau eines solchen Kristalls [KREBS, PTL 4/91, S. 292], der aus 400 Emittern besteht, wobei die über einen Lichtwellenleiter zugeführte optische „Primäroszillator"-Leistung in einem komplexen Verteilernetzwerk gleichmäßig auf 400 Streifen aufgeteilt und dort optisch vertärkt wird.

Vom Prinzip her handelt es sich also hier eher um einen Verstärker als einen Laser, da die eigentliche Laserwellenlänge extern erzeugt wird (MOPA Anordnung, steht für *master oszillator, power amplifier*). Die Anordnung vermag 22 W kohärente Strahlung abzugeben, wobei etwa 87 % der emittierten Strahlung die Frequenz des injizierten optischen Signals aufweist, lediglich 13 % spontane Emission darstellt. Hierbei wurden nur 18 mW optische Eingangsleistung des Master-Lasers benötigt.

Die Verteilung der Eingangsstrahlung erfolgt teilweise durch „Y-Verzweigungen", teilweise durch geätzte Spiegel mit immerhin 90 % Reflexionsgrad. Die etwa 3 mm langen Leistungsverstärker sind unter einem geringen Winkel zur Austrittskante angeordnet, um zusätzlich zum *Anti-Reflection-Coating* eine direkte Reflexion an der Austrittsfacette zu vermeiden. Die Verstärker sind vom Typ GRINSCH-SQW. Die Anordnung zeigt, wie heute mit Hilfe der integrierten Optik komplexe Systeme hoher Leistung und anders nicht erzielbarer Eigenschaften aufgebaut werden können. Weitere Einzelheiten können der zitierten Literaturstelle entnommen werden.

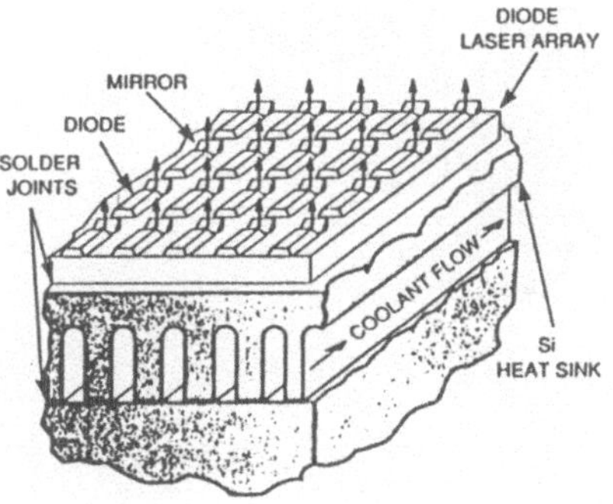

Bild 4.57
Laserarray mit Abstrahlung senkrecht zur Chip-Oberfläche und Flüssigkeitskühlung durch Mikrokanäle nach [MISSAGIA, QE 9/89]

Die zuvor dargestellten Laserarrays gehören ebenso wie die zuvor beschriebenen Laser zur Bauklasse der Kanten-Emitter, d.h. die optische Leistung tritt an der Kristallbruchkante aus. Für besondere Anwendungen im Bereich der optischen Datenkommunikation wünscht man sich jedoch Lichtquellen, die senkrecht zur Chip-Oberfläche abstrahlen. Array-förmige Anordnungen dieser Art haben zudem Vorteile bei der Wärmeabfuhr und bei der Herstellung, da ein rechteckförmiges Feld von Emittern gleichzeitig in einem Arbeitsgang hergestellt werden kann und nicht aus einzelnen Bars zusammengesetzt werden muß. Bild 4.57 zeigt eine solche Anordnung [MISSAGIA, QE 9/89, S. 1988].

Bild 4.58   Laserarray mit 2 KW Ausgangspulsleistung von Laser-Diode Inc. [Werkbild: LASER DIODE INC.]

Bild 4.59   Aufbau und Gehäuseformen typischer Halbleiterlaser [Werkbild: SONY]

Die einzelnen auf dem Substrat in Reihen und Spalten angeordneten Laserdioden sind jeweils mit einem hochreflektierenden, in Mikrostrukturtechnik durch Ionenätzen hergestellten Spiegel verbunden, der das emittierte Licht um 90° umleitet, so daß die Strahlung senkrecht die Chip-Oberfläche verläßt. Das Array liefert 1,33 W optische Leistung im CW-Betrieb und kann sich damit durchaus mit den Stacked-Bar-Arrays, die oben beschrieben wurden, vergleichen lassen. Für das seitliche Pumpen von Festkörperlasern könnten damit relativ kostengünstige Baugruppen hergestellt werden. Bild 4.58 zeigt ein Foto eines Laser-Stacks mit 2 kW Impulsausgangsleistung, Bild 4.59 typische Gehäuseformen von Halbleiterlasern und Laserarrays.

4.10 Festkörperlaser mit Halbleiterlaser-Pumpanregung

Festkörperlaser haben u.a. einen wichtigen Platz in der Materialbearbeitung (Laser-Schweißen, -Trennen, -Beschriften usw.) erobert, wobei der Nd:YAG mit 1060 nm Wellenlänge dominiert. Für typische Beschriftungsaufgaben werden optische Pulsleistungen im Watt-Bereich benötigt, mit 1 ... 2 kW-Lasern kann man Stahlbleche bis 10 mm Dicke schneiden wie Papier. Laser dieser Größenordnung sind heute noch Großgeräte, was ausschließlich durch den extrem schlechten Wirkungsgrad der Wandlung elektrischer Leistung in optische Leistung bedingt ist. Festkörperlaser können nur optisch gepumpt werden, was durch eine Xenon-Blitzlampe in der Brennlinie eines elliptischen Reflektors, in dessen anderen Brennlinie der Laserstab angeordnet ist, geschieht. Das von der Blitzlampe erzeugte Licht ist jedoch relativ zu den Absorptionslinien von Neodym sehr breitbandig (vgl. Bild 4.1), so daß die Faltung des Emissionsspektrums mit dem Absorptionsspektrum von Neodym nur einen Wirkungsgrad von unter 1 % ergibt. Rechnet man die optischen Verluste bei der Übertragung durch den elliptischen Spiegel und die Transmissionsverluste der Kühlflüssigkeit hinzu und berücksichtigt man ferner, daß auch in der Blitzlampe bei weitem nicht alle elektrische Leistung in optische Leistung umgewandelt wird, folgt ein Wirkungsgrad im Null-Komma-Prozentbereich, was zu riesigen Netzgeräten und der Notwendigkeit einer Flüssigkeitskühlung (meist Wasser) des Laserkopfes führt. Bearbeitungslaser sind deshalb wahre Ungetüme, wozu die zum Betrieb der Blitzlampe erforderliche Hochspannung und die Kondensatorbatterien zur Speicherung der elektrischen Energie ihren Beitrag leisten.

Nd:YAG-Laser lassen sich mit hohem Wirkungsgrad durch die oben beschriebenen Halbleiterlaserarrays optisch pumpen, wobei Wirkungsgrade von 22 % oder höher je nach Anordnung erreicht werden. In Frage kommen dabei zwei mögliche Anordnungen:

 □ Pumpen des Stabes in Längsrichtung durch die Facette,

 □ seitliches Pumpen des Stabes.

Bild 4.60 zeigt einen typischen Aufbau mit Pumpen durch die Facette. Durch wellenlängenselektive Beschichtung kann die Facette für 805 nm transparent, für die eigentliche Laserwellenlinie von 1060 nm jedoch reflektierend gemacht werden. Damit kann durch die hintere Facette und eine geeignete Optik Pumpstrahlung in Längsrichtung in den Stab eingeleitet werden. Als Lichtquelle dient ein

Hochleistungsarray. Eine solche Anordnung ist nur noch faustgroß, kommt bis zu Ausgangsleistungen von einigen Watt mit Luftkühlung aus und benötigt nur noch ein kleines, unscheinbares Netzgerät.

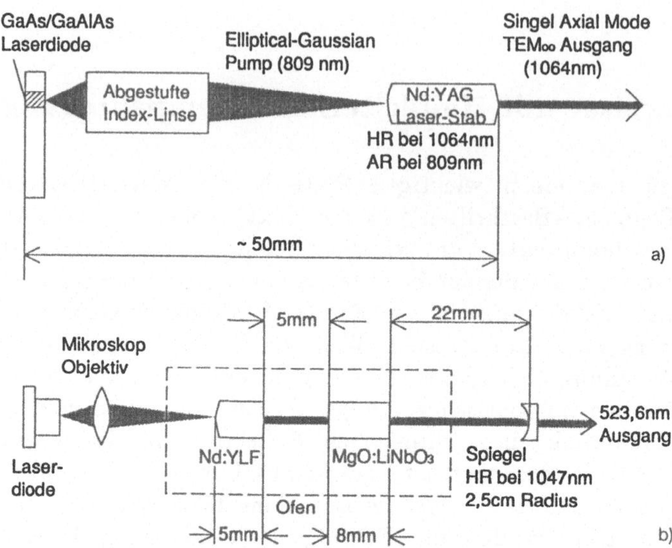

Bild 4.60   a) Schematischer Aufbau eines über die Facette in Längsrichtung gepumpten Nd:YAG-Lasers; b) Aufbau eines Laserdioden gepumpten Nd:YLF-Lasers mit Frequenzverdopplung im Resonator zur Erzeugung von grünem Licht

Im optischen Resonator kann auch ein Q-Switch oder ein Frequenzverdopplerkristall angeordnet werden, so daß auch sichtbares Licht erzeugt werden kann. Entsprechende Laser sind heute von zahlreichen Herstellern kommerziell erhältlich.

Bild 4.61 zeigt eine alternative Anordnung mit einer seitlichen Anordnung der Pumplichtquelle. Diese Anordnung hat den grundsätzlichen Vorteil, daß über die Länge des Stabes viel Montageraum zur Verfügung steht und damit hohe Pumpleistungen installiert werden können. Bei runden Stäben könnte zudem sowohl von oben und unten als auch seitlich eingestrahlt werden, woraus sich potentiell sehr hohe Ausgangsleistungen ergeben. Die dargestellte Anordnung [HANSON, QE 9/88, S. 1811] verwendet jedoch keinen Stab, sondern einen *slab*, eine dünne, mit Nd dotierte Glassscheibe aus LHG-8, einem Phosphatglas, mit den Abmessungen 1 x 6 x 20 mm, welches an den Enden im BREWSTER-Winkel geschliffen ist. Der Spiegel ist dabei extern angeordnet (externer Resonator). Um den Absorptionswirkungsgrad zu erhöhen, ist auf der andern Seite der Pumplichtquelle ein Hohlspiegel angeordnet, welcher das nicht absorbierte Pumplicht in den Slab zurückreflektiert. Ähnliche Anordnungen, auch mit Zick-Zack-Strahlengang im Slab, sind bekannt geworden und haben Niederschlag in kommerziellen Geräten gefunden.

Eine besondere Anwendung dieser Technik stellen die Ringlaser dar [KWONG, QE 4/89, S. 767], bei denen nicht die Ausgangsleistung, sondern die besondere

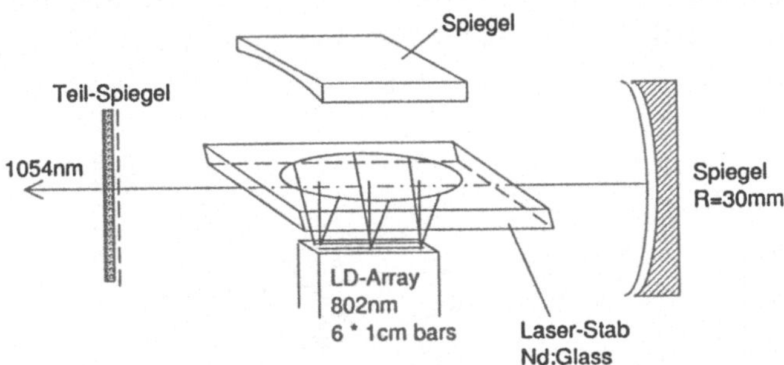

Bild 4.61 Aufbau eines seitwärts gepumpten Nd:Glass-Lasers mit externem Resonator nach [HANSON, QE 9/88]

Schmalbandigkeit der Strahlung im Vordergrund steht. Wie zuvor dargestellt, können mit DFB-Lasern unter besonderen Umständen Linienbreiten bis unter 250 kHz erzeugt werden. In der optischen Nachrichtentechnik werden für optische Lokaloszillatoren jedoch noch geringere Linienbreiten gewünscht, was einen extrem stabilen Prozeß bei der Generation der Strahlung voraussetzt.

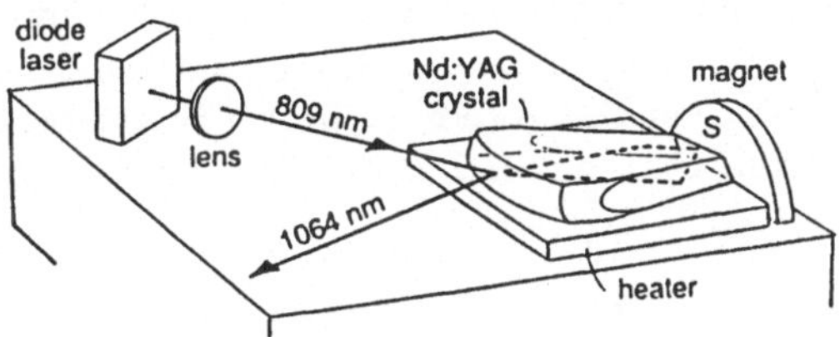

Bild 4.62 Schematischer Aufbau eines Nonplanar-Ring-Oscillators (NPRO). Die Strahlung durchläuft den Kristall in nur einer Richtung, was durch den vom magnetischen Feld erzeugten FARADAY-Effekt und die besondere Wahl der Winkel bewirkt wird, nach [NILSSON, QE 4/89].

Bild 4.62 zeigt das Prinzip eines *Nonplanar Ring Oszillators* (NPRO), Bild 4.63 den genauen Aufbau des Nd:YAG-Kristalls. Die Größe des Kristalls beträgt nur etwa 5 x 4 x 2 mm³. Er wird durch ein Laserarray gepumpt. Durch einen kleinen Permanentmagneten wird über den FARADAY-Effekt eine Richtung der Strahlausbreitung wie bei einer optischen Diode bevorzugt, woraus sich im Resonator eine nur in einer Richtung umlaufende Lichtwelle ergibt. Diese integrierte optische Diode erzeugt eine von der Polarisation abhängige Differenz in den optischen Verlusten für beide Umlaufrichtungen durch den Ring. Hierbei spielt die besondere Richtung des Kristallschnitts, die Polarisation an den Reflexionsflächen und der durch den Magneten hervorgerufene FARADAY-Effekt eine Rolle. Die Richtung mit den geringeren Verlusten prägt sich als Resonanzlinie des Ringresonators aus. Auf die Einzelheiten dieser raffinierten Anordnung soll hier nicht eingegangen werden. Auch andere geometrische Anordnung der Magnete sowie ein direktes Pumpen durch seitliche Anordnung von Streifen-Lasern sind möglich.

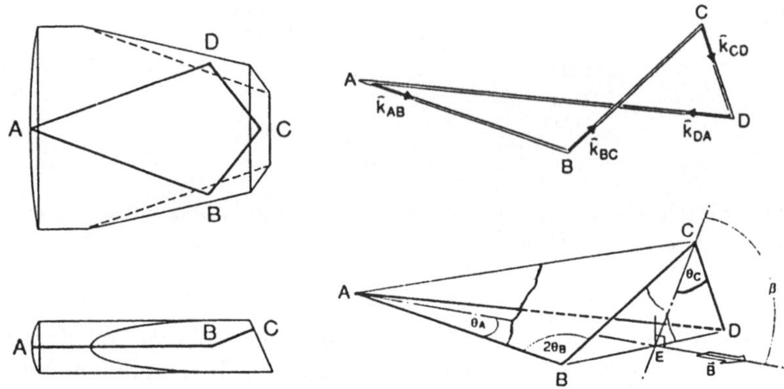

Bild 4.63 Schema eines NPRO-Kristalls und zugehörigem Strahlengang

NPRO-Anordnungen erreichen heute Linienbreiten von unter 3 kHz im Kurzzeitbetrieb, mit Feed-Back-Anordnungen bis 7 Hz, und stellen damit die schmalbandigsten technischen Lichtquellen überhaupt dar. Ihr Einsatzbereich liegt damit insbesondere im Bereich der optischen Heterodyn-Technik (Trägerfrequenz-übertragung), da mit solch genau kontrollierbaren rauscharmen Quellen sehr geringe Kanalabstände realisierbar sind.

4.11 Glasfaser-Laser

Eine besonder Form der Festkörperlaser stellen die Glasfaser-Laser dar, wobei eine Glasfaser mit entsprechenden Fluoreszenz-Stoffen dotiert wird. Auf das Prinzip der Lichtführung in Glasfasern wird in einem späteren Abschnitt noch genauer eingegangen. Durch die Konzentration der Strahlung auf einen geringen Querschnitt und einen hohen Einkoppelwirkungsgrad der Pumpleistung lassen sich sehr effektive Laser mit besonderen Eigenschaften entwickeln, die grob in folgende Gruppen eingeteilt werden können:

- **optische Glasfaser-Verstärker**
  für die optische Nachrichtentechnik,

- **Superfluoreszenz-Faser-Laser (SFL)**
  als Breitband-Lichtquelle für Glasfasersensoren,

- **Faser-Laser**
  für unterschiedliche Anwendungen (kohärent).

Hauptanwendungsgebiet ist die direkte optische Verstärkung von auf Glasfasern übertragenen Signalen. Den typischen Aufbau eines solchen als EDFA (*Erbium doped fiber amplifier*) bezeichneten Moduls zeigt Bild 4.64 nach [SHIMIZU, JLT 2/91, S. 291].

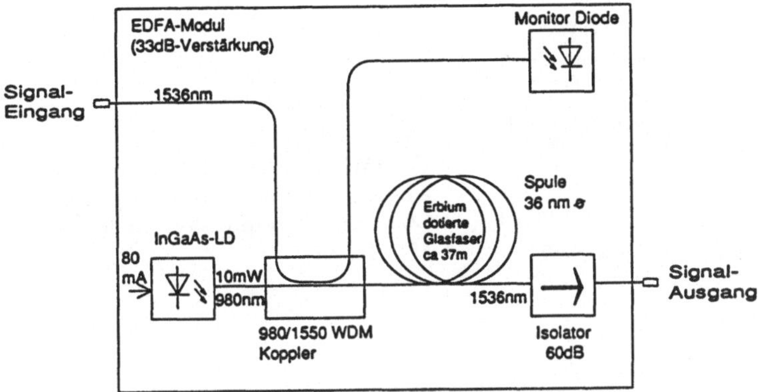

Bild 4.64   Aufbau eines optischen Verstärkers mit Erbium-dotierer Einmodenfaser EDFA mit 4,9 dB/mW Verstärkungskoeffizient und Abmessungen von 40 x 60 x 15 mm^3 nach [SHIMIZU, JLWT 2/91]

Um eine Selbsterregung zu vermeiden, muß in diesen Verstärkern jede Form der Rückkopplung, die durch Spiegelung an den Austrittsstellen auftreten könnte oder auch von der Auskopplung des Signals kommen könnte, verhindert werden. Dazu ist in den Strahlengang ein optischer Isolator geschaltet, der als nichtreziprokes Bauelement Strahlung nur in einer Richtung passieren läßt. Der Isolator kann am Eingang oder am Ausgang angeordnet werden. Die Pumpleistung wird über einen speziellen wellenlängenabhängigen Faserkoppler eingekoppelt, der ebenfalls eine Reflexion der emittierten Wellenlänge praktisch ausschließt. Im beschrieben Modul wird eine InGaAs-SQW-LD mit etwa 10 mW eingekoppelter Strahlungsleistung bei 980 nm verwendet, woraus sich eine Verstärkung des Moduls bei 1536 nm von 33 dB ergibt.

Die Erbium-dotierte Einmoden-Faser kann auch im 1480 nm Bereich gepumpt werden. Den typischen Zusammenhang zwischen Pumpleistung und Verstärkung zeigt Bild 4.65 nach [AINSLIE, JLT 2/91, S. 200]. Aufbau und verwendete Faser sind von der obigen Anordnung in Bild 4.64 verschieden, woraus sich die insgesamt etwas geringere Verstärkungswerte ergeben. Deutlich ist an diesem Diagramm das Sättigungsverhalten der Faser abzulesen, d.h. daß bei einer weiteren Steigerung der Pumpleistung das Ausgangssignal nicht weiter anwächst. Dies wirkt sich auch auf die Verstärkung aus, da relativ große Eingangssignale ebenfalls Eingangsleistung darstellen und deshalb relativ geringer verstärkt werden. Bild 4.66 zeigt den Zusammenhang mit der Faserlänge. Typische EDFA weisen Faserlängen von 30 ... 150 m auf, wobei hier allerdings die Konzentration des Erbiums in der Faser eine wesentliche Rolle spielt. Ein Verstärkungsoptimum ist abhängig sowohl von der Pumpleistung als auch der Faserlänge.

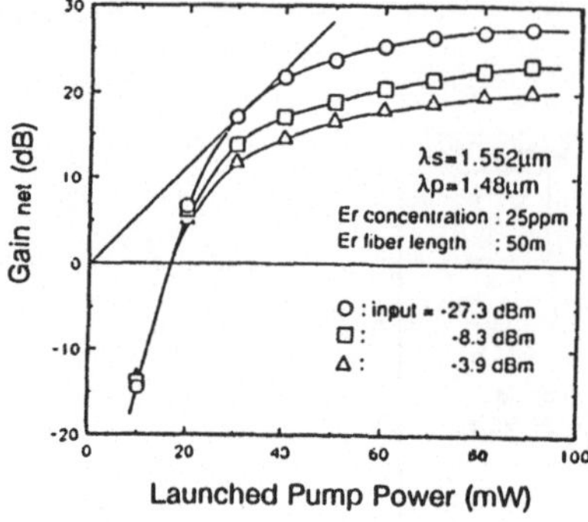

Bild 4.65
Verstärkung eines EDFA-Faserverstärkers in Abhängigkeit der Pumpeingangsleistung bei 1480 nm Pumpquelle nach [NAKAGAWA, JLWT 2/91]

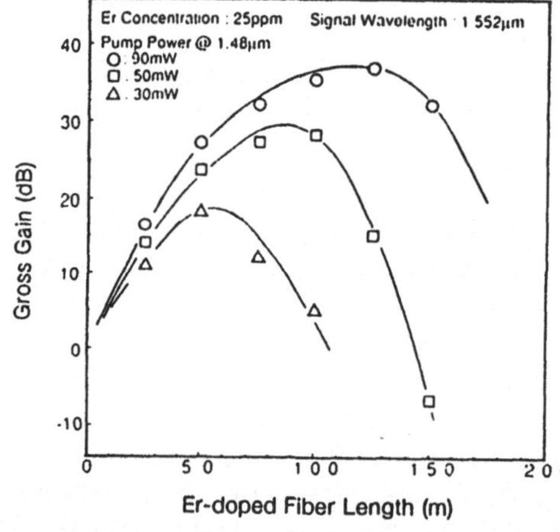

Bild 4.66
Verstärkung eines EDFA-Faserverstärkers in Abhängigkeit der Faserlänge für eine Erbiumdotierung von 25 ppm nach [NAKAGAWA, JLWT 2/91]

Bild 4.67 zeigt die Ausgangsspektren der Faser für den ungesättigten (a) und den gesättigten Betrieb (b). Das Fluoreszenzspektrum von Erbium erstreckt sich im 1550 nm-Bereich über einen größeren Wellenlängenbereich von 30 ... 40 nm mit zwei ausgeprägten Peaks bei 1536 nm und 1552 nm. Im ungesättigten Betrieb besteht die Ausgangsstrahlung zu einem erheblichen Teil aus der von der spontanen Emission stammenden breitbandigen Strahlung des Fluoreszenzspektrums und nur zu einem kleineren Teil aus der durch stimulierte Emission erzeugten verstärkten Strahlung (Linie in Bild 4.67a bei 1552 nm). Dies führt zu einem schlechten Signal-Rausch-Abstand.

Im gesättigten Betrieb wird der relative Anteil der stimulierten Emission auf Kosten der spontanen Emission geringer, ist jedoch immer noch deutlich vorhanden. Hier wirkt sich aus, daß kein selektiv wirkender Resonator im Verstärker vorhanden ist, so daß praktisch alle Strahlung, die im Wellenlängenbereich des

Er-Spektrums erzeugt wird, verstärkt wird und am Ausgang erscheint. Mit Hilfe eines schmalbandigen optischen Filters (Bild 4.67c) kann das Ausgangsspektrum und damit der Signal-Rauschabstand zwar verbessert werden, jedoch wird damit auch die Bandbreite für den Wellenlängenmultiplex-Betrieb eingeschränkt.

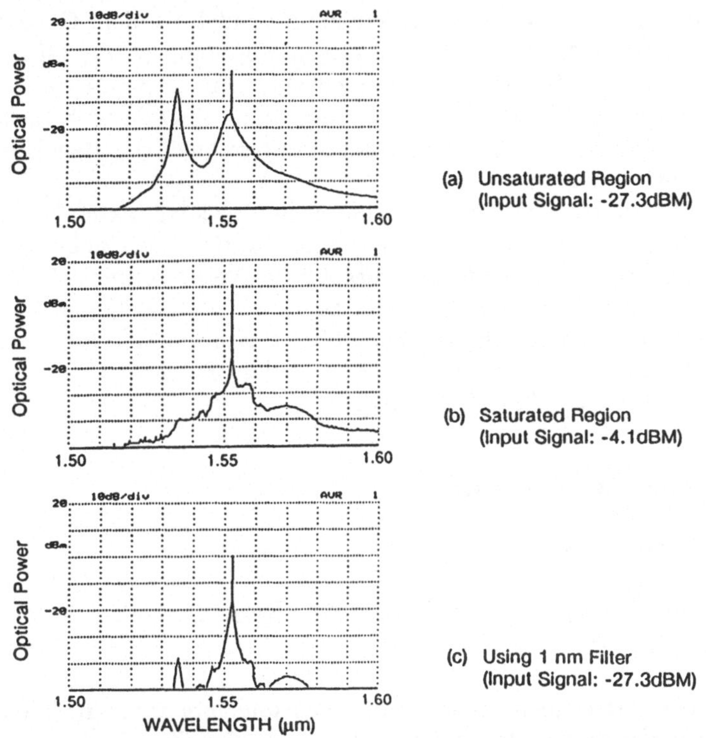

Bild 4.67 Ausgangsspektren eines EDFA-Faserverstärkers für a) kleine und b) große Eingangssignale. In c) wird zusätzlich ein schmalbandiges optisches Filter von 1 nm Breite verwendet, um den Anteil der spontanen Emission zu unterdrücken [NAKAGAWA, JLWT 2/91].

Die Breitbandigkeit des Ausgangsspektrums kann auch ein Vorteil sein, wenn in Fasersensoren nichtkohärente Lichtquellen benötigt werden. In diesen Fällen wird die Anregung bis zur Superlumineszenz getrieben, wobei durch besondere Maßnahmen das Ausprägen einer Laseremission verhindert wird. Hierdurch kann 4 mW optische Ausgangsleistung bei 1537 nm mit einer stabilen Emissionsbandbreite von 2 nm bei 77 mW Pumpleistung (1480 nm) erzielt werden [IWATSUKI, PTL 4/90, S. 237].

Fügt man in den Strahlengang reflektierende Elemente ein, so daß sich ein optischer Resonator ergibt, bildet sich auf Grund der großen Verstärkung der Erbiumfaser sehr bald Laserstrahlung aus, die allerdings wegen der großen Länge des Resonators und dessen Temperaturabhängigkeit in der Wellenlänge nicht sehr stabil ist. Der Effekt kann in Glasfasersensoren Anwendung finden. Eine elektrische Modulation über die Pumpstrahlung ist möglich, allerdings treten starke Relaxationsschwingungen auf. Ferner ist die Erzeugung sehr kurzer optischer Impulse möglich. In den Labors wird derzeit an zahlreichen Anwendungen gearbeitet.

Auch kristalline Laserdioden können durch Aufbringen von Antireflexionsschichten auf die Facetten in optische Verstärker umgewandelt werden. Gegenüber EDFA haben sie jedoch den Nachteil der schwierigen Kopplung an die Glasfaser, was bei den EDFA über das übliche Schmelzspleißen, wenn auch mit Verlusten, möglich ist und reflexionsfrei gelingt. Ihr Anwendungsgebiet liegt deshalb mehr im Bereich der integrierten Optik, wo auf dem Kristall unterschiedliche Bauelemente miteinander verbunden werden.

Verstärker wie EDFA sind aus nachrichtentechnischen Gesichtspunkten bezüglich Verstärkung, Linearität, Ausgangsleistung, Bandbreite und Rauschen zu beurteilen. An den einzelnen Eigenschaften sind noch erhebliche Verbesserungen möglich und notwendig, was diese Systeme derzeit zu bevorzugten Objekten der Laborentwicklung macht. Einen guten Überblick über den Stand der Entwicklung gibt das Sonderheft zu „Optischen Verstärkern" des *Journal of Lightwave Technology*, Nr. 2 vom Februar 1991 [JLT 2/91].

Fragen und Aufgaben zu Abschnitt 4:

1. Beschreiben sie die Funktion einer LED im Bändermodell.

2. Welche Farbe erzeugt ein optoelektronisch aktiver Halbleiter mit dem Bandabstand von 2,1 eV?

3. Beschreiben Sie den Unterschied zwischen direkten und indirekten Halbleitern. Wie kann man auch indirekte Halbleiter zum Leuchten bringen?

4. Zeichnen Sie den Verlauf der Ausgangsleistung als Funktion des Stromes bei LED aus direkten und indirekten Halbleitern. Nennen Sie Materialbeispiele!

5. Nennen Sie Halbleitermaterialien, die rotes, gelbes, grünes und blaues Licht abstrahlen? Wie groß ist jeweils der Bandabstand?

6. Welche optischen Effekte vermindern den Wirkungsgrad einer LED? Zeichnen Sie eine typische Strahlungscharakteristik.

7. Zeichnen Sie den Aufbau einer typischen Planar-LED im Querschnitt.

8. Zeichnen Sie einen Querschnitt durch einen Halbleiter-Laser und erläutern Sie hieran das Funktionsprinzip eines Lasers und skizzieren Sie die Ausgangsleistung als Funktion des Stromes.

9. Wie verändert sich das Spektrum eines Halbleiterlasers, wenn Sie den Strom von nahezu Null bis auf Werte weit über der Laserschwelle erhöhen?

10. Zeichnen Sie die spektrale Feinstruktur einer Laserlinie für einen gewinngeführten Laser, einen indexgeführten Laser und einen DFB-Laser und erläutern Sie die Unterschiede.

11. Was ist ein MQW-Laser, wie ist er aufgebaut und welche Vorteile hat er gegenüber anderen Strukturen?

12. Wovon hängt die emittierte Wellenlänge eines Lasers ab? Skizzieren Sie einen Laser, bei dem die Wellenlänge elektrisch verändert werden kann und erläutern Sie den Mechanismus.

13. Was ist bei der Modulation von Halbleiterlasern zu beachten? Was versteht man unter Relaxationsschwingungen und wie kann man Sie vermeiden?

14. Skizzieren Sie das Blockschaltbild eines optischen Transmitters und erläutern Sie die Funktion der einzelnen Stufen.

15. Skizzieren Sie den Aufbau eines Dioden-gepumpten Festkörperlasers und erläutern Sie das Funktionsprinzip. Warum ist der Wirkungsgrad so wesentlich höher als bei Blitzlampen?

16. Wie funktioniert ein optischer Faserlaser und welche Ergebnisse kann man damit erzielen?

5 Strahlungsdetektoren

5.1 Übersicht

Strahlungsdetektoren können auf sehr unterschiedlichen Wirkprinzipien basieren.
Eine grobe Übersicht vermittelt folgende Darstellung:

Strahlungsdetektoren

- Photonendetektoren,

- thermische Detektoren,

- Strahlungsfelddetektoren.

Photonendetektoren
Maßgebend für das Ausgangssignal ist die Rate der absorbierten Lichtquanten.
Die Detektoren sind stark wellenlängenabhängig. Hierzu gehören die meisten
Halbleiterdetektoren und Vakuum-Detektoren.

Thermische Detektoren
Maßgebend für das Ausgangssignal ist die absorbierte Gesamtenergie der
Strahlung, die sich in einer Temperaturerhöhung des Detektors niederschlägt.
Der Effekt ist weitgehend wellenlängenunabhängig. Hierzu gehören die Bolometer
und pyroelektrischen Detektoren. Auf diese Detektoren wird hier nicht weiter
eingegangen.

Strahlungsfeld-Detektoren
Die Strahlung wird nur indirekt über die Wirkung des elektrischen Feldes
nachgewiesen. Der Effekt ist sehr wellenlängensensitiv und findet sich in bestimmten
Kristallen der nichtlinearen Optik bei sehr großen Strahlungsleistungen. Auch
hierauf kann hier nicht weiter eingegangen werden.

Als bedeutendste Detektorart sollen im folgenden die Quanten- oder Photonendetektoren, zu denen auch die Halbleiterdetektoren gehören, besprochen werden.

5.2 Wechselwirkung von Licht mit Halbleitern

Wie durch den Bandübergang vom Leitungsband ins Valenzband die dabei umgesetzte Energie als Lichtquant $h \cdot \nu$ ausgestrahlt wird, führt umgekehrt die Einstrahlung eines Lichtquants, dessen Energie größer ist als der Bandabstand ΔW, zum Wechsel eines Elektrons vom Valenzband ins Leitungsband (Bild 5.1).

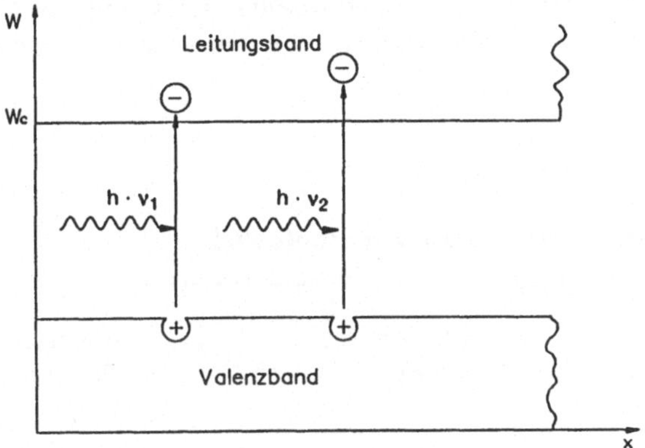

Bild 5.1 Erzeugung von Ladungsträgerpaaren durch Absorption von Lichtquanten

$$h \cdot \nu > \Delta W \qquad \text{oder} \qquad \lambda_{\text{grenz}} = \frac{h \cdot c_0}{e \cdot \Delta U} \tag{5.1}$$

Bei einer Bandlücke von 1 eV ergibt sich damit eine Grenzwellenlänge von $\lambda_{\text{grenz}} = 1,24$ μm. Hieraus ergibt sich unmittelbar, daß Halbleiter wie Silizium und Germanium gute Detektoren für den sichtbaren Wellenlängenbereich abgeben, während für den IR-Bereich Halbleiter mit geringerem Bandabstand benötigt werden (Tabelle 5.1).

Energiearme Photonen langer Wellenlänge werden also im Material nur dann absorbiert, wenn Elektronen die verbotene Zone überspringen können. Die spektrale Empfindlichkeit nimmt deshalb oberhalb der Grenzwellenlänge drastisch ab und fällt praktisch auf Null. Das Material ist hier transparent!

Hieraus erklärt sich die Durchdringungsfähigkeit infraroter Strahlung, die tief in zahlreiche Festkörper eindringen kann. Auch die Zunahme der Transparenz der Atmosphäre bei bestimmten IR-Wellenlängenbereichen (Atmosphärische Fenster) kann hiermit erklärt werden.

Tabelle 5.1   Bandabstand und Grenzwellenlänge

Material	ΔW in eV	λ_{grenz} in nm
InSb	0,16	7750
PbS	0,41	3020
Ge	0,66	1880
Si	1,12	1110
GaAs	1,43	870
CdSe	1,7	730
GaP	2,24	550
CdS	2,42	510

Der Photoeffekt, der zunächst nichts anderes darstellt als die *Erzeugung von Ladungsträgerpaaren durch Absorption eines Lichtquants* kann nun auf sehr unterschiedliche Weise zur Erzeugung von elektrischen Signalen ausgenutzt werden. Es ist zu unterscheiden:

Photoeffekt

äußerer Photoeffekt   **innerer** Photoeffekt
(Vakuum-Detektoren)   (Halbleiterdetektoren)

direkt   verstärkend   Photoleiter   Sperrschicht-
(Photozelle)   (Vervielfacher)   (Photowiderstand)   (Detektoren)

Das Verhältnis zwischen optisch eingestrahlter Energie, gerechnet in Photonen und der Anzahl der damit generierten Ladungsträgerpaare ist die spektrale Empfindlichkeit (*Responsivity*):

$$R(\lambda) = \frac{e \cdot \eta}{h \cdot \nu} = \frac{\text{Ladung eines generierten Ladungsträgers}}{\text{Energie eines eingestrahlten Photons}} \tag{5.2}$$

Hierin bezeichnet $\eta = Quantenwirkungsgrad$ den Prozentsatz, der tatsächlich zur Generierung von Ladungsträgerpaaren führt. Anstelle der Frequenz der Strahlung ν kann auch mit der Wellenlänge λ_{grenz} gerechnet werden:

$$R_{max} = \frac{e \cdot \eta}{h \cdot c_o} \cdot \lambda_{grenz} \qquad\qquad \textit{maximale Responsivität} \tag{5.3}$$

Die Responsivität ist damit direkt der Grenzwellenlänge des Halbleitermaterials propotional.

Beispiel 5.1: Wie groß ist die Responsivität eines Si-Detektors mit 90% Quantenwirkungsgrad, eines Ge-Detektors mit 80% und eines Infrarotdetektors aus InSb mit 70% Quantenwirkungsgrad maximal?

Konstanten:
$e = 1,60219 \cdot 10^{-19}$ As
$h = 6,6262 \cdot 10^{-34}$ Js
$c_0 = 2,99 \cdot 10^8$ m/s

Hiermit folgt die bezogene Größengleichung:

$$R_{max} = 0,808 \cdot \eta \cdot \lambda_{grenz} , \quad [R] = \text{A/W}, \quad [\lambda] = \mu\text{m}$$

Für die Halbleitermaterialien gemäß Tabelle 5.1:
Si : $R = 0,89$ A/W
Ge: $R = 1,21$ A/W
InSb: $R = 4,38$ A/W

Der pro Strahlungsleistung erzeugte Strom ist also um so höher, je mehr der Detektor für längere Wellenlängen empfindlich ist.

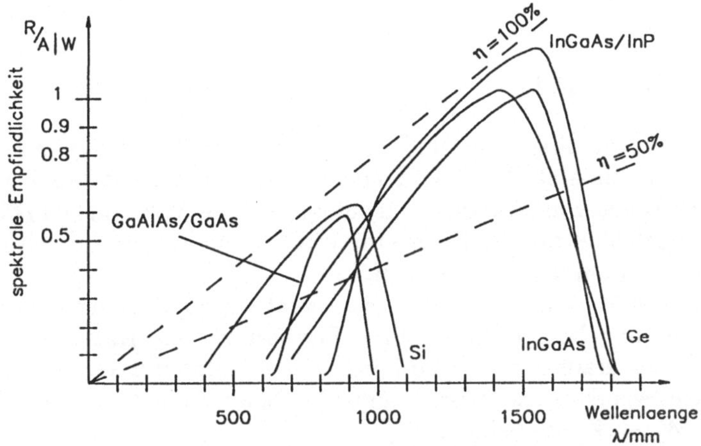

Bild 5.2　Spektrale Empfindlichkeit wichtiger Detektormaterialien

Bild 5.2 zeigt die spektrale Empfindlichkeit (*Responsivity*) für wichtige Detektormaterialien in Abhängigkeit der Wellenlänge. Da für die eigentliche Grenzwellenlänge (*Cut Off Wavelength*) die Empfindlichkeit definitionsgemäß Null sein muß, tritt das Maximum der Empfindlichkeit kurz vorher, bei etwas kürzerer Wellenlänge auf (bezeichnet als λ_{peak}). Entsprechend ergibt sich auch eine etwas geringere Responsivität. Die Kurven schmiegen sich an die in das Diagramm mit eingezeichneten Grenzlinien für den Quantenwirkungsgrad an. Werte von über 80% werden durchaus erreicht, obgleich der Quantenwirkungsgrad ebenfalls von der Wellenlänge abhängt (Bild 5.3). Der Quantenwirkungsgrad ist dabei wesentlich vom technologischen Aufbau des Detektors, z.B. der Lage und Dicke der Sperrschicht, dem Vorhandensein von Antireflexionsschichten usw. abhängig. Hierauf wird später noch genauer eingegangen.

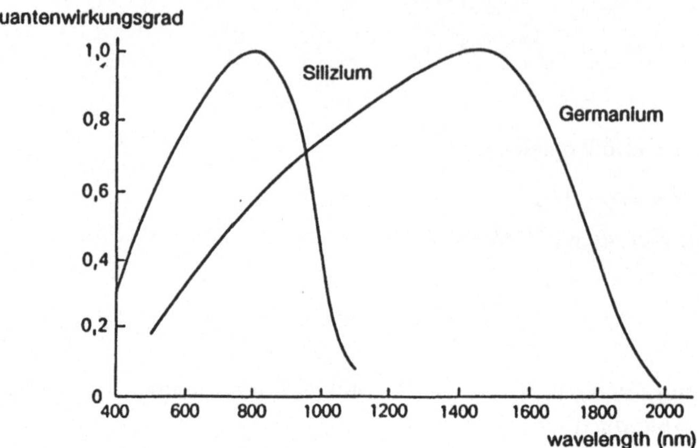

Bild 5.3   Quantenwirkungsgrad von Silizium und Germanium in Abhängigkeit der Wellenlänge

5.2.1   Der äußere Photoeffekt

Befindet sich eine Festkörperoberfläche im Vakuum, z.B. ein Halbleiter mit dem Bandabstand ΔW oder ein Metall, so wird eine als Austrittsarbeit bezeichnete Energie benötigt, Elektronen vom Festkörper abzulösen und ins Vakuum zu bringen. Dieser Vorgang ist vergleichbar mit der Erzeugung von Ladungsträgern im Leitungsband, wobei hier die Trennung räumlich erfolgt.

Die Austrittsarbeit von Metallen ist mit $3 \ldots 5\,\mathrm{eV}$ relativ groß. Eine nennenswerte Emission tritt deshalb nur bei entsprechender Erwärmung der Kathode durch Heizung auf (Prinzip der Radioröhre). Wird jedoch ein Halbleiter verwendet, so müssen die Elektronen, wenn sie erst einmal in das Leitband gelangt sind, nur noch die Differenz $\Delta W = W_\mathrm{o} - W_\mathrm{c}$ überwinden.

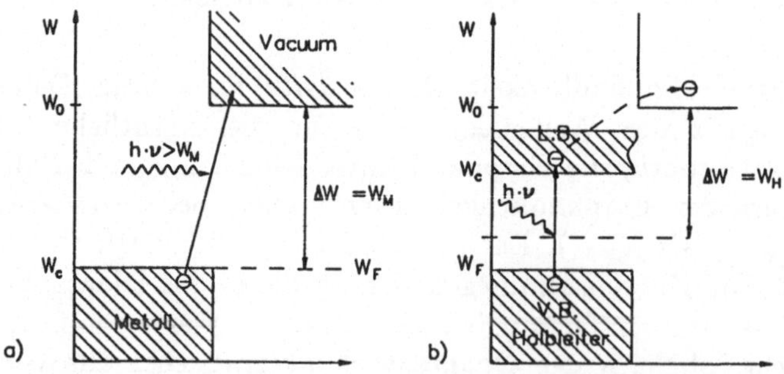

Bild 5.4   Bändermodell des Metall-Vakuum-Überganges
a) direkter Übergang b) unter Vermittlung einer Halbleiterbeschichtung

Durch geeignete oberflächennahe Dotierung kann nun erreicht werden, daß alle Elektronen, die ins Leitband gelangt sind, auch ins Vakuum gelangen können, d.h. sich vom Halbleiter ablösen lassen. Die Austrittsarbeit ist damit nicht größer als der Bandabstand und damit durch Dotierung vielfältig zu beeinflussen (Bild 5.4).

Ein solcher Fotoemitter emittiert also Elektronen ins Vakuum, die nun durch elektrische Felder von einer Anode abgesaugt werden können. Der Anodenstrom ist dem auf die Kathode fallenden Lichtstrom proportional.

Die Quantenausbeute kann bis zu 100% betragen, d.h. jedes einfallende Photon, dessen Energie die Grenzenergie übersteigt, wird registriert.

Technische Anwendungen sind vielfältig. Die klassische Photozelle, aber auch der Elektronenvervielfacher gehören hierher. Beim Letzteren wird durch Lawinenvervielfachung eine Verstärkung bis um den Faktor 10^7 ermöglicht.

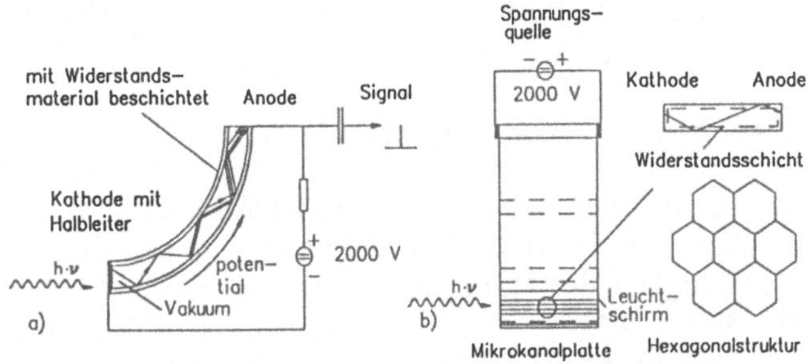

Bild 5.5   Aufbau eines Elektronenvervielfachers und eines Bildverstärkers mit Mikrokanalvervielfacher

Bild 5.5 zeigt die typische Bauweise eines Vervielfachers. Die an der Kathode durch den Lichteinfall freigesetzten Elektronen werden in einem elektrischen Feld von mehreren kV/cm so beschleunigt, daß sie an den Wandungen der Vakuumröhre, die dazu mit einem geeigneten Material beschichtet ist, Sekundärelektronen mit einer Ausbeute > 1 auslösen. Diese werden durch das Feld weiter beschleunigt und treffen schließlich als Lawine auf die Anode, wo sie einen entsprechenden Spannungsabfall hervorrufen. Der elektrische Impuls kann über einen Vorwiderstand und einen Kondensator ausgekoppelt werden. Einzelne (!) Photonen sind damit nachweisbar. Die innere Beschichtung der Röhre ist schwach elektrisch leitfähig, so daß sich das gewünschte graduell ansteigende elektrische Feld, welches zur Nachbeschleunigung der Sekundärelektronen benötigt wird, fast von selber ergibt.

Eine aus zigtausend solcher Vervielfacher aufgebaute Mikrokanalröhre (Bild 5.5b) wird als direkter Restlichtverstärker in Nachtsichtgeräten eingesetzt, wobei hier die Anode mit einem geeigneten Leuchtstoff beschichtet ist. Die ankommenden vervielfachten Sekundärelektronen regen den Leuchtstoff zur Fluoreszenz an. Die etwa 1 cm starke Platte aus Glaskeramik weist dabei durch Ätzen hergestellte, meist hexagonal wie eine Bienenwabe geformte durchgängige Bohrungen von wenigen Mikrometern Durchmesser auf, die auf der Innenseite mit der Widerstandsschicht beschichtet sind. Die Platte ist auf beiden Seiten mit dünnen Glasscheiben abgeschlossen, die jeweils die Kathode bzw. Anode tragen. Es wird wieder eine Anodenspannung von einigen 1000 V benötigt, der Stromverbrauch ist jedoch so winzig, daß ein batteriebetriebener Umsetzer ausreicht. Restlichtverstärker dieser Bauweise werden heute sogar in Feldstecher integriert und erlauben eine Betrachtung der Landschaft bei Beleuchtung durch Sternenlicht. Die räumliche Auflösung entspricht dabei der Zahl der Mikrokanäle, da jeder Kanal gerade einen Bildpunkt liefert.

5.2.2 Der innere Photoeffekt (Photowiderstand)

Der Photoeffekt führt zur Erzeugung von Elektronen/Loch-Paaren, die sich im Halbleiter frei bewegen können. Sie können insbesondere auch eine Ladung transportieren, d.h. die Leitfähigkeit des Materials nimmt zu.

Bauelemente, die sich diesen Effekt zu nutze machen, werden als Photowiderstände bezeichnet. Sie bestehen nur aus einem Stück Halbleitermaterial mit zwei ohmschen Kontakten, die meist meanderförmig oder als Kammstrukturen aufgebracht sind (Bild 5.6).

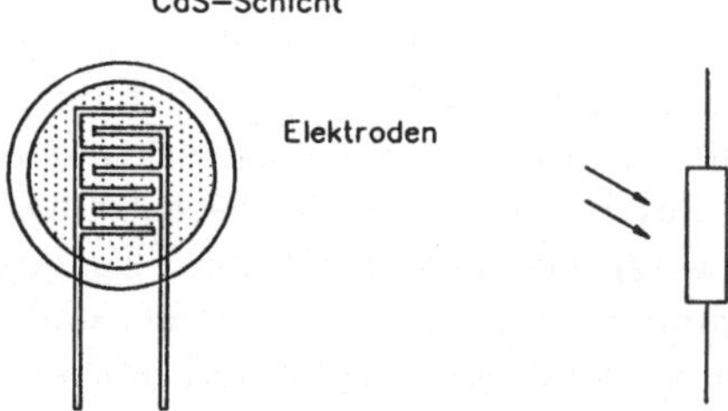

Bild 5.6
Photowiderstand, Bauart und Schaltzeichen

Im sichtbaren Bereich wird am häufigsten CdS verwendet, auch wenn die Grenzwellenlänge mit 510 nm den roten Bereich nicht mehr umfaßt. Allerdings kann durch Dotierung mit Fremdatomen auch bei CdS eine Ausdehnung des empfindlichen Bereichs bis zu 800 nm erreicht werden. Der IR-Bereich wird durch PbS und InSb erfaßt, die bis ca. 6500 nm reichen. Quecksilber-Cadmium-Tellurid, $Cd_xHg_{1-x}Te$, kann je nach Mischungsverhältnis sogar bis in den 13 μm Bereich empfindlich hergestellt werden. Empfindliche Detektoren für den IR-Bereich benötigen jedoch eine Kühlung auf Temperaturen des flüssigen Stickstoffs

(77 K), da sie sonst durch die ständige thermische Anregung bei Raumtemperatur unempfindlich sind.

Die folgenden Ausführungen beziehen sich zunächst auf den weit verbreiteten CdS-Photowiderstand. Wegen des exponentiellen Zusammenhangs zwischen Ladungsträgerdichte und Leitfähigkeit gehorcht auch der Photowiderstand einem exponentiellen Gesetz:

$$R_{\mathrm{ph}} = R_{\mathrm{o}} \left(\frac{E_{\mathrm{v}}}{E_{\mathrm{vo}}} \right)^{-\gamma} \tag{5.4}$$

$$
\begin{aligned}
\gamma &= \text{Exponent } 0,5 \ldots 1,2 \\
E_{\mathrm{v}} &= \text{Beleuchtungsstärke} \\
R_{\mathrm{o}} &= \text{Bezugswiderstand bei } E_{\mathrm{vo}}
\end{aligned}
$$

Der Zahlenwert von γ wird auch als Steilheit der Kennlinie bezeichnet. Sie liegt meist unter 1, wird für Meßzwecke aber als 1 angestrebt.

Legt man eine Gleichspannung U an den Photowiderstand, so fließt der Strom

$$I_{\mathrm{ph}} = \frac{U}{R_{\mathrm{ph}}}$$

Definiert man als Empfindlichkeit

$$s = \frac{\mathrm{d}\, I_{\mathrm{ph}}}{\mathrm{d}\, E_{\mathrm{v}}} \tag{5.5}$$

meist in mA/lx angegeben, so findet man durch Differenzieren

$$s = \frac{\gamma \cdot U}{R_{\mathrm{o}} \cdot E_{\mathrm{vo}}} \cdot \left(\frac{E_{\mathrm{v}}}{E_{\mathrm{vo}}} \right)^{\gamma - 1} \tag{5.6}$$

Die Empfindlichkeit nimmt wegen $\gamma - 1 < 0$ also mit wachsender Beleuchtungsstärke ab. Sie ist um so höher, je größer die angelegte Spannung ist. Die Spannung ist allerdings durch die Durchschlagfeldstärke begrenzt (< 400 V) und typabhängig. Die Angaben in Datenblättern beziehen sich meist auf 10 V.

Zu beachten ist ferner die thermische Verlustleistung, die bei hohen Beleuchtungsstärken in Verbindung mit großen Spannungen auftreten kann. Bei Erhitzung entstehen ebenfalls Ladungsträgerpaare, die das Meßergebnis verfälschen. Der Temperaturkoeffizient der Leitfähigkeit ist bei CdS mit 0,002/K relativ groß. Eine Verwendung für höheren Temperaturbereich ist deshalb nicht zu empfehlen.

Die dynamischen Eigenschaften erklären sich aus dem Eigenleitungsmechanismus. Auf Schwankungen der Beleuchtungsstärke reagiert der Photowiderstand außerordentlich träge. Wird der Photowiderstand einige Stunden dunkel gelagert, so beträgt sein Widerstand 100 MΩ und mehr. Wird nun eine bestimmte Beleuchtungsstärke aufgebracht, so kann es Sekunden dauern, bis ein stabiler Wert erreicht ist. Je geringer die Beleuchtungsstärke, desto länger dauert das Erreichen des Hellwiderstandes. Auch beim Ausschalten zeigt sich eine starke Abhängigkeit von der Vorbelichtung. Diese Eigenschaften treten bei allen Photowiderständen mehr oder weniger deutlich in Erscheinung, sie sind wesentlich durch die Ladungsträgerlebensdauer und Verunreinigungen im Halbleiter bedingt. Photowiderstände können deshalb nur dort eingesetzt werden, wo Geschwindigkeit eine untergeordnete Rolle spielt und nur mäßige Anforderungen an die Genauigkeit gestellt werden. Wichtiges Einsatzgebiet sind heute Flammendetektoren in Heizungsanlagen wegen der relativ großen UV-Empfindlichkeit. Der geringe Preis und die einfache Schaltungstechnik hat zu einer weiten Verbreitung beigetragen.

Der Photoeffekt tritt auch in Halbleitern geringerer als üblicher Reinheit in nutzbarer Größe auf, so daß Photowiderstände auch aus schwierig zu beherrschenden Mischkristallen wie HgCdTe oder chemisch niedergeschlagenen Schichten wie z.B. PbS relativ einfach herzustellen sind. Im IR-Bereich werden Sie als hochempfindliche Strahlungsdetektoren eingesetzt. Diese Detektoren werden dazu auf 77 K oder noch tiefer gekühlt. Durch niederohmige Auslegung und Dotierung kann die Reaktionszeit auf Mikrosekunden reduziert werden. Diese Detektoren sind Basis für Wärmesichtgeräte und Spektrometer. Auf Einzelheiten der Infrarottechnik soll hier jedoch nicht eingegangen werden, und es sei auf die Literatur verwiesen [MIOSGA].

5.2.3 Innerer Photoeffekt bei der Photodiode

Ebenfalls auf dem inneren Photoeffekt basiert die Photodiode. Hier werden die entstehenden Elektronen/Loch-Paare durch die Diffusionsspannung der Sperrschicht zerlegt, so daß sie sich auf beiden Seiten der Sperrschicht ansammeln. Dieser Prozeß läuft solange, bis die entstehende Feldstärke ein weiteres Ansammeln verhindert. Diese Feldstärke erscheint an den Klemmen der Diode als Spannung (Bild 5.7).

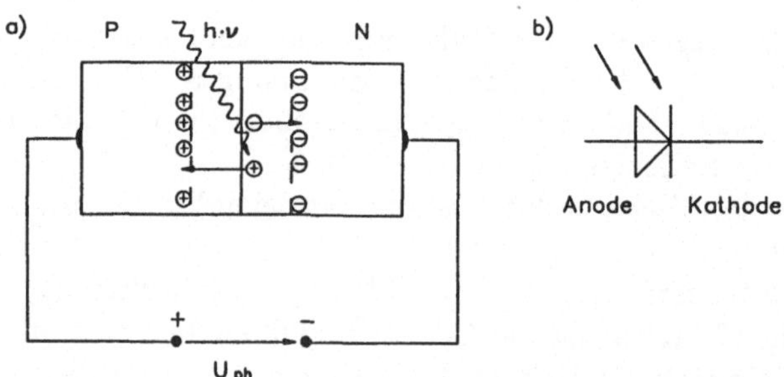

Bild 5.7 Ladungstrennung in der Sperrschicht bei einer Photodiode und Schaltzeichen

An einer in Durchlaßrichtung betriebenen Diode entsteht somit durch Lichteinwirkung eine Spannung, die über die Klemmen und einen Lastwiderstand einen Strom fließen lassen kann. Ein solches Photoelement kann also Strahlungsleistung in elektrische Leistung umwandeln.

Wird eine Diode jedoch in Sperrichtung mit einer Vorspannung von einigen Volt betrieben, so gilt die Kennlinie im III. Quadranten. Der entstehende Photostrom ist von der äußeren Sperrspannung ähnlich unabhängig wie der Reststrom einer Diode. Die Kennlinien zeigen deshalb sehr große Ähnlichkeiten (Bild 5.8). Der Sättigungssperrstrom nimmt dabei den Charakter des Dunkelstroms an. Wird die Diode bestrahlt, addiert sich der durch die Lichtwirkung hervorgerufene Photostrom:

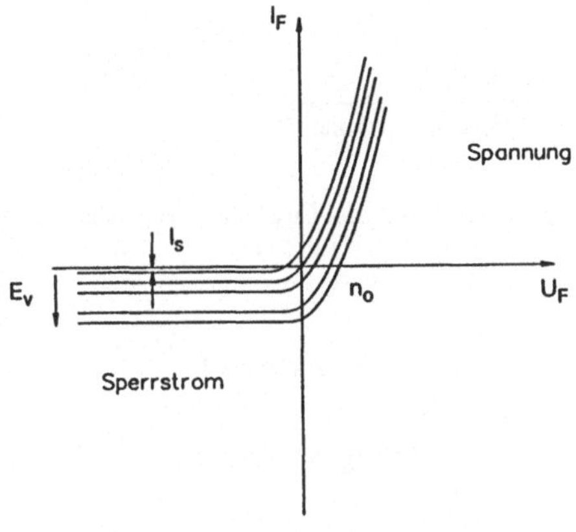

Bild 5.8
Kennlinienschar einer Photodiode bei unterschiedlicher Bestrahlung

$$I_F = I_s \left(e^{U/U_t} - 1 \right) - I_{ph} \tag{5.7}$$

$$
\begin{aligned}
U_t &= \text{Temperaturspannung (26 mV)} \\
I_s &= \text{Sperrsättigungsstrom (Dunkelstrom)}
\end{aligned}
$$

Der Photostrom folgt damit der eingestrahlten Lichtleistung proportional. Die Leerlaufspannung für $I_F = 0$ ergibt sich daraus zu

$$U_o = U_t \cdot \ln \left(1 + \frac{I_{ph}}{I_s} \right) \tag{5.8}$$

sie steigt logarithmisch mit steigendem Photostrom bzw. Bestrahlungsstärke an (Bild 5.9).

Demgegenüber steigt der Photostrom streng proportional über viele Zehnerpotenzen linear mit der Beleuchtungsstärke an. Für Meßzwecke ist deshalb immer der Photostrom auszuwerten.

5.3 Photoelement und Solarzelle

Über dem PN-Übergang entsteht bei Belichtung auf Grund des Photoeffektes eine Spannung, die bei Verbindung beider Elektroden über einen Lastwiderstand zu einem Strom im äußeren Stromkreis führt, der in der Lage ist, Arbeit zu verrichten.

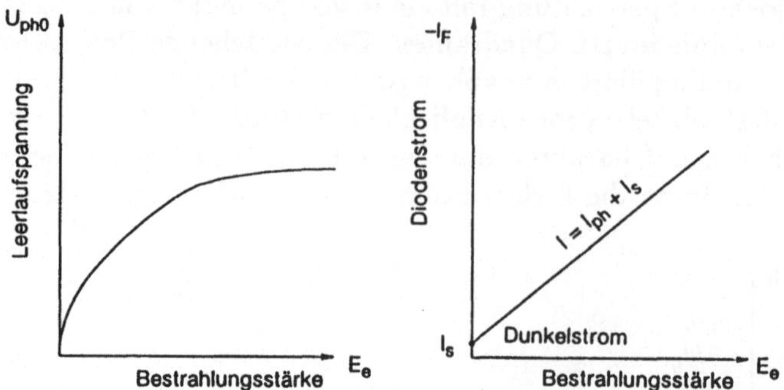

Bild 5.9   Leerlaufspannung und Diodensperrstrom als Funktion der Bestrahlungs-stärke

Die Kennlinie Bild 5.10 weist folgende ausgezeichnete Punkte auf:
Kurzschluß

$U = 0 : I_F = I_k$ Das Photoelement ist kurzgeschlossen. Es fließt der Kurzschlußstrom:

$$I_k = I_{ph} \quad \text{mit } I_{ph} = s \cdot E$$

$$
\begin{aligned}
s\phantom{_{ph}} &= \text{Empfindlichkeit} \\
E\phantom{_{ph}} &= \text{Beleuchtungsstärke} \\
I_{ph} &= \text{Photostrom}
\end{aligned}
$$

der differentielle Ausgangswiderstand r_k ist relativ groß:

$$r_k = \frac{U_t}{I_s} \tag{5.9}$$

$$I_s = \text{Sättigungsstrom}$$

Leerlauf
$I_F = 0 : U_{ph} = U_o$ Der äußere Stromkreis ist aufgetrennt. Das Photoelement läuft leer. Die Leerlaufspannung beträgt:

$$U_o = U_t \cdot \ln\left(1 + \frac{I_{ph}}{I_s}\right)$$

Der differentielle Ausgangswiderstand:

$$r_o = \frac{U_t}{I_s + I_{ph}} = \frac{U_t}{I_{ph}} \tag{5.10}$$

Dieser Wert ist relativ klein und nimmt mit Belichtung weiter ab.

Bei einem endlichen Lastwiderstand R_l zwischen den Anschlüssen sollte R_l so gewählt werden, daß das Produkt aus U und I, die im Widerstand umgesetzte Leistung, maximal wird. Dies ist also der Fall, wenn die in Bild 5.10a eingezeichnete Fläche maximal wird. Der IV. Quadrant wird meist in der Darstellung von Bild 5.10b dargestellt. Hier kann die Arbeitsgerade des Lastwiderstandes eingetragen werden. Die Anpassung ist offensichtlich dann am besten, wenn

$$R_\mathrm{l} = R_\mathrm{opt} \tag{5.11}$$

wobei R_opt ein mittlerer Ausgangswiderstand ist:

$$R_\mathrm{opt} = \frac{U_\mathrm{o}}{I_\mathrm{k}} = \frac{\text{Leerlaufspannung}}{\text{Kurzschlußstrom}} \tag{5.12}$$

Es gilt dann:

$$U_\mathrm{opt} = U_\mathrm{t} \cdot \ln\left(\frac{U_\mathrm{t} \cdot I_\mathrm{k}}{U_\mathrm{o} \cdot I_\mathrm{s}}\right) \tag{5.13}$$

$$I_\mathrm{opt} = \frac{U^2}{R_\mathrm{opt}} = -I_\mathrm{k} \frac{U_\mathrm{t}}{U_\mathrm{o}} \ln\left(\frac{U_\mathrm{t} \cdot I_\mathrm{k}}{U_\mathrm{o} \cdot I_\mathrm{s}}\right) \tag{5.14}$$

$$P_\mathrm{opt} = I_\mathrm{opt} \cdot U_\mathrm{opt} \qquad\qquad \textit{maximale Ausgangsleistung} \tag{5.15}$$

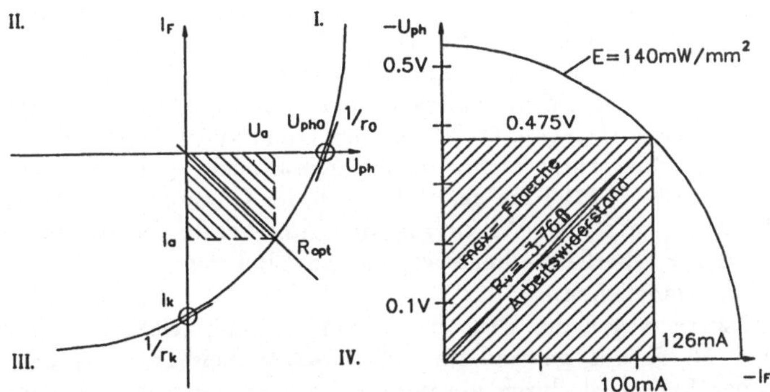

Bild 5.10 Kennlinie einer Photodiode und Darstellung des IV. Quadranten mit Arbeitswiderstand zum Beispiel 5.2

Beispiel 5.2: Für die Solarzelle TELESUN von AEG ergibt sich die in Bild 5.10b dargestellte Kennlinie für eine Beleuchtungsstärke von 140 mW/cm^2. Bei einem Arbeitspunkt von $U_\mathrm{a} = 0{,}475$ V und $I_\mathrm{a} = 126$ mA ergibt sich mit $A = 4$ cm^2 und $R_\mathrm{l} = 3{,}76$ W:

$$\eta = \frac{P_\mathrm{opt}}{A \cdot E} = \frac{59{,}85\,\mathrm{mW}}{4\,\mathrm{cm}^2 \cdot 140\,\mathrm{mW/cm}^2} = 0{,}107 = 10{,}7\%$$

Die Solarzelle weist somit einen Wirkungsgrad von nur 10 % auf. Um auf höhere
Ausgangsspannungen zu kommen, sind entsprechend viele Zellen in Reihe zu schalten.
Der optimale Arbeitswiderstand verringert sich mit wachsender Beleuchtungsstärke, ist
also nicht konstant. Um einen möglichst guten Wirkungsgrad zu erreichen, muß deshalb
der Ausgangswiderstand einer Solarzelle geregelt werden. Dies ist ein erheblicher Nachteil
bei Geräten, die durch Sonnenenergie gespeist werden sollen.
Das Sonnenspektrum AM 0 wurde schon in Bild 3-4 dargestellt. AM steht dabei für „Air
Mass", Null bedeutet keine „Air Mass", also Strahlung außerhalb der Atmosphäre. AM
1 beschreibt das Sonnenspektrum bei senkrechtem Sonneneinfall, AM 4 bei streifendem
Einfall, wenn die Sonne z.B. gerade auf- oder untergeht. Für die auf der Erdoberfläche
verfügbare Sonnenenergie ist das Integral über alle Wellenlängenbereiche zu nehmen, es
ergibt etwa

AM 0: ohne Atmosphäre 135,3 mW/cm^2 (Solarkonstante),

AM 1: senkrechter Einfall 88,92 mW/cm^2 Erdoberfläche,

AM 4: streifender Einfall 53,3 mW/cm^2 Erdoberfläche.

Es erreicht also bei weitem nicht alles Sonnenlicht die Erdoberfläche, vielmehr wird etwa 6
% in den Weltraum reflektiert (bei Wolken etwa 27 %), 4 % in der Stratosphäre und 17 %
in der Troposphäre vor allem durch die atmosphärischen Spurengase Ozon, CO_2 und H_2O
absorbiert. In einer mittleren Breite von 48° Nord (Deutschland) kann im Jahresmittel mit
einer durchschnittlichen Einstrahlung von 136 W/m^2 auf eine fest stehende, dem mittleren
Sonnenstand zugeneigte Fläche gerechnet werden. Innerhalb eines Jahres addiert sich das
auf eine eingestrahlte Energie von 1200 kWh/m^2. Eine Verteilung der Einstrahlung auf der
Erdoberfläche kann Bild 5.11 entnommen werden [BLEICHER]. In den großen Wüstenzonen
der Erde vergrößert sich dieser Wert noch auf etwa maximal 2000 kWh/m^2.
Eine Solarzelle ist jedoch nicht in der Lage, das gesamte Sonnenspektrum in
elektrische Energie umzuwandeln. Vielmehr ist der erzeugte Photostrom die Faltung
von Solarspektrum mit der spektralen Empfindlichkeitskurve der Zelle. Silizium ist als
Halbleitermaterial mit einer maximalen Empfindlichkeit bei ca. 880 nm dem Solarspektrum
bei 480 nm Maximum nicht optimal angepaßt. Wegen der Grenzwellenlänge bei 1110 nm
wird vom infraroten Teil des Spektrums nichts mehr umgewandelt, praktisch wird nur
der Wellenlängenbereich von 350 ... 1100 nm genutzt. Auch der Quantenwirkungsgrad ist
stark wellenlängenabhängig, er setzt den Wirkungsgrad weiter herab. Zusätzlich werden
Antireflexionsschichten auf der Oberfläche benötigt, um ein Eindringen der Strahlung in
das Material überhaupt zu ermöglichen.
Wie oben schon gezeigt, kann wegen des Problems der Anpassung selbst bei optimaler
Anpassung nur maximal 50 % der gewandelten elektrischen Leistung aus der Zelle
entnommen werden. In der Praxis ist durch die interne Verdrahtung der Zellen und die
begrenzte Leitfähigkeit des Materials noch ein interner Serienwiderstand vorhanden, der
selbst bei optimaler Anpassung den elektrischen Wirkungsgrad auf unter 40 % begrenzt.
Alle diese Verlustmechanismen zusammengenommen kommen gute Si- Solarzellen heute
auf etwa 18 ... 24 % Wirkungsgrad bei AM 1 [LEMME,EL 22/91] und Betrieb bei
Raumtemperatur. Mit Polysilizium, welches in der Herstellung erheblich geringeren
Aufwand erfordert, sind gerade 12 ... 18 % zu erreichen. Spitzenzellen wie die Green-
Zelle erreichen durch eine besondere Oberflächengestaltung mit besonders hohem
Absorptionskoeffizient etwa 24 % [GREEN, Proc 1989].
Gewisse Verbesserungen sind noch mit anderen Halbleiter- Materialien wie Se und CdS
wegen ihrer besseren Anpassung an das Sonnenspektrum zu erreichen.
Weiterhin werden in den Labors heute Sandwich-Zellen hergestellt, bei denen durch
Kombination mehrerer Halbleiter übereinander der eingestrahlte Wellenlängenbereich

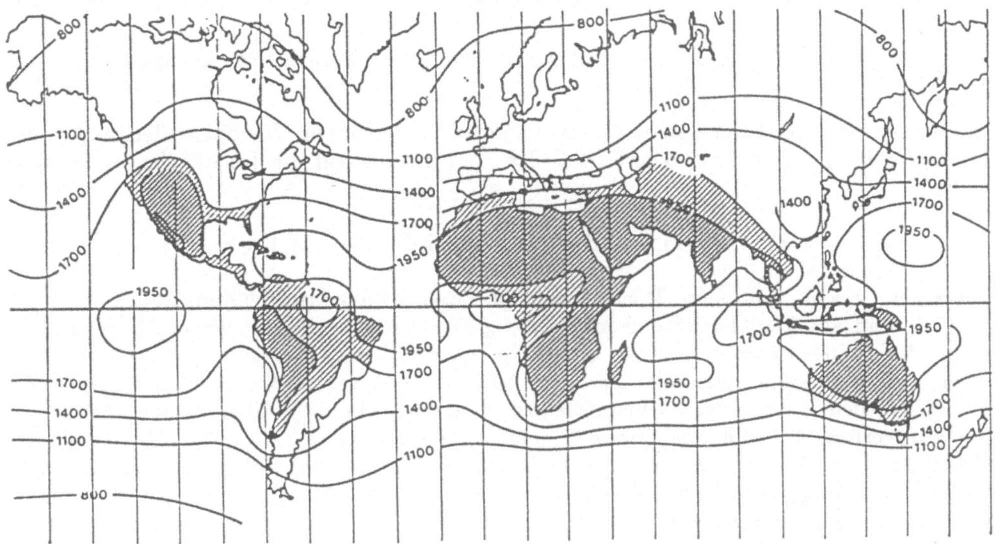

Bild 5.11   Mittlere Sonneneinstrahlung auf der Erde in kWh/m^2 und Jahr nach [BLEICHER]

besser genutzt wird. Über Wirkungsgrade bis zu 23 % bei p-GaAs/AlAs auf n-GaAs wird dabei berichtet [BLEICHER]. Solche Wirkungsgrade sind jedoch nur mit außergewöhnlichem Aufwand zu erzielen, Produktionswerte guter monokristalliner Zellen auf Si-Basis liegen bei 18 %, multikristalliner bei 14 %.

Neben den hier beschriebenen Sperrschicht-Solarzellen wird heute auch intensiv an MIS-Inversionsschicht-Solarzellen entwickelt [HOFFMANN, Metall 7/90], bei der die Ladungstrennung an einer über implantierten Ladungen erzeugten Inversionsschicht ähnlich dem Kanal eines MOS-Feldeffektransistors erfolgt. Der berichtete Wirkungsgrad von 15 % ist interessant in Zusammenhang mit den relativ niedrigen Reinheitsforderungen an das Grundmaterial und dem verhältnismäßig energiearmen Herstellprozeß, was potentiell niedrige Herstellkosten ermöglicht.

Ein nicht zu unterschätzendes Problem stellt die Erwärmung der Zellen unter Bestrahlung dar. So werden bei 18 % Wirkungsgrad immer noch 82 % der eingestrahlten Leistung in Wärme umgesetzt, die zu einer Erhöhung der Arbeitstemperatur auf 50...70°C ohne Kühlung führt. Bei diesen Temperaturen geht der Wirkungsgrad auch hochwertiger Zellen auf etwa 10 % zurück. Eine Konzentration von Strahlung durch optische Mittel ist wegen Überhitzung der Zellen deshalb sehr problematisch und nur bei aktiver Flüssigkeitskühlung vertretbar.

Beispiel 5.3: Versorgung eines Einfamilienhauses mit Solarzellen.
Der Stromverbrauch eines Einfamilienhauses wird bei sparsamer Haushaltsführung mit 4 kWh/Tag angesetzt (ohne Warmwasser). Bei 365 Tagen ergibt sich daraus ein Jahresbedarf von 1460 kWh.

Bezogen auf die Einstrahlung wäre dieser Bedarf in unseren Breiten mit einer Fläche von

$$A_{solar} = \frac{1460 \text{ kWh}}{1200 \text{ kWh/m}^2 \cdot \eta} = 12,2 \text{ m}^2 \quad (\text{bei } \eta = 10\% \text{ realistisch angesetzt})$$

zu decken, was der Fläche eines Viertel Hausdaches entspricht. Die Spitzenleistung dieser Anlage würde bei senkrechtem Einfall des Sonnenlichts auf die Dachfläche im Sommer etwa

$$P_{solarmax} = 889,2 \text{ W/m}^2 \cdot 12,2 \text{ m}^2 \cdot \eta = 1,1 \text{ kW} \quad \text{für AM 1, } \eta = 10\%$$

betragen, reicht also zum Wäschewaschen ohne Zwischenspeicherung nicht aus. Im Winter und am Abend müßte ebenfalls auf gespeicherte Energie zurückgegriffen werden, was den Wirkungsgrad erneut erheblich verschlechtert. So kann bei Verwendung eines Akkumulators allenfalls ein 30...40% Wirkungsgrad, unter Einbeziehung der Wandelverluste und der Selbstentladung bei Speicherung über große Zeiträume (Winterverbrauch muß im Sommer angesammelt werden) sogar noch schlechterer Wirkungsgrad erzielt werden. Mit heutigen Speicherkonzepten ist eine solche Selbstversorgung eines Einfamilienhauses also praktisch nicht möglich, die minimal zu installierende Solarzellenleistung müßte mindestens 5 kW betragen, was einer Fläche von 56 m² entspricht.

Beispiel 5.4: Der Ersatz eines Atomkraftwerkes der Biblis-Einheit von 1,4 GW durch ein Solarkraftwerk erfordert in Deutschland eine Solarzellenfläche:

$$A_{kraftw} = \frac{1,4 \text{ GW} \cdot 365 \cdot 24 \text{ h}}{1200 \text{ kWh/m}^2 \cdot \eta} = 56,8 \text{ km}^2 \quad (\eta \text{ mit } 18\% \text{ angesetzt })$$

$$P_{max} = 889,2 \text{ W/m}^2 \cdot \eta \cdot 56,8 \text{ km}^2 = 9 \text{ GW} \quad (\text{Spitzenleistung})$$

Rechnet man nur 25 % Verlustfläche für Wege, Halterungen, ev. Nachführung der Zellen folgen hieraus eine Kraftwerksfläche von 75,7 km², dies entspricht einem Quadrat von etwa 9 km Seitenlänge.
Nicht berücksichtigt wurden die bei der Energieumformung entstehenden Verluste. Ebenfalls wurde noch keine Speicherung mit dem dabei auftretenden niedrigen Rückgewinnungsgrad eingerechnet, was die Fläche etwa auf über 150 km² verdoppeln würde.

Weltweit werden derzeit ca. 60 MW an Solarzellenleistung jährlich produziert. Dennoch ist heute der Strom aus Solarzellen noch um den Faktor 10 teurer als aus konventioneller Erzeugung. Zur negativen Bilanz trägt insbesondere bei, daß die Herstellung hochreinen Siliziums derzeit noch mehr Energie verbraucht, als die Zellen während ihrer Lebensdauer erzeugen. Hier konnten jedoch wichtige Fortschritte erzielt werden. So konnten viele energieaufwendige Herstellschritte wie die Aufdampfprozesse für Metallisierung und Antireflexschicht heute durch Siebdruckverfahren und Sinterung ersetzt werden. Durch immer dünnere Scheiben und Verfeinerung des Herstellprozesses wird eine energiemäßige Amortisation der Zellen in wenigen Jahren möglich sein [HAGEDORN,Proc 1989], eine erhebliche Preisreduktion wird durch große Produktionsvolumina und den Konkurrenzkampf unterschiedlicher Anbieter ähnlich wie im Bereich Integrierter Schaltungen eintreten.

Solarzellen haben heute in vielfältigen Anwendungen ihren Platz gefunden, überall dort, wo die Zufuhr elektrischer Energie über Kabel unmöglich oder zu teuer ist. Ein bedeutendes Anwendungsfeld wird in der Erschließung der 3. Welt mit elektrischer Energie liegen, wo eine Elektrifizierung durch ein Verbundnetz in unserem Sinne wegen der großen Entfernungen schwierig oder nicht rentabel ist.

5.4 Photodiode im Sperrbetrieb

Die Photodiode kann entweder im Durchlaßbetrieb als Stromgenerator (Photoelement) oder im Sperrbetrieb zum Nachweis von optischer Strahlung verwendet werden. Sie wird dann im III. Quadranten betrieben, der Strom I_{ph} ist über viele Zehnerpotenzen streng der Beleuchtungsstärke E proportional:

$$I = I_{\mathrm{ph}} + I_{\mathrm{s}} = s\,(\lambda) \cdot E \quad \text{(wegen } I_{\mathrm{s}} \text{ sehr klein)}, \tag{5.16}$$

wenn der Sperrsättigungsstrom I_{s} vernachlässigt werden kann. $s(\lambda)$ ist von der Wellenlänge stark abhängig. Im Gegensatz zu Photowiderständen ist s

- unabhängig von der Beleuchtungsstärke,

- ca. 1000 mal kleiner als bei den Photowiderständen.

Die Tabelle nennt einige Zahlenwerte.

Tabelle 5.2 Daten einiger Photodioden

Typ	s in nA/lx	λ_{max} in nm	I_{s} in nA
BPW20	33	700	-2
BPW21	7	570	-2
BPW77	30	770	-2

Die geringere Empfindlichkeit der Fotodiode ist durch eine höhere Verstärkung des 1. Verstärkers auszugleichen, da der Sperrsättigungsstrom sehr gering ist. Hierauf wird weiter unten noch genauer eingegangen.

Photodioden werden meistens mit einer Vorspannung in Sperrichtung betrieben Bild 5.12. Der Strom wird als Spannungsabfall an einem Lastwiderstand abgegriffen. Die Vorspannung wird über ein Bias-Netzwerk zugeführt, welches eine zusätzliche Siebung der Vorspannung, noch wichtiger eine HF-mäßige Verbindung der Anode mit Masse herstellt. Im Kleinsignal-Ersatzschaltbild stellt sich die Photodiode im wesentlichen als Stromquelle dar. Parallel liegen die Sperrschichtkapazität C_{s} und der recht große differentielle Widerstand

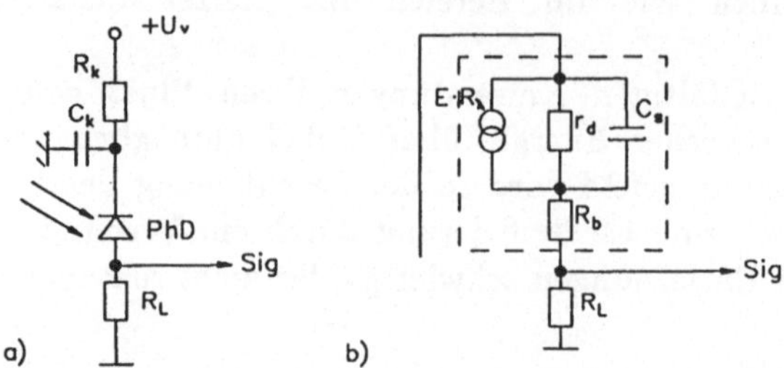

Bild 5.12 Photodiode im Sperrbetrieb mit Vorspannung und zugehöriges Ersatz-schaltbild

r_d, der fast immer vernachlässigt werden darf. Die endliche Leitfähigkeit der Zuführungskontakte und Diffusionsstrecken im Halbleitermaterial sind im Bahnwiderstand Rb zusammengefaßt, der größenordnungsmäßig einige Ohm betragen kann.

Eine wichtige Eigenschaft der Photodiode ist ihre hohe Schaltgeschwindigkeit. Für die Grenzfrequenz der Diode sind 2 Prozesse maßgebend:

- die Laufzeit durch die Sperrschicht,

- der aus Bahnwiderstand, äußerer Beschaltung R_l und der Sperrschicht-kapazität gebildete Tiefpaß.

Die Laufzeit durch die Sperrschicht ist von Bedeutung bei sehr schnellen Dioden und direkt abhängig von der Sättigungsdriftgeschwindigkeit v_s:

$$f_\mathrm{g} = 0,445\,\frac{v_\mathrm{s}}{d} \tag{5.17}$$

$$
\begin{aligned}
v_\mathrm{s} &= \text{Sättigungsdriftgeschwindigkeit} \\
f_\mathrm{g} &= \text{Grenzfrequenz} \\
d &= \text{Sperrschichtdicke}
\end{aligned}
$$

In den meisten Fällen dominiert jedoch der Einfluß der äußeren Beschaltung:

$$f_\mathrm{g} = \frac{1}{2\pi(R_\mathrm{b} + R_\mathrm{l}) \cdot (C_\mathrm{s} + C_\mathrm{l})} \tag{5.18}$$

Die Sperrschichtkapazität ist durch den Aufbau der Diode, insbesondere durch die Fläche der empfindlichen Schicht A_ph bestimmt:

$$C_\mathrm{s} = \varepsilon\,\frac{A_\mathrm{ph}}{d} \tag{5.19}$$

$$
\begin{aligned}
A_\mathrm{ph} &= \text{Detektorfläche} \\
\varepsilon &= \text{Dielektrizitätszahl} \\
d &= \text{Sperrschichtdicke}
\end{aligned}
$$

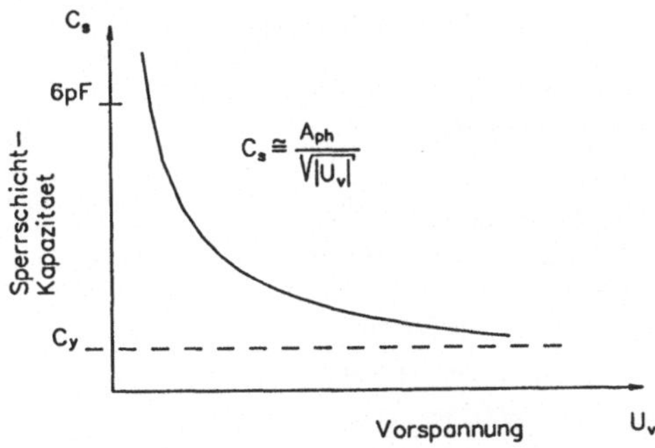

Bild 5.13 Typische Abhängigkeit der Sperrschichtkapazität von der Diodenvorspannung

Die Sperrschichtdicke hängt vom Aufbau des Detektorelements einerseits, andererseits von der Vorspannung ab (Bild 5.13). Je größer die angelegte Sperrspannung ist, desto weiter rücken die Raumladungen von P- und N- Zone auseinander, so daß die Sperrschichtkapazität mit der Vorspannung erheblich zurückgeht.

$$C_s(U_v) \cong \frac{A_{\mathrm{ph}}}{\sqrt{|\,U_v\,|}} \tag{5.20}$$

Für hohe Grenzfrequenzen sind also die Detektorflächen möglichst klein und die Vorspannung möglichst hoch zu wählen. Kapazitäten im Sub-Picofarad-Bereich mit Grenzfrequenzen von über 30 GHz sind heute erreichbar.

Wird die Diode als Photoelement betrieben, ist die Diffusionskapazität wirksam, die bekanntlich sehr große Werte annehmen kann. Der Photoelementbetrieb ist deshalb bei Signalübertragung nicht sinnvoll.

Beispiel 5.5: Die Grenzfrequenz des Photoelements BPY 13A im Elementbetrieb beträgt mit $C_d = 1,6$ nF und $R_l = 1$ kΩ:

$$f_g = 100 \text{ kHz!}$$

Photodioden werden heute meist als PIN-Dioden hergestellt, bei denen zwischen den P^+-dotierten Bereich und der N-Zone eine Intrinsic-Schicht eingefügt wird. Die Intrinsic-Schicht bewirkt eine weitere Herabsetzung der Sperrschichtkapazität, indem die Ladungen entlang der Sperrschicht weiter auseinandergerückt werden, zum andern ermöglicht sie eine hohe Sperrspannung. Die Photonen werden dabei bevorzugt in der Intrinsic-Zone absorbiert, die erzeugten Ladungsträger durch die hohe über der Zone anstehende Spannung sehr wirkungsvoll getrennt.

Hieraus folgt ein hoher Quantenwirkungsgrad. Die hohe Feldstärke bewirkt auch eine kurze Laufzeit, was der schnellen Reaktion der Diode zugute kommt. Bild 5.14 zeigt den typischen Aufbau einer modernen, von hinten beleuchteten (*backside*

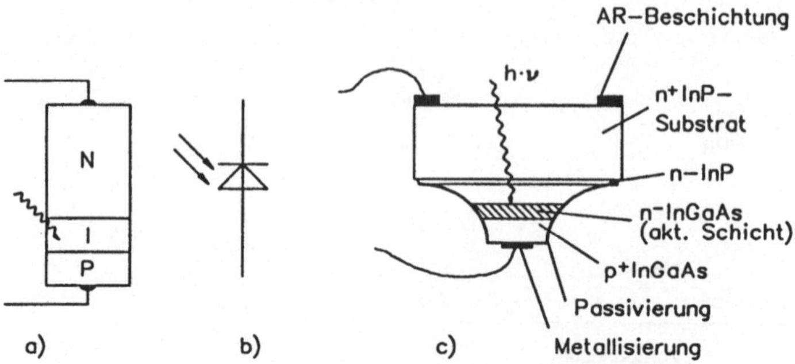

Bild 5.14 Prinzip, Schaltzeichen und Aufbau einer modernen PIN-Diode für die Lichtwellenleiter-Technik. Die aktive Fläche wird durch die Mesa-Technik begrenzt. Sie wird durch das Substrat (*backward*) beleuchtet

iluminated) PIN-Diode in Mesa-Technik, wie sie in der LWL-Technik verwendet wird.

Neueste Entwicklungen [MAKIUCHI PTL 3,6/91] berichten über Dioden (Bild 5.15) mit einer Sperrschichtkapazität von 54 fF bei 10 V Vorspannung, einem Dunkelstrom von 3 pA und einer Grenzfrequenz von über 31 GHz bei einer aktiven Fläche von 20 μm Durchmesser, die durch die in Ionenätztechnik hergestellte Linse auf über 50 μm optisch vergrößert wird. Bei diesen Frequenzen muß der Kontaktanordnung und den Schaltkapazitäten höchste Aufmerksamkeit geschenkt werden. So wird in diesem Aufbau auf die kritischen Bondverbindungen verzichtet, die Montage erfolgt durch Löt-Kugeln (*Bumps*) unmittelbar auf dem HF-mäßig ausgelegten Träger (sog. *Flip Chip*-Technik).

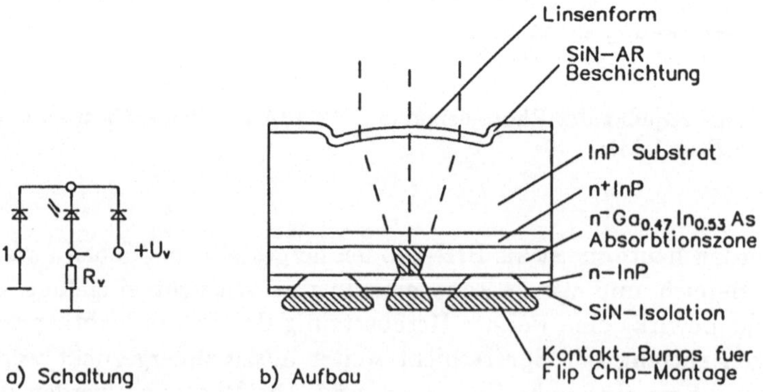

Bild 5.15 Schaltung und Aufbau einer für den 1550 nm-Bereich ausgelegten PIN-Diode mit über 30 GHz Grenzfrequenz nach [MAKIUCHI, PTL 6/91]

Bei der Anwendung von Photodioden ist zu beachten, daß diese häufig ähnlich wie LEDs eine Richtcharakteristik aufweisen, insbesondere, wenn optische Elemente wie Linsen und Fenster im Strahlengang liegen .

5.5 Nachweisvermögen von Detektoren

Um zu beurteilen, ob ein Detektor noch in der Lage ist, eine gegebene Strahlungswechselleistung zu detektieren, muß die Empfindlichkeit bekannt sein. Neben dem Nutzsignal S tritt am Ausgang des Detektors jedoch auch immer ein Störsignal (Rauschen) auf, so daß nur Signale detektiert werden können, die sich vom Rauschen ausreichend abheben. Hierbei wird also ein bestimmtes Signal/Rauschverhältnis

$$\frac{S}{N} = \frac{U_s^2}{U_n^2} = \frac{I_s^2}{I_n^2} = \frac{P_s}{P_n} \qquad \text{Signal/Rauschverhältnis (SNR)} \qquad (5.21)$$

gefordert. Im folgenden sollen die Rauschprozesse näher beleuchtet werden. Rauschen eines Widerstandes beträgt nach Nyquist:

$$U_n = \sqrt{4 \cdot k \cdot T \cdot R \cdot \Delta f} \qquad (5.22)$$

$\quad k \quad = \quad$ Boltzmannkonstante
$\quad T \quad = \quad$ absolute Temperatur
$\quad R \quad = \quad$ Widerstand
$\quad \Delta f \quad = \quad$ Bandbreite des Meßsystems

Bei einem Halbleiter liegen vielfältige Rauschprozesse vor. Wichtigster hiervon ist das Quantenrauschen oder auch Schrotrauschen genannt, das durch die Erzeugung und Rekombination von Ladungsträgern in der Sperrschicht entsteht. Es ist deshalb abhängig von dem durch die Sperrschicht fließenden Strom:

$$I_{ns} = \sqrt{2 \cdot e \cdot I \cdot \Delta f} \qquad (5.23)$$

$\quad I \quad = \quad$ Stromfluß durch die Sperrschicht
$\quad e \quad = \quad$ Elementarladung

Weitere Halbleiterrauschquellen sind *Flickernoise* (Funkelrauschen) und *Leakage Noise*, beide mit 1/f-Charakteristik.

Die Empfindlichkeitsgrenze eines Detektors wird als NEP (*Noise Equivalent Power*, rauschäquivalente Leistung) bezeichnet. Bei der NEP ist die (quadratische) Summe aller Rauschleistungen gerade so groß wie die Signalleistung. Der erforderliche Wert einer Wechselleistung mit 100 % Modulation erzeugt also gerade dann ein S/N = 1, wenn

$$NEP = \frac{P_{min}(S/N = 1)}{\sqrt{2}} \qquad \text{Äquivalente Rauschleistung} \qquad (5.24)$$

Der Faktor $\sqrt{2}$ ergibt sich aus dem Effektivwert der Wechselgröße.

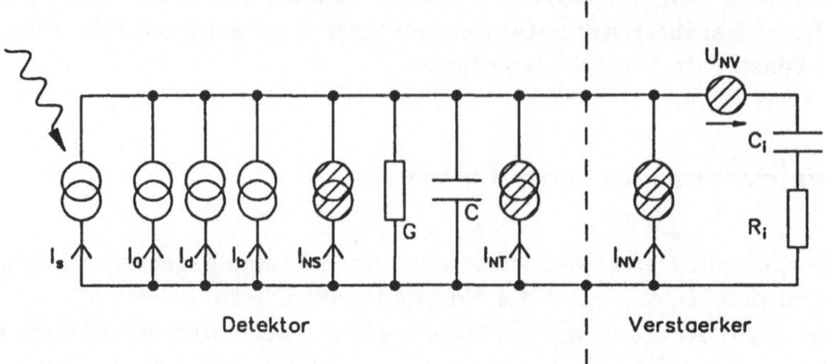

Bild 5.16   Ersatzschaltbild eines Detektors mit Rauschquellen und Vorverstärker

Zur Bestimmung von P_{min} kann das folgende Ersatzschaltbild Bild 5.16 herangezogen werden. Die Rauschquellen sind schraffiert eingetragen. Im Detektor sind dies die Schrotrauschquelle

$$I_{ns} = \sqrt{2 \cdot e \, (I_o + I_d + I_b) \, \Delta f}$$

und die thermische Rauschquelle

$$I_{nt} = \sqrt{4 \cdot k \cdot T \cdot G \cdot \Delta f} \qquad G = \text{Leitwert des Detektors}$$

im Verstärker das Eingangsstromrauschen und das Eingangsspannungsrauschen. Das Schrotrauschen ist also umso größer, je größer die Gleichanteile des Signals sind:

$$I_o \;=\; \text{Gleichanteil des Signals } I_s = I_o + I_{so} \cdot \sin \omega t$$
$$I_d \;=\; \text{Dunkelstrom des Detektors}$$
$$I_b \;=\; \text{Background-Strom}$$

Der Background-Strom ist zu berücksichtigen, wenn die Signalquelle vor einem gleichmäßig beleuchteten Hintergrund steht. Im optischen Bereich überwiegt das Schrotrauschen meist das thermische Rauschen, im Gegensatz zum Hochfrequenzbereich, wo die Empfindlichkeit durch das thermische Rauschen am Antennenfußpunkt gegeben ist. Optische Empfänger sind deshalb erheblich unempfindlicher als HF-Empfänger. Der im Detektor generierte Signalstrom I_s ist der Strahlungsleistung direkt proportional:

$$I_s = \frac{\eta \cdot e}{h \cdot \nu} \, \Phi_s \qquad \eta = \text{Quantenwirkungsgrad} \tag{5.25}$$

Hieraus ergibt sich näherungsweise bei überwiegendem Schrotrauschen, wobei I_s ein sinusförmiges Signal an einem Lastwiderstand R_{last} sein soll:

$$S = \frac{1}{2} I_s^2 \cdot R_{last} = \frac{1}{2} \left(\frac{\eta \cdot e}{h \cdot \nu} \right)^2 \Phi_s^2 \cdot R_{last} \qquad \text{(sinusförmig!)}$$

Am Lastwiderstand entsteht gleichzeitig das Quantenrauschen:

$$N = I_{ns}^2 \cdot R_{last} = 2 \cdot e \left(I_o + I_d + I_b\right) R_{last} \cdot \Delta f$$

Hieraus das S/N-Verhältnis gebildet ergibt:

$$\frac{S}{N} = \frac{\eta^2 \cdot e \cdot \Phi_s^2}{4 \cdot h^2 \cdot \nu^2 (I_o + I_d + I_b) \Delta f}$$

Nach Φ_s aufgelöst erhält man die für ein gegebenes S/N-Verhältnis erforderliche Signalleistung:

$$\Phi_s = \frac{2 \cdot h \cdot \nu}{\eta} \cdot \sqrt{\frac{\Delta f \cdot S/N}{e} (I_o + I_d + I_b)} \qquad \text{(Amplitude!)} \qquad (5.26)$$

Den Effektivwert dieser Signalleistung aus $\Phi_s/\sqrt{2}$:

$$\Phi_{rms} = \frac{h \cdot \nu}{\eta} \cdot \sqrt{\frac{2 \cdot \Delta f \cdot S/N}{e} (I_o + I_d + I_b)} \qquad \text{(Effektivwert!)} \qquad (5.27)$$

Von besonderem Interesse ist die effektive Strahlungsleistung, die mit einem S/N-Verhältnis von 1 gerade noch detektiert werden kann und die als

$$NEP = \Phi_{rms}(S/N = 1) \qquad\qquad \textit{Rauschäquivalente Leistung} \qquad (5.28)$$

bezeichnet wird:

$$NEP = \frac{h \cdot \nu}{\eta} \cdot \sqrt{\frac{2 \cdot \Delta f}{e} (I_o + I_d + I_b)} \qquad (5.29)$$

oder mit der Responsivity ausgedrückt: $R_\lambda = e \cdot \eta / h \cdot \nu$

$$NEP = \frac{1}{R_\lambda} \sqrt{2 \cdot e \cdot \Delta f \left(I_o + I_d + I_b\right)} \qquad (5.30)$$

Die NEP ist für ein gegebenes System eine wichtige Kenngröße und kann nicht unterschritten werden. Alle weiteren Rauscheffekte führen zu einer Erhöhung der NEP. Aus diesen Grundzusammenhängen können nun 2 wichtige Grenzfälle unterschieden werden:

Signal klein gegenüber Hintergrund $(I_d, I_b \gg I_o)$
Dieser Fall liegt vor im Bereich der Infrarottechnik, bei der Übertragung von Licht durch die Atmosphäre, bei Lichtschranken, Fernsteuerungen usw., immer wenn z.B. Tageslicht auf den Detektor fallen kann:

$$NEP = \frac{1}{R_\lambda} \sqrt{2 \cdot e \cdot \Delta f \cdot I_b} \qquad I_d, I_o \ll I_b \qquad (5.31)$$

Das Hintergrundsrauschen bestimmt die Empfindlichkeit (*Background Limited*) ausschließlich. Die erforderliche Eingangsleistung steigt mit Wurzel aus der Bandbreite.

Hintergrund ist klein gegenüber Signal ($I_\mathrm{o} \gg I_\mathrm{d}, I_\mathrm{b}$)
Dieser Fall liegt vor z.B. bei der Übertragung von Licht durch Glasfasern. Das Signal
ist gegeben durch

$$I(t) = I_\mathrm{o} + I_\mathrm{s} \cdot \sin \omega t$$

Bei 100 % Modulationsgrad ist $I_\mathrm{o} = I_\mathrm{s}$. Dann folgt für das S/N-Verhältnis jetzt:

$$\frac{S}{N} = \frac{0,5 \cdot I_\mathrm{s}^2 \cdot R_\mathrm{l}}{2 \cdot e \cdot I_\mathrm{s} \cdot R_\mathrm{last} \cdot \Delta f} = \frac{I_\mathrm{s}}{4 \cdot e \cdot \Delta f} = \frac{\eta \cdot e \cdot \Phi_\mathrm{s}}{4 \cdot h \cdot \nu \cdot e \cdot \Delta f} \tag{5.32}$$

$$\Phi_\mathrm{s} = \frac{4 \cdot h \cdot \nu \cdot \Delta f}{\eta} S/N \qquad \text{(proportional der Bandbreite)} \tag{5.33}$$

$$NEP = \frac{4 \cdot e}{R_\lambda} \Delta f \qquad \text{für } I_\mathrm{d}, I_\mathrm{b} \ll I_\mathrm{o}, I_\mathrm{s} \tag{5.34}$$

Beispiel 5.6: Für eine Bandbreite $\Delta f = 100$ MHz und einen Si-Detektor mit einer
Responsivity von 0,822 A/W folgt eine NEP:

$$NEP = \frac{4 \cdot 1,6 \cdot 10^{-19} \text{ As}}{0,822 \text{ A/W}} 100 \cdot 10^6 \text{ s}^{-1} = 77,8 \text{ pW} = -71 \text{ dBm}$$

Um eine hohe Nachweisempfindlichkeit zu bekommen, ist deshalb der Anteil der
Backgroundstrahlung und des Dunkelstroms so klein wie möglich zu machen. Bei
Halbleitern mit geringem Bandabstand wie IR-Detektormaterialien gelingt dies nur
durch Kühlung und Gesichtsfeldblenden.
Als Nachweisgrenze ist definiert:

$$D = \frac{1}{NEP} \qquad\qquad \textit{Detektivität} \tag{5.35}$$

Dieser Wert erlaubt jedoch noch nicht, verschiedene Detektoren unabhängig
von Aufbau und Material miteinander zu vergleichen, deshalb wird eine bezogene
Nachweisgrenze definiert D^*:

$$D^* = \frac{1}{\frac{NEP}{\sqrt{\Delta f \cdot \sqrt{A}}}} \qquad [D^*] = \mathrm{cm}\sqrt{\mathrm{Hz}}/\mathrm{W} \qquad \textit{bezogene Detektivität} \tag{5.36}$$

gesprochen D-Stern oder „D-star ". Mit $A_\mathrm{d} = $ Detektorfläche gilt:

$$D^* = R_\lambda \sqrt{\frac{A_\mathrm{d}}{2 \cdot e \, (I_\mathrm{o} + I_\mathrm{b} + I_\mathrm{d})}} \tag{5.37}$$

Die spektrale Charakteristik der Responsivity schlägt sich damit unmittelbar im
D^* nieder. Die Formel könnte dazu verleiten, die Detektorfläche möglichst groß
zu machen. Hierbei wird jedoch vergessen, daß auch die Ströme proportional mit

der Fläche ansteigen, so daß hierdurch kein Gewinn entsteht und ein Detektor mit
kleiner Fläche i.a. eine höhere Empfindlichkeit aufweist.

Hiermit läßt sich D^* für einen gegebenen Detektor bestimmen, wobei die Meßbe-
dingungen allerdings bekannt sein sollten:

$D^*(500, 1000, 1)$ bedeutet: *Temperaturstrahler mit 500 K, 1000 Hz*
                                  Meßfrequenz, bezogen auf 1 Hz elektrischer
                                  Bandbreite

$D^*(\lambda_{\max}, 1000, 1)$ bedeutet: *Gemessen bei der Wellenlänge maximaler*
                                  Empfindlichkeit usw.

Eine andere Ableitung ergibt die äquivalente Darstellung:

$$D^* = \frac{R_\lambda \sqrt{A_d \cdot \Delta f}}{I_n} \qquad \text{wegen } I_n = \sqrt{2 \cdot e\,(I_o + I_b + I_d)\,\Delta f} \qquad (5.38)$$

worin I_n die (quadratische) Summe aller Rauschstromquellen darstellt.

Beispiel 5.7: Die Zahlenwerte für eine Si-Diode

$$NEP = 4,2 \cdot 10^{-14} \text{ W}/\sqrt{\text{Hz}} \qquad D^* = 6,6 \cdot 10^{12} \text{ cm}\sqrt{\text{Hz}}/\text{W}$$

können aus dem Datenblatt entnommen werden. Ferner ist eine Detektorfläche von $A_d =$
$7,6 \text{ mm}^2$ und ein Dunkelstrom von $I_d = 2$ nA, die Responsivity ist mit $R_\lambda = 0,6$ A/W
gegeben. Aus diesen Werten folgt direkt für D^*

$$D^* = 0,6 \text{ A/W} \sqrt{\frac{7,6 \cdot 10^{-6} \text{ m}^2}{2 \cdot 1,6 \cdot 10^{-19} \cdot 2 \cdot 10^{-9} \text{ A}}}$$

$$D^* = 6,53 \cdot 10^{12} \text{ cm}\sqrt{\text{Hz}}/\text{W}$$

Dies entspricht der Angabe von $6,6 \cdot 10^{12} \text{ cm}\sqrt{\text{Hz}}/\text{W}$ im Datenblatt.

D^* ist stark von der Wellenlänge abhängig. Es erlaubt die Beurteilung eines
gegebenen Detektors in Relation zu anderen und der theoretischen Nachweisgrenze.
Insbesondere erlauben Responsivity, Detektivity und NEP die Auslegung eines
gegebenen Systems und die Berechnung des zu erwartenden S/N-Verhältnisses.
Für D^* kann angegeben werden:

$$h \cdot \nu = \frac{h \cdot c}{\lambda} \qquad \text{oder mit} \qquad h \cdot \nu = \Delta W \frac{\lambda_{\text{grenz}}}{\lambda}$$

$$D^* = \frac{\eta \cdot \lambda}{h \cdot c} \sqrt{\frac{A_d \cdot e}{2\,(I_o + I_d + I_b)}} \qquad (D^* \text{ ist proportional der Wellenlänge})(5.39)$$

Damit erklärt sich der proportional zur Wellenlänge erfolgende, typische Anstieg
der Empfindlichkeitskurve unterhalb der Grenzwellenlänge und das knapp unter der
Grenzwellenlänge liegende Maximum $D^*(\lambda_{\text{peak}})$. Dieser grundsätzliche Charakter

der Empfindlichkeitskurve wird nur unwesentlich durch die Wellenlängenabhängigkeit des Quantenwirkungsgrades verfälscht.

D^*-Werte für verschiedene Detektormaterialien zeigt Bild 5.17. Für die wichtigsten Materialien sind die Werte in Tabelle 5.3 zusammengestellt. Sie gelten für ein Gesichtsfeld von $\Omega = 2\pi$, also den Halbraum. Durch gekühlte Gesichtsfeldblenden kann insbesondere bei IR-Detektoren der Einfluß der Hintergrundstrahlung erheblich herabgesetzt werden. Zudem werden die Materialien bezüglich Ihres Quantenwirkungsgrades laufend verbessert, allerdings kann die physikalische Grenze (Bild 5.17) für eine gegebene Arbeitstemperatur nicht überschritten werden.

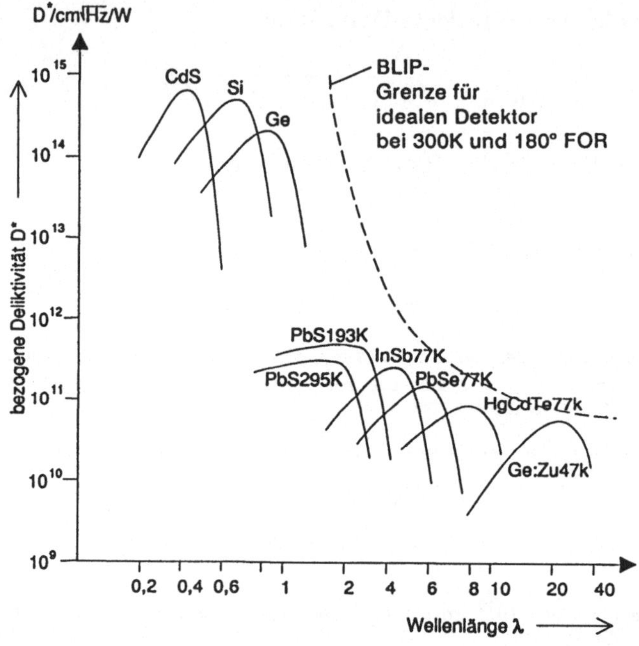

Bild 5.17 Nachweisempfindlichkeit D^* von unterschiedlichen Detektormaterialien

Empfindlichkeitssteigerungen sind also nur durch Kühlen des Detektors auf die Temperatur des flüssigen Stickstoffs (77 K) zu erzielen. Hiervon machen IR-Detektoren umfangreichen Gebrauch. Einige IR-Halbleiter erlauben auch schon den Betrieb bei Umgebungstemperatur 300 K oder unter Verwendung mehrstufiger thermoelektrischer Kühler (195 K). Bild 5.18 zeigt den schematischen Aufbau eines solchen Kühlers, Bild 5.19 die typischen Betriebsdaten [STAHL, MIOSGA].

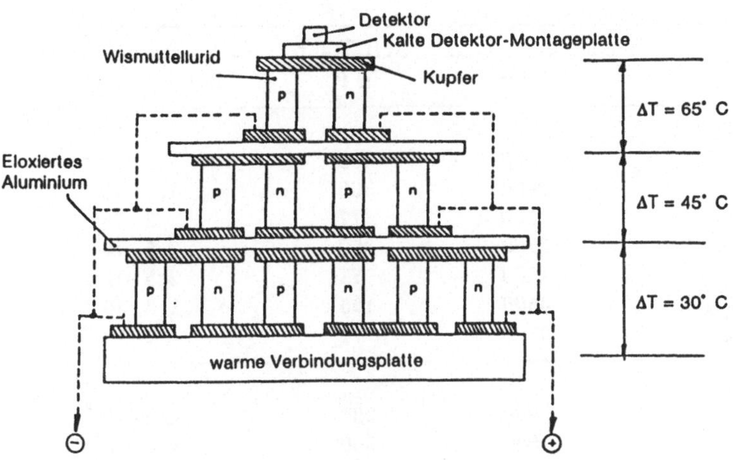

Bild 5.18   Schematischer Aufbau eines thermoelektrischen, 3-stufigen Kühlers nach [MIOSGA]

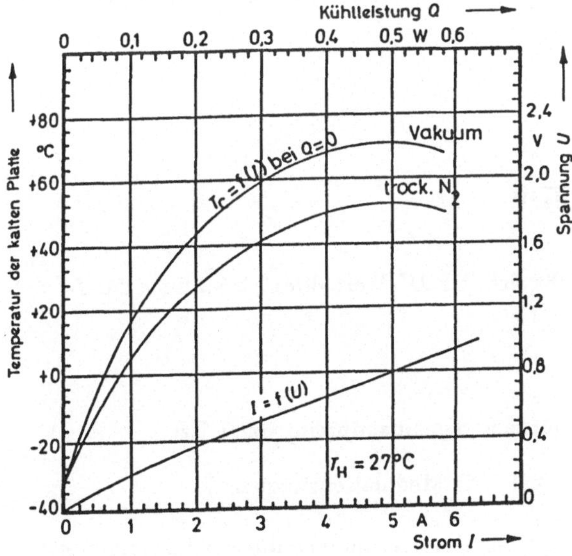

Bild 5.19   Typische Betriebsdaten eines thermoelektrischen Kühlers mit Vakuum-Füllung bzw. Stickstoff-Füllung im Gehäuse nach [MIOSGA]

Tabelle 5.3   Nachweisgrenze von Detektoren bei der Wellenlänge größter Empfindlichkeit (Halbraum FOV)

Material	Wellenlänge λ_{peak} in nm	Betr.Temp in K	Nachweisgrenze D^* in cm $\sqrt{Hz}$/W
Photoleiter			
CdS	510	300	$2 \cdot 10^{15}$
PbS	2400	300	$1,5 \cdot 10^{11}$
PbS	3100	77	$2 \cdot 10^{11}$
PbSe	3900	300	$2,5 \cdot 10^{9}$
PbSe	4500	77	$2,5 \cdot 10^{10}$
$Cd_{0,35}Hg_{0,65}Te$	4500	195	$1,5 \cdot 10^{11}$
$Cd_{0,2}Hg_{0,8}Te$	10500	77	$< 7 \cdot 10^{10}$
Photodioden			
Si	900	300	$< 2 \cdot 10^{14}$
Ge	1500	300	$< 5 \cdot 10^{11}$
GaInAs	2100	300	$< 5 \cdot 10^{10}$
InAs	3100	300	$< 7 \cdot 10^{11}$
InSb	4900	77	$2,5 \cdot 10^{11}$
$Cd_{0,35}Hg_{0,65}Te$	4500	195	$1,5 \cdot 10^{11}$
$Cd_{0,2}Hg_{0,8}Te$	10500	77	$< 4 \cdot 10^{10}$

Beispiel 5.8: Dem Datenblatt der Diode BPW 34 (Siemens) können folgende Angaben entnommen werden:

$$\begin{aligned}
\lambda_{peak} &= 850 \text{ nm} \\
\eta &= 0,88 \\
R_\lambda &= 0,6 \text{ A/W} \\
I_d &= 2 \text{ nA} \\
A_d &= 7,6 \text{ mm}^2 \\
D^* &= 6,6 \cdot 10^{12} \text{ cm}\sqrt{Hz}/W \\
NEP &= 4,2 \cdot 10^{-14} \text{ W}
\end{aligned}$$

Durch Einsetzen von I_d, A_d, η läßt sich der D^*-Wert direkt bestätigen für $I_b = I_o = 0$ (Dunkelheit):

$$D^* = 6,57 \cdot 10^{12} \text{ cm}\sqrt{Hz}/W$$

In gleicher Weise der NEP-Wert für eine Signalbandbreite von 1 Hz:

$$NEP_o = 4,17 \cdot 10^{-14} \text{ W} \qquad \text{(bei 1 Hz Modulationsfrequenz)}$$

Beispiel 5.9: Bestimmung der NEP für eine Signalquelle mit 6 KHz Bandbreite :

$$NEP = NEP_o \frac{\sqrt{6} \text{ kHz}}{\sqrt{1} \text{ Hz}}$$

$$NEP = 3,25 \text{ pW} \qquad \text{(für 6 KHz Bandbreite, S/N = 1, Dunkelheit)}$$

Beispiel 5.10: Reichweitenberechnung
In welcher Entfernung ist das Licht eines mit einer Bandbreite von 15 kHz amplitudenmodulierten LED-Strahlers der Daten $I_o = 10$ mW/sr, $\lambda = 850$ nm, 100 % Modulationsgrad mit der Diode BPW 34 und einem S/N-Verhältnis von 5 noch zu empfangen?

Ansatz:

$$E_e = \frac{I_e}{r^2}\,\Omega_o \qquad \text{Entfernungsgesetz}$$

$$\Phi_e = E_e \cdot A_d \qquad \text{Strahlungsleistung auf Detektorfläche}$$

$$NEP_o \cdot \sqrt{\Delta f} \cdot \sqrt{S/N} = \Phi_e \qquad \text{Strahlungsleistung muß mind. gleich } NEP \text{ sein}$$

Nach r aufgelöst:

$$r = \sqrt{\frac{I_e \cdot D^* \cdot \sqrt{A_d}}{\Delta f \cdot S/N}}\,\Omega_o$$

In Zahlen:

$$r_{\text{nacht}} = 81,5 \text{ m} \qquad (\text{bei } I_d = I_b = 0, \text{ also Dunkelheit})$$

Wieweit ist die Verbindungsmöglichkeit bei Tageslicht (indirekt), $E_b = 2,9$ mW/cm^2? Ergibt Hintergrundstrom

$$I_b = R_\lambda \cdot A_d \cdot E_b \qquad D^*_{\text{tag}} = \sqrt{\frac{I_d}{I_b}}\, D^*_{\text{nacht}}$$

$$I_b = 0,132 \text{ mA}$$

$$r_{\text{tag}} = r^{\,4}_{\text{nacht}} \sqrt{\frac{I_d}{I_b}}$$

$$r_{\text{tag}} = 5,08 \text{ m} \qquad (\text{bei Tageslichtbeleuchtung des Detektors})$$

Die Übertragungsverhältnisse sollen durch eine Linse verbessert werden, $D = 6$ cm, $f = 10$ cm. Sender 0,3 cm Durchmesser.
Das Abbild des Senders auf dem Detektor ist immer kleiner als die Detektorfläche für:

$$g = f\left(1 + \frac{G}{B}\right) > 27,2 \text{ cm} \qquad (\text{hier immer erfüllt})$$

$$r_{\text{optik}} = r^{\,4}_{\text{nacht}} \sqrt{\frac{A_l}{A_d}} \qquad (\text{mit } A_l = \pi D^2/4)$$

$$r_{\text{optik}} = 357,9 \text{ m} \qquad (\text{mit Optik bei Nacht})$$

Bei Tag wird nicht nur die Signalquelle durch die Linse abgebildet, sondern auch der umgebende Hintergrund:

$$E_{\text{tag,optik}} = \frac{D^2}{f^2}\, E_{\text{tag}} \qquad (\text{Öffnungsverhältnis wirksam!})$$

Dies ergibt einen erhöhten Hintergrundstrom:

$$I_{b\,tag,optik} = R_\lambda \cdot E_{tag,optik} \cdot A_d$$

$$I_{b\,tag,optik} = 0,048\ \text{mA}$$

Hieraus die Reichweite:

$$r_{tag,optik} = 28,75\ \text{m}$$

Durch ein zusätzliches Filter mit Durchlaßbereich 800 - 900 nm kann der Einfluß des Hintergrunds weiter verringert werden:

$$E_{ef} = \int\limits_{800\ nm}^{900\ nm} E_{e'} \cdot R(\lambda)\,d\lambda$$

Die Berechnung erfordert die genaue Kenntnis der spektralen Abhängigkeiten des Filterdurchlaßvermögens und der Detektorempfindlichkeit. Hier soll zur Vereinfachung folgende Annahme getroffen werden:

$$E_e = 12\ \%\qquad \text{von}\qquad E_b = 2,9\ \text{mW/cm}^2$$

$$r_{tag,optik,filter} = 48,8\ \text{m}$$

Zusammenstellung der Ergebnisse:

        1) Dunkelheit, ohne Optik $r\ = 81,5$ m
        2) Dunkelheit, mit Optik $r\ = 367,9$ m
        3) Tag, ohne Optik $r\ = 5,08$ m
        4) Tag, mit Optik $r\ = 28,75$ m
        5) Tag, mit Optik und Filter $r\ = 48,8$ m

Alle Ergebnisse ohne Berücksichtigung der Atmosphäre.
Den Ergebnissen ist der Einfluß der Hintergrundstrahlung abzulesen. Bei Vorhandensein einer Optik ist diese möglichst so auszulegen, daß das Bild des Senders die Detektorfläche ausfüllt (angepaßter Detektor). Die Verwendung von Filtern ist unbedingt zu empfehlen.

Bei der Reichweitenberechnung ist zwischen zwei Fällen zu unterscheiden:

□ die durch eine Optik abgebildete Lichtquelle ist kleiner als der Detektor (punktförmig),

□ die abgebildete Lichtquelle ist wesentlich größer als der Detektor.

Im ersten Fall gilt das Photometrische Entfernungsgesetz und das Signal nimmt quadratisch mit dem Abstand ab. Dieser Fall liegt immer vor bei der Abbildung von weit entfernten Objekten vor einem Hintergrund. Da die (Gleichlicht-) Hintergrundstrahlung in den meisten Fällen, insbesondere im IR-Bereich, den Detektorstrom und damit das Detektorrauschen hauptsächlich bestimmt, spricht man hier von einem „Hintergrund begrenzten Detektor" (*Background Limited Photodetektor* BLIP).

Der zweite Fall liegt vor bei der Abbildung großflächiger Objekte bzw. im Nahbereich. Da die Leuchtdichte der emittierenden Oberfläche hier bestimmend ist, bleibt die Bestrahlungsstärke des Detektors konstant. Allerdings wird nicht mehr alle von der Quelle in Richtung Detektor ausgesandte Strahlung von diesem aufgenommen, da dieser ja kleiner als das Bild der Quelle ist.

Beide Fälle liegen gleichzeitig vor, wenn das Bild der Quelle gerade den Detektor ausfüllt. Dies ist der optimale Fall, man spricht hier von einem „angepaßten" Detektor.

5.6 Die Grenzempfindlichkeit (Quantenlimit)

Bei der Definition von D^* als Nachweisvermögen eines Detektors wurde bisher nicht berücksichtigt, daß die Strahlung nicht in Form eines kontinuierlichen Flusses, sondern in einzelnen diskreten Mengen, den Lichtquanten, erfolgt. Bei ausreichend großen Strahlungsleistungen kann dieser diskrete Prozeß wegen der großen Zahl der Photonen wie ein kontinuierlicher Vorgang behandelt werden, nicht jedoch, wenn nach dem Nachweisvermögen sehr geringer Strahlungsleistung, dem theoretischen Nachweisvermögen oder Quantenlimit gefragt wird.

Das Quantenrauschen ist ein diskreter Prozeß, der bei kohärentem Licht durch eine POISSON-Verteilung beschrieben werden kann, bei nicht kohärentem Licht durch eine BOSE-EINSTEIN-Verteilung (Bild 5.20).

Im folgenden sei z_m die mittlere Anzahl von Elektronen/Loch-Paaren (Photonen), die in einem Beobachtungszeitraum τ auf den Detektor fallen:

$$z_\mathrm{m} = \frac{\eta \cdot \Phi_o \cdot \tau}{h \cdot \nu} \qquad (\Phi_o = \text{optische Leistung}) \tag{5.40}$$

Dann beträgt die Wahrscheinlichkeit, daß das Rauschsignal so groß wird wie das optische Nutzsignal und es damit zu einer Fehlinterpretation kommt:

$$P = e^{-z_\mathrm{m}}$$

Im Falle digitaler Signale kann diese Wahrscheinlichkeit unmittelbar als mittlere Bit-Fehlerrate BER verstanden werden:

$$BER = e^{-z_\mathrm{m}} \qquad\qquad \textit{mittlere Bit-Fehlerrate (BER)} \tag{5.41}$$

Die BER ist eine an ein digitales Übertragungssystem zu stellende Forderung. Der obige Zusammenhang ermöglicht sofort die Berechnung des *theoretischen Quantenlimits* = Anzahl von Photonen, die bei einer gegebenen BER erforderlich sind, um eine Entscheidung zwischen den logischen Zuständen High und Low zu ermöglichen (Photonen bei $BER = 10^{-9}$):

$$z_\mathrm{m} = -\ln 10^{-9} = 20,7 \qquad\qquad \textit{Theoretisches Quantenlimit}$$

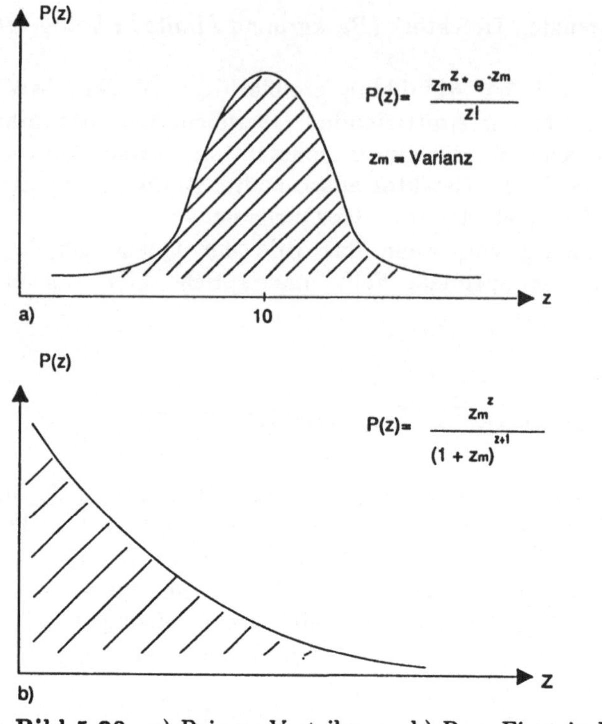

Bild 5.20   a) Poisson-Verteilung,   b) Bose-Einstein-Verteilung

Beispiel 5.11: Wie groß ist die Mindesteingangsleistung für einen idealen optischen Empfänger mit $\eta = 0{,}7$ für Digitalsignale bei 850 nm Wellenlänge und eine Datenrate von 10 Mbit/s $(BER = 10^{-9})$?

$$z_\mathrm{m} = \frac{\eta \cdot \Phi_\mathrm{o} \cdot \tau \cdot \lambda}{h \cdot c} = \frac{\eta \cdot \Phi_\mathrm{o} \cdot \lambda}{h \cdot c \cdot B_\mathrm{d}/2}, \qquad \text{mit } B_\mathrm{d}/2 = 1/\tau$$

mit B_d = Bitrate und einem Taktverhältnis von 50 %.

$$\Phi_\mathrm{o} = \frac{h \cdot c \cdot B_\mathrm{d} \cdot \ln(BER)}{2 \cdot \eta \cdot \lambda}$$

$$\Phi_\mathrm{o} = \frac{6{,}626 \cdot 10^{-34} \cdot 2{,}998 \cdot 10^{8} \cdot 10 \cdot 10^{6} \cdot 20{,}7}{2 \cdot 0{,}7 \cdot 850 \cdot 10^{-9}}$$

$$\Phi_\mathrm{o} = 34{,}5 \text{ pW} = -74{,}6 \text{ dBm}$$

Die Mindesteingangsleistung beträgt also -74.6 dBm. Ein realistischer Empfänger benötigt etwa 10 dBm mehr.

Für die Verständlichkeit einer Nachricht ist das S/N-Verhältnis maßgebend:

$$\frac{S}{N} = \frac{I_\mathrm{ph}^2}{I_\mathrm{q}^2} = \frac{(\text{Photoströme})^2}{(\text{Summe aller Rauschströme})^2} \qquad (5.42)$$

$$\frac{S}{N} = \frac{I_{\text{ph}}^2}{2 \cdot e \cdot \Delta f \cdot I_{\text{ph}}} = \frac{I_{\text{ph}}}{2 \cdot e \cdot \Delta f} \qquad \text{(nur Quantenrauschen angesetzt)}$$

$$\frac{S}{N} = \frac{\eta \cdot \Phi_0 \cdot e}{2 \cdot h \cdot \nu \cdot e \cdot \Delta f} = \frac{\eta \cdot \Phi_0}{2 \cdot h \cdot \nu \cdot \Delta f} = \frac{\eta \cdot \Phi_0 \cdot \lambda}{2 \cdot h \cdot c \cdot \Delta f} \qquad (5.43)$$

Beispiel 5.12: Wie groß ist die mindeste optische Eingangsleistung für ein analoges optisches Übertragungssystem mit $\lambda = 850$ nm und $\Delta f = 5$ MHz und $\eta = 0,7$ für ein gefordertes S/N von 50 dB ?

$$\Phi_0 = SNR \, \frac{2 \cdot h \cdot c \cdot \Delta f}{\eta \cdot \lambda}$$

$$\Phi_0 = 1 \cdot 10^5 \, \frac{2 \cdot 6,626 \cdot 10^{-34} \cdot 2,998 \cdot 10^8 \cdot 5 \cdot 10^6}{0,7 \cdot 850 \cdot 10^{-9}}$$

$$\Phi_0 = 333,8 \text{ nW} = -34,7 \text{ dBm}$$

Aus dem Wert kann man entnehmen, daß eine qualitativ hochwertige optische Analogübertragung eine erhebliche Eingangsleistung benötigt, was nur zu geringen überbrückbaren Entfernungen führt.

5.7 Berücksichtigung des Vorverstärkers

Bereits das Ersatzschaltbild Bild 5.16 zeigte die Kenngrößen des nach dem Detektor folgenden Vorverstärkers, der durch eine Rauschspannungsquelle, eine Rauschstromquelle, den Eingangswiderstand und eine Eingangskapazität beschrieben werden kann. Zunächst soll an einem Beispiel der Einfluß des Lastwiderstandes untersucht werden.

Beispiel 5.13: Gegeben ist eine Si-PIN-Diode mit $\eta = 0{,}6$ und einem Dunkelstrom von 3 nA. Die Diode arbeitet auf einen Lastwiderstand von $R_{\text{last}} = 4$ kΩ. Die Bandbreite beträgt 5 MHz, die optische Eingangsleistung $\Phi_0 = 200$ nW bei $\lambda = 900$ nm. Wie groß sind Quantenrauschen und thermisches Rauschen und das sich daraus ergebende S/N?

$$I_{\text{ph}} = \frac{\eta \cdot e \cdot \Phi_0 \cdot \lambda}{h \cdot c} = 87,1 \text{ nA}$$

$$I_{\text{q}} = \sqrt{2 \cdot e \cdot \Delta f \, (I_{\text{d}} + I_{\text{ph}})} = 0,379 \text{ nA}_{\text{rms}}$$

$$I_{\text{th}} = \frac{4 \cdot k \cdot T \cdot \Delta f}{R_{\text{last}}} = 4,49 \text{ nA}_{\text{rms}}, \qquad \text{(Faktor 12 größer!)}$$

$$\frac{S}{N} = \frac{I_{\text{ph}}^2}{I_{\text{q}}^2 + I_{\text{th}}^2} = 373,6 = 25,7 \text{ dB}$$

Der thermische Rauschstrom ist zu dem Lastwiderstand umgekehrt proportional. Wird er zu klein gewählt, überwiegt wie in dem Beispiel das thermische Rauschen, und die Empfindlichkeit des Detektors kann nicht ausgeschöpft werden. Hiernach ist es also günstig, einen möglichst hochohmigen Lastwiderstand zu verwenden (hochohmiger Vorverstärker). Dem steht entgegen, daß die Bandbreite durch

$$\Delta f = \frac{1}{2\pi \cdot C_\mathrm{d} \cdot R_\mathrm{last}}$$

bestimmt wird, was bei gegebener Dioden- und Eingangskapazität den maximal möglichen Arbeitswiderstand bestimmt.

Das Empfängerrauschen wird am einfachsten durch die Rauschzahl F_n des Empfängers beschrieben:

$$F_\mathrm{n} = \frac{(S/N) \text{ Eingang}}{(S/N) \text{ Ausgang}} > 1 \qquad (5.44)$$

Eine andere Schreibweise erlaubt folgende Interpretation:

$$F_\mathrm{n} = \frac{\text{quadr. Rauschspannungswert des realen Verstärkers}}{\text{quadr. Rauschspannungswert des idealen Verstärkers}}$$

Auf den Vorverstärker bezogen:

$$I_\mathrm{th}^2 + I_\mathrm{amp}^2 = I_\mathrm{th}^2 \cdot F_\mathrm{n} \qquad (5.45)$$

Daraus:

$$\frac{S}{N} = \frac{I_\mathrm{ph}^2}{2 \cdot e \cdot \Delta f\,(I_\mathrm{d} + I_\mathrm{ph}) + 4 \cdot k \cdot T \cdot \Delta f \cdot F_\mathrm{n}/R_\mathrm{last}} \qquad (5.46)$$

Beispiel 5.14: Wenn die Rauschzahl des im vorherigen Beispiel benutzten Vorverstärkers 3 dB beträgt, ergibt sich folgendes Ausgangs SNR:

$$3 \text{ dB} \implies F_\mathrm{n} = 2$$

$$\frac{S}{N} = \frac{I_\mathrm{ph}^2}{I_\mathrm{q}^2 + I_\mathrm{th}^2 \cdot F_\mathrm{n}} = 22,7 \text{ dB}$$

Bei PIN-Dioden wird deshalb die Empfindlichkeit im wesentlichen durch den Lastwiderstand und den folgenden Verstärker begrenzt.

Der von der Photodiode abgegebene Signalstrom ist winzig klein und muß in geeigneten Verstärkern soweit verstärkt werden, daß eine weitere Verarbeitung möglich ist. Hierbei gelten folgende Entwurfsziele:

□ große Empfindlichkeit,

□ hohe Bandbreite,

□ niedrige Fehlerrate.

Diese drei Forderungen stehen im Gegensatz zueinander, da jede Vergrößerung der Bandbreite das Rauschen erhöht und damit die Empfindlichkeit senkt. Gleichzeitig ist zur sicheren Übertragung, d.h. bei einer niedrigen Bit-Fehlerrate ($BER < 10^{-9}$) ein ausreichendes S/N-Verhältnis sicherzustellen.

Neben dem Detektor ist maßgeblich der Vorverstärker für die Eigenschaften des Empfangssystems verantwortlich. Hier gibt es zwei Typen (Bild 5.21) :

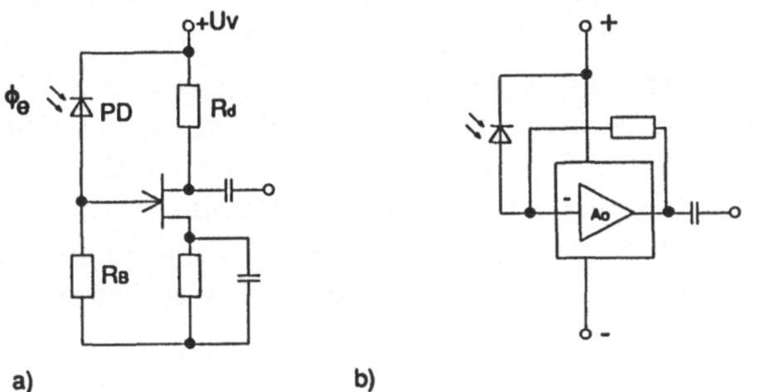

Bild 5.21 Schaltkonzepte von Vorverstärkern:
a) Hochimpedanzempfänger,   b) Transimpedanzempfänger

Hochohmige Verstärker (*High Impedance Amplifier*)
R_b für Vorspannungserzeugung 10 KΩ...1 MΩ:

$$f_g = \frac{1}{2\pi RC}$$

Geeignet sind FET mit hohem Eingangswiderstand und niedrigem Rauschen, zB. GaAs-FETs und Si-MOS-FETs.

Der hochohmige Verstärker bewirkt an dem großen Lastwiderstand R_b auch einen großen Spannunghub. Der große Lastwiderstand führt jedoch wieder zu einer stark begrenzten Bandbreite. Durch nachträgliche Anhebung der höheren Frequenzen kann dies in Grenzen kompensiert werden (Equalizer). Hochohmige Verstärker werden jedoch hauptsächlich im unteren Signalfrequenzbereich bis etwa 100 MHz eingesetzt. Wegen der extrem niedrigen Rauschzahlen der verwendeten Mikrowellen FETs lassen sich damit die empfindlichsten Empfänger entwickeln. Bei bipolaren Transistoren ist vor allem auf die Miller-Kapazität zu achten.

Transimpedanzverstärker
Parallel-Gegenkopplung über R_g:

$$f_g = \frac{1}{2\pi \left(\frac{R_g}{A_o}\right) C} \quad (A_o = \text{Spannungsverstärkung}) \tag{5.47}$$

$$U_a = R_g \cdot I_{ph}$$

Geeignet sind wiederum FETs mit niedriger Eingangskapazität und hoher Schleifenverstärkung (*Loop Bandwidth*), auch Bipolartransistoren sind bei hohen Frequenzen üblich.

Beim Transimpedanzverstärker wird der Detektor in einem virtuellen Kurzschluß betrieben, der allerdings nur so gut funktioniert, wie die Schleifenbandbreite ausreicht.

Bezüglich des Rauschverhaltens des Transimpedanzverstärkers kann auf die frühere Betrachtung zurückgegriffen werden, wenn als virtueller Lastwiderstand des Detektors der Rückführwiderstand R_g eingesetzt wird. Da dieser Widerstand so hoch wie möglich gewählt wird, ergibt sich daraus ein günstiges SNR. Der Innenwiderstand des Detektors ist dann allerdings ebenfalls zu berücksichtigen. Kritisch ist ferner die zu dem sehr großen Rückführwiderstand parallel liegende Schaltkapazität C_s, die nun bei ungünstigem Aufbau die Bandbreite bestimmen kann. Ein Aufbau in Hybridtechnik oder integriert ist deshalb meist unabdingbar. Integrierte Transimpedanzverstärker hoher Bandbreite sind von verschiedenen Firmen (u.a. Valvo) im Handel.

$$f_g = \frac{1}{2\pi R \left(\frac{C_d}{A_o} + C_s\right)} \qquad \text{\textit{Grenzfrequenz unter}} \qquad (5.48)$$

Grenzfrequenz unter Berücksichtigung der Schaltkapazität

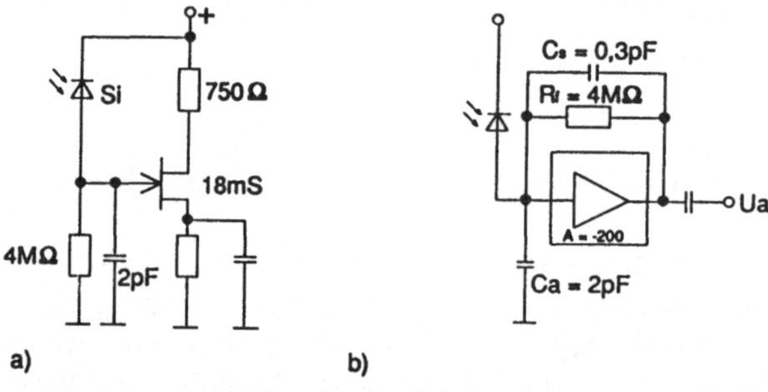

Bild 5.22   Schaltung zum Beispiel 5.15
a) Hochimpedanzverstärker,
b) Transimpedanzverstärker

Beispiel 5.15: Gegeben ist folgende Empfängerschaltung (Hochimpedanzempfänger) Bild 5.22a mit den folgenden Daten:

$R = 4\ \text{M}\Omega$, $C_{det} = 4\ \text{pF}$, $C_{amp} = 2\ \text{pF}$, $F_n = 4,3\ \text{dB}$, $\eta = 70\ \%$, $S_{fet} = 18\ \text{mS}$, $R_d = 750\ \Omega$, $\Phi_{opt} = 50\ \text{nW}$, $\lambda = 850\ \text{nm}$.

1. Wie groß ist die Bandbreite dieser Schaltung?

$$f_g = \frac{1}{2\pi \cdot 4\ \text{M}\Omega\,(4\ \text{pF} + 2\ \text{pF})} = 6631\ \text{Hz}$$

2. Wie groß ist der Fotostrom und die Responsivity?

$$I_{ph} = \frac{\eta \cdot e \cdot \Phi_o \cdot \lambda}{h \cdot c} = \frac{0,7 \cdot 1,602 \cdot 10^{-19} \text{ As} \cdot 50 \cdot 10^{-9} \text{ W} \cdot 850 \cdot 10^{-9} \text{ m}}{6,62 \cdot 10^{-34} \text{ Js} \cdot 2,998 \cdot 10^8 \text{ ms}^{-2}}$$

$$I_{ph} = 24 \text{ nA}$$

$$R_\lambda = \frac{24 \text{ nA}}{50 \text{ nW}} = 0,48 \text{ A/W}$$

3. Wie groß ist das thermische- und das Quantenrauschen?

$$I_{theff} = \sqrt{4 \cdot k \cdot T \frac{\Delta f}{R}} = \sqrt{4 \cdot 1,3807 \cdot 10^{-23} \text{ J/K} \cdot 300 \text{ K} \frac{6631 \text{ Hz}}{4 \cdot 10^6 \ \Omega}}$$

$$I_{theff} = 5,24 \text{ pA}$$

$$I_{qeff} = \sqrt{2 \cdot e \cdot \Delta f \cdot I_{ph}} = \sqrt{2 \cdot 1,602 \cdot 10^{-19} \text{ As} \cdot 6631 \text{ Hz} \cdot 24 \cdot 10^{-9} \text{ A}}$$

$$I_{qeff} = 7,13 \text{ pA}$$

4. Wie groß ist das Signal/Rauschverhältnis?

$$SNR = \frac{I_{ph}^2}{I_{qeff}^2 + I_{th}^2 F_n}$$

$$SNR = 4,6 \cdot 10^6 = 66,6 \text{ dB}$$

5. Welche minimale Eingangsleistung kann noch detektiert werden bei SNR = 1?

$$e \cdot \Delta f \cdot I_{phmin} + I_{theff}^2 \cdot F_n = I_{phmin}^2$$

nach I_{phmin} aufgelöst:

$$I_{phmin} = e \cdot \Delta f + \sqrt{I_{theff}^2 \cdot F_n + e^2 \cdot \Delta f^2} = I_{theff} \cdot \sqrt{F_n}$$

$$I_{phmin} = 1,06 \cdot 10^{-15} \text{ A} + \sqrt{7,38 \cdot 10^{-23} + 1,12 \cdot 10^{-30}} \text{ A}$$

$$I_{phmin} = 1,06 \cdot 10^{-15} \text{ A} + 8,59 \cdot 10^{-12} \text{ A}$$

$$I_{phmin} = 8,6 \text{ pA} \qquad \Phi_{omin} = \frac{I_{phmin}}{R_\lambda} = 1,78 \text{ nW}$$

Die Grenzempfindlichkeit (NEP) wird praktisch ausschließlich durch das thermische Rauschen des Lastwiderstandes bestimmt!

6. Wie groß ist der Spannungshub am Ausgang des Verstärkers?
Spannungshub am Lastwiderstand: $U_g = I_{ph} \cdot R = 0,096 \text{ V}$ ergibt mit der Steilheit S_{fet} des FETs:

$$U_a = -U_g \cdot S_{fet} \cdot R_d = -0,096 \text{ V} \cdot 18 \text{ mS} \cdot 750 \ \Omega$$

$$U_a = -1,296 \text{ V} \qquad \text{(invertierend)}$$

entsprechend einer Spannungsverstärkung von

$$A = 13, 5 = 22, 6 \text{ dB}$$

7. Der gleiche Detektor wird in einer Transimpedanzschaltung (Bild 5.22 b) verwendet: R_f = 4 MΩ Rückführwiderstand, C_s = 0,3 pF Schaltkapazität, C_a = 2 pF Verstärker Eingangskapazität, C_d = 4 pF Detektor-Kapazität , A_o = 200 Leerlaufverstärkung.

8. Wie groß ist der Ausgangsspannungsignalhub?

$$U_a = -R_\lambda \cdot \Phi_o \cdot R_f = 0, 48 \text{ A/W} \cdot 50 \text{ mW} \cdot 4 \text{ MΩ}$$

$$U_a = -0, 096 \text{ V}$$

9. Wie groß ist die Bandbreite der Schaltung?

$$f_g = \frac{1}{2\pi \cdot R_f \left((C_a + C_d)/A_o + C_s\right)} = \frac{1}{2\pi \cdot 4 \cdot 10^6 \, \Omega \left((4 \text{ pF} + 2 \text{ pF})/200 + 0, 3 \text{ pF}\right)}$$

$$f_g = 120, 6 \text{ kHz}$$

Die Bandbreite wird wesentlich durch die Streukapazität bestimmt!

10. Welches SNR ergibt sich nun für diese Bandbreite:

$$SNR' = \frac{SNR}{\Delta f'/\Delta f} = SNR \frac{\Delta f}{\Delta f'}$$

$$SNR' = 4, 6 \cdot 10^6 \, \frac{6631 \text{ Hz}}{120600 \text{ Hz}} = 252923$$

$$SNR' = 54 \text{ dB}$$

11. Wie groß ist nun die Grenzempfindlichkeit für SNR = 1?

$$\Phi_{omin} = I_{theff'} \sqrt{F_n} = I_{theff} \sqrt{F_n \frac{\Delta f'}{\Delta f}}$$

$$\Phi_{omin} = I_{theff} \cdot 6, 99 = 36, 6 \text{ nW}$$

Es wird eine wesentlich höhere optische Eingangsleistung benötigt, die Grenzempfindlichkeit ist damit deutlich geringer als zuvor.

Ein ausgeführtes Beispiel für einen LWL-Vorverstärker für die Datenrate von 565 Mbit/sec zeigt Bild 5.23 [BAMBACH]. Das Licht fällt auf eine APD, die mit dem FET T_1 direkt galvanisch gekoppelt ist. Der Widerstand R_2 dient nur zur Vorspannungserzeugung (geregelt). Über eine Basisschaltung wird das Signal am Kollektorwiderstand niederohmig abgegriffen. Hierdurch wird die Auswirkung der Miller-Kapazität unterdrückt (Kaskodenschaltung). Über einen Emitterfolger wird das verstärkte und invertierte Signal auf das Gate von T_1 zurückgeführt. R_8 bestimmt damit die Verstärkung. Die Rückführung ist galvanisch, stabilisiert also

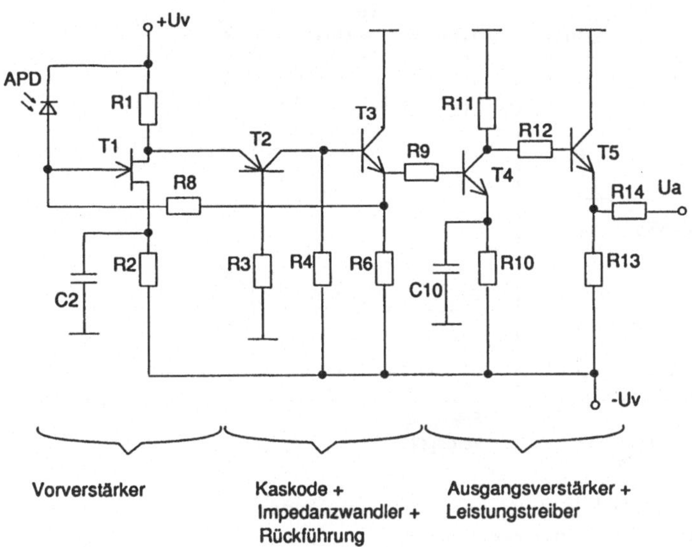

Bild 5.23 Stromlaufplan eines typischen Breitbandverstärkers nach [BAMBACH]

auch den Arbeitspunkt. Die Stufe T_4 bewirkt eine Nachverstärkung und eventuell eine Bandbegrenzung, T_5 schließlich ermöglicht als Kollektorstufe ein niederohmiges Ausgangssignal.

Der Verstärker weist eine Bandbreite von 378 MHz (Nyquist $f_b/2$) und eine Nachweisempfindlichkeit von -37,5 dBm für $BER = 10^{-9}$ auf [BAMBACH]. (Für $BER = 10^{-9}$ muß die Schwellspannung am Entscheider um den Faktor 6 über dem Effektivwert der Rauschspannung liegen.)

Das Blockschaltbild Bild 5.24 zeigt schließlich die wichtigsten Baugruppen eines Empfängers für Binärdaten. Zur Wiederherstellung der zeitlichen Folge wird neben der Schwellwertentscheidung auch eine Taktregeneration benötigt, die durch einen Phasenregelkreis (PLL) mit VCO erfolgt. Das Referenzsignal wird dazu durch Frequenzverdopplung aus dem Binärsignal (Manchestercode) wiedergewonnen, mit dem Taktsignal gemischt (Phasenvergleich) und der VCO entsprechend nachgeregelt. V2 enthält das Schleifenfilter. Das Taktsignal wird wiederum dazu verwandt, die originale Datenstruktur zu regenerieren.

Im Blockschaltbild ist ferner die Verstärkungsregelung angedeutet, die auf die Photodiode und den Hauptverstärker durchgreift. Sie sorgt dafür, daß dem Amplitudenentscheider immer konstante Signalamplituden angeboten werden.

Es soll an dieser Stelle erwähnt werden, daß der Aufbau dieser extrem kapazitätsempfindlichen und breitbandigen Vorverstärkerschaltungen nur integriert oder in Hybridtechnik möglich ist.

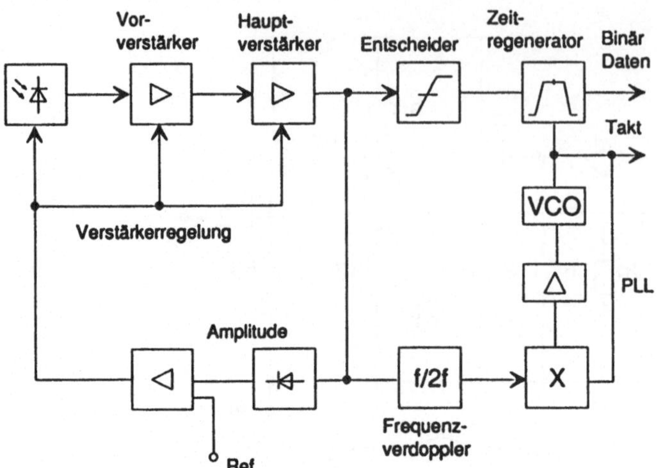

Bild 5.24 Blockschaltbild eines typischen Empfängers für Binärdaten mit Amplitudenregelung und Takt-Wiedergewinnung

5.8   Lawinenphotodioden (APD)

Ähnlich wie bei den Vakuum-Photovervielfachern läßt sich auch in Halbleitern der Lawineneffekt zur inneren Verstärkung des optisch ausgelösten Ereignisses ausnutzen. Dies hat folgende Vorteile:

- Erhöhung des Quantenwirkungsgrads auf nahe 100 %, da nahezu alle absorbierten Lichtquanten durch den Lawineneffekt verstärkt werden und zum Photostrom beitragen.

- Vereinfachung der Anpassung von Verstärkern, da die Signale bereits im Detektor vorverstärkt werden. Hieraus ergibt sich der Hauptgewinn, der in der insgesamt verbesserten Rauschbilanz liegt.

Durch den Lawineneffekt (Avalanche-Effekt, deshalb auch APD = Avalanche Photodiode) wird zwar zusätzliches Rauschen erzeugt, jedoch ist die Gesamtbilanz durch Verbesserung der Vorverstärkerbedingungen günstiger. APDs gehören damit nach den Elektronenvervielfachern zu den empfindlichsten Nachweiselementen überhaupt.

Ein Nachteil der APD ist die relativ kritische Betriebsweise im Durchbruchbereich (sollte geregelt sein) und die entstehende Verlustleistung, die zu Eigenerwärmung und damit zu geringerer Empfindlichkeit führt. Die Dioden werden deshalb häufig aktiv gekühlt (mit Peltierelementen) und in ihrer Arbeitstemperatur und ihrer Betriebsspannung geregelt.

Der Avalanche-Effekt erfordert eine hohe Feldstärke, die sich am einfachsten durch einen abrupten PN^+-Übergang erzeugen läßt. Die durch Strahlung erzeugten

Ladungsträger werden in der Intrinsicschicht durch die konstante Feldstärke hoch beschleunigt und schlagen dann in der eigentlichen Vervielfacherschicht die Sekundärelektronen los (Bild 5.25).

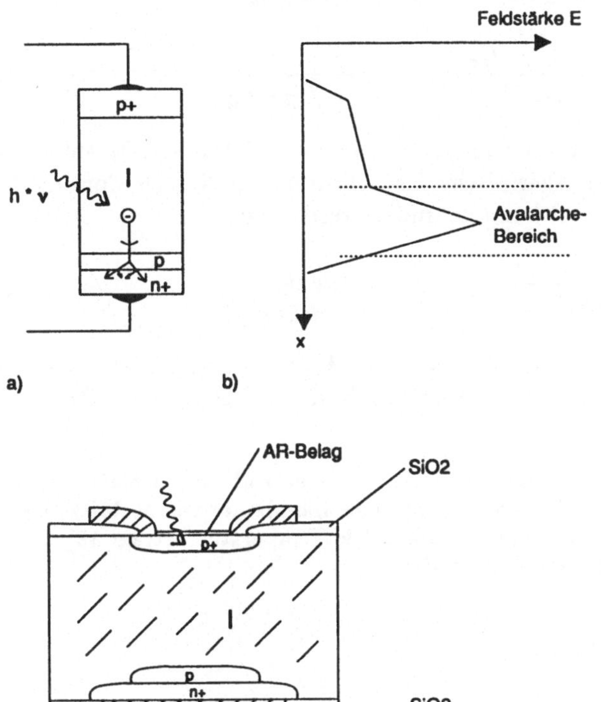

Bild 5.25 Avalanche-Photo-Diode
a) Prinzip, b) Feldstärkeverlauf und c) Querschnitt (nach [RITTICH])

Der Vervielfachungsfaktor M kann dabei Werte von $10\ldots200$ annehmen, es gilt

$$I_{\mathrm{ph}} = R_\lambda \cdot \Phi_{\mathrm{opt}} \cdot M \tag{5.49}$$

Das Rauschen erhöht sich dabei um den Faktor

$$F_{\mathrm{n}} = M^x \tag{5.50}$$

$$\text{mit } x = \begin{cases} 0,3\ldots0,5 & \text{für Si-APD} \\ 0,7 & \text{für InGaAs-APD} \\ 1,0 & \text{für Ge-APD} \end{cases}$$

Für das Quantenrauschen ergibt sich dann:

$$I_{\mathrm{q}}^2 = 2 \cdot e \cdot \Delta f \left(I_{\mathrm{ph}} + I_{\mathrm{d}}\right) M^{2+x} \tag{5.51}$$

Für das SNR folgt unmittelbar:

$$SNR = \frac{M^2 \cdot I_{\mathrm{ph}}^2}{2 \cdot e \cdot \Delta f \left(I_{\mathrm{ph}} + I_{\mathrm{d}}\right) M^{2+x} + 4 \cdot k \cdot T \cdot \Delta f \frac{F_{\mathrm{n}}}{R_{\mathrm{last}}}}$$

$$SNR = \frac{I_{\mathrm{ph}}^2}{2 \cdot e \cdot \Delta f \left(I_{\mathrm{ph}} + I_{\mathrm{d}}\right) M^{x} + 4 \cdot k \cdot T \cdot \Delta f \frac{F_{\mathrm{n}}}{R_{\mathrm{last}} \cdot M^2}} \tag{5.52}$$

Diese Funktion weist ein Maximum auf, da je nach Größe von M entweder der Quantenrauschterm oder der thermische Rauschtherm im Nenner dominiert. Das Optimum für SNR bezüglich M kann gefunden werden aus

$$M_{\mathrm{opt}}^{2+x} = \frac{4 \cdot k \cdot T \cdot F_{\mathrm{n}}}{x \cdot e \cdot R_{\mathrm{last}} \left(I_{\mathrm{ph}} + I_{\mathrm{d}}\right)} \qquad \begin{array}{l} Optimaler \\ Verstärkungsfaktor \end{array} \tag{5.53}$$

Für Si-APD liegt das SNR i.A. oberhalb von $M = 30$ und ist relativ breit, bei Ge-APD findet sich ein schärfer ausgeprägtes Maximum bei ca. $18\ldots22$.

Beispiel 5.16: Eine gute Si-APD hat eine Kapazität von 5 pF, vernachlässigbar kleinen Dunkelstrom und wird in einem Empfänger mit einer Bandbreite von 50 MHz eingesetzt. Der Photostrom vor Verstärkung beträgt 100 nA. Die Temperatur beträgt 18° C. Bestimmen Sie die das maximal mögliche SNR!

Lösung:
1. Bestimmung des Lastwiderstandes:

$$R = \frac{1}{2\pi \cdot C_{\mathrm{d}} \cdot B} = 636,5 \ \Omega$$

2. Optimaler Verstärkungsfaktor:

$$M_{\mathrm{opt}}^{2+x} = \frac{4 \cdot k \cdot T}{x \cdot e \cdot R_{\mathrm{last}} \cdot I_{\mathrm{ph}}} = \frac{4 \cdot 1,381 \cdot 10^{-23} \ \mathrm{J/K} \cdot 291 \ \mathrm{K}}{0,3 \cdot 1,602 \cdot 10^{-19} \ \mathrm{As} \cdot 636,5 \ \Omega \cdot 100 \cdot 10^{-9} \ \mathrm{A}}$$

$$M_{\mathrm{opt}}^{2+x} = 5254,9 \longrightarrow M_{\mathrm{opt}} = 41,4$$

3. Optimales SNR für gegebenen Fotostrom von 100 nA:

$$SNR = \frac{M_{\mathrm{opt}}^2 \cdot I_{\mathrm{ph}}^2}{2 \cdot e \cdot \Delta f \cdot M^{2,3} + 4 \cdot k \cdot T \cdot B / R_{\mathrm{last}}}$$

$$SNR = 1780 \qquad SNR_{\mathrm{dB}} = 32,5 \ \mathrm{dB}$$

Damit ergibt sich ein Fotostrom von

$$I_{\mathrm{det}} = I_{\mathrm{ph}} \cdot M_{\mathrm{opt}} = 4,14 \ \mu\mathrm{A}$$

Ohne den Verstärkungsmechanismus der APD hätte das SNR nur 7,91 entsprechend 8,98 dB betragen ($M = 1$ eingesetzt). Daraus ergibt sich also ein Gewinn von 23,52 dB im SNR! Hierbei wurde der Verstärker noch nicht mitberücksichtigt ($F_{\mathrm{n}} = 1$).

Der optimale Verstärkungsfaktor wird durch die an der APD angelegte Sperrspannung von 50...200 V eingestellt.

Der Lawinenprozeß ist praktisch verzögerungsfrei, deshalb arbeiten APDs sehr schnell mit Grenzfrequenzen im GHz-Bereich. Damit können Empfänger für höhere Datenraten bei gleichzeitig höherer Eingangsempfindlichkeit hergestellt werden (Bild 5.26).

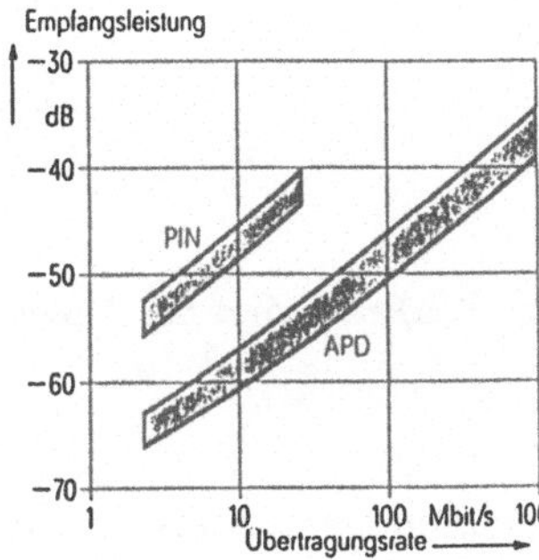

Bild 5.26
Empfindlichkeit von PIN-Photodioden und Avalanche-Photodioden im Vergleich

Ein Nachteil der APDs ist die relativ geringe Dynamik, was in der Praxis der LWL-Technik aber nicht von Bedeutung ist (und der hohe Preis) und der relativ große Aufwand für den Betrieb (Kühlung und/oder Regelung).

5.9 Schottky-Detektoren

In gleicher Weise wie in der Sperrschicht einer Photodiode kann auch in der Raumladungszone eines Metall-Halbleiterübergangs, einem sogenannten Schottky-Kontakt, eine lichtinduzierte Ladungstrennung erfolgen. Das Bändermodell eines solchen Übergangs ist in Bild 5.27 dargestellt. Da die Fermienergie ohne äußere Spannung waagerecht verläuft und gleichzeitig mit der oberen Kante des Metalls identisch ist, muß sich das Valenzband bzw. Leitungsband beim direkten Kontakt mit dem Metall verformen, so daß sich wieder eine Sperrschicht bildet. Die Energiedifferenz zwischen Metall und Unterkante Leitungsband des Halbleiters ist die Schottky-Barriere, deren Höhe einerseits von der Austrittsarbeit des gewählten Metalls, andererseits von dem Halbleitermaterial abhängt.
Photonen, deren Energie größer ist als diese Barrierenenergie ΔW_B

$$h \cdot \nu > \Delta W_\mathrm{B} \qquad \textit{äußerer Photoeffekt am Schottky-Kontakt}$$

können ein Elektron aus dem Metall herausschlagen und in das Leitungsband des Halbleiters bringen, wo es durch das in der Sperrschicht vorliegende Feld zum Halbleiter driftet. Dies entspricht dem zuvor für das Vakuum beschriebenen „äußeren"Photoeffekt (extrinsic). Da nur Elektronen als Ladungsträger auftreten, deren Beweglichkeit im Material sehr hoch ist, lassen sich damit sehr schnelle Detektoren bauen.

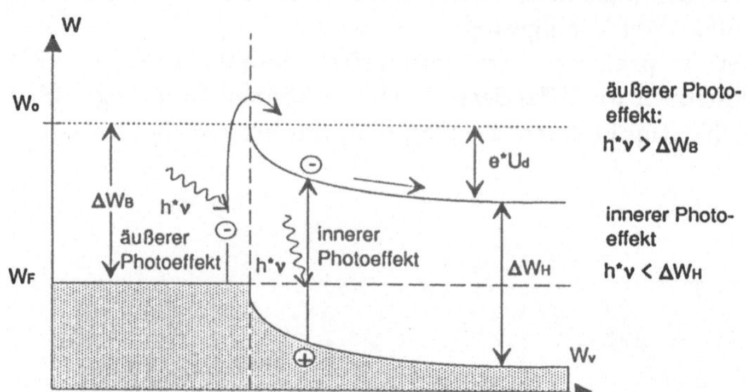

Bild 5.27 Bändermodell der Schottky-Photodiode. Wirksam sind der äußere und der innere Photoeffekt

Innerhalb der Sperrschicht kann natürlich auch durch ein eingestrahltes Photon der Energie

$$h \cdot \nu > \Delta W_H \qquad\qquad \textit{innerer Photoeffekt am Schottky-Kontakt}$$

eine Ladungsträgertrennung erfolgen, wobei die Löcher zum Metall, die Elektronen in den Halbleiter driften (es sei an das anschauliche Modell Löcher = Luftblasen, Elektronen = Stahlkugeln erinnert).

Beide Effekte können durch eine Vorspannung, d.h. Erhöhung der Feldstärke in der Sperrzone, in ihrer Effizienz ähnlich wie bei der PIN-Diode gesteigert werden, ja es kann auch eine Elektronenvervielfachung wie bei der APD ausgelöst werden [BLEICHER].

Innerer und äußerer Photoeffekt schlagen sich in der spektralen Empfindlichkeit der Dioden nieder, es lassen sich beide Bereiche i.a. gut unterscheiden, da der extrinsische Photoeffekt erheblich geringere Ausbeute an Ladungsträgern liefert.

Der Photoeffekt beim Schottky-Kontakt hat heute 2 wichtige Anwendungsfelder gefunden:

□ Detektoren für den UV-Bereich,

□ MSM-Detektoren für die LWL-Technik.

Die Eindringtiefe kurzwelliger Strahlung ist nur sehr gering. Für UV-Detektoren benötigt man deshalb Anordnungen, bei denen die Sperrschicht nahezu unmittelbar unter der Oberfläche liegt. Dies trifft bei Schottky-Detektoren zu, wenn man transparente oder semitransparente Elektroden verwendet, da der Schottky-Effekt ein Oberflächeneffekt ist. UV-Detektoren mit einer effektiven Eindringtiefe von nur 0,5 μm und Quantenwirkungsgraden von über 70 % lassen sich damit herstellen [BLEICHER]. Die Detektoren werden ähnlich wie PIN-Dioden mit einer Vorspannung von 5...10 V betrieben, wobei durch besondere Einschlußstrukturen die bei Schottky-Dioden sonst häufig relativ großen Sperrsättigungsströme verringert werden. Die Detektoren weisen wie alle Schottky-Elemente sehr hohe Grenzfrequenzen bis in den zig-GHz Bereich auf.

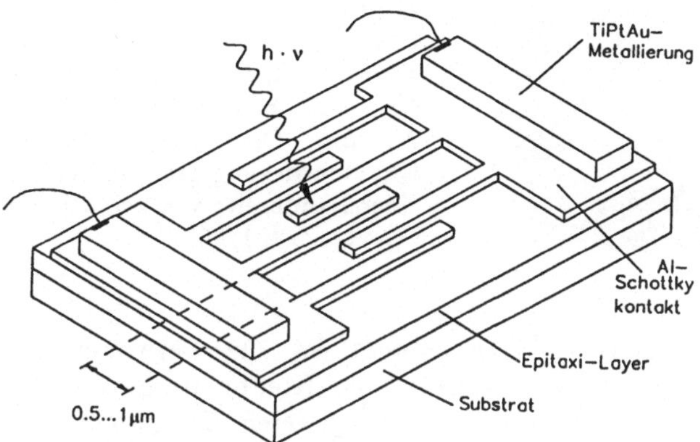

Bild 5.28 Metall-Semiconductor-Metall-Detector (MSM-Detektor) mit Schottky-Kontakt und Interdigital-Struktur der Elektroden

Eine interessante neuere Entwicklung stellen die *Metal-Semiconductor-Metal* oder kurz MSM-Detektoren dar. Bild 5.28 zeigt eine Ansicht eines typischen Detektors dieser Art [WACLAW C. et al.]. Auf einen Halbleiter wird eine Fingerstruktur aus Metallisierung aufgebracht, wobei zwischen den Fingern nur wenige Mikrometer breite Zwischenräume gelassen werden. Die Finger aus TiPtAu bilden mit dem Halbleiter einen Schottky-Kontakt, wobei wegen der geringen Dimensionen die Raumladungszone den Zwischenraum zwischen den Fingern praktisch ausfüllt. Dieser Bereich ist also photoempfindlich (intrinsic), die Ladungsträger werden über das zwischen den Elektroden aufgebaute elektrische Feld getrennt und können über die Elektroden abgesaugt werden. Die Finger selbst sind an sich lichtundurchlässig, senken also die Empfindlichkeit, bei den Dimensionen in der Nähe der Lichtwellenlänge tritt jedoch eine wirkliche Abschattung wegen der räumlichen Ausdehnung der Lichtwelle nicht ein. Die eigentliche aktive Schicht wird durch Epitaxie auf dem Grundmaterial aufgewachsen, sie ist nur etwa 0,7 μm dick und begrenzt damit die empfindliche Zone nach oben und unten. Eine Beleuchtung durch das Substrat hindurch, welches bei den hier vorliegenden Wellenlängen von 1300...1550 nm transparent ist, ist ebenfalls möglich.

Bild 5.29 zeigt einen ausgeführten MSM-Detektor für den 1520 nm Bereich aus InGaAs/InP [YANG et al.]. Die Fingerbreite beträgt hier 1,5 μm, die Zwischenräume 2,5 μm. Bei 5 V Vorspannung zeigt sich eine Responsivity von 0,3 A/W, was einem Quantenwirkungsgrad von 25 % entspricht. Bei einer Detektorfläche von 30 x 80 μm^2 weist der Detektor eine Bandbreite von immerhin 2,5 GHz auf. Simulationen zeigen [WACLAW et al.], daß mit MSM-Detektoren durch weitere Verringerung der Fingerabstände Bandbreiten bis 92 GHz für 0,5 μm Abstand zu erwarten sind.

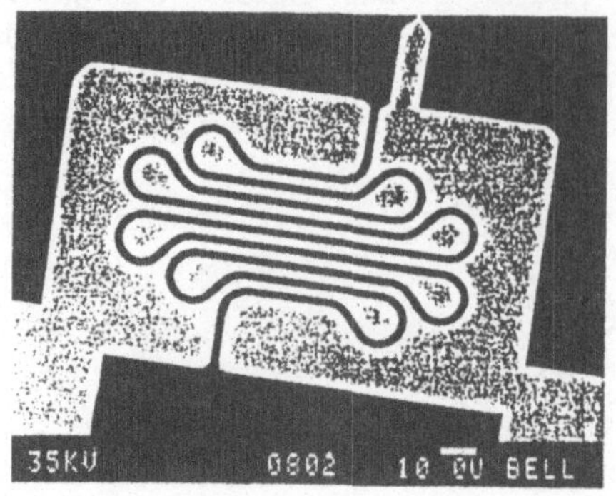

Bild 5.29
Chip-Photo eines MSM-Detektors aus
Fe:InP/InGaAs. Die Finger sind ca.
1,5 µm breit, die Zwischenräume
2,5 µm. Der Detektor weist einen
Quantenwirkungsgrad von ca. 25 % bei
einer Bandbreite von 2,5 GHz auf, nach
[YANG, PTL 1/90].

Besonders attraktiv an den MSM-Detektoren ist die Verwandschaft der
Herstellung mit üblichen MOS-Prozessen, was eine Kombination von Detektor
und Vorverstärker in einem *optoelektronischen integrierten Empfängerschaltkreis*
(OEIC) ermöglicht. An komplexen OEIC in Verbindung mit HEMT-FET
wird intensiv gearbeitet [CHANG et al.]. *High Electron Mobility Transistor*
(HEMT)-Strukturen lassen sich gut mit den ebenfalls in *Heterostructure*-
Technologie aufgebauten MSM-Strukturen verbinden, woraus sehr schnelle,
empfindliche Transimpedanzempfänger bis 5 GB/s NRZ entstehen [CHANG]. Der
Quantenwirkungsgrad erreicht dabei bereits schon 40 % bei 1300 nm.

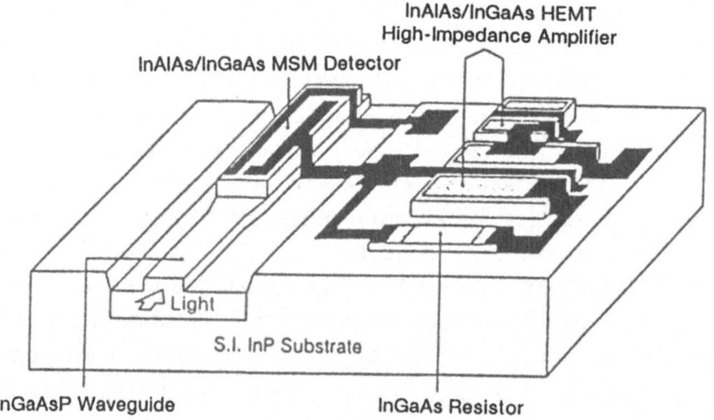

Bild 5.30 Aufbau einer Optoelektronischen Integrierten Schaltung (OEIC)
mit MSM-Detektor und HEMT-FET-Verstärker. Das Licht wird über einen
Lichtwellenleiter seitwärts eingekoppelt, nach [HONG, PTL 2/91].

Auch [YANG] berichtet über einen OEIC mit integriertem FET, die Daten sind
mit -17 dBm Empfindlichkeit bei 200 Mbit/s und BER 10^{-9} angegeben.
Noch bessere Daten liefern Anordnungen, bei denen der Detektor in
Längsrichtung auf einem planaren Wellenleiter aufgebracht wird Bild 5.30 nach

[HONG et al.]. Als aktive Schicht wird hier InAlAs/InGaAs verwendet. Die TiAu-Metallfinger von je 2 μm Breite und 150 μm Länge sind entlang dem nur 6 μm breiten und 1000 μm langen planaren Lichtwellenleiter angeordnet. Da keine Abschattung erfolgt, erreicht der Quantenwirkungsgrad 95 %, der Dunkelstrom ist mit nur 2 nA bei 5 V Vorspannung außerordentlich niedrig. Zusammen mit dem HEMT-FET-Vorverstärker erreicht die Anordnung etwa 850 MHz Bandbreite.

Es kann vorhergesagt werden, daß diese Art von Detektoren zusammen mit kompletten Vorverstärker und Datenaufbereitungsschaltungen demnächst insbesondere den Markt der schnellen lokalen Netzwerke wie z.B. FDDI mit 100 Mb/s (siehe Abschnitt LAN) dominieren werden, da sie monolithisch integrierbar und deshalb billig herzustellen sind. Die noch geringere Empfindlichkeit gegenüber ausgereizten APD-Empfängern spielt in diesen Applikationen keine Rolle, da genügend Empfangsleistung zur Verfügung steht.

5.10 Detektorzeilen und Array-Anordnungen von Detektoren

Die Planartechnik erlaubt die Herstellung einer großen Anzahl winziger Detektoren auf einem einzigen Chip, die zur Erfassung von Lichtverteilungen und ganzer Bilder geeignet sind (Halbleiter-Kamera).

Die durch das Licht erzeugten Ladungsträgerpaare werden in der Sperrschicht einer Si-Photodiode getrennt und gespeichert wie in einem Kondensator. Dieser Kondensator ist mit der weiteren Schaltung über einen MOS-Transistor verbunden, der einen extrem hochohmigen Schalter bildet. Die angesammelte Ladung kann deshalb bei geöffnetem Schalter nicht abfließen und integriert über der Zeit zur Spannung U_{ph} auf. Zum Auslesen wird nun der Schalter geöffnet. Die Ladung kann direkt auf MOS-Transistoren wirken und verarbeitet werden.

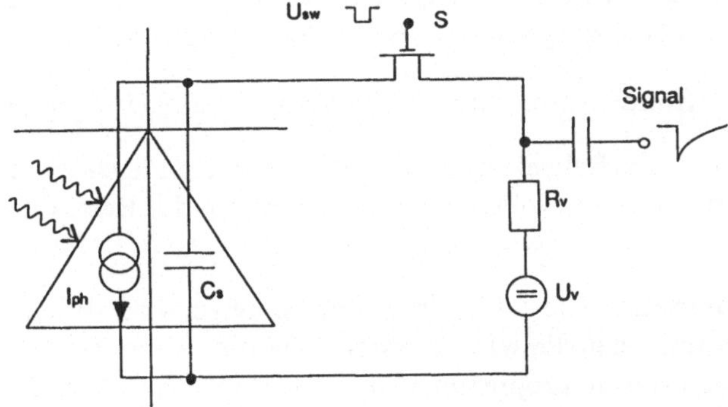

Bild 5.31 Auslesen eines Detektorelements. Der Photostrom entlädt während der Integrationszeit den von der Sperrschicht gebildeten Kondensator C_s

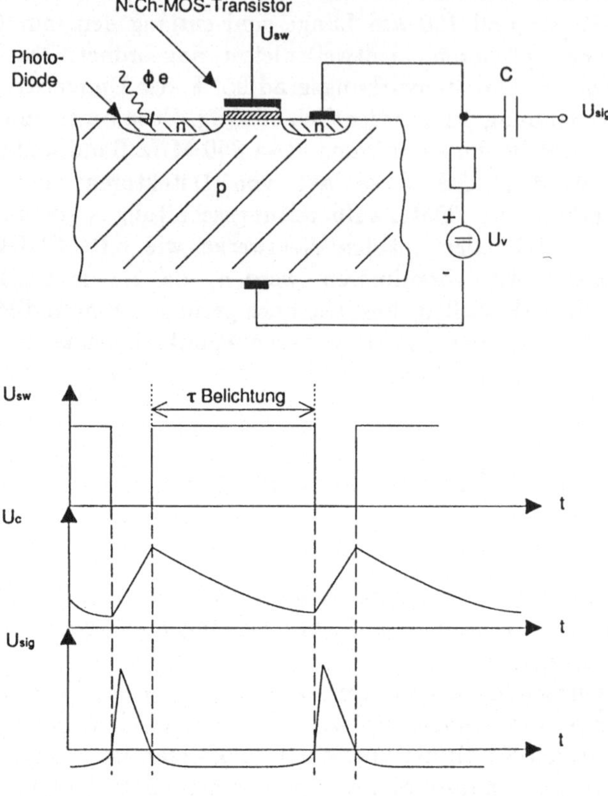

Bild 5.32 Schematischer Aufbau eines Detektorelements und Impulsdiagramm des
Auslesevorgangs

Häufiger noch findet man das in Bild 5.31 dargestellte Prinzip, bei der der Photo-
diodenstrom genutzt wird, um eine vorgespannte Kapazität zu entladen:

□ **Transistor leitet:** der Kondensator wird auf die Vorspannung U_v aufgeladen,

□ **Transistor sperrt:** für die Belichtungszeit t wird der Kondensator durch
den Photostrom wieder entladen, wobei der Photostrom I_{ph} der Bestrahlungsstärke proportional ist,

□ **Transistor wieder leitend:** Die fehlende Ladungsmenge wird durch Auf-
ladung aus der Vorspannungsquelle wieder ersetzt. Damit ist der Spannungsabfall am Arbeitswiderstand R proportional dem Integral über dem Photostrom.

Dieses Verfahren weist folgende Vorteile auf:

□ Proportionalität von Belichtung und Ausgangssignal,

◻ Impulsförmige Auslesung des Kondensators innerhalb sehr kurzer Zeit, was eine hohe Multiplexrate ermöglicht.

Den schematischen Aufbau sowie ein Impulsdiagramm zeigt Bild 5.32.

Die Bezeichnung der Bilddetektoren bezieht sich nun auf die Art und Weise, wie die Information der einzelnen Detektorelemente oder Pixel (Pixel von *Picture Element*) zusammengefaßt und zu einen seriellen Datenstrom umgewandelt werden.

5.10.1   CID-Detektoren

CID steht für *Charge Injektion Devices*. Die Ladung wird bei diesen Elementen in der Auslesephase in das Substrat injeziert, wobei der Substratstrom als Ausgangssignal dient. Die Anwahl der jeweiligen Photozelle erfolgt dabei durch Koinzidenz einer X- und Y-Anwahlleitung (Bild 5.33)..

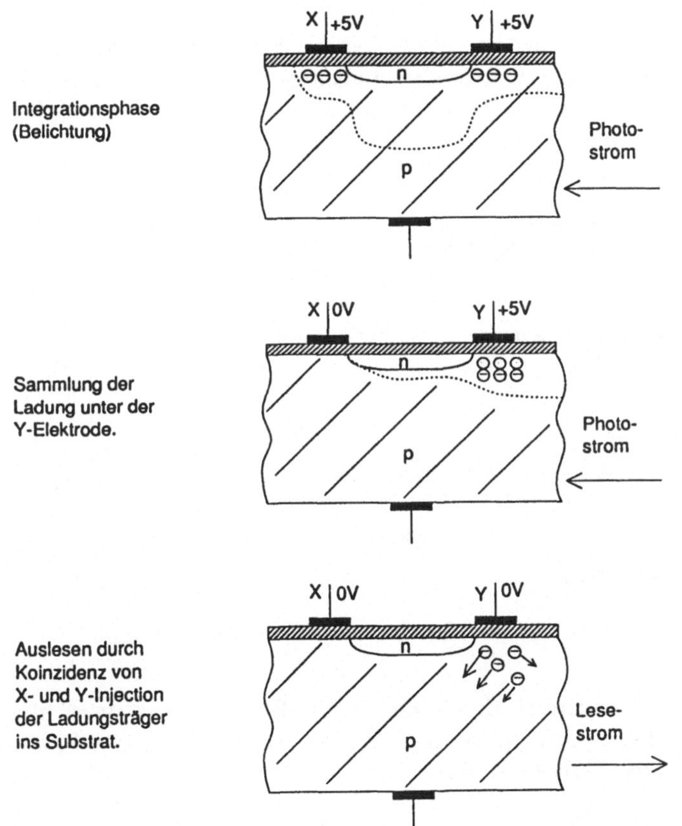

Bild 5.33   Koinzidenzauslesung von Charge-Injection-Detektor-Arrays

Während der Integrationsphase sammelt sich die Ladung in den Potentialtöpfen unter den Elektroden. Der Auslesevorgang beginnt damit, daß die Zeilenelektroden X auf Null-Volt gegenüber dem Substrat geschaltet werden, wodurch die Sperrschicht unter der Zeilenelektrode praktisch verschwindet, und die sich hier befindlichen Ladungen zwangsläufig unter der Spaltenelektrode Y sammeln müssen. Wird nun auch an der Spaltenelektrode die Vorspannung weggenommen, rekombinieren die Ladungen nun mit den Ladungen aus dem Substrat, und es kommt zu einem Stromfluß über die Substratelektrode. Die Zeilen-Spalten-Koinzidenz ermöglicht dabei die wahlfreie Adressierung eines einzelnen Detektors.

CID-Detektoren werden insbesondere als Flächensensoren mit Pixel-Auflösungen bis 512 x 512 Elementen hergestellt. Sie sind relativ einfach strukturiert und erlauben eine gute Nutzung der Substratoberfläche, allerdings ist das Rauschverhalten nicht befriedigend und der Dynamikbereich damit eingeschränkt.

5.10.2 CCD-Detektoren

Von erheblich größerer Bedeutung sind heute Strukturen, in denen die Ladung der Photodioden in Ladungstransferschaltungen zu einer Ausleseelektrode regelrecht transportiert werden. CCD steht dabei für *Charge Coupled Devices*, ladungsgekoppelte Schaltung.

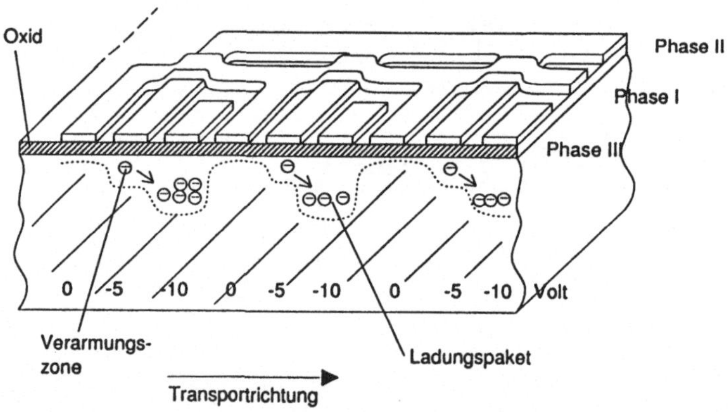

Bild 5.34 Prinzip der Ladungstransferschaltung (CCD-Register)

Bild 5.34 zeigt den Querschnitt durch eine CCD-Registerstruktur. Unter der jeweiligen Elektrode bildet sich, proportional zur angelegten Gate-Spannung, eine Verarmungszone aus (Inversionszone, sehr dünn !), deren Dicke von der Gatespannung abhängt.

Die Ladung vom Fotoempfänger gelangt nun in diese Inversionszone und wird dort gespeichert. Durch Variation der Feldstärke in einem 3-Phasen-Takt kann die Ladung mit sehr hohem Wirkungsgrad transversal verschoben werden. Die Funktion ähnelt einem analogen Schieberegister. An einem MOSFET wird die

Ladung schließlich in einen Drain-Strom umgewandelt und damit ausgelesen. Die Transferverluste sind heute außerordentlich gering und betragen auch nach 1000 Schiebevorgängen nur wenige Prozent.

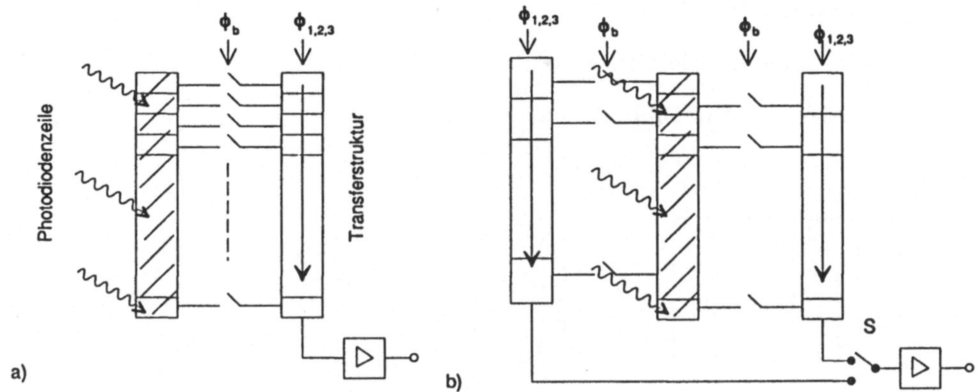

Bild 5.35 Struktur von optischen Zeilensensoren
a) Auslesung durch serielle Transferschaltungen,
b) wechselseitiges Auslesen in 2 Transferstrukturen

Mit dieser Technik lassen sich insbesondere gut Zeilensensoren bauen, wobei Pixelzahlen bis über 5000 Elemente erreicht werden. Um bei langen Zeilensensoren die Transferverluste niedrig zu halten, erfolgt ein wechselseitiges Auslesen nach beiden Seiten der Zeile (Bild 5.35). Hierdurch werden einerseits die Anforderungen an die Transferstrukturen gesenkt (nur halbe Anzahl von Transfers und größere geometrische Strukturen), zum andern kann man die Auslesegeschwindigkeit erhöhen. Das Ausgangssignal muß über einen Multiplexer entsprechen zusammengesetzt werden.

Die Belichtung erfolgt bei allen Zeilensensoren für alle Pixel gleichzeitig, was für die Anwendung sehr wichtig ist.

Es ist ferner zu beachten, daß eine regelmäßige Auslesung der Photodioden erfolgen muß, da andernfalls die durch die Vorspannung eingebrachte Ladung abgebaut wird, und es zu einer Umpolung der Diode an dem betroffenen Pixel kommen kann. Damit brechen aber alle Sperrschicht-Isolationen zwischen den Pixeln zusammen, und es kommt zu einem schwerwiegenden Übersprechen zu den Nachbarpixeln, ein Vorgang, der als *Blooming* bezeichnet wird. *Blooming* kann damit auch bei einer lokalen Überbelichtung, z.B. bei Abbildung einer einzelnen Lichtquelle vor ansonsten dunklem Hintergrund, auftreten. Moderne Detektoren sind dazu mit besonderen *Anti-Blooming*-Schaltungen ausgerüstet, die einen Ladungsüberfluß in die Nachbarpixel verhindern.

Bei Flächensensoren (Arrays) existieren zahlreiche Architekturen, die sich grob in folgende Gruppen sortieren lassen:

- Bildtransferstruktur,

- Zeilentransferstruktur,

- Zwischenzeilentransferstruktur.

Die Anordnungen sind in Bild 5.36 dargestellt.

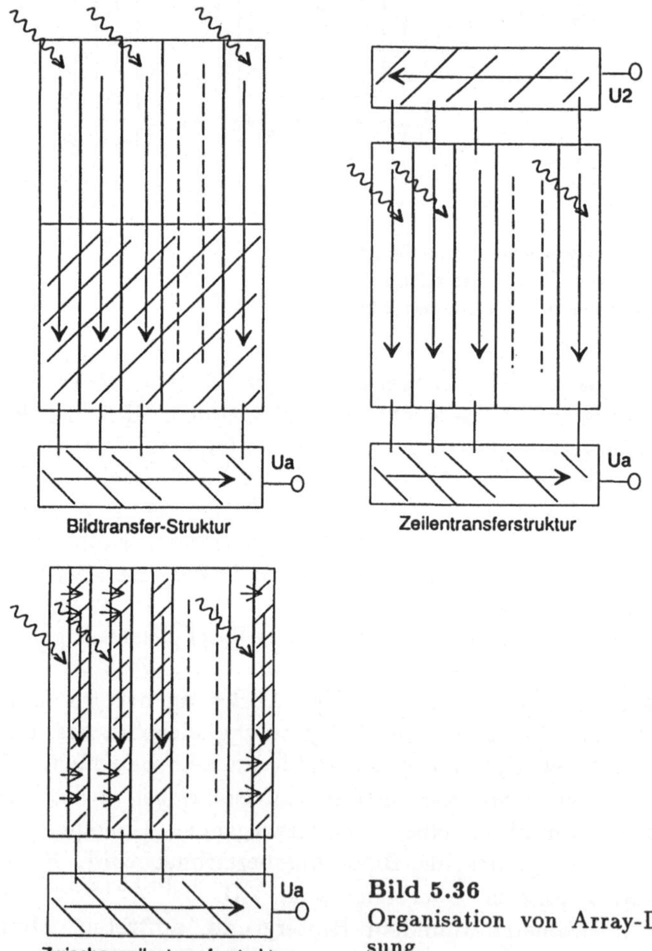

Bild 5.36
Organisation von Array-Detektoren zur Bilderfassung

Die *Bildtransferstruktur* liefert höchste Empfindlichkeit und beste Scaneffizienz. Allerdings ist der Chipflächenverbrauch sehr hoch, da die Bildspeichermatrix die gleiche Größe hat wie die photoempfindliche Matrix. Allerdings ist man bei der Auslesung des Signals hinsichtlich Format und Zeit völlig frei (Valvo, Sony), was insbesondere für Farbkameras für mehrere internationale Normen von Bedeutung ist.

Die *Zeilentransferstruktur* ist vom Prinzip und vom Flächenbedarf her einfacher, jedoch kann die Belichtungszeit nur sehr kurz gewählt werden, wenn Verschmierungseffekte vermieden werden sollen. Diese niedrigere Scaneffizienz schlägt sich in geringerer Empfindlichkeit der Kamera nieder.

Die *Zwischenzeilentransferstruktur* ist ein Kompromiß, wobei die Ladungsspeicher nun direkt neben den empfindlichen Zellen angeordnet sind. Die Empfindlichkeit ist jedoch auch hier erheblich geringer als bei der Bildtransferstruktur, da nun nicht mehr die ganze Si-Fläche optisch aktiv sein kann (die Speicherbereiche müssen natürlich abgedeckt sein!). Die Überstrahlungseigenschaften sind jedoch hier exzellent, da die einzelnen Strukturen weit genug voneinander entfernt sind.

Die Bildtransferstruktur (Frame-Transfer-CCD) hat sich heute weitgehend bei den Video-Kamera Chips durchgesetzt, da hier die Speichermatrix durch unterschiedliche Ausleseverfahren an die verschiedenen TV-Normen leicht angepaßt werden kann. Zudem wird die lichtempfindliche Fläche des Arrays für die Anordnung der Farbfilter benötigt, um voll farbtüchtige Bildaufnahmeelemente herstellen zu können. Für extrem hochauflösende Arrays wird die Zwischenzeilentransferstruktur bevorzugt, da die Chip-Fläche damit relativ klein bleibt.

Die Herstellung großer Chipflächen ist immer teuer und wegen der statistischen Oberflächenfehler mit großem Ausschuß behaftet. Die Hersteller sind bemüht, die Auswirkung solcher Herstellfehler auf wenige einzelne Pixel zu begrenzen, was z.B. bei einem bewegten Fernsehbild kaum auffällt. Fehlerfreie Detektoren, die aus einem Fertigungslos ausgesucht werden müssen, sind heute bis um den Faktor 10 teurer und bleiben wissenschaftlichen oder industriellen Anwendungen vorbehalten.

Die CCD-Detektoren können bezüglich ihrer Empfindlichkeit wie normale Si-Detektoren behandelt werden. Die D^*-Werte sind durchaus vergleichbar, wobei jedoch zusätzliche Verluste durch die Transferstrukturen entstehen. Die Empfindlichkeit wird durch den Dunkelstrom begrenzt, der durch Kühlen des Detektors (Peltierkühler) weiter herabgesetzt werden kann. Mit geeigneten Objektiven lassen sich damit Restlichtkameras aufbauen, die noch bei Sternenlicht gute Bilder liefern. Der Dynamikbereich kann bis zu 1 : 10 000 betragen, was solche Detektoren auch für spektrometrische Anwendungen geeignet macht.

Problematisch ist bei industriellen Anwendungen die unterschiedliche Empfindlichkeit der Detektoren, die durch die Inhomogenität des Materials und statistische Streuungen des Herstellprozesses etwa bis 10 % unterschiedlich sein kann. Bei gleichmäßiger Beleuchtung erscheint also am Ausgang ein rauschförmiges Wechselsignal entsprechender Höhe, welches die Kontrastauflösung herabsetzt und die Bildqualität verschlechtert. Die Störung ist detektorspezifisch und könnte mit einigem Aufwand nachträglich kompensiert werden, was allerdings nur sehr selten erfolgt.

Der Stand der Technik ist derzeit gekennzeichnet durch:

- **Lineardetektoren:** 5000 Pixel mit einer Auflösung bis zu 8 μm Rasterabstand,

- **Arraydetektoren:** ca. 2000 x 2000 Pixel mit einer Auflösung bis zu 6 μm Rasterabstand.

Der überdeckte Wellenlängenbereich umfaßt insbesondere den sichtbaren Bereich und den nahen IR-Bereich. Es existieren ferner Versionen mit UV-Empfindlichkeit und hybride Versionen für den mittleren und fernen IR-Bereich. An monolithischen Detektoren für den mittleren IR-Bereich wird intensiv seit vielen Jahren gearbeitet.

5.11 Der Phototransistor

Eine Photodiode kann leicht zu einem Bipolar-Phototransistor ergänzt werden. Darüberhinaus sind selbstverständlich auch FET-Phototransistoren realisierbar. Einen schematischen Querschnitt durch einen Bipolar-Phototransistor zeigt Bild 5.37.

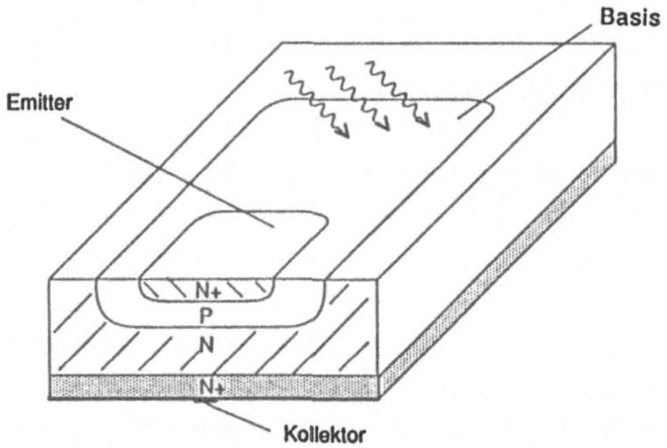

Bild 5.37 Der Phototransistor in bipolarer Planarbauweise

In die Basis eingestrahlte Photonen erzeugen Ladungsträgerpaare, von denen die Löcher über den in Durchflußrichtung gepolten Basis-Emitterübergang zum Emitter abfließen. Damit gilt:

Photostrom = Basisstrom

Ersatzschaltbild und Ausgangskennlinienfeld sind in Bild 5.38 dargestellt. Photoempfindlich ist also die in Sperrichtung vorgespannte Kollektor-Basisdiode. Der durch Strahlung verursachte Basisstrom wird wie bei einem normalen Transistor verstärkt:

$$I_\mathrm{c} = (B + 1)(I_\mathrm{ph} \cdot I_\mathrm{cbo}) \qquad B = \text{Gleichstromverstärkung} \tag{5.54}$$

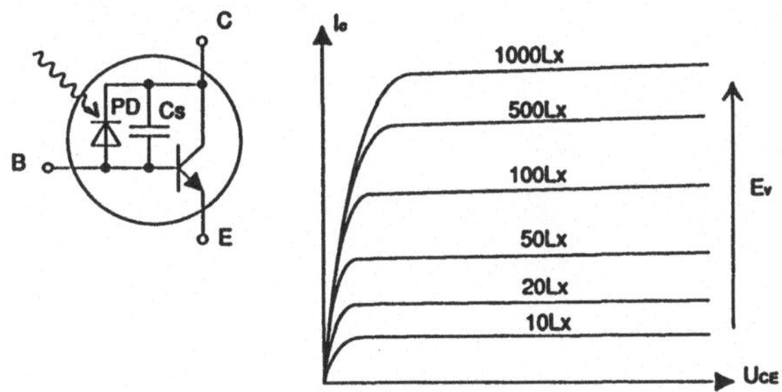

Bild 5.38   Ersatzschaltbild und Ausgangskennlinienfeld

Der Phototransistor zeigt deshalb am Kollektor eine um $B = 200\ldots300$ mal höhere Sensitivität als die Photodiode. Allerdings sind auch alle negativen Transistoreffekte in diesem Strom enthalten, insbesondere ist die Linearität erheblich schlechter.

Die Detektivity D^* ist trotz des inneren Verstärkungsmechanismus erheblich niedriger, da div. Rauschquellen im Transistor zusätzlich auftreten. Allerdings ist die Anwendung erheblich vereinfacht, da in vielen Fällen keine zusätzlichen Verstärker mehr benötigt werden.

Ein wesentlicher Nachteil des Phototransistors liegt in der niedrigen Grenzfrequenz, die der Grenzfrequenz der Emitterschaltung entspricht (einige 100 kHz). Die flächenmäßig groß ausgeführte Basis besitzt eine große Diffusionskapazität und auch eine relativ große Basis-Kollektor-Sperrschichtkapazität, die als Miller-Kapazität den Frequenzgang im Falle einer Emitterschaltung weiter verschlechtert. Im Betrieb ist die Beschaltung deshalb folgendermaßen zu wählen (Bild 5.39):

- R_L möglichst klein,

- Basis-Emitterwiderstand verwenden, um die Ladungsträger ableiten zu können,

- Temperaturkompensation vorsehen, z.B. durch einen abgedeckten zweiten Transistor.

Phototransistoren finden sich in zahlreichen Anwendungen, in denen bisher Photowiderstände zu finden waren. Insbesondere werden sie in Optokopplern verwendet, da sie in Kombination mit einer LED ein hohes Stromübertragungsverhältnis ermöglichen. Die erreichbaren Übertragungsbandbreiten liegen im unteren Megahertzbereich.

Photofeldeffekttransistoren sind als Einzeltransistoren derzeit noch eine Rarität (Bild 5.40). Die Funktionsweise entspricht einem Junktion-FET, wobei die Kanalbreite durch die Ladung des Gates gesteuert wird. Der Gate-Vorwiderstand kann viele MΩ betragen, was zu einer hohen Empfindlichkeit führt:

$$\Delta I_d = S \cdot \Delta U_{gs} = S \cdot R_g \cdot \Delta I_{ph} \qquad S = \text{Steilheit} \tag{5.55}$$

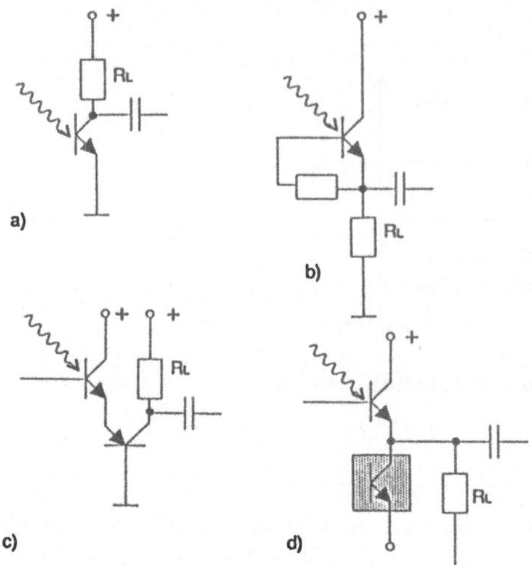

Bild 5.39   Grundschaltungen von Phototransistoren
a) Emitterschaltung (langsam),
b) Kollektorschaltung (verbesserte Schaltzeiten),
c) Schaltung mit verbesserter Grenzfrequenz,
d) Schaltung mit Temperaturkompensation durch einen äquivalenten, unbelichteten
Transistor

Die Kennlinie weist den vom FET her geläufigen quadratischen Charakter
auf, außerdem besteht eine Abhängigkeit vom Arbeitspunkt. Das Rauschverhalten
ist günstiger als bei bipolaren Phototransistoren. Auch das MOSFET-Prinzip
kann zum Aufbau empfindlicher Photo-FETs verwendet werden, sie sind
interessant in Zusammenhang mit komplexen Signalverarbeitungsschaltungen
in CMOS-Technik, die gleich mit integriert werden können. Wegen der
niedrigen Schaltgeschwindigkeit und des geringen Dynamikbereiches bleiben diese
Bauelemente auf Sonderanwendungen beschränkt.

Fragen und Aufgaben zu Abschnitt 5:

1. Was versteht man unter dem inneren, was unter dem äußeren Fotoeffekt?

*2. Bestimmen Sie die Grenzwellenlänge eines Detektors mit dem Bandabstand von
1,6 eV. Was geschieht bei Wellenlängen größer als der Grenzwellenlänge?*

*3. Zeichnen Sie den Querschnitt durch eine Planar-Photodiode, skizzieren Sie die
Kennlinie bei unterschiedlicher Beleuchtung und erläutern Sie die Funktion.*

*4. Eine Solarzelle aus Silizium von $A_d = 12\ cm^2$ Fläche und der Empfindlichkeit von
0,6 A/W und dem Sperrstrom von $I_s = 2\ nA$ wird mit 56 mW/cm² beleuchtet. Wie*

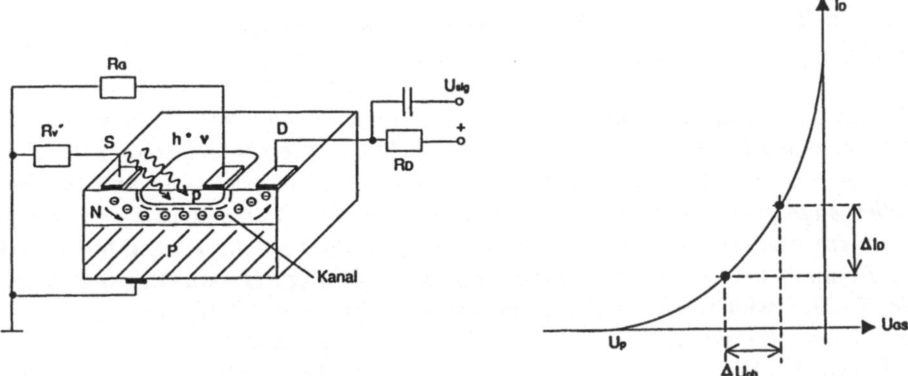

Bild 5.40   Photo-Feldeffekttransistor vom Sperrschicht-Typ (JFET), Struktur und Kennlinie

groß ist die Leerlaufspannung? Bestimmen Sie den optimalen Arbeitswiderstand und die abgegebene Leistung.

5. Ein PIN-Detektor weist eine Empfangsfläche von 10 mm^2 bei einem Dunkelstrom von 3 nA auf. Als Responsivity wird 0,62 A/W bei 900 nm gemessen. Um welches Detektormaterial muß es sich handeln? Wie groß ist der Quantenwirkungsgrad des Detektors, die NEP und das bezogene Nachweisvermögen D^*?

6. Welche Reichweite einer Lichtschranke läßt sich bei Raumbeleuchtung (300 lx) mit einer LED von 1 mW, 850 nm (LAMBERTsche Verteilung) und einer BPW 34 PIN-Diode erreichen, wenn die Diode mit 1 kHz moduliert ist und das elektrische Empfangsfilter eine Bandbreite von 30 Hz aufweist?

7. Eine Lichtschranke mit einer zu überbrückenden Entfernung von 10 m soll mit einer LED ($I_o = 50$ mW/sr) und einem Detektor mit $D^* = 6,6 \cdot 10^{12}$ cm$\sqrt{Hz}$/W, $A_d = 0,076$ cm^2 und $R = 0,6$ A/W aufgebaut werden. Wie groß ist das zu erwartende S/N-Verhältnis bei 100 % Modulationsgrad, 1 kHz Trägerfrequenz und einer Bandbreite des Auswertefilters von 60 Hz? Die Lichtschranke wird anschließend mit einer Optik $f = 10$ cm , $D = 6$ cm ausgerüstet, wie groß ist das S/N-Verhältnis jetzt?

8. Ein unbekannter Detektor wird vermessen. Dazu wird mit einem Chopper das Licht einer Lampe mit 1 KHz moduliert. Der Abstand Sender-Empfänger beträgt 1 m, die Detektorfläche 0,5 cm^2. Die Lichtquelle ist auf $I_o = 10$ mW/sr geeicht. Gemessen wird ein Dunkelstrom von 15 nA und ein Signalstrom $I_{\text{seff}} = 50$ μA. Wie groß sind Responsivity, Nachweisvermögen D^* und NEP?

9. Die NEP eines Detektors der Fläche $A_d = 0,076$ cm^2 und einem Dunkelstrom von $I_d = 2$ nA, $R = 0,6$ A/W beträgt bei Dunkelheit 1,5 pW/$\sqrt{\text{Hz}}$. Wie groß ist die NEP bei Tageslicht ($E = 3,5$ mW/cm^2)?

10. Ein Flugzeug mit der Oberflächentemperatur von $60°$ C fliegt vor einem ideal kalten Hintergrund (Himmel bei Nacht) mit einer sichtbaren Fläche von von $A_f = 5$ m^2. Wie groß ist die abgegebene Strahlungsleistung und bei welcher Wellenlänge liegt das Maximum? Ein IR-Sichtgerät mit einer Optik von $D = 6$ cm, $f = 8$ cm wird auf das Flugzeug gerichtet. Wie groß ist die Bestrahlungsstärke in der Brennebene, wenn der Emissionsgrad 0,2 beträgt (LAMBERTscher Strahler). Die Transmissionsverluste der Atmosphäre sollen mit 30 %, die der Optik mit 10 % angesetzt werden. Der IR-Detektor weist folgende Daten auf: $D^* = 2,5 \cdot 10^{12}$ cm$\sqrt{Hz}$/W, $A_d = 0,001$ cm^2, $R = 0,4$ A/W. Wie groß ist das S/N-Verhältnis in Abhängigkeit der Entfernung?

11. Welche Arten von Verstärkern gibt es, was sind die jeweiligen Vor- und Nachteile? Wie ist das Verstärkerrauschen zu berücksichtigen?

12. Wie arbeitet eine Avalanche-Photodiode, wie ist sie aufgebaut und wo wird sie eingesetzt?

13. Warum kann mit einer APD eine höhere Empfindlichkeit als mit einer PIN-Diode erreicht werden? Was bestimmt den optimalen Multiplikationsfaktor?

14. Wie funktionieren Schottky-Detektoren? Skizzieren Sie den Aufbau und das Bändermodell.

15. Wie arbeitet ein typischer CCD-Zeilendetektor? Wie wird die Ladung transportiert?

16. Welche CCD-Architekturen werden bei bildgebenden Detektoren angewandt?

6 Optische Übertragungstechnik mit Lichtwellenleitern

Die LWL-Technik hat heute größte Bedeutung im nachrichtentechnischen Bereich gewonnen, wo sie in naher Zukunft bald alle Koaxialkabel verdrängen wird. Maßgebend hierfür sind folgende einzigartige Eigenschaften:

- sehr geringe Dämpfung von heute $< 0,5$ dB/km,

- sehr hohe Bandbreite,

- kein Übersprechen zwischen Leitungen,

- leicht, dünn und preiswert,

- keine Potentialverbindung zwischen Endstellen,

- für digitale Modulation bestens geeignet.

Diese Eigenschaften konnten nur durch phantastische Fortschritte im Bereich der Materialforschung erzielt werden, wo es gelang, Glassorten höchster Reinheit herzustellen. So entspricht die Übertragung durch eine Glasfaser von 30 km Länge dem Durchgang des Lichts durch einen Glasblock von 30000 m Dicke, was bis vor kurzem noch unvorstellbar war.

Der heute erreichbare Stand ist durch Nachrichtenverbindungen mit 5 GHz Bandbreite bei einer Feldlänge von bis zu 78 km beschrieben. Die Bundespost steht vor der Einführung von 565 Mbit/s Standardverbindungen auf Monomodefasern mit Feldlängen von bis zu 30 km ohne Repeater.

Bei den Fasermaterialien handelt es sich meist um dotierte Quarzgläser, Natrium-Kalk-Silikatgläser oder Natrium-Bor-Silikatgläser mit $n = 1,5 \ldots 1,6$. Für verlustarme Fasern wird heute ausschließlich dotierter Quarz verwendet.

Die Führung des Lichts innerhalb der Faser beruht auf dem Prinzip der Totalreflexion an einer Grenzfläche, wobei der Kern den etwas höheren

Brechnungsindex n_k gegenüber dem Mantel n_m aufweist (Bild 6.1). Für den Winkel, bei dem Totalreflexion auftritt, gilt:

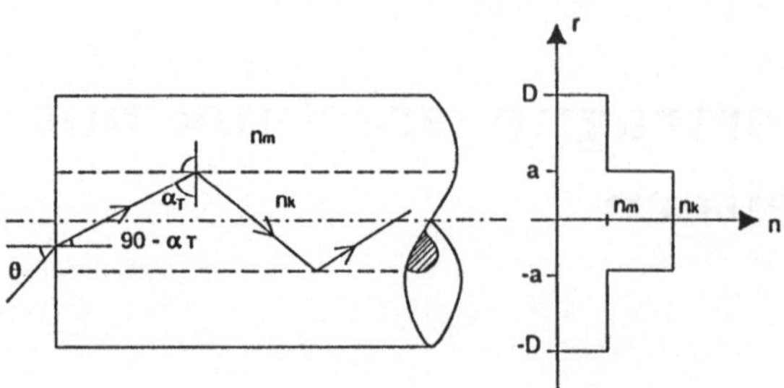

Bild 6.1   Lichtausbreitung in einer Stufenindexfaser und zugehöriges Brechzahlprofil

$$\sin \alpha_T = \frac{n_k}{n_m} \qquad \text{mit } \alpha_T = \text{ Grenzwinkel für Totalreflexion} \qquad (6.1)$$

Für alle Strahlen, die unter einem Winkel $\alpha > \alpha_T$ auf die Grenzschicht auftreffen, tritt also Totalreflexion ein. Da bei parallelen Begrenzungsflächen des Kerns der Winkel erhalten bleibt, wird der Strahl zickzackförmig durch den Kern geführt und kann diesen nicht verlassen.

Beispiel 6.1:
$n_1 = 1,51$, $n_2 = 1,50$ ergibt $\alpha_T = 83,4°$. Nur sehr flach auftreffende Strahlen bleiben bei dieser geringen Brechzahldifferenz im dichteren Medium.

6.1   Stufenindexfaser

Eine Lichtleitfaser besteht im einfachsten Fall aus einem optisch dichteren Kern (*Core*) mit dem Index n_k und einem Mantel (*Cladding*) mit dem geringfügig weniger dichten Index n_m. Wegen des abrupten, stufenförmigen Profilübergangs wird eine solche Faser *Stufenindexfaser* genannt.

Für die Stirnfläche der Faser folgt sofort:

$$n_o \sin \Theta_T = n_k \cdot \sin(90 - \alpha_T)$$

$$n_o \sin \Theta_T = n_k \cdot \cos(\alpha_T)$$

$$N.A. = n_o \sin \Theta_T = n_k \cdot \sqrt{1 - \sin^2 \alpha_T}$$

$$N.A. = n_o \sin \Theta_T = \sqrt{n_k^2 - n_m^2} \qquad \textit{Numerische Apertur} \qquad (6.2)$$

$$\Omega_a = \pi \cdot N.A.^2 \qquad \textit{Akzeptanz-Raumwinkelbereich} \qquad (6.3)$$

Hierin wird Θ als Akzeptanzwinkel bezeichnet. Die Numerische Apertur $N.A.$ ist eine charakteristische Größe für eine gegebene Lichtleitfaser. Je größer ihr Wert, desto größer der Akzeptanzwinkel und desto einfacher ist die Einkopplung von Licht in die Faser.

Beispiel 6.2:
Gegeben ist eine Stufenindexfaser mit $a = 75~\mu\text{m}$, $d = 150~\mu\text{m}$ und $n_k = 1,527$, $n_m = 1,517$

$$N.A. = 0,1744 \qquad \Theta = 10°$$

Die bisherige Betrachtung war rein strahlenoptisch. Wegen der Wellennatur des Lichtes sind nun in einer vorgegebenen Geometrie nicht unendlich viele Ausbreitungsmöglichkeiten innerhalb der Faser gegeben, sondern nur diskret viele. Diese werden als *Moden* bezeichnet und können im einfachsten Fall als mögliche Zickzackbahnen im Kern verstanden werden. Da die am Eingang der Faser eintretende Welle eine definierte Phasenbeziehung besitzt, können sich auch nur bestimmte, diskrete Phasenbeziehungen über den Verlauf des Lichtleiters einstellen. Die Anzahl der Moden ist umso größer, je dicker der Kern der Faser ist. Welcher Mode bevorzugt angeregt wird, hängt vom Einfallswinkel des Lichtes an der Eintrittsstelle ab. Bild 6.2 zeigt anschaulich die Strahlungsverteilung am Ausgang einer Stufenindex-Faser, die in definierten, einzelnen Moden angeregt wurde [nach STOLEN, LEIBOLT].

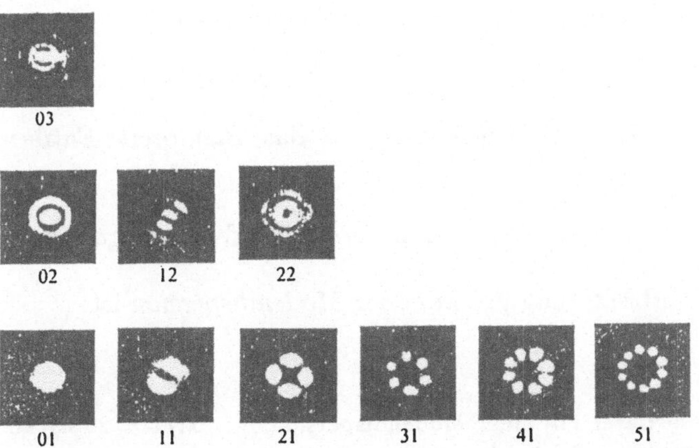

Bild 6.2 Die ersten 10 Moden eines Lichtwellenleiters [nach STOLEN, LEIBOLT, Appl. Opt. 15/1976]

Die verschiedenen Moden besitzen unterschiedliche Weglängen. Es ist leicht einzusehen, daß z.B. ein Zickzack-Strahl eine längere Strecke zurücklegt als der

Strahl, der direkt der Hauptachse der Faser folgt. Koppelt man einen kurzen optischen Impuls in eine solche Faser ein, so kommt die Energie der niederen Moden (= kürzere Weglänge) früher an als die Energie der höheren Moden (= längerer Zickzackweg). Da sich die am Ausgang empfangene Strahlungsleistung aus der Summe der in den einzelnen Moden übertragenen Strahlungsleistung ergibt, ist der Puls am Ausgang der Faser deshalb breiter als der eingekoppelte Puls (Bild 6.3). Dies wird als *Modendispersion* bezeichnet.

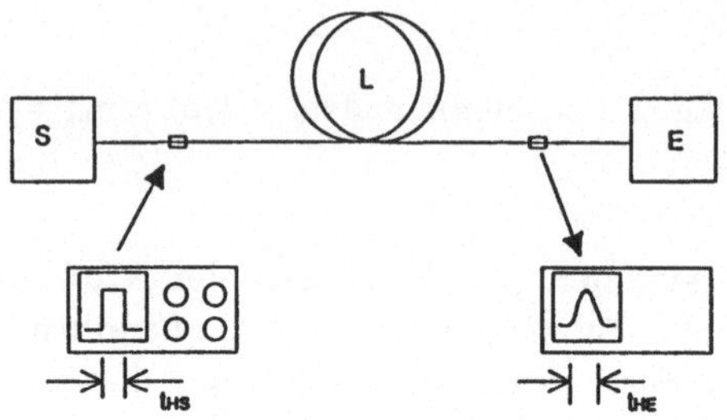

Bild 6.3
Impulsverbreiterung eines Lichtimpulses der Halbwertsbreite t_{hs} nach Durchlaufen der Strecke L in einen Impuls der Halbwertsbreite t_{he}

Hatte der Impuls eine ursprüngliche Halbwertsbreite von t_{hs}, so hat er am Empfänger eine vergrößerte Halbwertsbreite von t_{he}, die Differenz ist die Impulsverbreiterung Δt:

$$\Delta t^2 = t_{he}^2 - t_{hs}^2 \qquad \textit{Impulsverbreiterung} \qquad (6.4)$$

Die Differenz ist aus den Quadraten zu bilden, da die Impulsform durch Gaußfunktionen angenähert werden kann. Mit der Verbreiterung des Impulses nimmt auch seine Amplitude ab, wenn man davon ausgeht, daß die Impulsflächen konstant bleiben. Hieraus läßt sich die Grenzfrequenz der Strecke oder Bandbreite für einen Abfall der Leistung um 3 dB näherungsweise angeben:

$$B = \frac{0,44}{\Delta t} \qquad \textit{Bandbreite für -3dB} \qquad (6.5)$$

Charakteristische Größe für eine Lichtleitfaser ist das *Bandbreite-Entfernungsprodukt*:

$$B \cdot L = \frac{0,44}{\Delta t/L} \qquad \textit{Bandbreite-Entfernungsprodukt} \qquad (6.6)$$

wobei $\Delta t/L$ die Impulsverbreiterung pro km oder *Modendispersion* ist.

Beispiel 6.3:
Gegeben ist eine Stufenindexfaser mit einer Modendispersion von $\Delta t/L = 25$ ns/km. Wie groß ist die Bandbreite einer L = 2,5 km langen Übertragungsstrecke?

$$B \cdot L = 17,6 \text{ MHz} \cdot \text{km} \qquad B = 7,04 \text{ MHz}$$

Dies ist ein relativ kleiner Wert. Stufenindexfasern sind deshalb nicht für Datenübertragung über größere Entfernungen geeignet.

6.2 Gradientenfaser

Die Impulsverbreiterung durch Leistungsübertragung auf mehreren Moden
unterschiedlicher Ausbreitungsgeschwindigkeit macht einen Einsatz von Stufenindexfasern in realen LWL-Systemen praktisch unmöglich. Eine entscheidende
Verbesserung bringt die Einführung der Gradientenfaser Bild 6.4.

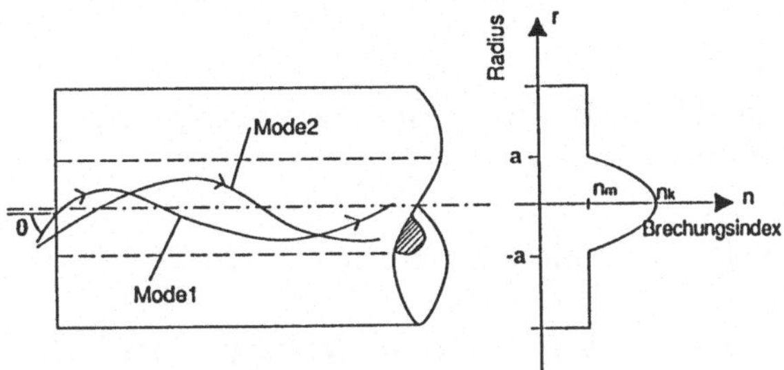

Bild 6.4 Lichtausbreitung in einer Gradientenfaser und Brechzahlprofil

In einer solchen Faser besitzt der Kern keine gleichmäßige optische Dichte,
sondern einen mit dem Radius abnehmenden Brechungsindex (Bild 6.4), was man
auch als Brechungsprofil bezeichnet. Das Brechungsprofil folgt meist angenähert
einem Potenzgesetz:

$$n(r) = n_k \left(1 - \Delta \cdot \left(\frac{r}{a}\right)^g\right) \qquad \text{für} \quad r < a \qquad \textit{Brechzahlprofil} \qquad (6.7)$$

$$n(r) = n_m = konst. \qquad \text{für} \quad r > a \qquad \textit{Mantel}$$

$$\Delta = \frac{n_k^2 - n_m^2}{n_k^2} \qquad \textit{relative Brechzahldifferenz} \qquad (6.8)$$

Hierin wird g als Indexexponent bezeichnet. Für Gradientenfasern wird ein g
möglichst nahe an $g = 2$ angestrebt. Stufenindexfasern lassen sich mit $g \to \infty$
behandeln. Für $g = 2$ ergibt sich ein parabelförmiges Indexprofil (Bild 6.5).

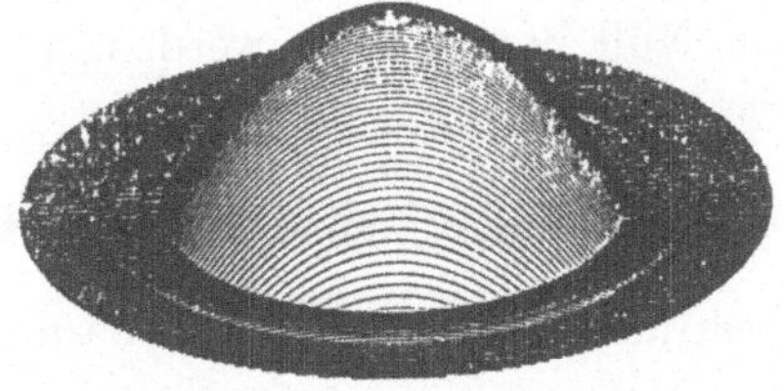

Bild 6.5
Dreidimensionale Darstellung des Brechzahlprofils einer Gradientenfaser, hergestellt mit dem PCVD-Verfahren [Werkbild:
PHILIPS]

Durch die kontinuierliche Änderung des Brechungsindex im Faserkern wird ein
Strahl, der nicht parallel zur Achse in die Faser eingekoppelt wird, in wellenförmige

Bahnen gebrochen. Eine Totalreflexion findet also nicht statt, sondern reine Brechung. Auch hier gibt es einen Akzeptanzwinkel Θ und eine numerische Apertur, außerhalb der kein Licht eingekoppelt werden kann:

$$N.A. = n_\mathrm{o} \cdot \sin \Theta = \sqrt{n_\mathrm{k}^2 - n_\mathrm{m}^2} = n_\mathrm{k}\sqrt{\Delta} \tag{6.9}$$

Wie in der Stufenindexfaser sind auch hier mehrere Moden ausbreitungsfähig, wobei durch wellentheoretische Untersuchungen gezeigt werden kann, daß die Zahl der Moden

$$N = \frac{g}{2\,(g+2)}\,V^2 \qquad \textit{Anzahl der Moden in einer Gradientenfaser} \tag{6.10}$$
$$\textit{(Modenvolumen)}$$

$$V = \frac{2\pi}{\lambda}\,a \cdot N.A. \qquad \textit{Strukturparameter, normierte Frequenz} \tag{6.11}$$

beträgt. Der Strukturparameter hängt dabei von der Wellenlänge λ des Lichtes und dem Durchmesser des Faserkerns a sowie der numerischen Apertur $N.A.$ ab.

Beispiel 6.4:
Wieviele Moden können sich in einer Gradientenfaser G50/125 mit $N.A. = 0,2$ und $g = 2$ bei einer Wellenlänge von 1300 nm ausbreiten?

$$V = \frac{2\pi}{1300\ \mathrm{nm}}\,25\ \mu\mathrm{m} \cdot 0,2 = 24,16$$

$$N = \frac{2}{2\,(2+2)}\,V^2 = \frac{1}{4}\,V^2 = 146\ \mathrm{Moden}$$

Von großer Bedeutung ist nun, daß die Ausbreitungsgeschwindigkeit eines Mode in der Faser direkt vom Brechungsindex abhängt:

$$v_\mathrm{ph} = \frac{c_\mathrm{o}}{n(r)} \qquad \mathrm{mit}\ c_\mathrm{o} = \mathrm{Lichtgeschwindigkeit} \tag{6.12}$$

Strahlen, die in den Außenbereich des Kerns gelangen, können sich wegen des dort herrschenden niederen Brechungsindex also schneller fortpflanzen als Strahlen, die nur im Innern des Kerns verlaufen. Der Nachteil des „Umwegs" auf der wellenförmigen Bahn kann damit zu praktisch Null kompensiert werden, so daß schließlich alle Moden die gleiche Ausbreitungsgeschwindigkeit besitzen:

- Gradientenfasern zeigen deshalb keine oder nur sehr geringe Modendispersion!

- Die Kompensation gelingt nur für eine bestimmte Wellenlänge, die damit zur Betriebswellenlänge der Faser wird,

- Brechzahlprofil sowie Fasergeometrie unterliegen fertigungstechnischen Toleranzen. Hieraus ergeben sich immer Restfehler bei der Kompensation.

Tabelle 6.1   Charakteristische Daten einer Gradientenfaser

Geometrie:	$a = 50\ \mu\mathrm{m}$
	$R = 125\ \mu\mathrm{m}$
Profilparameter:	$g = 2 \pm 0,2$
Numerische Apertur:	$N.A. = 0,2 \pm 0,02$
	$\Theta = 11,5°$
Dämpfungsbelag 850 nm:	2,5 dB/km
1300 nm:	0,5 dB/km
1550 nm:	0,4 dB/km
Bandbreite · Entfernung bei 1300 nm:	1 GHz·km
Residuale Modendispersion:	0,44 ns/km

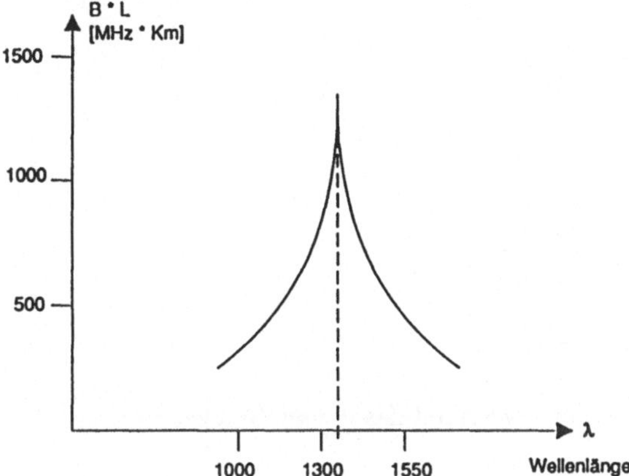

Bild 6.6   Kompensation der Modendispersion bei der Gradientenfaser

Bild 6.6 zeigt den typischen an einer Gradientenfaser gemessenen Verlauf des Bandbreiteprodukts als Funktion der Wellenlänge. Die Bandbreite einer Gradientenfaser ist damit bei der Betriebswellenlänge um den Faktor 40 – 50 höher als bei einer Stufenindexfaser. Die typischen Daten einer Gradientenfaser enthält Tabelle 6.1. Der Anwendungsbereich beschränkt sich auf Nahverbindungen und Datenübertragungsnetzwerke (LAN) mit moderaten Bandbreitenanforderungen, wo der Vorteil der relativ großen Eintrittsapertur sich in einfachen Steckverbindungen kostengünstig auswirken kann.

6.3 Monomodefasern

Macht man den Kerndurchmesser der Gradientenfaser oder der Stufenindexfaser sehr klein, kann sich schließlich nur noch der Grundmode ausbreiten. In den Formeln bedeutet dies, daß der Strukturparameter V kleiner werden muß als ein sogenannter kritischer Wert V_c:

$$V < V_c = 2,405 \qquad\qquad \textit{Grenzwert für} \qquad\qquad (6.13)$$
$$\textit{Monomodebetrieb}$$

Dann ist nur noch ein Mode ausbreitungsfähig. Der Wert 2,405 kann durch wellentheoretische Analyse gefunden werden, worauf hier nicht weiter eingegangen werden soll.

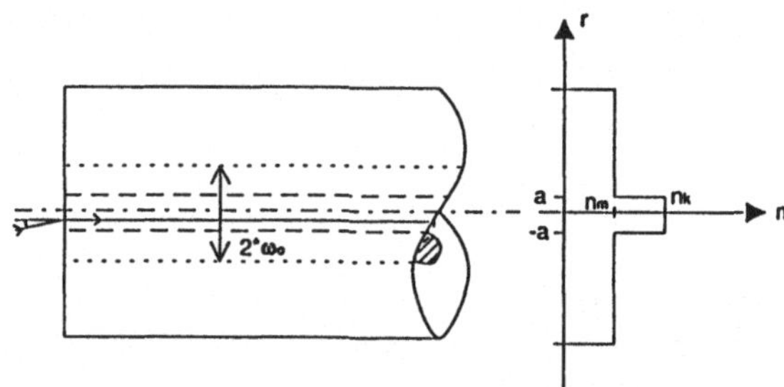

Bild 6.7 Lichtausbreitung in einer Monomodefaser und Brechzahlprofil

Monomode-Betrieb stellt sich erst für Kerndurchmesser in der Größenordnung von 8 μm und kleiner ein (Bild 6.7). Bei diesen kleinen Dimensionen kann der Wellencharakter nicht mehr vernachlässigt werden.

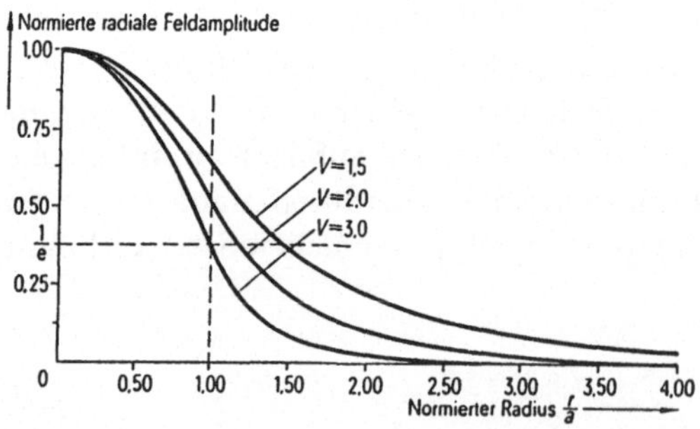

Bild 6.8 Abhängigkeit der Feldamplitude vom Radius und vom Strukturparameter V

Das elektrische Feld der vorwärtsschreitenden Welle greift über den Kernradius von a in den Mantel hinein (Bild 6.8), je kleiner der Strukturparameter wird, desto weiter und desto schwächer die Führung. Die Leistungsverteilung über den Radius kann durch eine Gaußfunktion angenähert werden und man definiert als Strahlungsfelddurchmesser $2\omega_0$ den Durchmesser, bei dem die Feldstärke auf $1/e$ abgefallen ist (Strahlungsleistung auf $1/e^2$) (Bild 6.9). Dieser Durchmesser ist etwas größer als der geometrische Durchmesser $2a$.

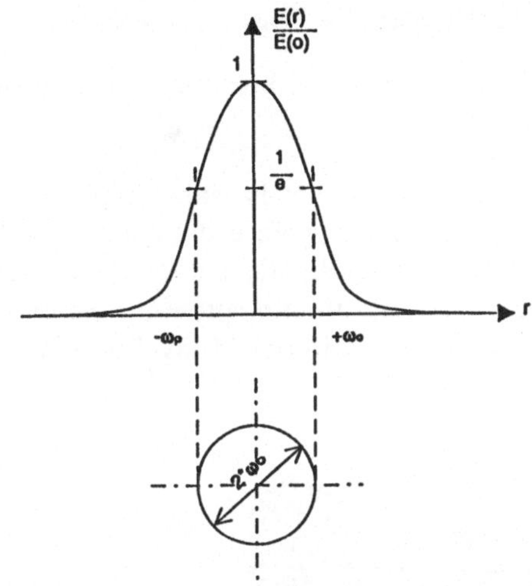

Bild 6.9
Definition des Felddurchmessers $2\omega_0$

Die relative Brechzahl wird bei Monomodefasern mit ca. 0,003 sehr klein gewählt, so daß nur ein sehr geringer Unterschied zwischen Kern und Mantel besteht. Für eine gegebene Faser gibt es also einen Grenzstrukturparameter V_c und wegen dessen Abhängigkeit von der Betriebswellenlänge eine Grenzwellenlänge für den Monomodebetrieb:

$$\lambda_c = \frac{2\pi \cdot a \cdot n_k \sqrt{\Delta}}{2,405} \tag{6.14}$$

Für Wellenlängen, die kürzer sind als die Grenzwellenlänge, überträgt also auch eine Monomodefaser einen oder mehrere weitere Moden, z.B. wenn man eine Monomodefaser für 1300 nm mit einem HeNe-Laser beleuchtet. Für den sichtbaren Bereich des Spektrums werden heute spezielle Monomodefasern mit sehr kleinen Kernradien unter 6 μm hergestellt. Auf die Messung der Grenzwellenlänge einer Faser wird später noch gesondert eingegangen. Meist dimensioniert man die Fasern so, daß die Grenzwellenlänge nur wenig unterhalb der Betriebswellenlänge liegt, da dann die Materialdispersion relativ klein ist. Da der Modenfelddurchmesser wegen der Einkoppelprobleme möglichst groß sein soll, bedingt dies eine relativ niedrige Numerische Apertur, woraus eine schwache Führung des Lichtes in der Faser folgt.

Die Eigenschaften von Monomodefasern können zusammengefaßt werden:

- Monomodefasern zeigen prinzipiell keine Modendispersion.

- Der aktive Faserdurchmesser ist sehr klein.

- Die numerische Apertur und damit der Akzeptanzwinkel sind sehr klein, so daß die Einkopplung von Strahlungsleistung in die Faser schwierig ist.

- Die Bandbreite der Monomodefaser ist sehr hoch und nur durch chromatische Dispersion (s.u.) begrenzt.

Mit der Einmodigkeit ist jedoch noch nicht der Polarisationszustand des übertragenen Lichtes festgelegt. Da auf Grund der Doppelbrechung im Faserkern Licht unterschiedlichen Polarisationsgrades sich unterschiedlich schnell ausbreitet, tritt hier noch eine Polarisationsmodendispersion auf, die u.a. zur Entwicklung von Fasern geführt hat, bei denen nur Licht einer Polarisationsrichtung übertragungsfähig ist (PM-Fasern, s.u.).

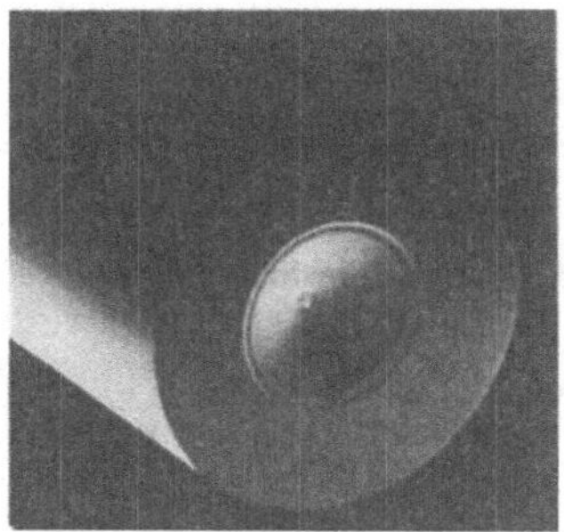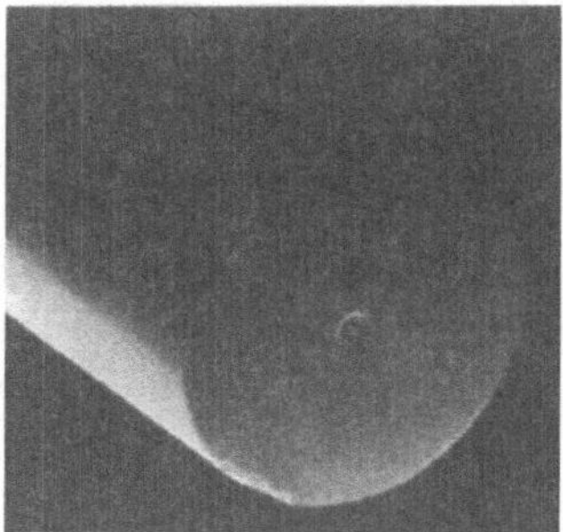

Bild 6.10   Abgeätzte Stirnflächen einer Gradienten- und einer Monomodefaser [Werkbild: SIEMENS]

Bild 6.10 zeigt die angeätzten Stirnflächen einer Gradientenfaser und einer Monomodefaser im Vergleich. Man erkennt die extrem kleinen Dimensionen der Monomodefaser. Die charakteristischen Daten sind in Tabelle 6.2 zusammengestellt.

Tabelle 6.2   Charakteristische Daten einer Monomodefaser

Felddurchmesser:	$2\omega_o = 9\ \mu m \pm 1\ \mu m$
Außendurchmesser:	$R = 125\ \mu m$
Grenzwellenlänge:	$\lambda_c = 1100 \ldots 1280$ nm
Dämpfungsbelag 1300 nm:	0,4 dB/km
1550 nm:	0,25 dB/km
chromatische Dispersion D_{chr} 1300 nm:	3,5 ps/nm·km
1550 nm:	20 ps/nm·km

6.4 Dispersion und Bandbreite

Zuvor wurde schon erwähnt, daß bei der Stufenindexfaser ein Verschmieren des Pulses mit zunehmender Leitungslänge auftritt, welches als *Dispersion* bezeichnet wird. Neben dieser Modendispersion treten noch andere Ursachen für Pulsbverbreiterungen in Erscheinung, die wegen ihrer Abhängigkeit von der Wellenlänge unter dem Begriff der chromatischen Dispersion zusammengefaßt werden:

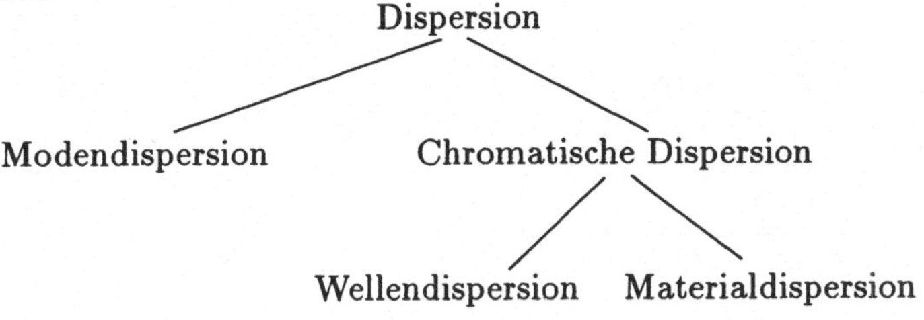

Modendispersion
Für die möglichen Moden gibt es unterschiedliche Ausbreitungswege und damit unterschiedliche Laufzeit:

$$\Delta t_{\text{mod}} = \frac{N.A.^2}{2n \cdot c}\, L \qquad\qquad \textit{Modendispersion für kleine } L \qquad (6.15)$$

Die lineare Abhängigkeit gilt nur bis zu einer gewissen Entfernung L_c, oberhalb beschreibt wegen der zunehmenden Modenmischung ein Potenzgesetz die Abhängigkeit besser:

$$\Delta t_{\text{mod}} = konst. \cdot L^{-m}, \qquad m = 0,7 \ldots 0,9 \text{ für größere Entfernungen} \qquad (6.16)$$

Die Modenmischung ist auch Ursache der erstaunlichen Tatsache, daß eine mehrfach gespleißte Multimodefaser eine häufig höhere Bandbreite besitzt als die originale, ungestörte Faser.

Materialdispersion
Das von einer Lichtquelle emittierte Licht besitzt eine spektrale endliche Breite Δl. Der Brechungsindex ist jedoch, wie vom Prisma her bekannt, selbst von der Wellenlänge abhängig. Maßgebend für die Dispersion, also die unterschiedliche Laufzeit der spektralen Anteile des eingekoppelten Lichtes, ist die Gruppenlaufzeit.

$$t_{\text{gr}} = \frac{L}{c}\left(n - \lambda\frac{\mathrm{d}n(\lambda)}{\mathrm{d}\lambda}\right) \qquad\qquad \textit{Gruppenlaufzeit} \qquad (6.17)$$

Hieraus ergibt sich dann die Materialdispersion zu:

$$\Delta t_{\text{mat}} = \frac{\mathrm{d}t_{\text{gr}}}{\mathrm{d}\lambda}\,\Delta\lambda = \frac{L \cdot \lambda \cdot \Delta\lambda}{c}\cdot\frac{\mathrm{d}^2 n(\lambda)}{\mathrm{d}\lambda^2} \qquad\qquad \textit{Dispersion} \qquad (6.18)$$

als abhängig von der zweiten Ableitung des Brechungsindex nach der Wellenlänge. In der Praxis wird meist der Materialdispersionsparameter D_{mat} verwendet:

$$\Delta t_{\mathrm{mat}} = D_{\mathrm{mat}}(\lambda) \cdot \Delta\lambda \cdot L \qquad \textit{Impulsverlängerung durch} \qquad (6.19)$$
$$\textit{Materialdispersion}$$

wobei D_{mat} in ps/nm·km angegeben wird.

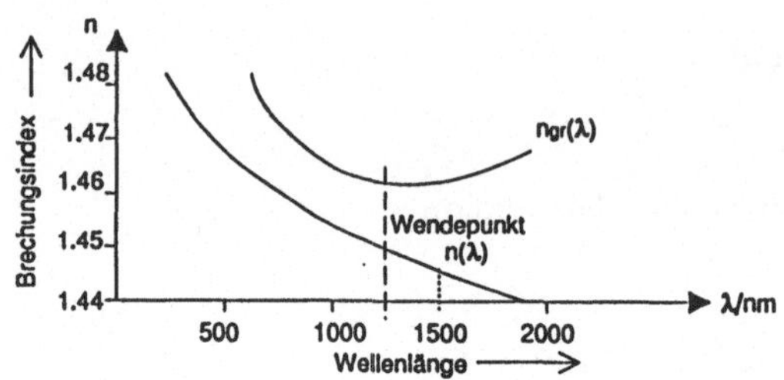

Bild 6.11   Brechungsindex als Funktion der Wellenlänge

Der Brechungsindex in Abhängigkeit der Wellenlänge von Quarz als wichtigstem Fasermaterial ist in Bild 6.11 dargestellt. Der Index weist bei 1280 nm einen Wendepunkt auf. Tatsächlich ergibt sich hier für die zweite Ableitung eine Nullstelle, so daß die Materialdispersion bei gerade dieser Wellenlänge zu Null wird. Dies ist deutlicher noch dem Bild 6.12 zu entnehmen, in dem der Materialdispersionsparameter D_{mat} direkt aufgetragen ist. Besonders ist auf die relativ großen Werte bei 900 nm hinzuweisen, die diese Wellenlänge ungeeignet für hohe Bandbreiten machen.

Durch Dotierung der Faser und spezielle Profile (V-Parameter) läßt sich das Dispersionsminimum noch verschieben oder glätten, z.B bis 1550 nm (dispersionsverschobene Fasern). Ebenfalls sind Fasern mit Minima bei 1300 nm und 1550 nm realisiert worden, jedoch sind die erhaltenen Dämpfungswerte wegen der ungünstigeren Profile und hohen Dotierungen bisher unbefriedigend. Solche Fasern eignen sich z.B. für einen Wellenlängenmultiplex.

Wellendispersion

Wellendispersion kann praktisch nur in Monomodefasern beobachtet werden. Wie schon aus der V-Parameter Darstellung entnommen werden kann, breitet sich ein nicht unbeträchtlicher Teil der Strahlungsleistung bei der Monomodefaser im Mantel aus. Da aber die Ausbreitungsgeschwindigkeit wegen des unterschiedlichen Brechungsindex im Mantel höher ist als im Kern, entsteht erneut eine Pulsverschleifung, die als Wellendispersion bezeichnet wird. Ihre Größe ist noch deutlich geringer als die Materialdispersion und bereits an der Grenze des Meßbaren. Bild 6.12 zeigt die geringe Abhängigkeit von der Wellenlänge. Auch sie nimmt proportional der Faserlänge zu.

$$\Delta t_{\mathrm{well}} = D_{\mathrm{well}} \cdot \Delta\lambda \cdot L \qquad \textit{Impulsverlängerung durch} \qquad (6.20)$$
$$\textit{Wellendispersion}$$

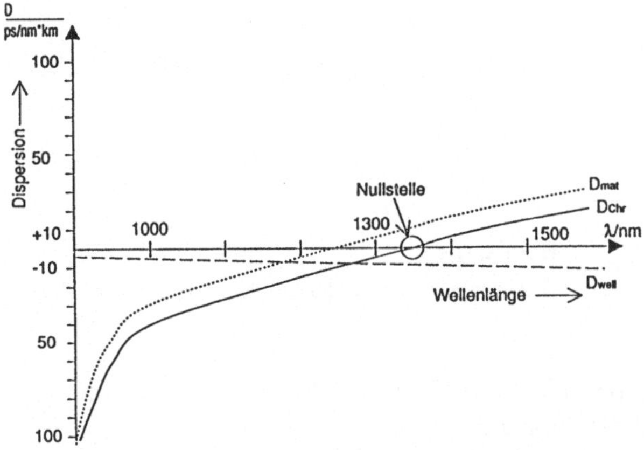

Bild 6.12 Verlauf der chromatischen Dispersion D_{chr} als Summe von Materialdispersion D_{mat} und Wellenleiterdispersion D_{well} für eine Stufenindex-Monomodefaser

Sowohl Materialdispersion als auch Wellendispersion sind vorzeichenbehaftet und können sich gegenseitig auslöschen. Es gibt deshalb für eine Monomodefaser eine Wellenlänge, für die die gesamte chromatische Dispersion praktisch Null wird. Dieses Dispersionsminimum liegt in der Umgebung von 1300 nm (Bild 6.12).

$$\Delta t_{chr} = (D_{mat} + D_{well})\Delta\lambda \cdot L \qquad \textit{Chromatische Dispersion} \qquad (6.21)$$

Beispiel 6.5:
Eine Monomodefaser mit $\Delta t_{chr} = 3,5$ ps/nm·km wird einmal mit einer LED, einmal mit einer LD als Sender betrieben.

$$\begin{aligned} \text{LED :} \quad & \Delta\lambda = 40 \text{ nm} \\ \text{Laserdiode :} \quad & \Delta\lambda = 0,1 \text{ nm} \end{aligned}$$

Wie groß ist die chromatische Impulsaufweitung (Dispersion) und das Bandbreite-Entfernungsprodukt der Faser?

$$\begin{aligned} \Delta t_{chr} = 140 \text{ ps/km} \quad \text{(LED)} \quad & B \cdot L = 3,1 \text{ GHz} \cdot \text{km} \\ \Delta t_{chr} = 0,35 \text{ ps/km} \quad \text{(Laser)} \quad & B \cdot L = 1.257 \text{ GHz} \cdot \text{km} \end{aligned}$$

Die Bedeutung des Lasers als schmalbandiger Lichtquelle wird dabei deutlich.

Aus der Pulsverbreiterung kann die Übertragungsbandbreite ermittelt werden, wenn man annimmt, daß es sich bei den Sendeimpulsen und Empfangsimpulsen um sogenannte Gaußimpulse handelt, was mit guter Näherung richtig ist. Bild 6.13 zeigt den Gaußimpuls, der durch die Funktion:

$$f(t) = A \cdot e^{-2,77\,t^2/w^2} \qquad \textit{Gaußfunktion mit w = Halbwertsbreite} \qquad (6.22)$$

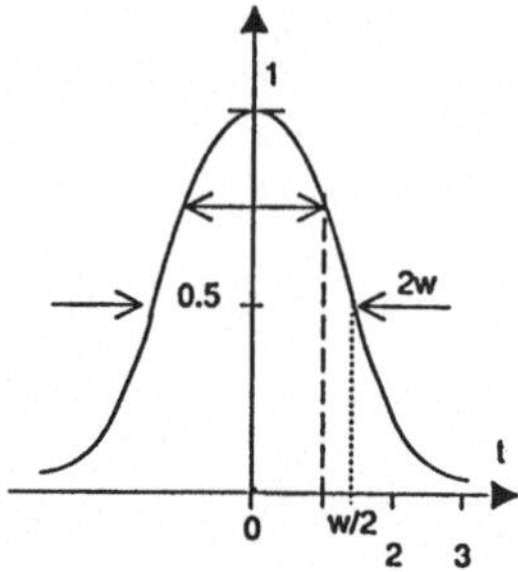

Bild 6.13
Gaußimpuls im Zeitbereich, w = Halbwertsbreite

beschrieben wird. w bedeutet hier die Halbwertsbreite, die mit der aus der Normalverteilung bekannten Größe σ mit

$$\sigma = 0,43 \cdot w \qquad \text{\textit{Streuung bei Normalverteilung}} \qquad (6.23)$$

zusammenhängt. Der Gaußimpuls stellt unter anderem insofern eine Näherung dar, als er unendlich lange dauert, allerdings ist die Energie in den Ausläufern vernachlässigbar klein.

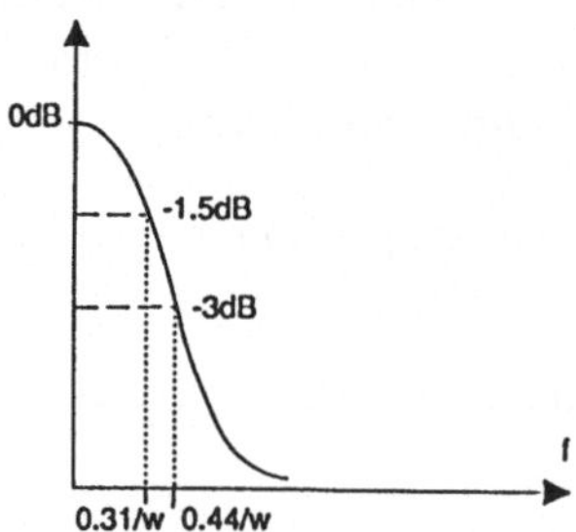

Bild 6.14
Frequenzspektrum eines Gaußimpulses ist wieder eine Gaußkurve

Die Gaußfunktion hat die einzigartige Eigenschaft, daß sie invariant gegenüber einer Fouriertransformation ist (Bild 6.14), so daß die Fouriertransformierte ebenfalls wieder eine Gaußfunktion darstellt mit der Funktion:

$$F(t) = 0,17 \cdot A \cdot w \cdot e^{-3,56\, t^2/w^2} \qquad \text{\textit{Fouriertransformation der}} \qquad (6.24)$$
$$\text{\textit{Gaußfunktion}}$$

Hieraus läßt sich leicht die 3 dB-Eckfrequenz, welche als Bandbreite der Faser bezeichnet wird, berechnen zu:

$$B = \frac{0,44}{w} \qquad \text{\textit{3 dB}}_{opt}\text{\textit{-Bandbreite}} \qquad (6.25)$$

Dieser Zusammenhang wurde schon zuvor in Gl. (6.5) benutzt. Die hier mit w bezeichnete Halbwertsbreite des Pulses läßt sich meßtechnisch gut ermitteln.

Bestimmt man den Puls am Eingang der Faser w_1 und am Ausgang w_2, so ergibt sich hieraus die Dispersion zu

$$\Delta t = \sqrt{w_2^2 - w_1^2} \qquad \textit{Dispersion aus Impulsverbreiterung} \qquad (6.26)$$

Wegen des Gaußcharakters addieren sich unabhängige Dispersionseinflüsse quadratisch:

$$w^2 = w_1^2 + w_2^2 + w_3^2 + \dots \qquad (6.27)$$

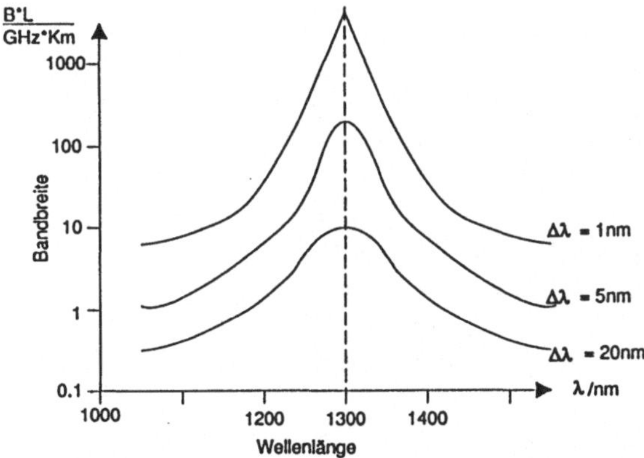

Bild 6.15 Bandbreite-Längenprodukt einer Monomodefaser als Funktion der Wellenlänge und der spektralen Halbwertsbreite $\Delta\lambda$ der Lichtquelle [nach BLUDAU]

Hierbei kann auch die impulsverbreiternde Wirkung des Detektors, der Faser, der chromatischen Dispersion und der Modendispersion verstanden werden. Die Bandbreite einer Faser ist somit abhängig von der spektralen Charakteristik des Senders. Hohe Übertragungsbandbreiten sind nur mit Laserdioden zu erreichen, die eine hohe spektrale Reinheit aufweisen (DFB-LD, Bild 6.15). Die Wellenlänge muß zudem genau kontrolliert werden, um die Faser im jeweiligen Dispersionsminimum zu betreiben:

Eine Faser ist deshalb nur für eine Wellenlänge optimal!

6.5 Dämpfung in Lichtleitfasern

Bei der Weiterleitung des Lichtes durch die Faser tritt eine Dämpfung auf. Erst das Verständnis der Dämpfungsmechanismen erlaubte die Entwicklung hochtransparenter Gläser und damit von LWL geringer Dämpfung zur Übertragung von Informationen über viele Kilometer.

Zur Dämpfung tragen folgende Effekte bei:

- Streuung des Lichtes in der Faser an Inhomogenitäten (RAYLEIGH-Streuung),

- Absorption des Lichtes in Verunreinigungen oder durch molekulare Mechanismen,

- Strahlungsverluste durch Spleiße und Lichtaustritt aus der Faser.

Die Transmissionscharakteristik von hochreinem Quarzglas zeigt Bild 6.16.

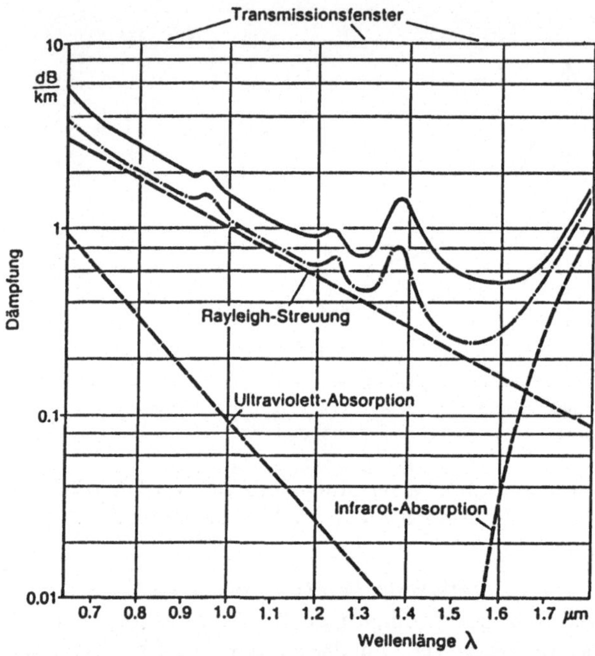

Bild 6.16   Spektrale Dämpfung von Licht in hochreinen Quarz-Glasfasern

Die RAYLEIGH-Streuung beruht auf Streuung an lokalen Dichteunterschieden, wie sie z.B. durch thermodynamisch bedingte Dichtefluktuationen entstehen. Die Dämpfung ist dabei umgekehrt proportional der vierten Potenz der Wellenlänge:

$$a = \frac{const.}{\lambda^4} \qquad\qquad \text{RAYLEIGH-}Streuung \qquad (6.28)$$

Längere Wellenlängen bedeuten deshalb geringere Dämpfung, wobei die Absolutwerte von der Größe der Inhomogenitäten abhängen. Monomodefasern mit geringem Dichteunterschied zwischen Mantel und Kern zeigen deshalb niedrigste Dämpfung.

Bei anwachsender Wellenlänge beginnt sich die IR-Absorption bemerkbar zu machen, welche schnell anwächst und den Betrieb nach längeren Wellenlängen hin begrenzt. Maßgebend hierfür sind die atomaren Absorptionsbande des SiO_2. Bei noch längeren Wellenlängen wird Quarz schließlich undurchlässig für Strahlung.

Ebenfalls atomarer Natur ist die UV-Absorption, die ebenfalls durch die verwendeten Materialien vorgegeben ist und nicht unterboten werden kann.

RAYLEIGH-Streuung und IR-Absorption sind tendenziell gegenläufig, so daß sich für eine bestimmte Wellenlänge ein absolutes Minimum der Dämpfung ergibt, für Quarz bei 1550 nm.

Dämpfungsminimum von Quarz: 1550 nm

Die gemessenen Transmissionskurven zeigen meist einen komplizierteren Verlauf. Die Bereiche erhöhter Dämpfung entstehen durch Verunreinigung mit Wasser (H_2O), welches die Absorptionlinien der OH-Gruppe:

H_2O: 950 nm   1240 nm   1380 nm

besitzt. Da sich diese Verunreinigungen trotz aufwendiger Dehydrierungsverfahren schwer vermeiden lassen, betreibt man die Faser besser in den sogenannten „Fenstern" bei

Transmissionsfenster: 850 nm   1330 nm   1550 nm

Diese Fenster sind identisch mit den heute hauptsächlich vertretenen Wellenlängen. Bei hohen Strahlungsleistungen treten als nichtlineare Effekte in Quarz noch die

□ RAMAN-Streuung und die

□ BRILLOUIN-Streuung

auf. Beide Effekte begrenzen die in einem LWL übertragbare maximale Strahlungsleistung, die bei Monomodefasern wegen der geringen Größe des Kerns bereits im mW-Bereich liegt. Der Erhöhung der Eingangsleistung zur Steigerung der Übertragungsreichweite sind also harte, materialbedingte Grenzen gesetzt.

Strahlungsverluste treten in Monomodefasern hauptsächlich an Spleißen, Mikrobiegungen und Herstellfehlern auf. Die Kernmode wandelt sich dabei in einen Mantelmode und verläßt schließlich die Faser oder wird absorbiert. Diese Strahlungsleistung geht damit für den Informationstransport verloren. Die Verfügbarkeit dämpfungsarmer Spleißtechnologie ist deshalb die Voraussetzung zur Nutzung der niedrigen Monomodefaserdämpfung, da nur begrenzte Kabellängen hergestellt und in Kanäle eingezogen werden können.

Die Dämpfung entlang der Faser gehorcht einem Exponentialgesetz:

$$P(x) = P_o \cdot e^{-\alpha' x} \hspace{4cm} \textit{Dämpfungsgesetz} \hspace{2cm} (6.29)$$

$P(x)$ =   optische Leistung an der Stelle x
P_o =   optische Leistung am Faseranfang
α' =   Dämpfungskoeffizient pro Länge (Dämpfungsbelag)

Im Ingenieurbereich wird jedoch bevorzugt mit dB gerechnet, d.h. auf den Zehnerlogarithmus bezogen:

$$\alpha = 4,35 \cdot \alpha' \qquad\qquad\qquad \textit{Dämpfungsbelag in dB}$$

$$P_{\mathrm{dB}}(x) = P_\mathrm{o} \cdot 10^{-\alpha x/10 dB} \qquad\qquad \textit{Dämpfungsgesetz in dB} \qquad (6.30)$$

$$\log P_{\mathrm{dB}}(x) = \log P_\mathrm{o} - \alpha \cdot x/10 \text{ dB}$$

$$10 \log P_{\mathrm{dB}}(x) = 10 \log P_\mathrm{o} - \alpha \cdot x$$

$$P_{\mathrm{dB}}(x) = P_{\mathrm{dBo}} - \alpha \cdot \frac{x}{10 \text{ dB}} \qquad\qquad \begin{array}{l}\textit{lineare Abhängigkeit von} \\ \textit{der Strecke } x\end{array} \qquad (6.31)$$

mit α = Dämpfungskoeffizient in dB/km und den Absolutpegeln $P_{\mathrm{dB}}(x)$ ebenfalls in dB gemessen. Hierzu ist eine Festlegung auf eine Referenzstrahlungsleistung erforderlich:

$$P_{\mathrm{dB}} = 10 \log \frac{P_{\mathrm{opt}}}{P_{\mathrm{ref}}} = 10 \log \frac{P_{\mathrm{opt}}}{1 \text{ mW}}, \quad [P] = \mathrm{dBm} \qquad \textit{Pegeldefinition} \qquad (6.32)$$

Zur Unterscheidung erhält dieser bezogene Pegel die Ersatzdimension dBm, wobei das m für 1 mW steht. Manchmal sieht man auch die Ersatzdimension dBμ. Hier gilt als Referenzpegel die optische Leistung 1 μW.

Es sei hier ausdrücklich darauf hingewiesen, daß es sich bei dieser Definition um das Verhältnis von Leistungen handelt. Dementsprechend bedeuten:

- $-3 \text{ dB}_{\mathrm{opt}} = 1/2$ Strahlungsleistung,

- $+3 \text{ dB}_{\mathrm{opt}} = 2$fache Strahlungsleistung,

- $+6 \text{ dB}_{\mathrm{opt}} = 4$fache Strahlungsleistung.

Dies ist zu unterscheiden von den „elektrischen" dB, wo gilt:

$$a = 20 \log \frac{U_2}{U_1}, \qquad [a] = \mathrm{dB}$$

Hier bedeuten 3 dB = $\sqrt{2}$ fache. In einem Fotoempfänger ist der Ausgangsstrom I_{ph} jedoch der einfallenden Strahlungsleistung proportional. Es wird zur Kennzeichnung der Bandbreite einer Faser weiterhin die $-3 \text{ dB}_{\mathrm{opt}}$ verwendet, da

$$a = 10 \log \frac{P_{\mathrm{opt1}}}{P_{\mathrm{opt2}}} = 10 \log \frac{r \cdot I_{\mathrm{ph1}}}{r \cdot I_{\mathrm{ph2}}} = 10 \log \frac{I_{\mathrm{ph1}}}{I_{\mathrm{ph2}}}, \quad [a] = \mathrm{dB}_{\mathrm{opt}} \qquad (6.33)$$

Der Ausgangsstrom im Fotodetektor geht deshalb bei der Eckfrequenz auf den *halben Ausgangswert* zurück. Zwischen dB$_{\mathrm{opt}}$ bei Strahlungsleistungen und dem dB$_{\mathrm{el}}$ bei elektrischen Werten ist deshalb streng zu unterscheiden. Im Effekt entspricht somit ein LWL mit 10 dB$_{\mathrm{opt}}$/km-Dämpfung einem Koaxialkabel mit 20 dB$_{\mathrm{el}}$/km-Dämpfung.

Weitere Unterschiede zur „elektrischen Welt" ergeben sich aus dem immer vorhandenen Pulscharakter des optischen Signals. Da insbesondere bei Laserdioden der optische Nullpegel nicht auftritt, d.h. auch bei Übertragung einer „Null" wird Licht ausgesendet, wenn auch mit verminderter Stärke, definiert man das Verhältnis von High-Pegel zu Low-Pegel als Extinktion (siehe Abschnitt 4.8 Laserdioden).

Der genau in der Mitte liegende Pegel

$$P_{ms} = \frac{P(L) + P(O)}{2}$$

wird als *Mesial Power* (Mesiale Leistung) bezeichnet, nicht zu verwechseln mit der
(zeitlichen) mittleren Leistung P_m. Die mesiale Leistung ist wie die Extinktion
ein Modulationsparameter und vom Einschaltverhältnis unabhängig. Für eine gute,
störsichere Übertragung sollte die Extinktion möglichst groß sein.

Die Pegelrechnung hat im Bereich der optischen Nachrichtentechnik eine ähnliche
Bedeutung wie in der übrigen Nachrichtentechnik. Auf diese Grundlagen wird bei
der Aufstellung von System-Pegelplänen noch zurückgekommen.

Beispiel 6.6:
Eine Faser wird mit -4 dBm gespeist. Am Ausgang nach 15 km wird eine
Strahlungsleistung von -28 dBm gemessen. Die Dispersion beträgt $D = 500$ ps/km.
1. Wie groß ist die Faserdämpfung?
2. Wie groß ist die Eingangs- und Ausgangsleistung in W?
3. Wie groß ist die Bandbreite der Faser?

zu 1:

$$(28 \text{ dBm} - 4 \text{ dBm})/15 \text{ km} = 1,6 \text{ dB/km}$$

zu 2:

$$P_{wa} = 10^{P_{dB}/10} \cdot 1 \text{ mW} = 10^{-0,4} \text{ mW} = 0,39 \text{ mW}$$

$$P_{we} = 0,00158 \text{ mW} = 1,58 \text{ mW}$$

zu 3:

$$B = 0,44/\Delta t = 0,44/(D \cdot L)$$

$$B = 0,44/(150 \text{ ps/km} \cdot 15 \text{ km}) = 195 \text{ MHz} \qquad \text{für 3 dB optisch}$$

6.6   Lichtleitfaserkabel

Einzelfasern sind zarte zerbrechliche Gebilde, die erst durch die Einarbeitung in
Kabel ihre mechanische Festigkeit erhalten. Dies hat auch weitere Vorteile:

- Schutz der Faser gegen mechanische Beanspruchung,

- Biegeschutz und Knickschutz,

- Schutz gegen Feuchtigkeit (Korrosion),

- Zusammenfassung von Fasern,

- Festigkeit beim Einziehen in Kabelkanäle.

Die Forderung ist heute eine garantierte Lebensdauer von 30 Jahren sowie eine
ausreichende Reservekapazität, falls es zum Ausfall von Fasern kommt.

Für die Lebensdauer einer Faser ist die mechanische und klimatische Beanspruchung maßgebend. Glas weist von sich aus eine relativ hohe Festigkeit auf, so daß sich für eine Faser von 125 μm Durchmesser theoretisch eine Zugfestigkeit von 220 N ergibt.

Durch Mikrorisse in der Oberfläche weisen jedoch längere (2 m) Fasern eine meßbare Zugfestigkeit von nur 10...20 N auf. Die Mikrorisse werden bei ungeschützer Faser durch chemische Korrosion infolge von Feuchtigkeit tiefer, so daß die Zugfestigkeit weiter abnimmt. Erhöhte Temperaturen und mechanische Spannungen beschleunigen diesen Prozeß.

Bei der Herstellung werden alle Fasern mit einer sogenannten Durchlauftestspannung F_d = 3...10 N geprüft. Umfangreiche Untersuchungen haben nachgewiesen, daß bei einer Beanspruchung der Faser mit weniger als 1/3 der Dauertestspannung noch keine nennenswerte Alterung auftritt.

Für F_d = 5 N ergibt sich somit bei 30 Jahren projektierter Lebensdauer eine Grenzbeanspruchung:

Zugspannung:	< 1,7 N
Dehnung:	< 0,2 %
Biegeradius:	> 33 mm
Torsion:	< 360° / 54 mm

Diese Werte gelten sowohl für Gradienten- als auch Monomodefasern.

Jede Krümmung der Faser bewirkt eine geringe Dämpfung, die insbesondere bei Monomodefasern im 1550 nm-Fenster ins Gewicht fällt. Man unterscheidet zwischen

□ Makrobiegungen und

□ Mikrobiegungen.

Ein Beispiel für die Abhängigkeit der Dämpfung vom Biegeradius zeigt Bild 6.17.

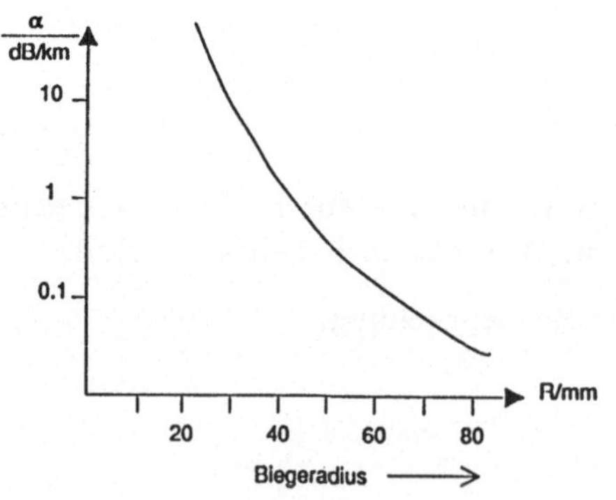

Bild 6.17
Dämpfung in Abhängigkeit des Biegeradius bei Monomodefasern

Der Kabelaufbau muß deshalb so gewählt werden, daß sowohl Makro- als auch Mikrobiegungen vermieden werden. Eine geringe Biegung durch die Verseilung ist dabei unschädlich.

Die Faser selbst wird zunächst in jedem Fall durch eine sogenannte „Primärbeschichtung" geschützt. Hierbei handelt es sich um hochwertige „weiche" Kunststoffe mit angepaßtem Brechungsindex und eingelagerten Absorptionsfarbstoffen, die schon nach wenigen Metern jede Lichtausbreitung im Mantel verhindern. Gleichzeitig stellt die Primärbeschichtung den eigentlichen Feuchtigkeitsschutz dar und macht die Faser gegenüber der Handhabung weitgehend bruchfest.
Der weitere Kabelaufbau kann sowohl

- mit **lose** ummantelter Faser als auch

- mit **fest** ummantelter Faser erfolgen.

Bei lose ummantelter Faser liegt die Faser praktisch lose in einer Röhre, so daß mechanische Kräfte von der Hülle zur Faser nicht oder nur geringfügig übertragen werden können. Probleme ergeben sich allerdings über den Temperaturbereich, da der thermische Ausdehnungskoeffizient von Faser und Hülle sehr unterschiedlich sind. So können sich insbesondere bei tiefen Temperaturen Ausbucklungen, d.h. Mikrobiegungen einstellen, die die Dämpfung der Faser erhöhen.

Bei den fest ummantelten Fasern wird eine Sekundärbeschichtung, meist aus Materialien mit niedrigem Elastizitätsmodul, aufgebracht. Nachteil ist hier die größere mechanische Beanspruchung der Faser über den Temperaturbereich.

Die geschützten Fasern werden in klassischer Weise zu Kabeln verseilt. Der Kabelmantel wird aus Polyethylen PE oder Polyvinylchlorid PVC hergestellt. Typisch gegenüber elektrischen Kabeln sind die relativ großen Stützelemente und Aufpolsterungen, die häufig aus sehr hochwertigen Materialien wie Kevlar oder glasfaserverstärkten Kunststoffen hergestellt werden müssen, um die Festigkeit über den Temperaturbereich sicherzustellen. Heute werden bevorzugt „metallfreie" Kabel hergestellt, wenn auch der Nagetierschutz noch sehr zu wünschen übrig läßt [ANT].

Tabelle 6.3 Typische Daten von modernen Postkabeln (Einmodenfasern)

Durchmesser Faser:	125 μm
Durchmesser Kern (Feld):	9 μm
Dämpfungsbelag:	0,4 dB/km
Dispersion:	3,5 ps/nm·km
Grenzwellenlänge:	1100 ... 1280 nm
Kabeldurchmesser:	13,5 mm bei 8 Fasern
	20 mm bei 40 Fasern
Kabelgewicht:	160 Kg/km, 340 Kg/km
Zugbelastbarkeit:	2500 N, 5100 N

Die Bilder 6.18 bis 6.22 zeigen diverse eingeführte Kabel und ihre Querschnitte.

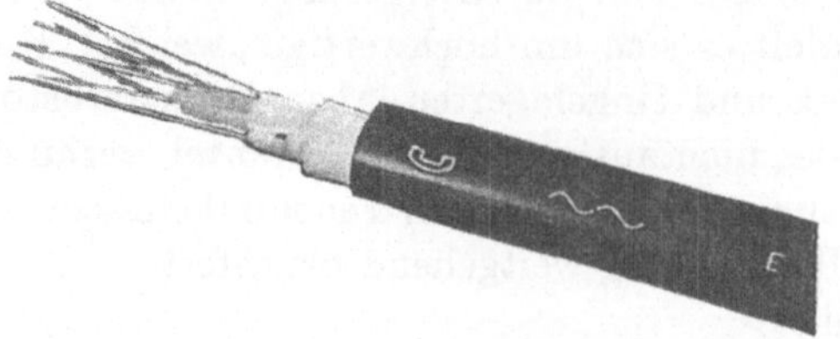

Bild 6.18 Lichtwellenleiterkabel für Außenverlegung mit 8 Monomodefasern
[Werkbild: ANT]

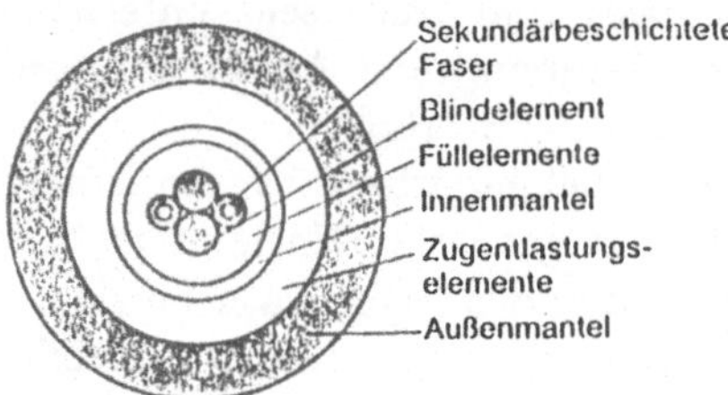

Bild 6.19
Querschnitt eines mobilen Kabels mit 2
Fasern [Werkbild: ANT]

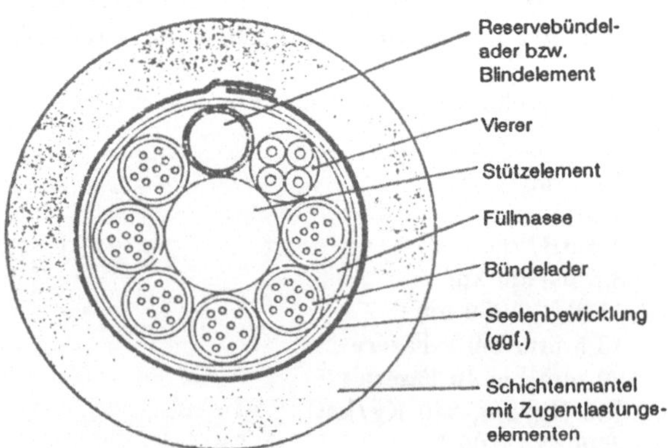

Bild 6.20 Querschnitt eines Lichtwellenleiter-Außenkabels mit 60 Gradientenfasern
[Werkbild: ANT]

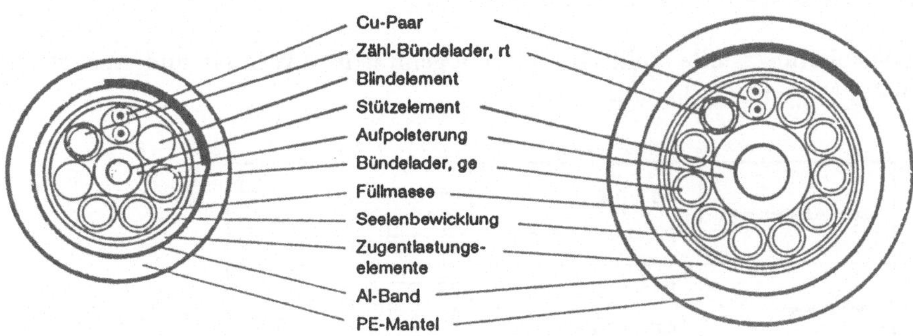

Bild 6.21   Querschnitte von Außenkabeln mit 8 bzw. 40 Monomodefasern [Werkbild: ANT]

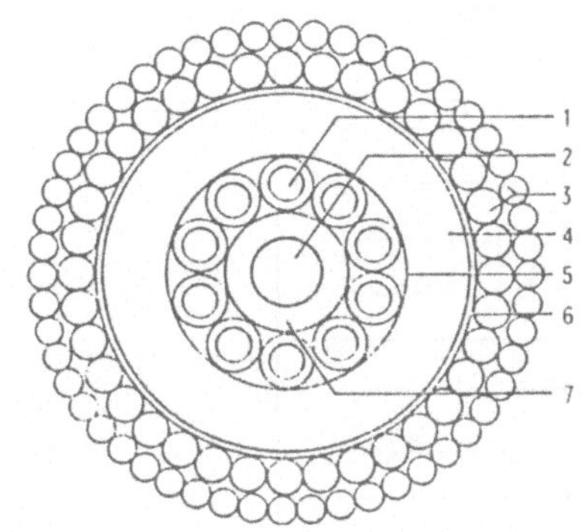

1 Hohlader
2 Zentralelement
  Kupferleiter
3 Stahlbewehrung
4 PE-Mantel
5 Füllmasse
6 Druckschutzwendel
7 PE-Isolierung

Bild 6.22
Lichtwellenleiter-Seekabel für große Verlegungstiefen [Werkbild: SIEMENS]

6.7 Verbindungen von Lichtwellenleitern, Spleiße und Stecker

Der Einsatz von LWL in der Praxis war erst möglich, nachdem man die Problematik dämpfungsarmer Verbindungen gelöst hatte. So werden LWL-Kabel heute typisch in Längeneinheiten (Einzugslängen) von 2000 m hergestellt und ausgelegt. Längere Verbindungen von 50...60 km erfordern deshalb eine große Zahl von Spleißen, die alle extrem dämpfungsarm und zuverlässig hergestellt werden müssen. An den Endgeräten benötigt man zudem Steckverbindungen, die schnell und reproduzierbar lösbar sind und zuverlässige Messungen erlauben.

6.7.1 Verluste an LWL-Verbindungen

Jede Verbindungsstelle stellt eine Inhomogenität im LWL dar und erzeugt deshalb Verluste. Man unterscheidet:

Stirnflächenabstand	$0{,}5 < \dfrac{s}{R} < 1{,}0$ $0{,}2\,\text{dB} < a_s < 0{,}45\,\text{dB}$
Achsenversatz	$0{,}1 < \dfrac{e}{R} < 0{,}2$ $0{,}25\,\text{dB} < a_e < 0{,}65\,\text{dB}$
Kippwinkel	$0{,}5^\circ < \varphi < 2^\circ$ $0{,}05\,\text{dB} < a_\varphi < 0{,}5\,\text{dB}$
Fehlwinkel	$0{,}2^\circ < \gamma < 2{,}0$ $0{,}01\,\text{dB} < a_\gamma < 0{,}2\,\text{dB}$
Oberfläche	$0{,}2 < \dfrac{r}{\lambda} < 2{,}0$ $0{,}01\,\text{dB} < a_r < 0{,}3\,\text{dB}$

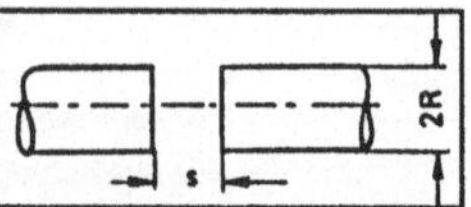

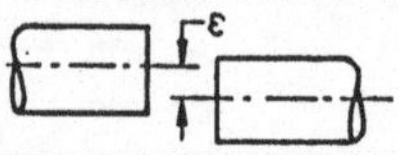

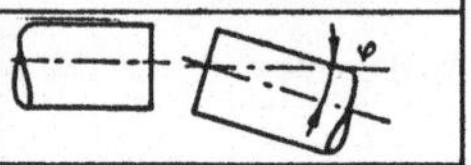

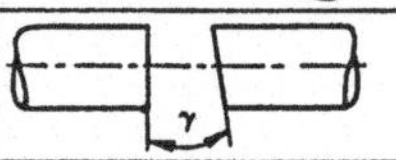

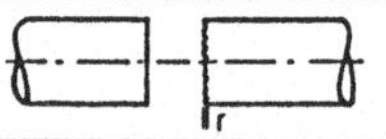

Kerndurchmesser	$\dfrac{\Delta R}{R} < 0{,}1 \qquad R = \dfrac{R_1 + R_2}{2}$ $a_R < 0{,}7\,\text{dB}$
Numerische Apertur	$\dfrac{\Delta A_N}{A_N} < 0{,}05$ $a_{AN} < 0{,}4\,\text{dB}$
Zylindrizität	$\dfrac{C}{R} < 0{,}05$ $a_C < 0{,}1\,\text{dB}$
Fresnelverluste	$0{,}3\,\text{dB} < a_F < 0{,}38\,\text{dB}$

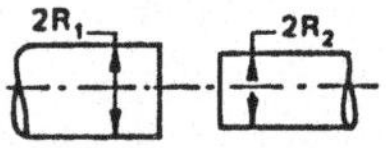

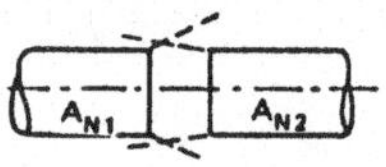

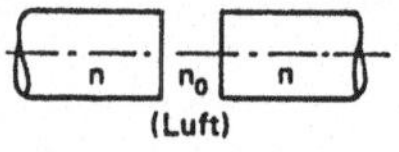

Bild 6.23 Extrinsische und Intrinsische Verlustmechanismen bei der Verbindung von Lichtwellenleitern [nach HIRSCHMANN]

Intrinsische Verluste

- unterschiedliche Kernradien,

- unterschiedliche Numerische Aperturen,

- unterschiedliche Brechzahlprofile.

Extrinsische Verluste

- radialer Versatz der Kerne zueinander,

- Winkelfehler,

- Lücke oder Spalt zwischen den Endstellen der Faser.

Während die intrinsischen Verluste hauptsächlich durch unterschiedliche Toleranz der Fasern hervorgerufen werden, können die extrinsischen Verluste durch sorfältige Montage minimisiert werden (Bild 6.23).

Darüber hinaus treten noch **Zusatzverluste** auf, z.B. durch mangelnde Endflächenqualität (Ausbrüche, Rauhigkeit), Verschmutzung und Reflexion an den Grenzflächen.

Nach CCITT sind Toleranzen an Fasern bereits heute genormt. Bei Ausschöpfung dieser Toleranzen kommt es zu nicht unbeträchtlichen Dämpfungen:

Kern-Radius Toleranz bei Gradientenfasern:	$d = 50\ \mu\mathrm{m} \pm 3\ \mu\mathrm{m}$
ergibt maximale Dämpfung:	$a = 1,04\ \mathrm{dB}$
N.A. Toleranz bei Gradientenfasern:	$N.A. = 0,2 \pm 0,02$
ergibt maximale Dämpfung:	$a = 1,74\ \mathrm{dB}$
Profilparameter (bisher keine Normung):	$g = 2 \pm 0,2$
ergibt maximale Dämpfung:	$a = 0,44\ \mathrm{dB}$

Der unterschiedliche Profilparameter führt bei der Kopplung einer Gradienten- mit einer Stufenindexfaser gleichen Kerndurchmessers zu einer Dämpfung von 3 dB!

Bei den durch die Montage beeinflußbaren extrinsischen Verlusten nimmt der radiale Versatz eine überragende Stellung ein. So erzeugt ein radialer Versatz von 1 μm bei einer Monomodefaser bereits eine Dämpfung von 0,17 dB. Siehe hierzu Bild 6.24.

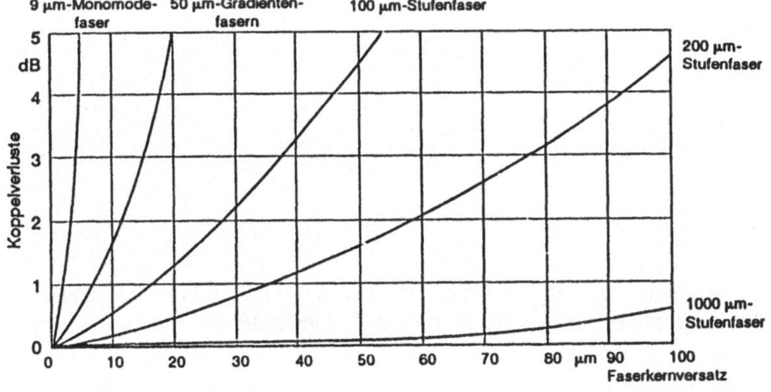

Bild 6.24 Anforderungen an die laterale Justage von LWL-Verbindungen

Winkelfehler sind demgegenüber unkritischer und Genauigkeitsforderungen besser erfüllbar. So führt bei Monomodefasern ein Winkelfehler von $0,5°$ zu einer Dämpfung von $a = 0,05$ dB.

Stoßen die Endflächen nicht exakt aneinander, ergibt sich eine Lücke, an der sowohl Reflexionsverluste als auch Strahlungsverluste eintreten können. Monomodefasern sind hier wegen der geringeren numerischen Apertur unempfindlicher als Gradientenfasern. Zudem stellt sich bei Lücken, die in der Größenordnung einiger Wellenlängen liegen, ein durch wellenoptisches Verhalten bestimmtes Übertragungsverhalten ein (Interferometer).

Bei monochromatischer Strahlung, wie sie bei Laserdioden weitgehend vorliegt, kommt es zur Ausprägung von stehenden Wellen mit letztlich einer sinusförmigen Abhängigkeit zwischen 0 db und 0,65 dB. Dies kann bis zu 40 μm Lückenweite anhalten.

Bei LEDs ist der Wellencharakter bereits nach $10 \ldots 15$ Wellenlängen nicht mehr zu beobachten (Bild 6.25).

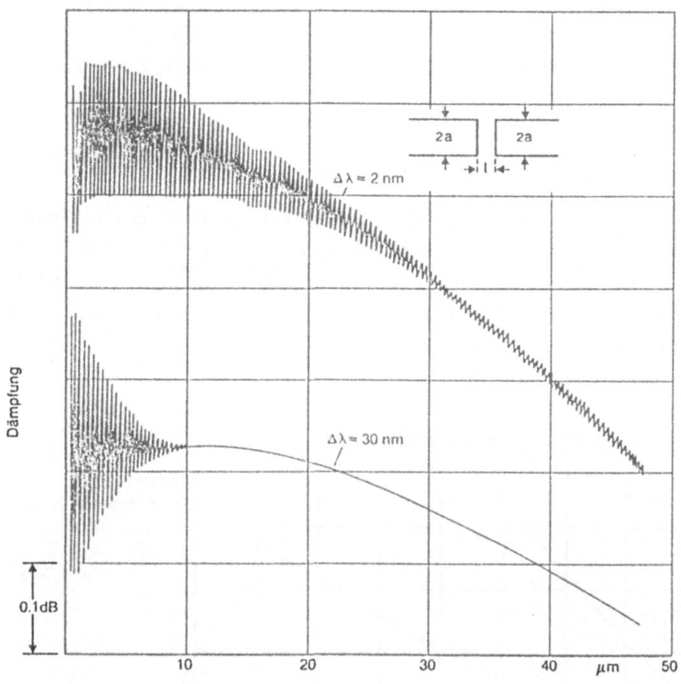

Bild 6.25 Reflexionen und stehende Wellen bei einer Lücke zwischen den zu verbindenden Lichtwellenleitern [RITTICH], a) Laserdiode als Sendequelle, b) LED-Lichtquelle

6.7.2 Spleißverfahren

Unter Spleißen versteht man feste, unlösbare Verbindungen. In Frage kommen heute nur:

- mechanische Spleiße,

- Klebespleiße,

- Schmelzspleiße.

Der **mechanische Spleiß**, bei dem die LWL ausschließlich durch mechanische Hilfsmittel wie Nuten und Klammern gehalten werden, hat nur für die Meßtechnik und den Laboraufbau Bedeutung. Die Fasern werden in eine gemeinsame Führungsnut (V-Nut) oder ein elastisches Halteteil (Schrumpfelement) eingeführt und dort mechanisch fixiert (Bild 6.26).

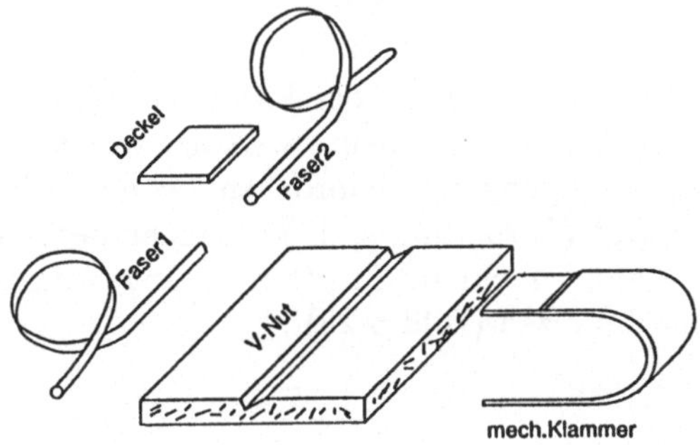

Bild 6.26 Mechanischer Laborspleiß mit V-Nutführung

Es gibt folgende Problemkreise:

- der Faserkern ist nicht völlig symmetrisch zum Mantel, hieraus ergeben sich radialer Versatz und Konzentrizitätsfehler,

- Immersionsflüssigkeit zur Senkung der Reflexionsverluste ist erforderlich (kann sich zersetzen oder austreten),

- teure mechanische Präzisionsteile werden benötigt,

- geringe Haltbarkeit,

- nur für temporäre Verbindungen geeignet.

Bei Mehrmodenfaser sind Spleißdämpfungen von 0,15 dB erreichbar, für Einmodenfasern ist der mechanische Spleiß allenfalls unter Laborbedingungen verwendbar.

Der **Klebespleiß** unterscheidet sich nur durch die Tatsache einer mechanischen Fixierung durch den Kleber vom mech. Spleiß und weist ansonsten ähnliche Nachteile auf. Insbesondere die Langzeitstandfestigkeit, das Verhalten unter Temperaturbelastung und die Alterung von Klebern sind hier kritisch.

Für Monomodefasern ist ein Einkleben in Kapillarröhrchen, Schleifen und Polieren der Endflächen und das anschließende Verkleben mit einem indexangepaßten mit UV aushärtbarem Kleber eine gängige Technologie (Bild 6.27).

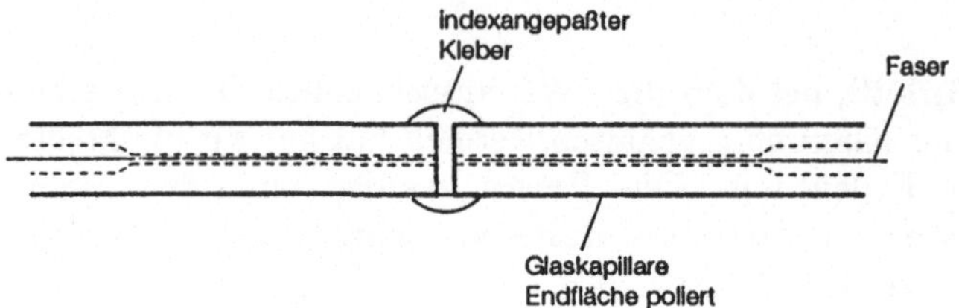

Bild 6.27   Mechanischer Klebespleiß mit Glaskapillaren

Der **Schmelzspleiß** löst insbesondere die Probleme der Langzeitfestigkeit und hat sich mit der Verfügbarkeit entsprechender Geräte heute weltweit durchgesetzt. Die Faserenden werden unter Zug und Biegung nur gebrochen, wobei sich eine exakte und senkrechte Schnittfläche ergibt (Forderung $< 1°$). In einer besonderen Vorrichtung werden die Faserenden dann in einem Lichtbogen angeschmolzen, zusammengefügt und anschließend verschmolzen (Bild 6.28).

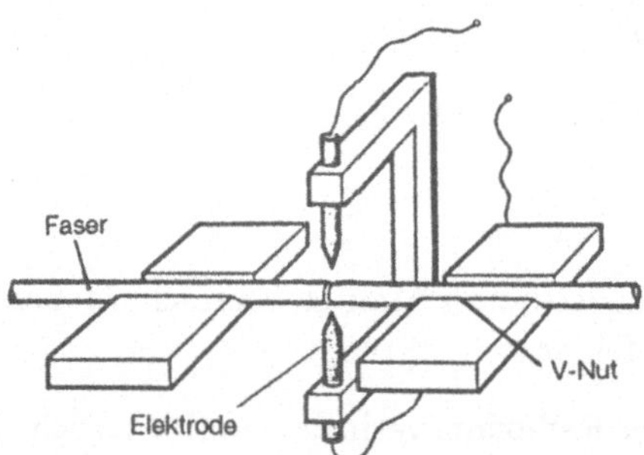

Bild 6.28
Lichtbogenspleiß-Anordnung

Durch einen Selbstzentrierungseffekt ergeben sich damit sehr geringe Übergangsdämpfungen in der Größenordnung von 0,05 dB für Gradientenfasern und 0,1 dB für Monomodefasern (Bild 6.29).

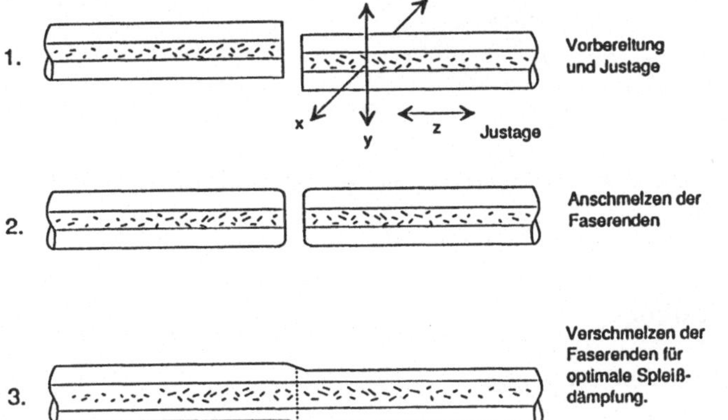

Bild 6.29 Arbeitsschritte beim Schmelzspleiß im elektrischen Lichtbogen, die Lage des Kerns wird optisch in 2 Achsen kontrolliert

Die Vorteile des Schmelzspleiß sind:

- sehr niedrige Dämpfungswerte sind erreichbar,

- es wird kein organisches Material oder Kleber verwendet,

- es tritt keine Alterung der Spleißverbindung auf,

- der Spleißvorgang geht sehr schnell und präzise,

- die Geräte sind für Monomode- wie für Gradientenfasern gleichermaßen geeignet,

- der Spleiß ist billig und benötigt nahezu kein Verbrauchsmaterial.

Nach dem Verschmelzen wird der empfindliche Rohspleiß durch einen mechanischen Spleißschutz geschützt. Dies erfolgt auf dem Gerät.

Die Justage bei Monomodefasern erfolgt mit optischen Hilfmitteln wie Mikroskop und einer besonderen Beleuchtung, die den Kern sichtbar macht. Wegen der Toleranzen von unter 1 μm reicht eine Justage auf den Mantel nicht aus. Der Selbstzentrierungseffekt stört hier nur und wird durch einen besonders heißen und kurzen Lichtbogen vermieden.

Die Kontrolle der Spleißverbindung erfolgt entweder über Rückstreumessungen von den Endstellen her oder durch Transmissionsmessungen direkt über den Spleiß, wobei das Licht über temporäre Biegekoppler (Bild 6.30) auf der einen Seite in die Faser eingekoppelt und jenseits des Spleißes wieder ausgekoppelt wird. Eine Dämpfungsmessung von den Endstellen her ist wegen der großen Entfernungen heute nicht mehr praktikabel (40 km!). Die Spleißkontrolle erfolgt somit vor Ort. Bei ungenügender Spleißqualität ist eine Wiederholung des Vorgangs leicht möglich.

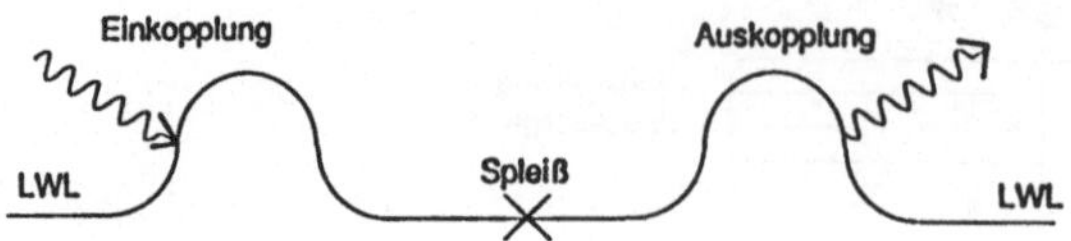

Bild 6.30 Kontrolle der Spleißverbindung vor Ort durch Biegekoppler und Transmissionsmessung

6.7.3 Steckverbindungen

Als Steckverbindungen werden verwendet:

- Direktstecker,

- Linsensteckverbinder.

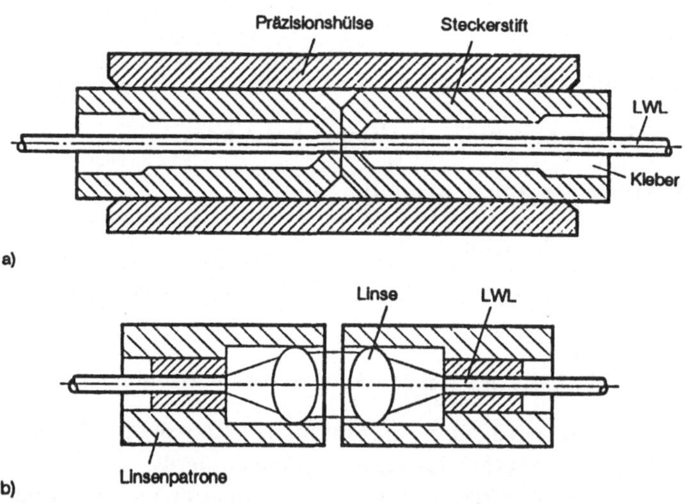

Bild 6.31 Steckverbindung mit Lichtwellenleitern
a) Direktsteckverbindung, b) Linsensteckverbindung

Die beiden Steckprinzipien sind in Bild 6.31 gegenübergestellt. Beim Direktstecker erfolgt also eine unmittelbare Faser/Faser-Kopplung, wobei die Stirnflächen aneinanderstoßen. Beim Linsenstecker sind optische Übertragungsmittel, i.A. kleine kugelförmige Linsen, zwischengeschaltet.

Die größere Bedeutung besitzen die Direktstecker, wenn auch die mechanischen Toleranzforderungen extrem sind. Das Prinzip dieser Stecker zeigt Bild 6.32. Die Fasern werden in zylindrischen Steckerstiften, meist aus Hartmetall, um Abrieb oder Fressen zu vermeiden, zentral montiert, die Steckerstifte wiederum über eine

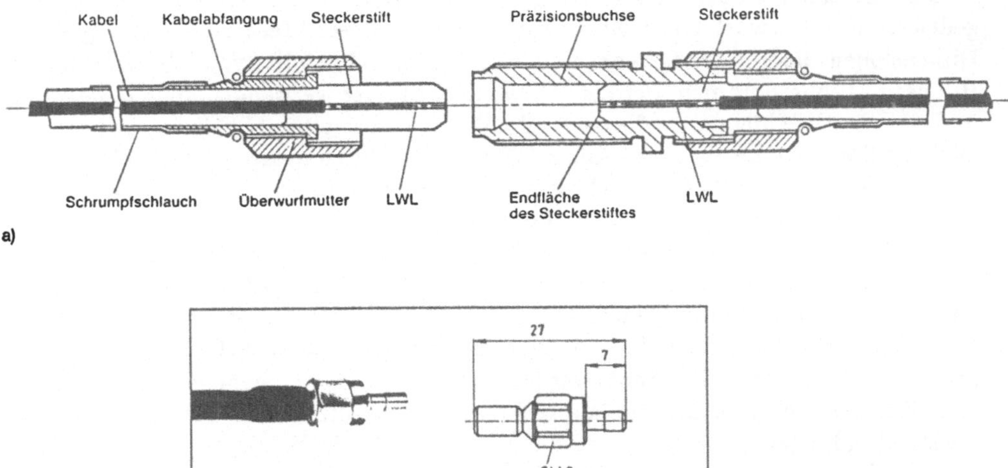

Bild 6.32 Ausführung eines Direktsteckers (SMA-Typ)
a) Querschnitt durch die Steckverbindung, b) Ansicht und typische Abmessungen

präzise Hülse miteinander verbunden. Die Fixierung und Zugentlastung der Faser erfolgt meist durch Kleber.

Die Hülsen werden entweder zylindrisch, bikonisch oder auch als V-Nut ausgeführt, wobei jeder Hersteller sein eigenes Prinzip favorisiert und totale Inkompatibilität gegeben ist. Die am weitesten verbreiteten Stecker verwenden jedoch zylindrische Stifte und lehnen sich den Steckverbindungen, wie sie aus der HF-Technik geläufig sind, an. In Deutschland sind genormt:

DIN 47256 und DIN 47257:

Beschreibung einer Steckerfamilie für Monomode- und Gradientenfasern mit < 1 dB Dämpfung und einem Stiftdurchmesser von 2,5 mm (Bild 6.33).

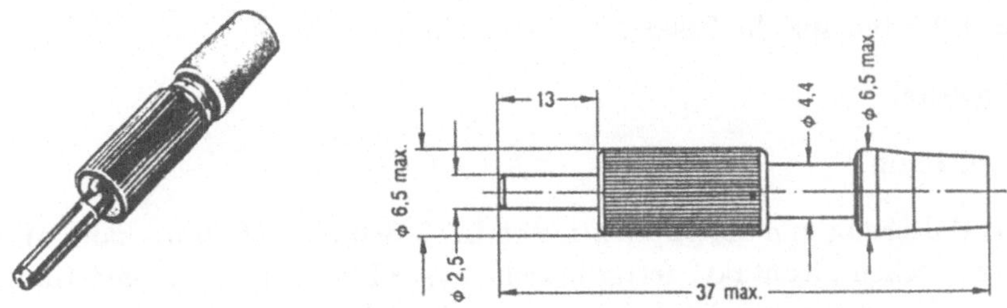

Bild 6.33 Metrischer Direktstecker nach DIN 47256, für Stufenindex-, Gradienten- und Monomodefaser geeignet

Diese Stecker sind bei der DBP eingeführt und werden von namhaften Herstellern geliefert. Ein Entwurf einer Norm für Gradientenfaser-Stecker in sonst gleichen Dimensionen liegt bereits vor und wird wohl ebenfalls von der Deutschen Bundespost übernommen werden. Diese DIN-Stecker verwenden metrische Maße und sind deutlich kleiner als die im Ausland weit verbreiteten IEC-Stecker IEC/86B, auch als SMA-Stecker bekannt mit 3,175 mm Stiftdurchmesser (Bild 6.32).

Weite Verbreitung haben auch optische Stecker gefunden, die in ihren äußeren Abmessungen den bekannten BNC-Steckern gleichen.

An dieser Stelle muß erwähnt werden, daß ein nicht unerheblicher Teil des Marktes auf Plastik-Lichtleitfasern mit hoher Dämpfung, jedoch niedrigem Preis und einfacher Verarbeitung fällt. Diese vor allem im lokalen Bereich eingesetzten optischen Verbindungen werden mit Plastik-Schnappsteckern verbunden, die jeweils firmenspezifisch sind. Erwähnt werden sollen hier HP-, Siemens- Hirschmann- und Toshiba- optische Stecker als technisch einwandfreie und relativ preiswerte Steckverbindungen.

Optische Steckverbinder für Glasfasern erfordern sehr hohe Präzision und sind deshab auch sehr teuer. Wegen der Genauigkeitsanforderungen sind sie zudem sehr empfindlich gegen Staub und Verschmutzung (Schutzkappen) und deshalb für mobile Anwendung nicht oder nur bedingt geeignet. Dies ist das Einsatzgebiet der Linsenstecker, die ansonsten optisch ungünstigere Daten aufweisen.

Das Prinzip der Linsenstecker zeigt Bild 6.31b. Zwei Kugellinsen von ca. 3 mm Durchmesser kollimieren das aus der Faser austretende Licht und schaffen so einen Bereich parallelen Strahlengangs. Es ist sofort einsichtig, daß dieser Bereich weniger gegen radiale Verschiebung, Abstandsfehler und Verschmutzung empfindlich ist. Für eine Kugellinse gilt:

$$f = \frac{n}{2\,(n-1)}\,R \qquad\qquad (6.34)$$

R = Linsenradius
n = Brechungsindex der Linse

in Zahlenwerten:

$n = 1,83$ (LASF 9 - Material), $R = 1,5$ mm
$N.A. = 0,2$ (entspricht Faser), $\lambda = 850$ nm

ergibt Brennweite:

$f = 1,654$ mm

Linse mit Halterung und einem montierten LWL-Schwanz (*Pigtail*) kann man als kompletten optischen „Kontakt" fertig beziehen (ANT). Solche optischen Kontakte werden erfolgreich in Steckverbinder für rauhe Umweltbedingungen, Bild 6.34 und Bild 6.35, integriert. Das letzte Bild zeigt eine automatische Scharfenbergkupplung mit LWL-Linsensteckereinheiten, wie sie im ICE der Bundesbahn derzeit erprobt wird.

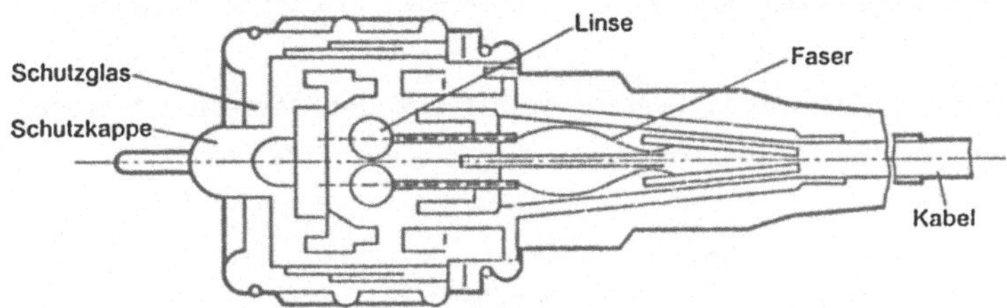

Bild 6.34 Linsenstecker für den Einsatz unter erschwerten Umweltbedingungen [Werkbild: KLINGER]

Bild 6.35 Automatische Scharfenbergkupplung mit Linsensteckereinsatz beim ICE der deutschen Bundesbahn [Werkbild: KLINGER]

Der Nachteil der Linsenstecker liegt neben dem hohen Preis in der relativ hohen Grunddämpfung, die sich durch die Reflexionsverluste an den minimal 4 optischen Grenzflächen ergibt. Diese Reflexion kann auch zusammen mit Laserdioden zu unerwünschten Rückkopplungseffekten führen und damit die Bandbreite des Systems einschränken. In dem für Linsensteckern interessanten Marktsegment der mobilen und rauhen Anwendungen spielen diese Begrenzungen jedoch keine Rolle, da immer ausreichende Signalamplituden zur Verfügung stehen und selten die Bandbreite ausgereizt wird.

6.8 Projektierung von Lichtwellenleiterverbindungen

Ein optisches Übertragungssystem besteht somit aus den Modulen Sender, Faser
und Empfänger Bild 6.36.

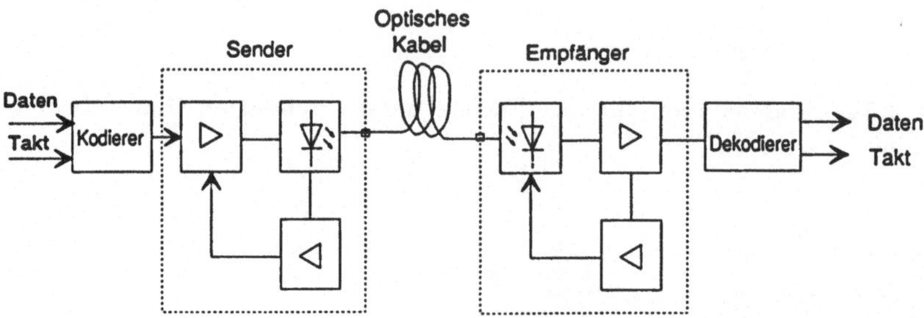

Bild 6.36 Optische Lichtwellenleiterverbindung

Da der Sender wie zuvor dargelegt nur begrenzte Dynamik und insbesondere
schlechte Linearität aufweist, ist eine Übertragung nur in digitaler Form sinnvoll.
Analoge Systeme sind auf geringe Bandbreite und geringe Dynamik begrenzt, schon
die Übertragung eines Videosignals bereitet ohne Verwendung eines Zwischenträgers
große Schwierigkeiten.

Neben der digitalen Modulation kommt deshalb höchstens noch Pulsfrequenz-
modulation in Frage. Eine direkte Phasenmodulation des Lichtes oder eine direkte
Frequenz- oder Amplitudenmodulation der Lichtfrequenz als Träger ist nur bei
Verfügbarkeit höchster Kohärenz der Lichtquelle realisierbar und wird derzeit erst
entwickelt. Hierauf wird bei der Besprechung der Heterodyntechnik noch näher
eingegangen.

Heute sind jedoch bereits viele Nachrichtenverbindungen bereits digitalisiert und
es stehen leistungsfähige integrierte Schaltkreise zur Verarbeitung zur Verfügung.
LWL-Verbindungen werden deshalb fast ausschließlich digital betrieben.

Von den 3 zur Verfügung stehenden Fasertypen werden im Entfernungsbereich
> 1000 m fast nur noch Gradientenfasern und Monomodefasern eingesetzt, wobei
die Monomodefaser zunehmend an Bedeutung gewinnt. Maßgebend hierfür war
die Weiterentwicklung der Spleißtechnik und die Entwicklung zuverlässiger Steckverbindungen. So hat die Deutsche Bundespost sich 1986 dafür entschieden, im
gesamten Netz, also auch im Nahbereich, nur noch Monomodefasern zu verkabeln.

Eine Übersicht über die Leistungsfähigkeit von operationellen Gradienten-
und Monomodefasersystemen für Nachrichtenverbindungen zeigt (Bild 6.37). Mit
Monomodefasern sind damit Feldlängen von 36 km bei 565 Mbit/s realisierbar, dies
entspricht mehr als 7000 Fernsprechkanälen. Gradientenfasern erreichen immerhin
bei 28 km Feldlänge Datenraten von 140 Mbit/s, was etwa 1900 Fernsprechkanälen
entspricht. In Zukunft wird die installierte Übertragungskapazität noch erheblich
zunehmen, wenn die heute noch überwiegend in den Labors arbeitenden Systeme
kommerzialisiert werden (Bild 6.38).

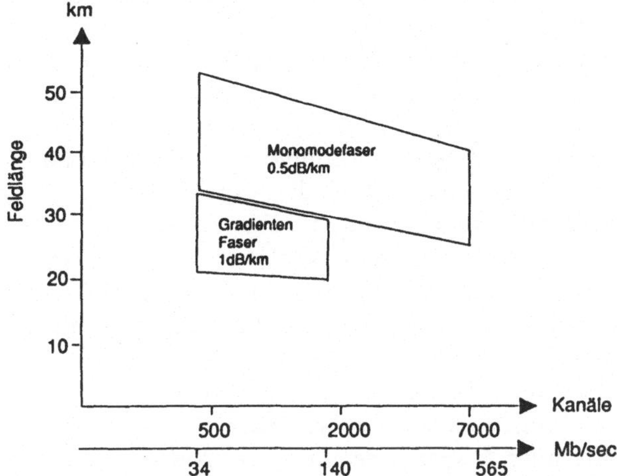

Bild 6.37 Feldlänge und Telefon-Kanal-Kapazität operationeller Lichtwellenleiter-systeme der DBP

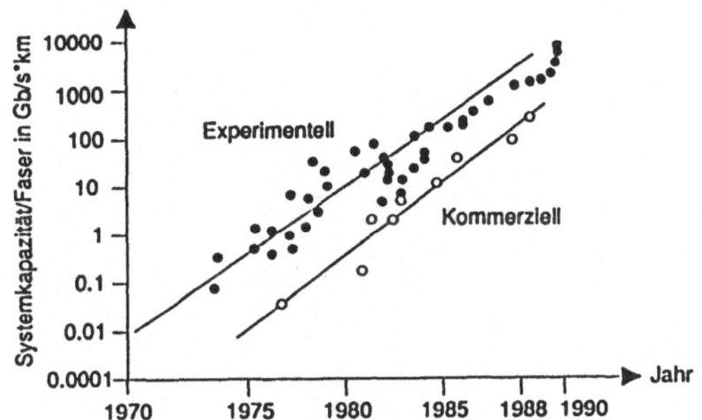

Bild 6.38 Entwicklungstrend bei der Systemkapazität auf einer LWL-Faser von 1970 bis 1990, nach [LEE, Proceedings of IEEE, 3/91]

So werden bereits jetzt die 1,2 GBit/s Systeme bei der DBP-Telekom eingeführt, international sind bereits 2,4 Gbit/s nicht mehr ungewöhnlich. Die Feldlängen können durch Verwendung von eingespleißten *Erbium Doped Fiber Amplifier* (EDFA) in den 1000 km Bereich vergrößert werden. An Transkontinentalkabeln von 10.000 km Länge mit eingespleißten Faserverstärkern und GB/s Kapazität wird heute gearbeitet. Eine Verhundertfachung der Übertragungskapazität steht mit der Trägerfrequenztechnik im optischen Bereich in naher Zukunft in Aussicht.

Im industriellen Bereich, insbesondere bei Glasfasernetzen zur Verbindung von Computern (LAN = *Local Area Networks*), werden ausschließlich Gradientenfasern verkabelt. Die Bandbreiten dieser Fasern und die üblichen Feldlängen von unter 5 km sind mehr als ausreichend. Auch Anwendungen der industriellen Meßtechnik erfordern selten Bandbreite-Entfernungs-Produkte, die über die Leistungsfähigkeit von Gradientenfasern hinausgehen.

Von großer Bedeutung sind im industriellen Alltag die Schnittstellen. So ist die Gradientenfaser mit ihrem relativ großen Querschnitt einfach in Steckverbindungen zu handhaben, der Preis der Verbindungselemente hält sich noch im Rahmen. Die Steckverbinder sind zudem relativ schmutzunempfindlich und robust. Spleißverbindungen sind äußerst selten, meist werden die Kabel fertig konfektioniert mit Endsteckern bezogen, bestenfalls werden eigene Stecker montiert.

Im Niedrig-Kosten-Bereich spielen die Stufenindex-Plastikfasern eine erhebliche Rolle. Ihre Reichweite, bei relativ niedriger Bandbreite von einigen MHz, liegt unter 100 m. Auf diese Billigsysteme soll hier, da ihre Anwendung völlig unproblematisch ist, nicht weiter eingegangen werden.

Die folgenden Überlegungen zur Projektierung von LWL-Systemen können sinngemäß auf alle diese Anwendungen angewandt werden.

Jede Projektierung sollte mit einer Zusammenstellung der Anforderungen an die Verbindung beginnen. Dies sind insbesondere folgende Punkte:

- zu überbrückende Entfernung,

- Übertragungsbandbreite,

- zulässige Bit-Fehler-Häufigkeit (i.A. $< 10^{-9}$),

- Übertragungsverfahren und Kode,

- geforderte Systemreserve in dB.

Aus diesen Punkten können im Vorfeld meist bereits folgende technischen Festlegungen getroffen werden:

- Lichtwellenleitertyp (Gradienten- oder Monomodetyp),

- Anzahl von Steckverbindungen und deren Typ,

- Anzahl eventueller Spleißverbindungen,

- Typ des Senders (LED oder Laser-Quelle),

- Typ des Empfängers (PIN-Diode oder APD),

- Verwendung fertiger Module oder Eigendesign,

- Umgebungsbedingungen und geforderter Temperaturbereich.

Für die Auslegung sind folgende Gesichtspunkte nützlich:

Sendeleistung
Die Sendeleistung ist auf die in die Faser wirklich eingekoppelte Leistung zu beziehen. Als überschlägige Werte kann im 1300 nm Bereich, soweit noch keine Herstellerangaben vorliegen, angenommen werden:

> LED:´   - 15 dBm
> Laser: - 5 dBm ... + 6 dBm

Die Sendeleistung bezieht sich immer auf den logischen High-Pegel. Bei der Auswahl von Modulen ist insbesondere der zusätzliche Regelaufwand für Kühlung und Stabilisierung der Lichtleistung zu beachten. Bei Laserdioden ist ferner die Augensicherheit im Betrieb und bei Störungen (Kabelbruch) zu gewährleisten.

Bitfehlerhäufigkeit (BER)
Eine BFH von unter 10^{-9} (die DBP fordert 10^{-10}) erfordert ein SNR von 21,6 dB (elektrisch), wie sich systematisch zeigen läßt. Die Grenzempfindlichkeit eines Empfängers mit BFH $= 10^{-9}$ und 100 MHz Bandbreite beträgt:

> PIN-Diode: - 40 dBm
> APD: - 48 dBm

Bei Verringerung der Bandbreite kann die Empfindlichkeit entsprechend gesteigert werden. Als Vorverstärker werden unter 100 Mhz bevorzugt FETs in Transimpedanzschaltung verwendet, über 100 MHz bipolare Transistoren. APDs erfordern meist relativ hohe Betriebsspannungen und zusätzlichen Regelaufwand, eventuell auch thermische Stabilisierung. Fertige Sende- Empfängermodule sind für nahezu alle Anwendungsfälle auf dem Markt zu beziehen, an eine Eigenentwicklung sollte nur dann gedacht werden, wenn entsprechende Hybrid-Montagemöglichkeiten und umfangreiche E/O-Meßgeräte (und viel Zeit) zur Verfügung stehen.

Systemreserve
Eine Systemreserve von 2...4 dB ist wegen nicht vorhersehbarer Unwägbarkeiten, insbesondere Alterung, Toleranz von Kabeln, Verschmutzung von Steckverbindern usw. üblich und empfehlenswert. Es muß berücksichtigt werden, daß in den meisten Empfängern auch eine Übersteuerung nicht zulässig ist, so daß sich die Empfangsleistung in einem definierten Toleranzfeld bewegen sollte.

Sind alle obigen Punkte geklärt, wird ein Pegelplan gemäß Bild 6.39 aufgestellt. Dieser Plan erlaubt graphisch eine Beurteilung der über der Strecke auftretenden Dämpfungen und veranschaulicht sinngemäß, ob die gewählte Anordnung sinnvoll und mit ausreichender Reserve realisiert werden soll. Neben den Pegelplan sollte bei komplizierteren Systemen zusätzlich eine Pegelrechnung treten, die dann auch die Toleranzen berücksichtigt.

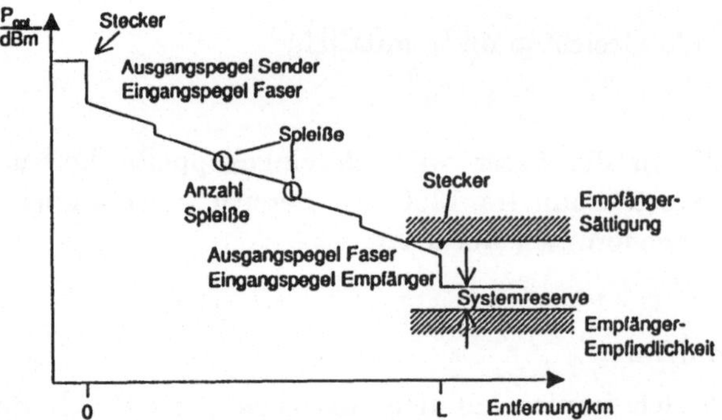

Bild 6.39   Pegelplan eines Lichtwellenleitersystems

Beispiel 6.7:
Gegeben ist ein LWL-System mit 20 km Gradientenfaser, $\alpha = 0,7$ dB/km bei 1300 nm, Bandbreite = 140 MHz, BFH = 10^{-9}, ausgeführt mit:

- Sendemodul LED: Sendeleistung min. -15 dBm,
- Empfängermodul PIN: Mindestempfangsleistung -35 dBm,
- 2 SMA-Steckverbindungen mit je 1,2 dB Einfügungsdämpfung,
- 5 Spleißverbindungen (alle 4 km) von je 0,1 dB,
- Systemreserve minimal 3 dB.

1. Wie groß ist die in die Faser eingespeiste Leistung in W?
2. Wie groß ist die Empfängerleistung in W?
3. Stellen Sie den Pegelplan auf!
4. Wie groß ist die Empfangsreserve wirklich?

zu 1: $P_{opt} = 1$ mW $\cdot 10^{0,1 \cdot P_{dB}} = 31,6$ μW

zu 2: -35 dBm $= 0,316$ μW   (Faktor 100 weniger)

zu 3: Pegelplan siehe Bild 6.40.

zu 4: Systemreserve: 3,1 dB

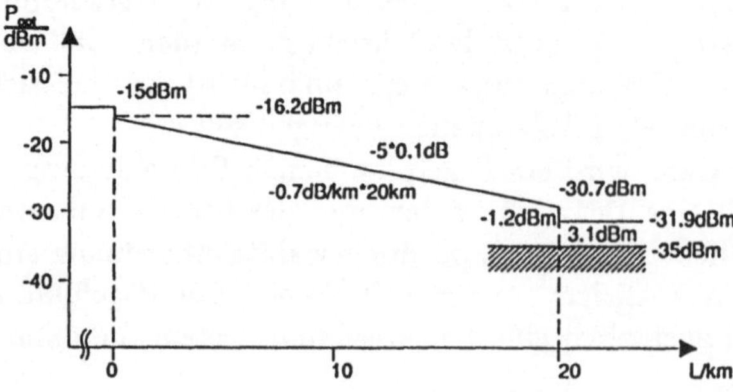

Bild 6.40   Pegelplan zum Beispiel 6.7

6.9 Glasfasern für besondere Anwendungen

Zuvor wurden schon die dispersionsverschobenen Glasfasern erwähnt, bei denen durch ein spezielles Index-Profil sowohl in der Umgebung von 1300 nm als auch bei 1550 nm eine Nullstelle in der Dispersionskurve erzielt wird, was zusammen mit dem Absorbtionsminimum von Quarz bei 1550 nm sehr große Reichweite-Bandbreite-Produkte erlaubt. An weiteren Verbesserungen wird auch heute noch gearbeitet [SAFAI-JAZI, JLWT 8/90].

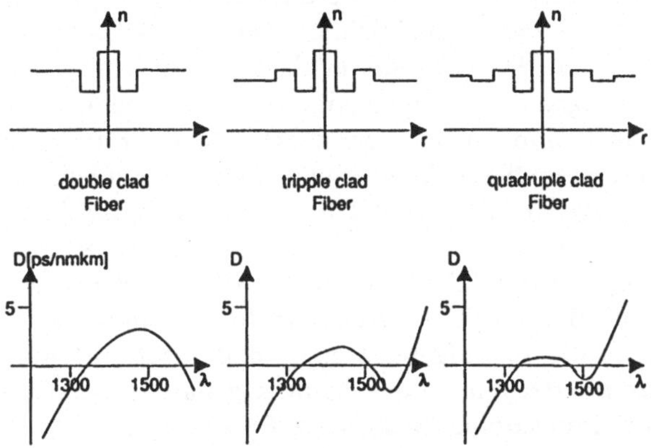

Bild 6.41 Einfluß des Index-Profils auf den Verlauf der Dispersion über der Wellenlänge für verschiedene Faserprofile nach [SAFAI-JAZI, JLWT 8/90]

Bild 6.41 zeigt die Indexprofile von Fasern mit „W-Profil" oder *double Cladd Fiber Profile*, von *triple* und schließlich *quadruple* Profil-Fasern mit den jeweils zugehörigen Dispersionsverläufen. Durch immer komplizdartere Profilgebung kann schließlich im gesamten Bereich von 1300…1550 nm eine fast gleichmäßig niedrige Dispersion von weniger als 2 ps/nm·km erreicht werden, was entweder die Anforderungen an die Schmalbandigkeit der Lichtquelle senken hilft, besser jedoch zur Unterbringung von zahlreichen optischen Kanälen in einem Wellenlängen-multiplexbetrieb ausgenutzt werden kann.

Die Herstellung und Kontrolle solcher komplexer Profile wird heute immer besser beherrscht. Die Faser wird durch thermisches Ziehen aus einer Vorform (Preform) gewonnen, die prinzipiell in ihrem Schichtenaufbau und ihrer Formgestaltung der Faser entspricht. Diese Preform kann beliebig kompliziert sein, womit sich besondere Effekte erzielen lassen. Auf die Herstellverfahren soll hier jedoch aus Raumgründen nicht weiter eingegangen werden.

Auch wenn nur ein Mode durch eine Faser übertragen wird, ist über den Polarisationszustand des Lichtes damit noch keine Aussage getroffen. Eine Monomode-Faser ist zunächst ein völlig symmetrisches Gebilde, man könnte also davon ausgehen, daß alle Polarisationsrichtungen des Lichtes in gleicher Weise übertragen werden. In der Praxis jedoch unterliegt das Glas in der Faser z.B.

bei Biegung der Faser unsymmetrischen mechanischen Spannungen, welche zu einer Molekülverformung und damit zu dem Effekt der Doppelbrechung führen (photoelastischer Effekt). Doppelbrechung bedeutet, daß linear polarisiertes Licht in einer auf den Körper bezogenen Achse einen etwas anderen Brechungsindex sieht als in der dazu orthogonalen Achse. Mit andern Worten ist der Brechungsindex bei Doppelbrechung eine Funktion der Polarisationsrichtung des einfallenden Lichtes bezogen auf die Körperachse.

Strahlt man linear polarisiertes Licht in eine Monomodefaser ein, so ist auch das Ausgangslicht noch im wesentlichen linear polarisiert (elliptisch), jedoch hängt die Achse sehr stark von der mechanischen und thermischen Beanspruchung der Faser ab und es wird erheblich Leistung in den orthogonalen Polarisationszustand übergekoppelt. Die Empfindlichkeit gegen Umwelteinflüsse wird gerne zu Sensorzwecken ausgenutzt, andererseits stört sie erheblich in allen interferometrischen Anwendungen und auch in der Nachrichtenübertragung. Die Kontrolle der Polarisationsrichtung in diesen Anwendungen ist also unbedingt durch zusätzliche Maßnahmen sicherzustellen, was erheblichen Zusatzaufwand bedeutet.

Unterschiedlicher Brechungsindex der Polarisationsanteile bedeutet letztlich auch unterschiedliche Fortpflanzungsgeschwindigkeit der Lichtwellen in der Faser, was zu Impulsverzerrung und damit Bandbreitenbegrenzung führen muß. Es wurden deshalb bald Fasern entwickelt, die so aufgebaut sind, daß Licht mit nur einer bevorzugten Polarisationsachse übertragen werden kann, sogenannte polarisations-erhaltende Fasern (*polarization maintaining fiber*), kurz PM-Fasern.

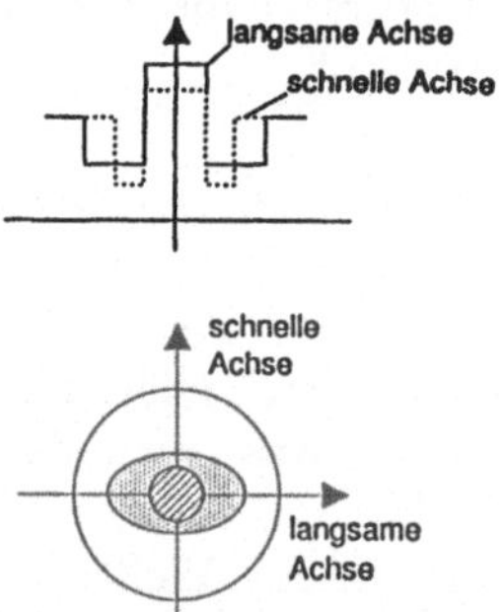

Bild 6.42
Indexprofil einer W-Profil-PM-Faser mit elliptischer Kernbeschichtung nach [MESSERLY, JLWT 7/91]

Bild 6.42 zeigt den Querschnitt und das Indexprofil einer typischen PM-Faser. Der eigentliche Monomode-Kern ist von einer Beschichtung (*Cladding*) mit einem Brechungsindex kleiner als die Basisfaser umgeben, wobei dieses *Cladding* einen elliptischen Querschnitt aufweist. Wesentlich ist nun, daß der thermische Ausdehnungskoeffizient dieses *Claddings* sich vom übrigen Material unterscheidet, was dazu führt, daß beim Abkühlen der Faser eine unsymmetrische, lateral wirkende mechanische Spannung auf den Kern entsteht. Diese mechanische Spannung ist aufgrund des photoelastischen Effektes Anlaß zu einer Doppelbrechung, was im Profil Bild 6.42 durch unterschiedliche Werte des Brechungsindex für die „schnelle" Polarisationsachse und die „langsame" Achse angedeutet ist

[MESSERLY, JLWT 7/91]. Bei geeigneter Wahl der Dimensionen von Kern und Doppelbrechung kann erreicht werden, daß sich die *Cut-Off*-Wellenlänge beider Polarisationsrichtungen soweit unterscheidet, daß in einem begrenzten Wellenlängenbereich, der „Bandbreite" der polarisierenden Faser, nur eine Polarisationsrichtung ausbreitungsfähig ist. So ist der orthogonale Mode in einer typischen polarisierenden Faser nach etwa 10 m Faser bereits um etwa 30 dB gedämpft [MESSERLY]. Strahlt man linear polarisiertes Licht in einer der beiden Achsen ein, wird es im wesentlichen ungestört übertragen.

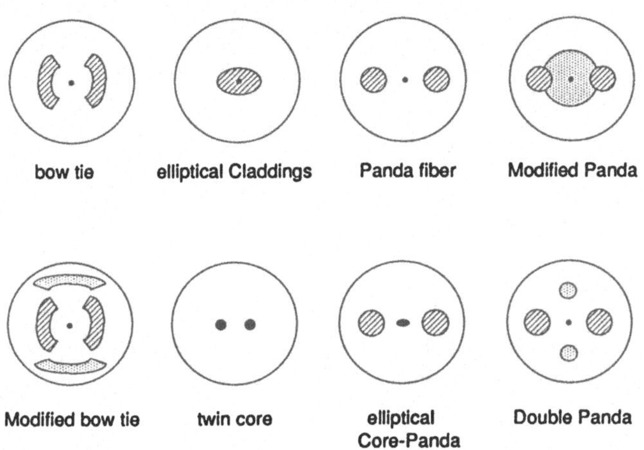

Bild 6.43   Querschnitte durch unterschiedliche polarisationserhaltende Fasern

PM-Fasern könne zahlreiche komplexe Profile aufweisen (Bild 6.43), wobei sie sich in der Art, wie die Lateralspannung auf den Kern aufgebracht wird, unterscheiden. Neben der Faser mit elliptischem *Cladding* werden heute vor allem sogenannte *Bow-Tie*-Fasern (der Querschnitt sieht aus wie eine Krawatten-Fliege) und *Panda*-Fasern (sieht aus wie das Gesicht eines Panda-Bären) produziert, da bei diesen höchste Doppelbrechungskoeffizienten erzielt werden können. Die Fasern sind sowohl für den 1300...1500 nm Bereich als auch für den 820 nm Bereich erhältlich, letztere für Sensorik und interferometrische Anwendungen. Die durch die PM-Eigenschaften zusätzlich hervorgerufenen Dämpfungsverluste liegen nach neueren Messungen unter 0,05 dB/km [TAJIMA, JWLT 4/89], werden also die Übertragung auch über große Entfernungen nicht beeinträchtigen. In der Hetrodyntechnik werden diese Fasern deshalb noch eine große Rolle spielen.

Für optische Phasenschieber werden neben PM-Fasern vorteilhaft Fasern mit einem exzentrischen Kern (Bild 6.44) verwendet [KISHI, JLWT 8/90]. Hiermit lassen sich $\lambda/4$ und $\lambda/2$ Phasenschieber aufbauen, wie sie sonst nur mit Glasoptiken möglich wären.

Durch entsprechend gestaltete Preform-Körper lassen sich heute auch sehr ungewöhnliche Faserkerne ziehen. Bild 6.45 zeigt eine Auswahl [JANSEN, JLWT 1/91] von Streifen- und Meanderformen, wie sie für Sensoren von Interesse sind.

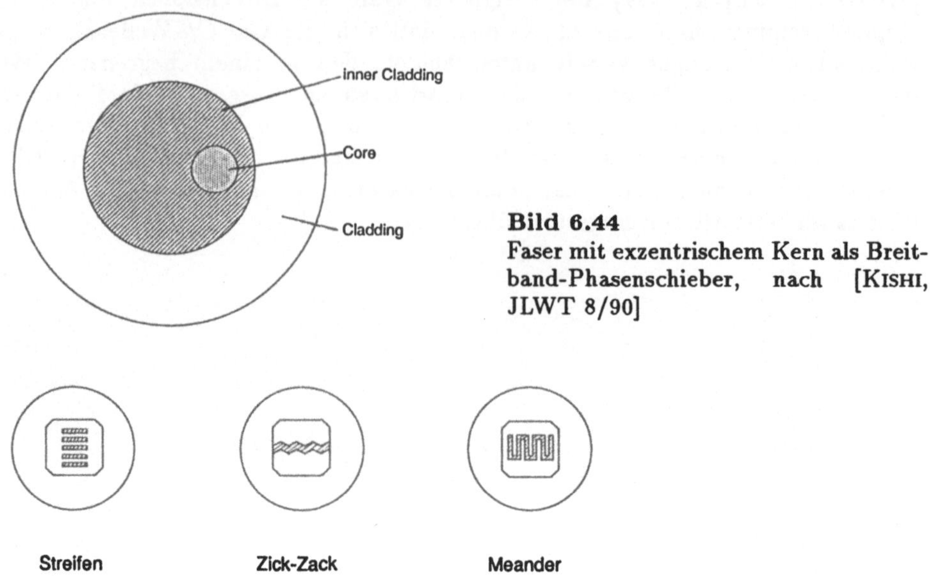

Bild 6.44
Faser mit exzentrischem Kern als Breit-
band-Phasenschieber, nach [KISHI,
JLWT 8/90]

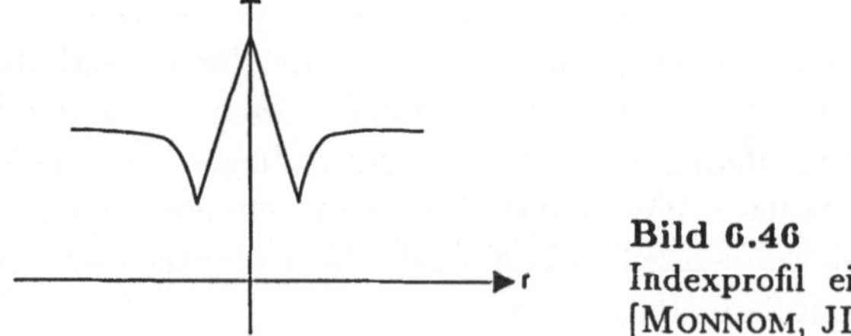

Bild 6.45 Glasfasern mit ungewöhnlichen Kerngeometrien für Sonderanwendungen
(z.B. Sensoren), nach [JANSEN, JLWT 1/91]

Der Faserdurchmesser beträgt auch hier nur wenige hundert Mikrometer, die Dicke
der Streifen nur wenige Mikrometer.

Monomodefasern für den sichtbaren Wellenlängenbereich erfordern wegen der
kurzen *Cut-Off*-Wellenlänge sehr dünne Kerne. Bild 6.46 zeigt ein typisches
Indexprofil (Dreieck) einer solchen Faser mit einer *Cut-Off*-Wellenlänge von 390 nm
[MONNON, 3/91 JLWT]. Fasern für den UV-Bereich sind in Entwicklung.

Bild 6.46
Indexprofil einer UV-Single-Mode-Faser, nach
[MONNOM, JLWT 3/91].

Auf der anderen Seite des Spektrums, im nahen und mittleren Infrarotbereich
wird heute intensiv an neuen Materialien und daraus gewonnenen Fasern entwickelt.
So kann man theoretisch zeigen, daß sich für die Wellenlänge von etwa 2,5 μm
ein absolutes Dämpfungsminimum ergibt, wenn man die Verlustmechanismen der

RAYLEIGH-Streuung und die Absorbtion einbezieht. Dieses Minimum wird bei:

$$\alpha_{min} < 0,01 \text{ dB/km} \qquad\qquad \textit{Dämpfungsminimum}$$

vermutet, was die bisher erreichten Dämpfungswerte um den Faktor 50 verbessern würde und eine Repeater-freie Übertragung über weite Strecken erlaubte. Kandidaten hierfür sind u.a. Fasern auf der Basis von

- Zirkon-Fluorid-Gläsern (ZrF_4),

- Chalkogenid-Gäsern.

Die heute erreichten Dämpfungswerte sind jedoch noch bescheiden ($5\ldots10$ dB/km) und erreichen noch nicht einmal die von Quarz her gewohnten Werte. Die Substanzen sind zudem teilweise (Wasser-) korrosionsempfindlich und sehr brüchig. Bis zu einsetzbaren Kabeln muß noch viel Materialforschung getrieben werden. Immerhin wird heute nicht nur an Fasern für den 2500 nm Bereich, sondern auch an geeigneten Sende- und Empfangskomponenten gearbeitet, so daß diese Forschungen sehr ernst genommen werden müssen.

Auch für den fernen Infrarotbereich bis etwa 30 μm Wellenlänge werden heute Lichtwellenleiter entwickelt, wobei allerdings Gläser nur noch begrenzt verwendet werden können. Als Matrialien kommen As_2S_3, KRS-5 (TiBr-TlI) und KRS-6 (TiBr-TlBr) und andere exotische Infrarotmaterialien in Frage, wobei polykristalline Fasern hergestellt werden [SAITO, JLWT 1/89]. Es handelt sich hierbei fast ausschließlich um Stufenindex-Fasern, teilweise wird auf ein *Cladding* ganz verzichtet, da der hohe Brechungsindex dieser Fasern von $n = 2,18$ für KRS-6 und $n = 2,41$ für As_2S_3 bereits gute Lichtführung ergibt. Die Anwendungen für diese Fasern reichen vom Transport von Laserstrahlung (CO_2-Laser bei 10 μm) hoher Leistung bis zu Faser-Radiometern zur Detektion schwacher IR-Strahlung [MORDON, JLWT 7/89].

6.10 Lichtwellenleiter-Meßtechnik

Für die Lichtwellenleitertechnik ist eine eigene Meßtechnik entwickelt worden, die es erlaubt, die wesentlichen Leistungsdaten der Übertragungsstrecke zu erfassen. Hier soll nur auf die wichtigsten Meßverfahren eingegangen werden, die

- die Faserendflächenqualität betreffen,

- die Faser zu charakterisieren vermögen,

- die Dämpfung einer Lichtwellenleiterstrecke ermitteln,

- die Übertragungsbandbreite einer Verbindung bestimmen.

Darüberhinaus sind viele Messungen an LWL möglich, ihre nähere Behandlung sprengt jedoch den Umfang dieses Buches und es sei hier auf die einschlägige Literatur [UNGER] verwiesen.

6.10.1 Bestimmung der Endflächenqualität

Vom praktischen Standpunkt aus ist für die Montage von Steckern und anderer Koppelelemente die Beurteilung der Endflächenqualität von großer Bedeutung. Eine Faser wird heute durch Anritzen unter Vorspannung, die z.B. durch ein definiertes Biegen der Faser erzeugt wird (Bild 6.47), getrennt. Dabei breitet sich der Bruchriß von der Stelle, an der der Diamant anritzt, senkrecht zu den Spannungslinien in der Faser aus, was bei geeigneter Gestaltung der Geometrie zu einem fast idealen, senkrecht zur Faserachse verlaufenden Bruch führt.

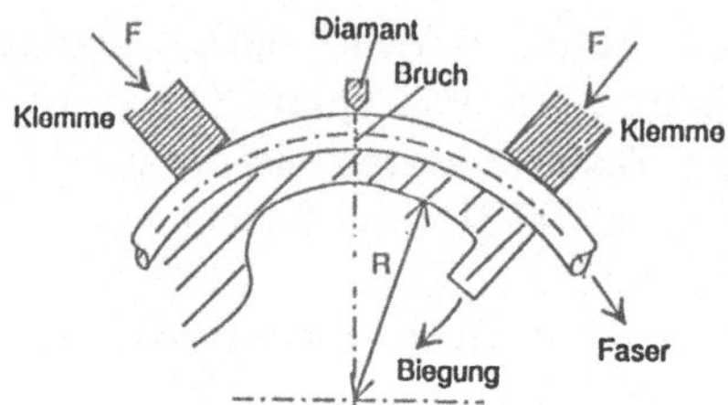

Bild 6.47
Trennung einer Faser durch Anritzen unter Vorspannung

Bei etwas Übung gelingen so recht gute Faserendstellen, die auf entsprechenden Schmelzspleißgeräten direkt verarbeitet werden können. Für die Montage im Stecker ist die Faser jedoch in Epoxidharz einzukleben, ein Brechen ist nicht möglich. Nach Aushärten des Vergußmaterials ist deshalb ein Schleif- und Polierarbeitsgang erforderlich, der etwas Übung und Geschicklichkeit erfordert, wenn nicht entsprechende Maschinen zur Verfügung stehen.

In beiden Fällen ist es lohnend, die Qualität der Endfläche unter einem Mikroskop ausreichender Vergrößerung zu untersuchen. Bild 6.48 zeigt die Endfläche im Durchlicht, d.h. der Faserkern wird mit z.B. einer Halogen-Lichtquelle erregt, so daß er hell erscheint, während der Mantel dunkel ist. An einem im Mikroskop eingeblendeten Maßstab kann der Kerndurchmesser und der Manteldurchmesser abgelesen werden. Ebenfalls zu erkennen ist der Typ der Faser, eine Gradientenindexfaser zeigt z.B. einen kontinuierlichen Helligkeitsanstieg vom Außenkern zur Mitte, während eine Stufenindexfaser einen im wesentlichen gleichmäßigen Kern zeigt. Ebenfalls zu erkennen ist ein dunkler, den Kern umgebender Ring, der als Bor-Ring bezeichnet wird und eine Diffusionssperre darstellt. Im Mittelpunkt des Kerns findet sich häufig ein dunkler Punkt. Er geht auf einen Einbruch des Brechungsindex in der Kern-Mitte zurück, hervorgerufen durch die Kollabation der röhrenförmigen Preform der Faser während des Herstellprozesses.

Im Durchlicht sind Verschmutzungen oder Ausbrüche leicht erkennbar. Die Mantelqualität ist dagegen im Auflicht besser zu beurteilen, insbesondere Ausbrüche von der Anritzstelle oder ungleichmäßige Politur (Bild 6.49).

Für hochwertige Steckverbindungen ist zusätzlich eine interferometrische Messung des Keilwinkels erforderlich (Bild 6.50), was ebenfalls unter einem speziell ausgerüsteten Mikroskop erfolgt. Als Lichtquelle dient auch hier meist eine Halogenlampe mit einem vorgeschalteten schmalbandigen optischen Filter von etwa $\Delta\lambda = 10$ nm.

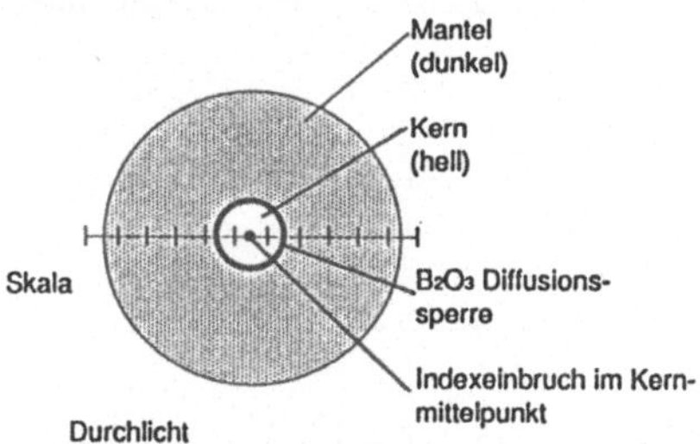

Bild 6.48
Kontrolle der Endflächenqualität einer Faser im Durchlicht

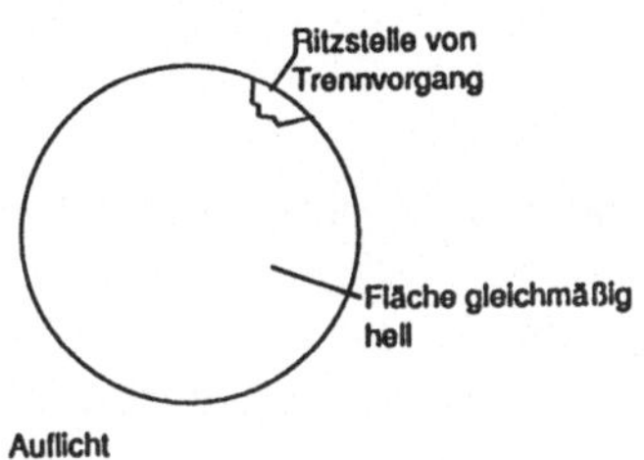

Bild 6.49 Kontrolle der Endflächenqualität im Auflicht

Für sichtbares Licht ergibt sich damit eine ausreichende Kohärenzlänge von

$$l_{\text{kohär}} = \frac{\lambda^2}{\Delta\lambda} = 42\ \mu\text{m}$$

Kohärenzlänge

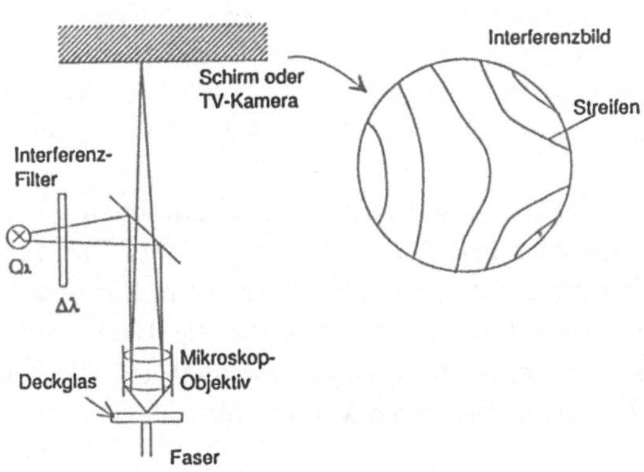

Bild 6.50 Interferometrische Kontrolle des Keilwinkels

Der Keilwinkel läßt sich dann sehr einfach durch abzählen der Interferenzstreifen
bestimmen:

$$\Psi = \frac{\lambda}{2n}$$

Ψ = Keilwinkel
n = Anzahl der Streifen

So entsprechen etwa 7 Streifen einem Keilwinkel von etwa 1°. Für die Endflächen
wird gefordert:

Gradientenfaser: < 1° Keilwinkel
Monomodefaser: < 0,25° Keilwinkel

Insbesondere die Forderungen an die Monomodefaser sind ohne Kontrolle nicht
einzuhalten.

Anstelle eines Schirms oder der Betrachtung durch das Auge wird heute
fast immer eine Videokamera verwendet, u.a. um eine Untersuchung auch
bei IR-Wellenlängen zu ermöglichen. Die hohe geometrische Genauigkeit dieser
Kamera ermöglicht zudem die Bestimmung der Exzentrizität des Kerns mit Bild-
verarbeitungsmethoden, was insbesondere für die Steckermontage in der Fertigung
sehr wichtig ist.

6.10.2   Messungen zur Charakterisierung der Faser

Eine erste sehr einfache Aussage über das Verhalten der Faser, insbesondere über
den Indexverlauf im Kern gibt die einfach durchführbare Fernfeldmessung (Bild
6.51). Die Faser wird von Licht der Arbeitswellenlänge (z.B. 1300 nm) durchstrahlt,
wobei die Mantelwellen bei kurzen Faserstücken durch ein Mantelmodenfilter (Bild
6.52) unterdrückt werden.

Die aus der Faser austretende Strahlung wird in ihrer räumlichen Verteilung
durch einen schwenkbaren Detektor geringer Abmessungen erfaßt. Ein typisches
Fernfelddiagramm ist in Bild 6.51 dargestellt. Aus dem Diagramm können die 5 %
Strahlungswerte abgelesen werden, sie erlauben unmittelbar die Bestimmung der
Numerischen Apertur aus dem so bestimmten Akzeptanzwinkel Θ, allerdings ist
der so bestimmte N.A.-Wert um 5 % nach unten zu korrigieren:

$$N.A. = \sqrt{n_k^2 - n_m^2} = 0,95 \sin\Theta_{5\%} \quad \textit{Numerische Apertur und Akzeptanzwinkel}$$

Aus dem Diagramm selbst kann ferner auch das Indexprofil rückgerechnet
werden, was allerdings wegen genaueren, weiter unten beschriebenen Methoden
nur selten erfolgt. Die Verteilung entspricht mit guter Näherung einer Gaußkurve,
andernfalls ist die Modenverteilung in der Faser (bei Mehrmodenfasern) nicht
gleichmäßig. Bei Mehrmodenfasern kann eine gleichmäßige Verteilung z.B.
durch ein *Mandrel-Wrap*-Filter erreicht werden (Bild 6.53). Ein solches Filter
besteht im einfachsten Fall aus einem etwa 2 cm dicken runden Stab, um

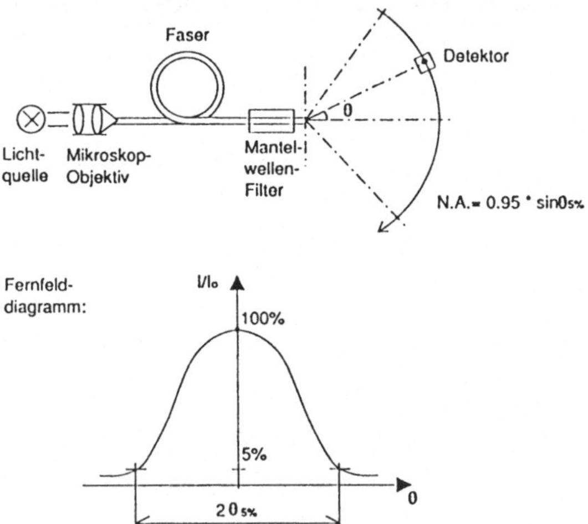

Bild 6.51   Messung der Numerischen Apertur durch Fernfeldmessung

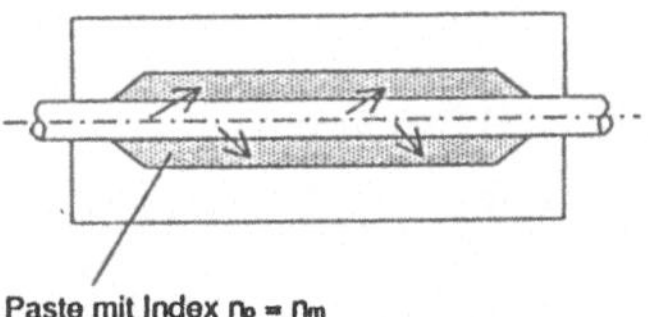

Bild 6.52
Mantelwellen-Filter (Modenstripper)

den die Faser mehrfach gewunden wird. Durch die Faserbiegung findet eine intensive Modenkopplung statt. Die dabei angeregten Mantelmoden sind in einem entsprechenden Mantelmodestripper zu unterdrücken.

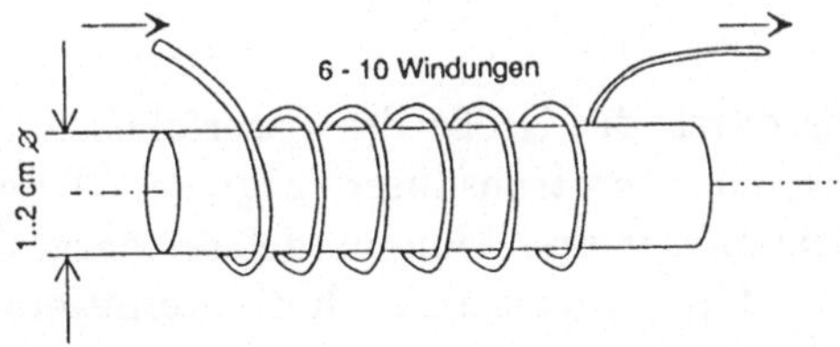

Bild 6.53
Erzeugung von Moden-Gleichvertei-
lung durch ein Mandrel-Wrap-Filter

Die Messung des Indexprofils erfolgt mit der sehr genauen Strahlbrechungs-methode (Bild 6.54). Die zu untersuchende Faser wird mit einem feinen Laser-Fokus abgetastet, wobei nicht die in der Faser geführte Strahlungsleistung, sondern die gebrochene Strahlungsleistung erfaßt wird. Dies erfolgt durch 2 große Linsen, die das nicht geführte Licht, welches über Immersionsöl mit dem Brechungsindex des Mantels aus der Faser ausgekoppelt wird, auf einen Detektor konzentrieren.

Die Leckwellen der direkten Strahlung werden dabei über eine kreisförmige Blende unterdrückt.

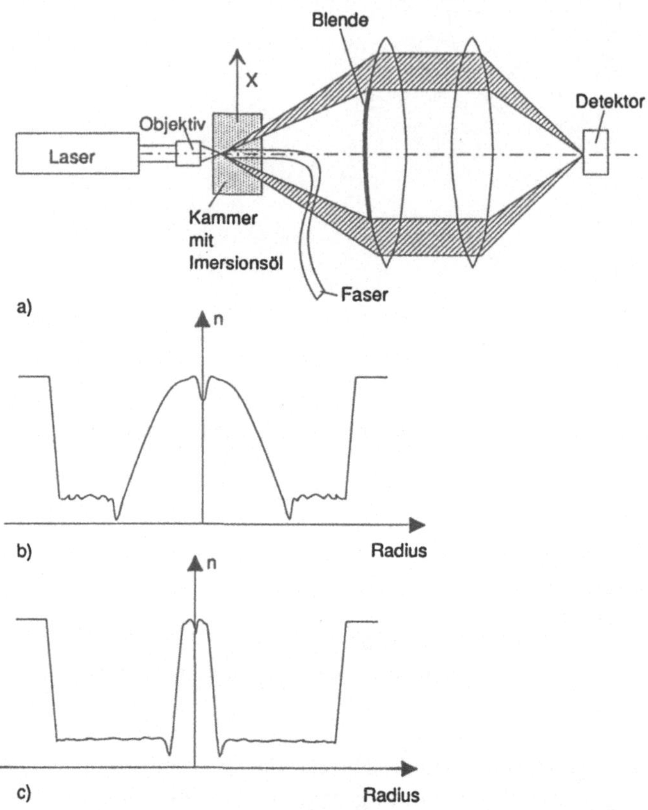

Bild 6.54 a) Anordnung zur Messung von Brechzahlprofilen nach der Strahlbrechungsmethode, b) zugehörige gemessene Indexprofile einer Gradientenfaser, c) und einer Monomodefaser

Die Auflösung der Messung wird nur durch die Größe des Laserfokus und die Zustellgenauigkeit der Abtasteinrichtung, i.a. Piezotransducer, begrenzt. Typische Scanprofile sind in Bild 6.56 für Gradientenfaser und Monomodefaser dargestellt. Aus diesen Messungen kann sowohl der Profilparameter als auch die Kerngeometrie entnommen werden.

Eine Messung des Brechzahlprofils ist ebenfalls im Nahfeld möglich, wobei die Faserendfläche mit einem Mikroskopobjektiv abgescannt wird. Eine Verbindung des Meßaufbaus mit dem Aufbau zur Kontrolle der Endflächenqualität (s.o.) ist möglich.

Für die Charakterisierung von Monomodefasern ist die Grenzwellenlänge wichtig. Diese Messung wird heute allgemein auf eine Dämpfungsmessung zurückgeführt, wobei ein 2 m langes Stück Faser einmal gestreckt und einmal um einen Dorn von 30 mm geschlungen spektral vermessen wird. Die durch die Biegung der Faser hervorgerufene Dämpfung als Funktion der Wellenlänge wird in einem Diagramm aufgetragen (Bild 6.55).

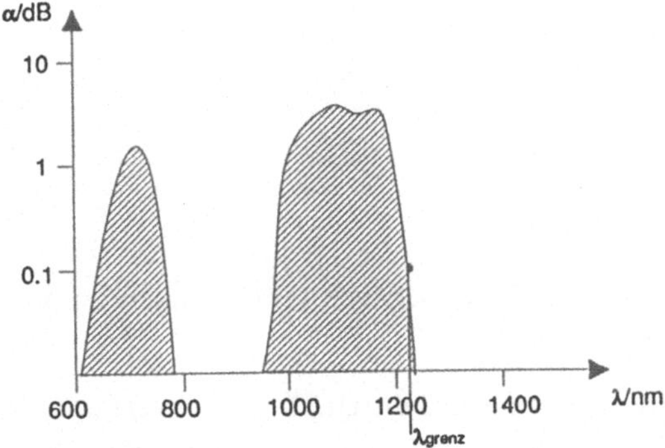

Bild 6.55 Bestimmung der Grenzwellenlänge durch Dämpfungsmessung nach der Biegemethode

Das Diagramm zeigt typischerweise einen oder mehrere Dämpfungsanstiege bei kürzeren Wellenlängen, die die Übergänge zwischen der Leistungsübertragung durch nur einen oder durch 2, 3 ... Moden markieren. Diese höheren Mode werden durch die Biegung der Faser mit angeregt. Die Grenzwellenlänge der Faser ist somit die Wellenlänge, bei der es noch nicht zu einer merklichen Anregung des zweiten Modes kommt. Als Kriterium wird ein Dämpfungsanstieg von 0,1 dB definiert. Wegen des steilen Anstiegs der Kurve ist die Grenzwellenlänge damit gut zu bestimmen.

Das Verfahren ist in der Norm VDE 0472 Teil 255 definiert. Dies ist notwendig, da der so bestimmte Wert von der Länge der verwendeten Faser und dem Meßaufbau abhängt und sonst keine Vergleichbarkeit der Ergebnisse sichergestellt ist.

6.10.3 Messung der Faserdämpfung

Maßgebend für die Funktion eines LWL-Systems ist, daß am Ausgang der LWL-Strecke ausreichend optische Leistung vorhanden ist. Dies kann durch Anschluß eines Leistungsmessers leicht überprüft werden.

$$\alpha = 10 \log \frac{P_1}{P_2} \qquad\qquad \textit{Dämpfung einer Verbindung in dB}$$

Es liegt nahe, den Dämpfungsverlust über die Strecke durch eine zweite Messung am Ausgang des Senders zu ermitteln, wobei sich die Streckendämpfung aus

$$\alpha_s = \frac{1}{L} \cdot 10 \log \frac{P_e}{P_o}, \quad [\alpha_s] = \frac{\text{dB}}{\text{km}}$$

P_e = Empfängerpegel
α_s = Dämpfungsbelag
P_o = Senderpegel
L = Streckenlänge

errechnet. In der Praxis führt diese Art der Messung auf unbefriedigende und nicht reproduzierbare Ergebnisse:

- die in die Faser eingekoppelte Leistung ist durch die Steckverbindung mit großen Toleranzen behaftet,

- die Modenverteilung am Eingang der Faser ist nicht gleichverteilt, wie zur Messung eigentlich gefordert,

- die zeitliche Konstanz der Sendequelle ist häufig nicht gut genug.

Variationen der Meßwerte von bis zu 1,5 dB sind hier möglich, bei Streckendämpfungen von ca. 15...20 dB aber völlig unakzeptabel. Diese Art der Messung kann also nur zur groben Orientierung angewendet werden.

Wesentlich bessere Ergebnisse lassen sich erzielen, wenn

- man die Faser zuerst am Ende mißt (Messung 1),

- anschließend die Faser ca. 1...2 m nach der Einkoppelstelle auftrennt und die Sendeleistung mißt (Messung 2),

- den Mantelmode unterdrückt und durch ein *Mandrel-Wrap*-Filter für eine gleichmäßige Modenverteilung (bei der Gradientenfaser) sorgt.

Hierdurch wird zumindest der Einfluß der Steckverbindung und der noch sehr ungleichförmigen Lichtverteilung in der Faser zu Beginn der Übertragungsstrecke eliminiert. Das Verfahren wird als Rückschnitt oder *Cut-Back*-Verfahren bezeichnet (Bild 6.56).
Diese Meßmethode ist zerstörend und deshalb in vielen Fällen nicht anwendbar. Bei weiträumigen Kabelverbindungen ist ferner der Transport des Meßgeräts (40 km!) und die Kommunikation zwischen beiden Endstellen zeitaufwendig.
Meßgeräte für die Dämpfungsmessung arbeiten entweder nach dem Autokorrelationsverfahren oder nach dem selektiven Verfahren.

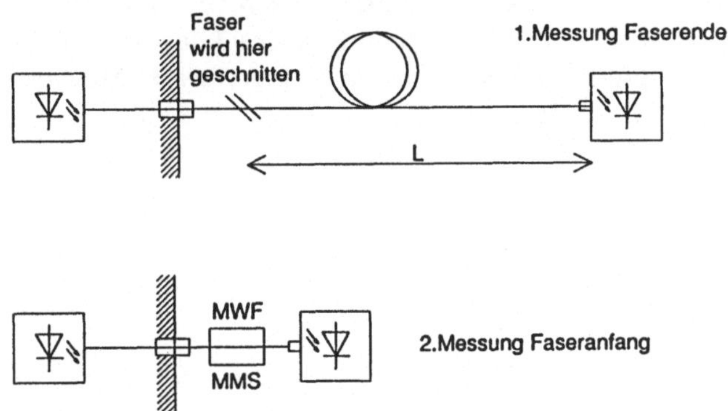

Bild 6.56 Messung des Dämpfungsbelags einer Faser nach dem Cut-Back-Verfahren

Selektiv-Verfahren

Auf der Senderseite wird eine LED oder Laserdiode mit einer definierten Frequenz moduliert. Auf der Empfangsseite wird das Signal schmalbandig verstärkt und demoduliert. Durch die Bandbreitenreduktion läßt sich das S/N-Verhältnis erheblich verbessern. Allerdings werden hohe Anforderungen an die Genauigkeit und Stabilität der analogen Baugruppen gestellt.

Autokorrelationsverfahren

Auf der Senderseite wird ebenfalls eine Modulation aufgebracht. Diese Modulation, bei der zwischen 2 Frequenzen umgeschaltet wird, kann z.B. direkt die augenblickliche Sendeleistung der Diode verschlüsseln, so daß die Anforderungen an die Stabilität vermindert sind.

Auf der Empfangsseite wird die Autokorrelation des Signals bestimmt. Da Rauschsignale eine nur geringe Korrelation aufweisen, klingt die Autokorrelationsfunktion bald ab. Demgegenüber weist ein deterministisches Signal wie die Sinusfunktion ebenfalls eine Sinusfunktion als Autokorrelationsfunktion auf. Rauschanteil und deterministischer Anteil lassen sich so trennen.

$$Y(k) = \frac{1}{N} \sum_{n=0}^{n=N-1} X(n) \cdot X(n-k) \qquad \textit{Autokorrelationsfunktion}$$

Durch die Anwendung von Mikrorechnern ist dieses zweite Verfahren heute das weniger aufwendigere und vielseitigere .

Diese Verfahren der Rauschunterdrückung erlauben, einen Dynamikbereich von bis zu 80 dB mit dem Direktverfahren abzudecken. Dies ist weit mehr als bei allen weiteren Verfahren, so daß die 2-Punkt-Messung weiterhin ihre Berechtigung vor allem zur Bestimmung der charakteristischen Dämpfungswerte einer Faser behält. Der Wunsch nach einem 1-Punkt-Meßverfahren, bei dem die Dämpfung einer LWL-Verbindung von nur einem Ende gemessen werden kann, wird mit dem *Rückstreu-*

meßverfahren erfüllt. Hierbei wird die überall in einer Faser vorhandene RAYLEIGH-Streuung ausgenutzt, die an winzigen Inhomogenitäten des Glases entsteht. Ein ähnlicher Effekt tritt bei Kupferleitungen nicht auf, was dieses Meßverfahren einzigartig für den LWL-Bereich macht. Am ehesten ist es noch mit dem Radar vergleichbar, wo ebenfalls die reflektierte Strahlung zeitlich ausgewertet wird (Bild 6.57).

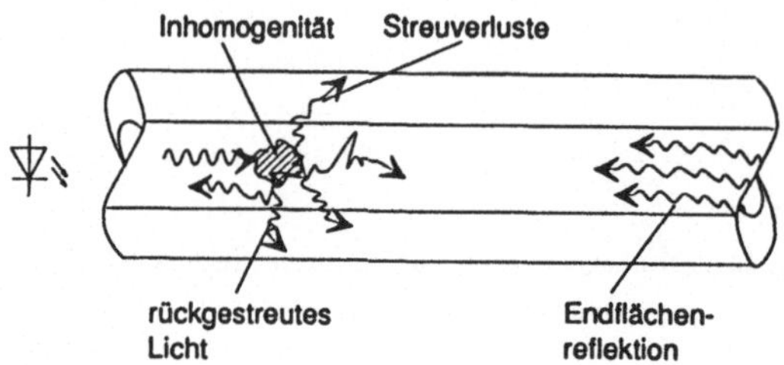

Bild 6.57 RAYLEIGH-Streuung in einer Glasfaser

Beim Rückstreumeßverfahren (OTDR = *Optical Time Domain Reflectometer*) wird also das Echo der Sendeimpulse an Inhomogenitäten im Verlauf der Faserstrecke über der Laufzeit ausgewertet. Den Aufbau zeigt Bild 6.58.

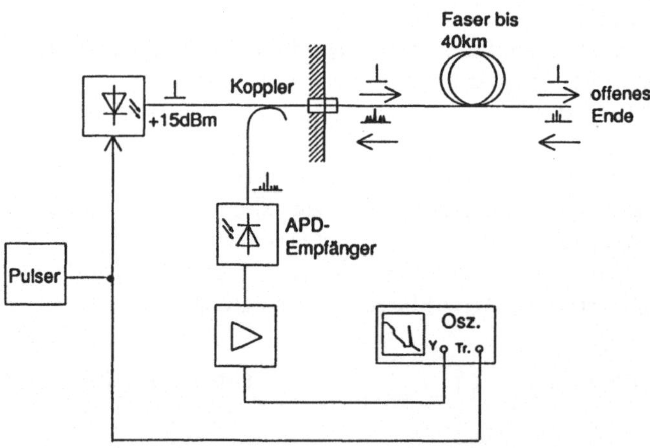

Bild 6.58 Anordnung beim Rückstreumeßverfahren (OTDR)

Eine leistungsstarke Sendediode koppelt einen kurzen intensiven Impuls in die Lichtleitfaser ein. Der Impuls durchläuft die Faser und wird an allen Störstellen, aber auch innerhalb der homogenen Faser, reflektiert. Das reflektierte Licht wird über einen Strahlteiler ausgekoppelt und von einem APD-Empfänger aufgenommen. Ein angeschlossener Oszillograph zeigt nach Logarithmierung den typischen rampenförmigen Abfall der rückgestreuten Leistung. Die Darstellung Bild 6.59 ähnelt dem Pegelplan und ist auch damit direkt vergleichbar.

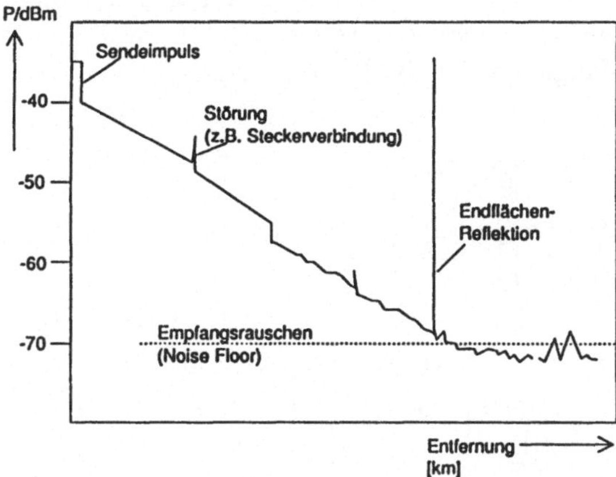

Bild 6.59 Typisches Schirmbild eines Rückstreumeßgeräts

Da die Ausbreitungsgeschwindigkeit des Lichtes in der Faser mit ca. 200.000 km/s bekannt ist, kann die räumliche Lage einer Störstelle lokalisiert werden. Die zurückgestreute Leistung ist sehr klein. Um die Empfindlichkeit zu erhöhen, werden deshalb Korrelationsverfahren angewendet (Bild 6.60).

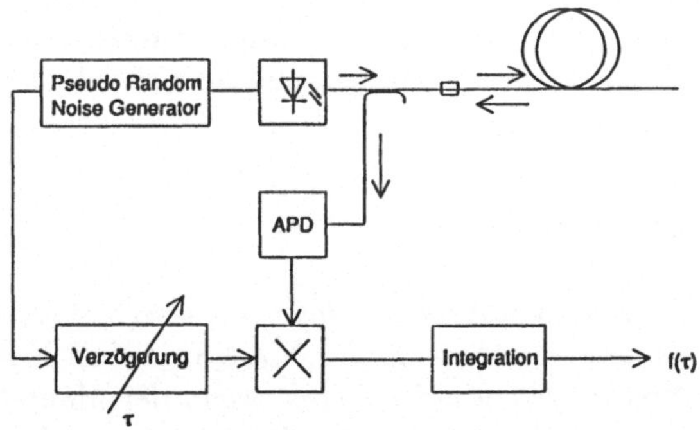

Bild 6.60 Anwendung der Korrelationsmeßtechnik beim Rückstreumeßverfahren

Das Prinzip besteht darin, daß durch Akkumulation sich das S/N-Verhältnis um $\sqrt{n}$ der Messungen verbessern läßt. Nur so läßt sich das schwache Signal, das häufig 50...60 dB unter der gesendeten Lichtleistung liegt, noch auswerten. Moderne Meßgeräte arbeiten heute über 30 km Streckenlänge mit einer Auflösung von weit unter 1 m.

6.10.4   Bandbreitenmessung

Die Bandbreite einer Faser wird durch die Dispersion bestimmt, die zur Aufweitung eines Pulses über die Lauflänge der Faser führt. Genau so läßt sich die Dispersion auch messen. Man benötigt dazu eine sehr schnelle Impulsquelle (Laserdiodenpulser) und einen ebenso schnellen Empfänger (APD, Bild 6.61).

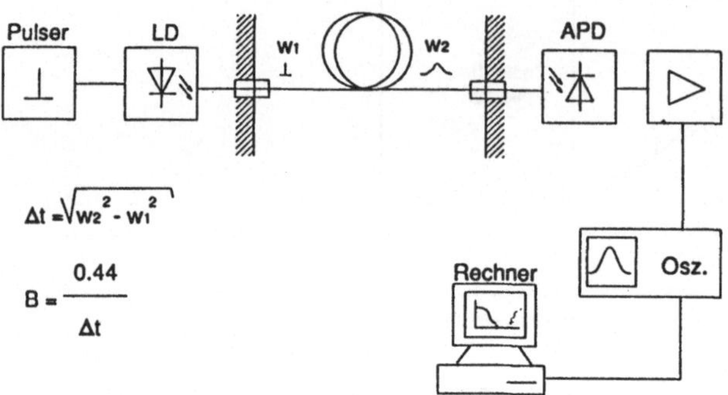

Bild 6.61   Meßanordnung zur Bestimmung der Bandbreite aus der Impulsverbreiterung

Impulsdauern von unter 1 ns sind gut erreichbar. Der empfangene Impuls wird mit Hilfe eines schnellen Oszillographen (Sampling-Oszillograph) ausgewertet, wobei aus der Impulsverbreiterung auf die Bandbreite geschlossen werden kann. Selbstverständlich ist auch eine klassische Messung der Bandbreite im Frequenzbereich möglich und wird auch angewendet. Für kurze Faserstücke sind raffinierte interferometrische Verfahren entwickelt worden, auf die hier jedoch nicht weiter eingegangen werden soll.

Fragen und Aufgaben zu Abschnitt 6:

1. Was versteht man unter der „Numerischen Apertur"einer Glasfaser? Wie ist sie definiert? Skizzieren Sie eine Anordnung zur Messung der N.A.! Sie haben N.A. zu 0,28 bestimmt. Wie groß ist der Brechungsindex des Kerns, wenn der Mantel aus reinem Quarz n= 1,4588 besteht? Welche Art von Licht sollten Sie verwenden und warum?

2. Welche Arten von Glasfasern gibt es, wie sind sie aufgebaut und welches sind die typische Dimensionen?

3. Eine Lichtleitfaser weist einen Aussendurchmesser von 125 mm und einen Kerndurchmesser von 50 mm auf. Bei 1300 nm besitzt die Faser ein Dispersionsminimum. Um welche Faser handelt es sich, skizzieren sie das Indexprofil über dem Radius. Wie groß ist die Ausbreitungsgeschwindigkeit des Lichtes im Faserkern (n = 1,51)?

4. Was versteht man unter der Dispersion bei Lichtwellenleitern und welche Arten der Dispersion unterscheidet man? Wie kann man die Dispersion möglichst klein machen?

5. Eine Laserdiode koppelt über einen 3 dB-Koppler einen 1 ns-Impuls der Leistung +5 dBm in eine 20 km lange Monomodefaser. Am Ende der Faser wird der Impuls zu 30 % reflektiert, zurückgeleitet und über den zweiten Anschluß des Kopplers einem Empfänger zugeführt. Das Bandbreite-Länge-Produkt der Faser soll 6 GHzkm, die Dämpfung 0,3 dB/km betragen. Wie groß ist die Empfangsleistung in obiger Anordnung ohne Berücksichtigung der Dispersion in dBm? Nach welcher Zeit kommt der Impuls beim Empfänger an? Wie groß ist die Halbwertsbreite des empfangenen Impulses? Wie groß ist die zusätzliche Dämpfung der Spitzenleistung durch die Dispersion, wenn sie einen gaußförmigen Impuls annehmen?

6. Skizzieren Sie den prinzipiellen Verlauf der Dämpfung einer Quarzfaser über der Wellenlänge. Geben Sie die Transmissionsfenster an und beschreiben Sie, welche physikalischen Effekte einer weiteren Verringerung der Dämpfung im Wege stehen.

7. Stellen Sie die Verlustmechanismen bei der Kopplung von 2 Lichtwellenleitern zusammen. Welche Verluste sind durch die Verbindungsqualität zu beeinflussen, welche nicht?

8. Von Calais nach Dover soll ein LWL-Kabel gelegt werden (42 km). Es wird eine Monomodefaser mit 0,3 dB/km Dämpfung verwendet. Auf beiden Seiten sind je ein Steckverbinder mit 0,6 dB Einfügedämpfung vorzusehen. Alle 3,5 km ist ein Spleiß mit je 0,15 dB Dämpfung zu berücksichtigen. Als Sender wird eine Laserdiode mit 3 mW mesial Powerlevel und eine extinction ratio von 5 verwendet. Wie groß ist die Sendeleistung bei „high" - und „low" -Pegel? Zeichnen Sie den Pegelplan. Wie groß ist die Systemreserve bei einer Empfängerempfindlichkeit von -20 dBm, bezogen auf „low" -Pegel? Wie groß sind die „high" - und „low" -Pegel am Ausgang der Faser in Watt?

9. Ein Gauß-Impuls der Halbwertsbreite $t_{hs} = 2$ ns und -15 dBm Spitzenleistug wird in eine 40 km lange Monomodefaser eingekoppelt. Der am Ausgang der Faser gemessene Impuls weist eine Halbwertsbreite von $t_{he} = 5,4$ ns und eine Spitzenleistung von -35 dBm auf. Wie groß ist die Dämpfung der Faser je km? Wie groß ist die Dispersion und die Bandbreite der Übertragungsstrecke, wie groß das Bandbreite · Entfernungsprodukt, bezogen auf einen Kilometer.

10. Was versteht man unter einer PM-Faser? Geben Sie Beispiele für den Aufbau und für Anwendungsbereiche.

11. Skizzieren Sie ein Verfahren zur Messung der Grenzwellenlänge einer Faser.

12. Wie mißt man ein Brechzahlprofil direkt?

13. Was versteht man unter dem Cut-Back Verfahren und wo wird es angewendet?

14. Wie arbeitet das Rückstreumeßverfahren und welche Ergebnisse kann man damit gewinnen?

7 Optische Datenübertragungssysteme

Über Lichtwellenleiter können große Mengen an Daten in kurzer Zeit übertragen werden. Damit stellt die optische Nachrichtentechnik ein breitbandiges Medium für die Nachrichtentechnik bereit, wobe gegenüber der bisherigen Übertragungstechnik mit Breitband-Koaxialkabeln und Mikrowellenverbindungen erhebliche technologische und auch kostenmäßige Fortschritte zu verzeichnen sind. Tatsächlich werden heute weltweit neue Fernverbindungen und seit einigen Jahren auch Seekabel überwiegend als optische LWL-Verbindungen errichtet. Die Entwicklungstendenzen im öffentlichen Kommunikationssektor sind gekennzeichnet durch:

- Installation von Monomode LWL-Verbindungen zwischen allen Knotenämtern im Inland und für wichtige internationale Verbindungen,

- Installation wichtiger Seeverbindungen in LWL-Technik, u.a. USA–EUROPA, USA–Japan,

- Führung von LWL-Monomode-Anschlüssen zu wichtigen Netz-Teilnehmern im Rahmen von Breitband-ISDN, Realisierung von TV-Konferenzen u.a. Breitbanddienste,

- langfristig Anschluß auch von Privathaushalten an das LWL-Kommunikationsnetz zur Errichtung bzw. Verbreitung neuer Dienste wie z.B. Bildtelefon,

- langfristig Versorgung der Haushalte mit über 60 Fernsehkanälen über LWL in Kombination mit den üblichen Kommunikationsmitteln wie Telefon, Fax, E-Mail, Bildtelefon usw..

Während die ersten Punkte dieser Liste bereits in Arbeit und in wesentlichen Teilen schon realisiert sind, wird der Anschluß der Privathaushalte erst dann sinnvoll erfolgen können, wenn die Heterodyntechnik abstimmbare preiswerte Empfänger bereitstellt, die eine Nutzung der Übertragungskapazität der LWL-Verbindung nicht nur für die individuellen Kommunikationsbedürfnisse, sondern auch zur Verteilung von Breitbandinformation, insbesondere von HDTV-Fernsehkanälen (HDTV steht für *High Definition Television*) ermöglicht. Die dazu erforderliche Technologie wird heute bereits (vor allem in Fern Ost) intensiv entwickelt und wird möglicherweise in 20 Jahren allgemein verbreitet sein.

Die deutsche TELEKOM verkabelt im Vorgriff auf die Zukunft in den ostdeutschen Bundesländern bereits die Monomodefaser bis zum Endteilnehmer. Die Nutzung erfolgt heute noch konservativ mit Direktmodulation und niedrigen Datenraten. Im folgenden sollen die nachrichtentechnischen Aspekte einer LWL-Datenübertragung behandelt werden.

7.1 Nachrichtenübertragung mit Direktmodulation der Lichtquelle

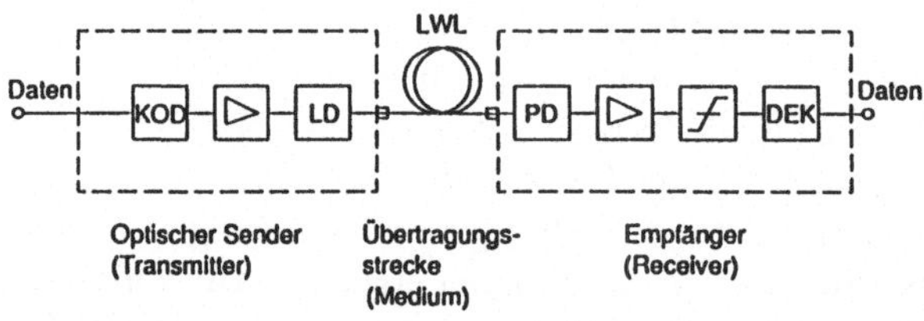

Bild 7.1 Blockschaltbild einer Nachrichtenverbindung mit direkter Modulation der Laserdiode

Bild 7.1 zeigt das Blockschaltbild einer optischen Nachrichtenverbindung. Die digitalen Daten werden im Sender geeignet kodiert und treiben über eine Treiberschaltung die Laserdiode direkt, d.h. die von der Laserdiode ausgesendete Lichtleistung wird durch die Daten moduliert.

Nach Übertragung durch die Faser wird im Empfänger die Strahlung einem Photodetektor zugeführt, der entsprechend der Bestrahlungsstärke einen Photostrom erzeugt, welcher nach Verstärkung von einem Schwellwertdetektor diskriminiert und in einen digitalen Datenstrom zurückgewandelt wird. Die Originaldaten stehen schließlich nach Dekodierung des Übertragungsformats zur Verfügung.

Die Übertragungsstrecke kann durch folgende Leistungsdaten beschrieben werden:

□ **Kanalkapazität**, gemessen in Datenrate, z.B. Anzahl der bits/s,

□ **Übertragungssicherheit**, gemessen in Bitfehlerrate (BER), z.B. Anzahl der fehlerhaft übertragenen Bits in einer Nachricht von 10^9 übertragenen Bits.

Hinzu können weitere Eigenschaften wie Durchlaufverzögerungszeit, Latenzzeit usw. treten, auf die hier jedoch nicht weiter eingegangen werden soll.

Die Kanalkapazität wird maßgeblich von der Bandbreite der Verbindung, die Übertragungssicherheit maßgeblich durch das Signal/Rausch-Verhältnis (SNR) bestimmt. Beide lassen sich durch geeignete Modulations- und Kodierverfahren wesentlich beeinflussen.

Als Modulationsverfahren stehen die Amplitudenmodulation, bei digitalen Signalen spricht man von ASK (*Amplitude Shift Keying*), die Frequenzmodulation FSK und die Phasenmodulation PSK und die hiervon abgeleiteten Varianten und Kombinationen zur Verfügung (Bild 7.2). Für die optische Übertragungstechnik mit Direktmodulation kann nur ASK angewendet werden, FSK und PSK lediglich mit einem amplitudenmodulierten Zwischenträger, worauf aber hier nicht weiter eingegangen werden soll, obwohl diese Systeme recht verbreitet sind (z.B. TV-Übertragung).

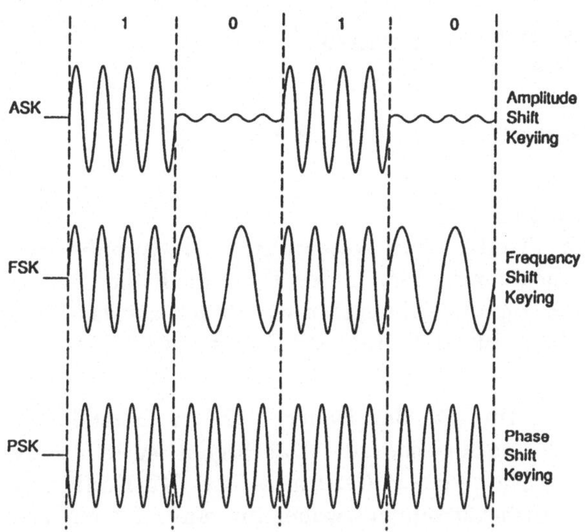

Bild 7.2 Digitale Modulationsverfahren: ASK = Amplitudenmodulation, FSK = Frequenzmodulation, PSK = Phasenmodulation

ASK bedeutet, daß die Strahlungsleistung der Diode zwischen mindestens 2 unterscheidbaren Pegeln gemäß der einlaufenden Daten hin- und hergeschaltet wird. In einzelnen ausgeführten Systemen werden auch mehr als 2 Pegel (bivalent) verwendet, z.B. 3 (trivalent), 5 oder bis zu 16 Pegeln (hexavalent), wobei die Kanalkapazität um einen entsprechenden Faktor vergrößert werden kann. Wie jedoch bereits zuvor gezeigt wurde, ist dies nur möglich, wenn ein relativ großes Signal/Rausch-Verhältnis SNR der Verbindung gegeben ist, z.B. bei Übertragung über kurze Strecken. Für größere Entfernungen kommt deshalb nur das bivalente (On-Off) Verfahren in Betracht.

Für die Übertragungssicherheit ist das Kodierverfahren und die eventuelle Einfügung von Fehlerdetektions und Sicherungsverfahren wie z.B. Parity, CRC

oder Frame-Check-Sequence maßgebend. Bild 7.3 skizziert einige wichtige Kodierverfahren. Die Daten werden zusammen mit einem Takt in ein elektrisches Signal
umgewandelt, welches zwischen einem „L" -Pegel und einem „0" -Pegel hin- und
herschaltet. Es wird unterschieden:

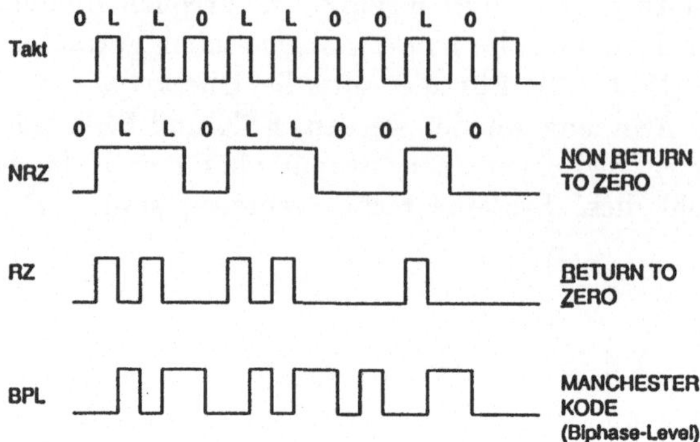

Bild 7.3   Kodierungsverfahren für serielle Datenübermittlung

NRZ-Kodierung (*Non Return to Zero*)
Das elektrische Signal folgt unmittelbar dem Dateninhalt. Die Impulse beginnen
immer mit der positiven (oder negativen) Flanke des Taktsignals und dauern eine
ganze Taktperiode an. Ein NRZ-Signal ergibt sich sehr einfach als das Signal am
Ausgang eines D-FlipFlops, welches mit dem Takt getriggert wird.

RZ-Kodierung (*Return to Zero*)
Das elektrische Signal verwendet Impulse der Dauer T/2 zur Darstellung einer
logischen „L", keine Impulse für die logische „0". Das Signal ist in der zweiten
Takthälfte immer Null, daher der Name RZ = *Return to Zero*. RZ-Kodierung wird
häufiger noch in der Bi-Level-Form verwendet, wobei für eine „L" ein positiver
Impuls, für eine „0" ein negativer Impuls ausgelöst wird.

BPL-Kodierung (*Biphase-Level, Manchester*)
Das Signal wechselt bei einer „L" von negativem zu positivem Pegel, bei einer
„0" von positivem zu negativem Pegel. Die Wechselflanke ist gegenüber dem Takt
um eine halbe Periode verzögert, liegt also in der Mitte des Bit-Intervalls. Auch hier
gibt es eine große Anzahl von Unterarten und Variationen. Diese Art der Kodierung
wird auch als *Manchester-Kodierung* bezeichnet.

Schon aus dem Bild 7.3 kann entnommen werden, daß der Bandbreitebedarf
dieser Kodierungsverfahren unterschiedlich ist. Genauer läßt sich dies durch Bilden
der spektralen Leistungsdichte (Bild 7.4) bestimmen. Die Laplacetransformation
eines Rechteckimpulses der Dauer T ist die

$$y(t) = \begin{cases} 1 & \text{für } -T/2 < t < T/2 \\ 0 & \text{für sonst} \end{cases} \quad \xrightarrow{\text{s-Trans}} \quad Y(s) = \frac{\sin(sT)}{sT} \qquad (7.1)$$

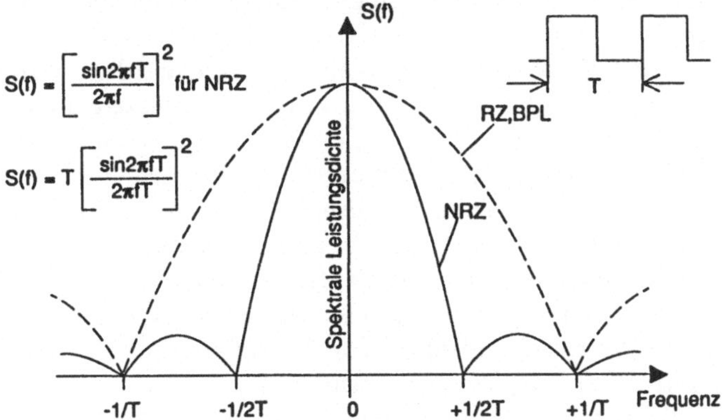

Bild 7.4   Spektrale Leistungsdichte der Übertragungsformate NRZ, RZ und BPL

Entsprechend folgt für die spektrale Leistungsdichte eines NRZ-Signals:

$$S(f) = \left(\frac{\sin 2\pi fT}{2\pi f} \right)^2 \qquad \textit{Leistungsdichte eines NRZ-Signals} \qquad (7.2)$$

Für ein RZ-Signal haben die Pulse nur eine Dauer von T/2, ebenfalls in einem manchesterkodierten Signal (BPL) können T/2-Impulse auftreten:

$$S(f) = T \left(\frac{\sin 2\pi fT}{\pi fT} \right)^2 \qquad \textit{Leistungsdichte eines RZ/BPL-Signals} \qquad (7.3)$$

Beide Funktionen sind in Bild 7.4 dargestellt. Die Bandbreite des NRZ-Signals beträgt damit etwa nur die Hälfte des RZ-Signals, wenn man die 1. Nullstelle als Bandgrenze annimmt:

$$B = \frac{1}{2T} = \frac{B_\mathrm{d}}{2} \qquad (7.4)$$

B_d = Baudrate in bit/s
B = elektrische Bandbreite

Danach wäre es vorteilhaft, nur noch NRZ-kodierte Signale zu verwenden, da diese die geringste Bandbreite aufweisen. Auf der anderen Seite sind zur Wiedergewinnung der Taktinformation aus dem Datenstrom eine Mindestanzahl von Pegelwechseln/Zeiteinheit sicherzustellen, was ein NRZ-Signal ohne zusätzliche Maßnahmen nicht leistet. So würde eine länger Folge von „00000...." sehr bald zum Zusammenbruch der Synchronisierung von Sender und Empfänger führen und damit eine Übertragung unmöglich machen.

Hier haben die RZ-Formate und BPL-Formate grundsätzliche Vorteile, da sie bei jedem Bit einen Impuls und damit eine Taktinformation liefern. Besonders der BPL-Kode (Manchester-Kode) ist hier sehr günstig und erlaubt eine einfache und sichere Taktrückgewinnung. Er ist deshalb auch in optischen Datennetzen, z.B. beim LWL-Ethernet weit verbreitet.

Der Bandbreitenvorteil des NRZ-Verfahrens kann genutzt werden, wenn die Daten nicht direkt, sondern mit einer Pseudo-Zufallsfolge verschlüsselt übertragen werden (Scrambler). Dazu werden die Daten mit dem Ausgang eines Pseudo-Zufallsgenerators multipliziert (EXOR), anschließend übertragen und auf der Empfangsseite mit einem gleichen Pseudo-Zufallsgenerator, der synchron zum Sender läuft, entschlüsselt. Damit ist das Auftreten längerer „000..." -Folgen oder „LLLL..." -Folgen extrem unwahrscheinlich, eine Taktregeneration aus den Flanken durch Signalquadratur und Filterung also möglich. Hierzu werden häufig PLL-Schaltungen eingesetzt. Für die Synchronisation von Scrambler und De-Scrambler sind nicht unerhebliche Zusatzmaßnahmen erforderlich.

Eine im Bereich der optischen Datenübertragung häufig genutzte Variante der NRZ-Kodierung ist die Verwendung von 4B/5B oder 5B/6B-Kodes. Beim letzteren werden die 32 Zeichen (5 Bit) des Originaldatenstroms auf die 64 Bitkombinationen eines 6 Bit Wortes abgebildet, wobei nur Kombinationen zugelassen werden, die eine Mindestzahl von O-L und L-O Übergängen aufweisen. Damit ist eine Taktregeneration auf der Empfangsseite auch ohne Scrambler sichergestellt, der Bandbreitenverlust beträgt jedoch nur etwa 1/5, was gegenüber der Verwendung des Manchesterkodes einen bedeutenden Vorteil darstellt. Das Verfahren wird z.B. beim FDDI-Netzwerk erfolgreich verwendet, wodurch die Bandbreite der LWL-Verbindung trotz einer Datenrate von 100 Mb/s auf nur etwa 65 MHz begrenzt werden kann.

Die Bandbreitenbegrenzung der Übertragungsstrecke hat auf die Wiedergewinnung der digitalen Information am Entscheider Einfluß. Liegen viele Datenkanäle dicht beieinander, so wünscht man sich einen möglicht idealen Bandpaß bzw. im Basisband einen idealen Tiefpaß. Ein solcher Tiefpaß hat eine rechteckfömige Übertragungsfunktion, d.h. er läßt alle Signale mit Frequenzen kleiner als der Eckfrequenz unvermindert passieren, während er alle Signale oberhalb der Eckfrequenz vollständig unterdrückt. Die Rücktransformation eines solchen Rechtecks aus dem Frequenzbereich in den Zeitbereich liefert wieder die uns schon bekannte $\sin x/x$-Funktion (Bild 7.5).

Das Signal am Ausgang einer Übertragungsstrecke mit idealem Tiefpaßverhalten ist also ein $\sin \omega t/\omega t$-Signal, die Abtastzeitpunkte zur Entscheidung zwischen „L" und „0" sind damit fixiert und ein Vielfaches der Signalperiode T. Durch die Signal-Vor- und Nachschwingungen tritt im idealen Fall kein Übersprechen zwischen den aufeinanderfolgenden Bits auf, da das folgende Bit gerade zu dem Zeitpunkt abgetastet wird, wenn die Nachschwingung des vorhergehenden Bits eine Nullstelle aufweist. In der Praxis wird das Signal durch unterschiedliche Laufzeiten für hohe und niedrige Frequenzen (Dispersion) verzerrt, so daß diese Bedingung nicht mehr ganz erfüllt ist und ein merkliches Übersprechen zwischen den Bits auftritt (*Intersymbol Interference*). Ferner ist die Übertragungsfunktion des Kanals nicht ideal rechteckförmig bandbegrenzt, woraus ebenfalls eine Verringerung des Signal-Rauschabstands am Entscheider folgt.

Es hat sich eingebürgert, das Signal vor dem Entscheider mit einem Oszilloskop

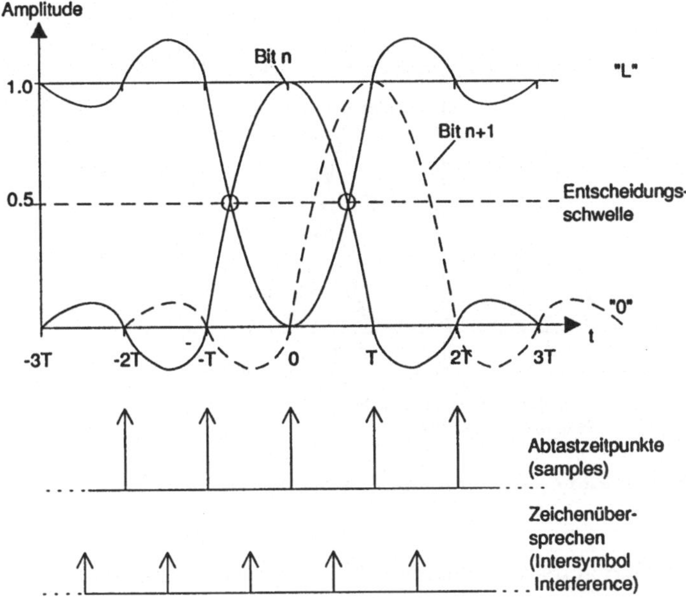

Bild 7.5 Signal am Ausgang einer Übertragungsstrecke mit idealem Bandpaßverhalten und Wiedergewinnung der digitalen Nachricht durch Abtasten zu definierten Zeitpunkten. Eine Verzerrung des Signals führt zu Zeichenübersprechen.

zu betrachten, welches auf der Y-Achse das Eingangssignal, auf der X-Achse die Zeit darstellt, wobei der regenerierte Takt zum Triggern des Oszilloskops verwendet wird. Das auf dem Schirm erscheinende Muster von zahlreichen, bei jedem Takt dargestellten Kurven hat die typische Form eines Auges (Bild 7.6, Eye-Diagram), wobei die Augenweite in horizontaler Richtung die Toleranz des Entscheider-Zeitpunkts, die Öffnung in vertikaler Richtung die Toleranz der Entscheiderschwelle zu bestimmen erlaubt. Je weiter das Augenmuster geöffnet ist, desto sicherer ist eine Datenrekonstruktion möglich.

Jede Intersymbol-Interferenz führt zu einer Verringerung der Augenmuster-öffnung genauso wie eine Bandbreiteneinschränkung, wobei eine Bandbegrenzung auf $1/2T$ eine genau sinusförmige Begrenzung des Auges herbeiführt, während ein rechteckiges Augenmuster nur dann erreicht wird, wenn die Bandbreite der Übertragungsstrecke unbegrenzt, zumindest um Faktoren größer als der Datenstrom ist. Da damit jedoch keine höhere Entscheidungswahrscheinlichkeit zu erreichen ist, der Sinus-Bogen ist in der Mitte genausoweit geöffnet wie das Rechteck, ist eine solche Bandbreitenvergrößerung also überflüssig, ja sie führt sogar zu einer Verringerung des SNR, da bei größerer Bandbreite des Vorverstärkers auch erheblich mehr Rauschen auftritt, was zu einer Verringerung der Augenöffnung führt.

Am Entscheider wird schließlich festgelegt, ob das Signal „L" oder „0" darstellt. Ein Fehler kann dann auftreten, wenn durch Rauschen bedingt zum Zeitpunkt der

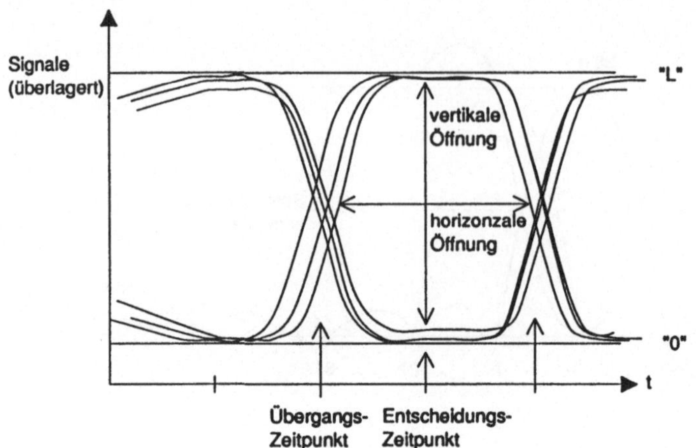

Bild 7.6   Augendiagramm eines empfangenen Signals vor dem Entscheider

Entscheidung das „0" -Signal die Amplitude 1/2 überschreitet bzw. das „L" -Signal
die Amplitude 1/2 unterschreitet. Die Wahrscheinlichkeit hierfür beträgt:

$$P_e = Prob\left(N < \frac{S}{2}\right) \tag{7.5}$$

$$P_e = \frac{1}{2}\,erfc\sqrt{\frac{S}{N}} \qquad \textit{Fehlerwahrscheinlichkeit für NRZ-Kode} \tag{7.6}$$

Sie ist damit eine Funktion des Signal/Rausch-Verhältnisses SNR = S/N. Auf den
Zusammenhang mit der Empfängerempfindlichkeit wurde schon zuvor ausführlich
eingegangen.

7.2   Heterodyn-Übertragungsverfahren

Licht ist eine elektromagnetische Welle und kann deshalb auch, ähnlich wie aus
der Hochfrequenztechnik bekannt, nicht nur in der Amplitude, sondern auch in der
Phase oder der Frequenz moduliert werden. Allerdings ist die Trägerfrequenz mit

$$f_o = \frac{c_o}{\lambda} = \frac{3 \cdot 10^8 \text{ m/s}}{1500 \cdot 10^{-6} \text{ m}} = 200 \text{ THz} \qquad \textit{Frequenz des Lichtträgers}$$

extrem hoch und kann deshalb auch eine entsprechende Bandbreite tragen. Setzt
man das Übertragungsfenster bei 1550 nm mit einer Breite von nur 20 nm an,
entspricht dies immer noch einer Bandbreite von:

$$B = \frac{c_o}{\lambda^2}\,\Delta\lambda = f_o\,\frac{\Delta\lambda}{\lambda} = 2,6 \text{ THz} \qquad \textit{Bandbreite} \tag{7.7}$$

Dies ist für nachrichtentechnische Zwecke immer noch eine gigantische Bandbreite. Um sie nutzen zu können, benötigt man auf der Sendeseite Lichtquellen, deren Frequenz man genau abstimmen und kontrollieren kann, auf der Empfangsseite frequenzabstimmbare Empfänger.

Im einfachsten Falle kann dies senderseitig durch Kontrolle der Laserdioden-Betriebstemperatur über thermoelektrische Kühler, eventuell mit einer Rückführung über ein wellenlängensensitives Element, z.B. ein Gitter, erfolgen. Über entsprechende Laser-Lichtquellen wurde bereits berichtet. Auf der Empfangsseite kann durch schmalbandige Interferenzfilter oder abstimmbare optische Bandfilter nach dem FABRY-PIEROT-Prinzip wellenlängenselektiv empfangen werden. Diese einfachen Verfahren werden heute unter dem Begriff *Wavelength Division Multiplexing*, abgekürzt WDM, zusammengefaßt und erlauben etwa einen Kanalabstand von $1 \ldots 2$ nm, d.h. etwa 10 Kanäle im 1550 nm Fenster, weitere 10 Kanäle im 1330 nm Fenster. Nach obigen Gesichtspunkten ist jeder Kanal dabei immer noch 260 GHz breit, wovon allenfalls $2 \ldots 3$ GHz genutzt werden können. Als Modulationsverfahren kann die Direktmodulation eingesetzt werden, bis auf das Filter im Eingang ist der Empfängeraufbau klassisch.

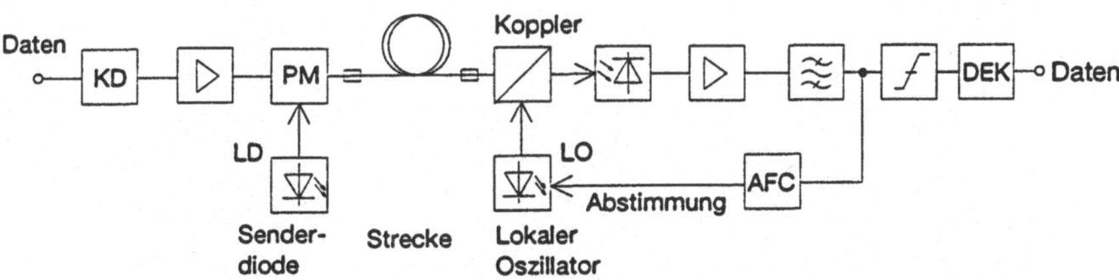

Bild 7.7 Prinzipieller Aufbau einer LWL-Übertragungsstrecke mit Überlagerungsempfang, KD = Koder, PM = Phasenmodulator, LO = lokaler Oszillator (Laser), DEK = Dekoder, AFC = automatische Frequenzabstimmung

Wie in der Nachrichtentechnik kann auch im optischen Bereich ein Überlagerungsempfänger konzipiert werden, bei dem die empfangene Strahlung mit Hilfe eines lokalen Oszillators auf eine Zwischenfrequenz heruntergemischt wird, wobei die Zwischenfrequenz schmalbandig verstärkt und schließlich demoduliert wird. Bild 7.7 zeigt das Grundprinzip eines solchen Überlagerungsempfängers. Je nach Lage der Zwischenfrequenz bezeichnet man einen solchen Emfänger als

□ **Heterodyn-Empfänger**, wenn die Zwischenfrequenz ungleich Null ist,

□ **Homodyn-Empfänger**, wenn die Zwischenfrequenz Null ist ,also ins Basisband direkt gemischt wird.

Im optischen Bereich muß der Lokale Oszillator eine Lichtquelle hoher spektraler Reinheit sein, deren Frequenz fein kontrolliert werden kann. Dies erfolgt i.a. durch eine automatische Abstimmung AFC, deren Ansteuersignal aus dem übertragenen Signal abgeleitet wird, ähnlich wie dies aus UKW-Radios jedem vertraut ist.

Als Modulationsverfahren kommen wieder ASK, FSK und PSK in Frage, von besonderem Interesse ist hier jedoch FSK und PSK, da mit diesen Verfahren höhere Empfindlichkeiten erzielt werden können. Überhaupt liefert das Heterodyn-Prinzip auf Grund der ungleich schmaleren Zwischenfrequenzbandbreiten eine um den bedeutenden Faktor von ca. 20 dB höhere Empfindlichkeit, was eine erhebliche Vergrößerung der Repeaterabstände bei Fernübertragungen ermöglicht. Zudem wird nicht die Leistung, sondern die Feldstärke des Signals verarbeitet.

Die Zwischenfrequenz kommt folgendermaßen zustande:

$$E_{\text{sig}} = E_{\text{s}} \cos(\omega_{\text{c}}t + \Theta(t)) \qquad\qquad \textit{Signalverlauf} \qquad (7.8)$$

$$E_{\text{Lo}} = E_{\text{L}} \cos(\omega_{\text{c}} + \omega_{\text{if}})t \qquad\qquad \textit{Signal des Lokalen} \qquad (7.9)$$
$$\textit{Oszillators}$$

$$\begin{aligned}
\omega_{\text{c}} &= \text{Trägerfrequenz} \\
\omega_{\text{if}} &= \text{Zwischenfrequenz} \\
\Theta(t) &= \text{Phasenmodulation, eigentliche Information}
\end{aligned}$$

Am Detektor entsteht durch Überlagerung die Feldstärke:

$$E_{\text{d}}^2 = (E_{\text{sig}} + E_{\text{Lo}})^2 \qquad\qquad\qquad\qquad\qquad (7.10)$$

$$\begin{aligned}
E_{\text{d}}^2 \;=\; & \frac{1}{2} E_{\text{s}}^2(1 + \cos(2\omega_{\text{c}}t + 2\Theta(t))) + E_{\text{Lo}})^2 \qquad && \text{Frequenz } 2\omega_{\text{c}} \qquad (7.11) \\[4pt]
& + \frac{1}{2} E_{\text{L}}^2(1 + \cos 2(\omega_{\text{c}} + \omega_{\text{if}}t) \qquad && \text{Frequenz } 2\omega_{\text{c}} \\[4pt]
& + \frac{1}{2} E_{\text{L}} \cdot E_{\text{s}} \cos(\omega_{\text{if}}t - \Theta(t)) \qquad && \textbf{Frequenz } \boldsymbol{\omega_{\text{if}}} \\[4pt]
& + \frac{1}{2} E_{\text{L}} \cdot E_{\text{s}} \cos(2\omega_{\text{c}}t + \Theta(t) + \omega_{\text{if}}t) \qquad && \text{Frequenz } 2\omega_{\text{c}}
\end{aligned}$$

Berücksichtigt man, daß die Trägerfrequenz 200 THz beträgt, ist verständlich, daß die Anteile mit doppelter Trägerfrequenz vom Detektor nicht aufgenommen werden können, vielmehr wird nur der Mittelwert der Leistung dieser Anteile umgesetzt:

$$E_{\text{d}}^2 = \frac{1}{2}(E_{\text{L}}^2 + E_{\text{s}}^2) + E_{\text{s}} \cdot E_{\text{L}} \cos(\omega_{\text{if}}t - \Theta(t)) \qquad \textit{Defektorfeldstärke} \qquad (7.12)$$

Damit beträgt die optische Leistung und der Detektorstrom mit $R_\lambda = \textit{Responsivity}$:

$$P_{\text{d}} = P_{\text{L}} + P_{\text{s}} + 2\sqrt{P_{\text{L}} \cdot P_{\text{s}}} \cos(\omega_{\text{if}}t - \Theta(t)) \qquad \textit{Leistung am} \qquad (7.13)$$
$$\textit{Detektor}$$

$$I_{\text{ph}} = \underbrace{R_\lambda(P_{\text{L}} + P_{\text{s}})}_{\text{Gleichanteil}} + \underbrace{2R\sqrt{P_{\text{L}} \cdot P_{\text{s}}} \cos(\omega_{\text{if}}t - \Theta(t))}_{\text{Wechselanteil}} \qquad \textit{Detektorstrom} \qquad (7.14)$$

Der Photostrom setzt sich also aus einem Gleichanteil und einem Wechselanteil mit der Zwischenfrequenz, die mit dem Signal moduliert ist, zusammen. Der

Gleichanteil kann leicht durch einen Hochpaß bzw. durch den sowieso erforderlichen Bandpaß mit der Mittenfrequenz ω_{if} nach dem Detektor abgetrennt werden.

Die Gl.(7.14) zeigt, daß mit der Mischung zusätzlich noch eine Verstärkung um $\sqrt{P_L}$ verbunden ist, d.h. je höher die Leistung des lokalen Oszillators, desto empfindlicher ist der Empfänger, da dieser Verstärkungsvorgang zur Rauschbilanz nicht beiträgt. Die Zwischenfrequenz stellt sich als Differenzfrequenz der Frequenzen von Signal und von L.O. dar.

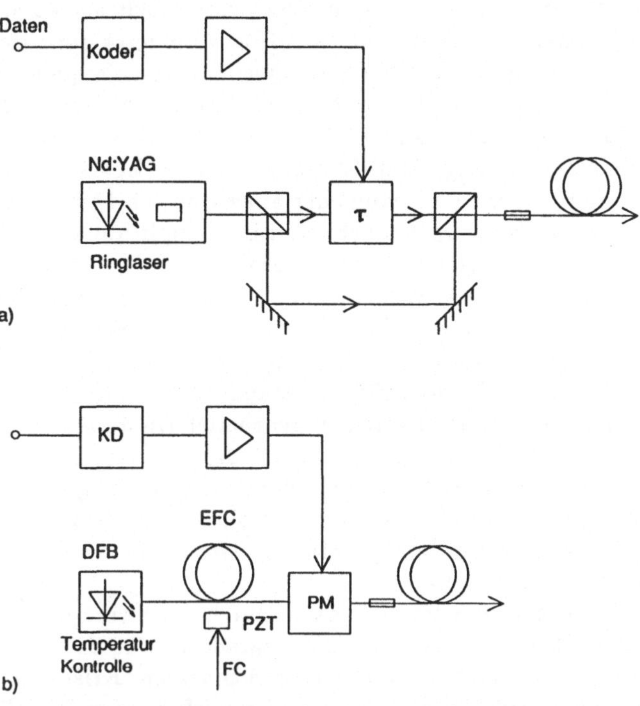

Bild 7.8 Aufbau von optischen Transmittern für die Überlagerungstechnik, a) mit Nd:YAG-Ringlaser und Mach-Zehnder-Modulator, b) mit DFB-Laserdiode und External Fiber Cavity (EFC)-Stabilisierung sowie integriert optischem Phasenmodulator.

Die Realisierung von Heterodyn-Übertragungssystemen ist jedoch mit riesigen technologischen Problemen behaftet. Die Frequenz des Lokalen Oszillators, d.h. die Wellenlänge der hier eingesetzten Laserdiode, muß nahezu exakt der Frequenz der empfangenen Strahlung entsprechen, damit sich eine Zwischenfrequenz von nur 1...2 GHz bilden kann, die von einer schnellen Detektordiode aufgenommen werden kann. Berücksichtigt man, daß bei einer normalen DFB-Laserdiode die Temperaturdrift bereits etwa 20 GHz/K beträgt, folgt hieraus allein eine Forderung an die Temperaturstabilisierung der Sende- und LO-Diode von besser 0,01 K!

Als Sende-Lichtquellen sind deshalb nur ausgesucht stabile und durch zusätzliche Maßnahmen geregelte Laser geeignet, so z.B. die LD-gepumpten Ringlaser und spezielle, mit externen Resonatoren verbundene und geregelte DFB-Laserdioden.

Die Modulation wird heute meist noch mit externen Modulatoren aufgebracht (Bild 7.8). Geeignet sind alle möglichen Formen von Interferometern, insbesondere die MACH-ZEHNDER-Anordnung, wobei die Phasenverschiebung durch Veränderung der Laufzeit in einem der Arme herbeigeführt wird. Modulatoren dieser Art werden heute in Integrierter Optik aufgebaut (vgl. Abschnitt 9) und sind auf dem Markt in vielfältigen Formen erhältlich. Man strebt eine möglichst kompakte, mit den Fasern leicht koppelbare Aufbautechnik an. Bild 7.8b zeigt zum Beispiel einen solchen Aufbau mit einer DFB-Laserdiode als Quelle, deren Frequenz durch einen Glasfaserresonator stabilisiert wird, der sich wiederum mit einem Piezo-Verstellelement (*Piezo-Transducer*) abstimmen läßt [CHIKAMA, JLWT 3/90].

Die externe Modulation ist notwendig, da mit Veränderung des LD-Stromes auch eine Veränderung des Brechungsindex und damit der abgestrahlten Licht-Frequenz gegeben ist. Dieser Effekt wird als *Chirp* bezeichnet. Eine Amplitudenmodulation führt sofort zur Linienverbreiterung, was für jede Heterodyntechnik untragbar ist.

Die neuesten Mehrfach-Kontakt-DFB-Laserdioden mit besonders langem Resonanzraum (über 1000 μm), deren Frequenz durch die Stromverteilung abstimmbar ist, können als Quelle und Modulator in einem betrachtet werden. Sie haben eine gute Chance, zur zukünftigen Standard-Lichtquelle für die Heterodyntechnik zu werden. Hieran wird intensiv gearbeitet (in Japan). Weitere Lösungsmöglichkeiten stellen optische integrierte Sender dar, wo auf einem GaAs-Chip DFB-Laserdiode und Modulator hintereinander, eventuell sogar mit der elektrischen Ansteuerung (GHz-Bandbreite!) integriert sind. Die Technologie für diese Elemente ist der Schlüssel für den breiten Einsatz der Heterodyntechnik mit ihren wahrhaft gigantischen Bandbreiten.

Der Lokale Oszillator muß gegen Rückwirkungen durch hochwertige optische Isolatoren geschützt werden. Rückwärtsunterdrückungsgrade von 60 dB und mehr sind erforderlich. Entsprechende Bauelemente aus nichtlinearen Kristallen sind heute erhältlich und müssen sowohl in den Sender als auch in den Empfänger integriert werden.

Als ein weiteres wichtiges Problem ist die Empfindlichkeit des Empfängers gegen Änderung der Polarisation der empfangenen Strahlung zu sehen. Die Laserdiode sendet linear polarisiertes Licht aus, welches in der Faser auf Grund von induzierter Doppelbrechung seine Polarisationsrichtung und Verteilung undefiniert ändert. Die Interferenz am Detektor ist maximal, wenn das vom L.O. erzeugte Licht im Polarisationsverhalten dem des Signals entspricht, andernfalls kommt es zu einer Abnahme der Signalamplitude (*Fading*), die sehr unerwünscht ist. Im Empfänger müssen deshalb Maßnahmen vorgesehen werden, die dies entweder kompensieren, oder es muß ein polarisationsunempfindlicher Aufbau gewählt werden.

Den Aufbau eines typischen Empfängers zeigt Bild 7.9. Das von einer Einmodenfaser (SM) eingekoppelte Signal wird über eine polarisierende Faser geschickt, so daß nur eine Polarisationsrichtung übrig bleibt. In einem Koppler erfolgt nun die Überlagerung mit der Strahlung des Lokalen Lasers, wobei das

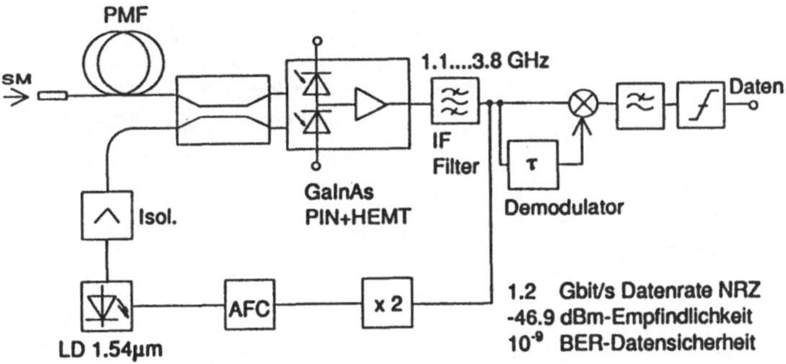

Bild 7.9   DPSK-Heterodyn-Empfänger nach [CHIKAMA, JLWT 3/90]

Licht beider Kopplerausgänge auf zwei in Reihe geschaltete Dioden geführt wird. Diese Differenzanordnung bewirkt, daß der Gleichanteil des Signals unterdrückt, der Wechselanteil jedoch um den Faktor zwei verstärkt dem Vorverstärker zugeführt wird. Dieser besteht aus einem HEMT-Transistor und ist mit den beiden Dioden zu einem IC zusammenintegriert. Am Ausgang des Vorverstärkers liegt ein Zwischenfrequenzsignal im GHz-Bereich vor, welches mit konventionellen Mitteln der HF-Technik gefiltert und verstärkt wird. Die Leistung dieses Signals wird durch Quadratur gewonnen und dient zur Regelung des Lokalen Oszillators in einer AFC-Regelschleife. Schwankungen der Sendefrequenz werden im Rahmen der Bandbreite und des Stellbereichs dieser AFC-Schleife ausgeglichen.

Die Demodulation erfolgt in üblicher Weise, wobei in Bild 7.9 eine DPSK = *Differential Phase Shift Keying*-Modulation verwendet wurde. Hierbei wird zur Demodulation lediglich eine Multiplikation mit einem um die halbe Taktzeit verzögerten Signal benötigt, was sich im GHz-Bereich durch entsprechende Laufzeitleitungen realisieren läßt. Anschließend folgt ein Tiefpaß und der Entscheider. Nicht dargestellt sind weitere Regelschleifen zur Amplitudenstabilisierung und zur Einstellung der optimalen Schwelle.

Obgleich mit diesem Aufbau schon sehr gute Ergebnisse erzielt wurden [CHIKAMA, JLWT 3/90], so konnte eine Empfängerempfindlichkeit von $-46,9$ dBm bei einer BER von 10^{-9} und einer Datenrate von 1,2 Gbit/s nachgewiesen werden, ergeben sich zusammen mit der Fluktuation des Polarisations-zustandes am Empfängereingang erhebliche Probleme. Eine Möglichkeit stellt das Zwischenschalten eines Elementes in die Empfangsleitung dar, mit der die Polarisationsebene endlos elektrisch gedreht werden kann. Solche Elemente werden heute entwickelt und können in Ganz-Fasertechnik hergestellt werden. Eine weitere Möglichkeit besteht in der Verwendung von polarisationserhaltender Faser (PM-Fiber) auch für die Übertragungsstrecke. Allerdings sind die Dämpfungswerte dieser Fasern heute noch deutlich schlechter als die normaler SM-Fasern, so daß diese Lösung für Weitverbindungen nicht in Frage kommt (ist für Nahverbindungen, z.B. die TV-Verteilung, jedoch sehr interessant!).

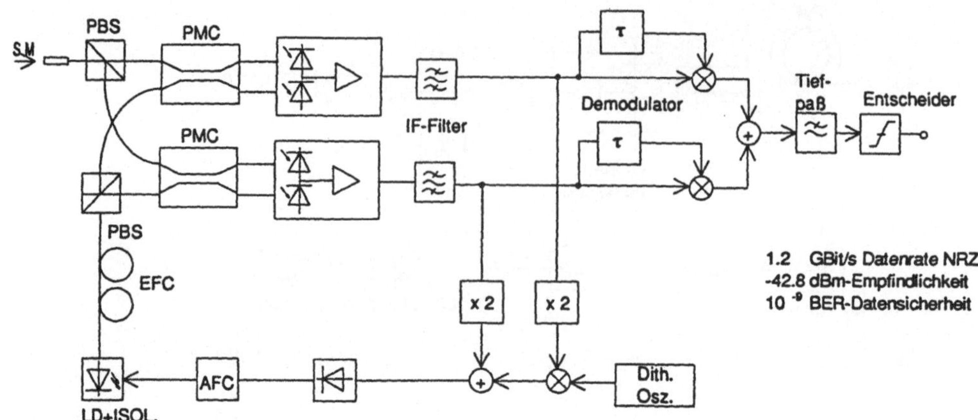

Bild 7.10   Differential Phase Shift Keying (DPSK)-Heterodyn-Empfänger nach
[CHIKAMA, JLWT 3/90], PBS = Polarization Beam Splitter, PMC = Polarization
Maintaining Coupler, EFC = External Fiber Cavity

Die Lösung stellen hier sogenannte *Polarization Diversity Receiver*, also
polarisationsunempfindliche Empfänger dar (Bild 7.10), wie sie im Grundprinzip
ebenfalls aus der HF-Technik bekannt sind. Das Eingangssignal wird in einem
optischen Element, dem *Polarization Beam Splitter* PBS, in zwei orthogonale
Polarisationsrichtungen zerlegt, die jeweils einem eigenen Empfänger zugeführt
werden. Das gleiche erfolgt auch mit dem Licht des Lokalen Oszillators, so daß
in den Detektoren jeweils immer eine der orthogonalen Polarisationsrichtungen
des empfangenen Lichtes optimal detektiert werden. Jeder Detektor verfügt über
einen eigenen Filter-, Verstärker- und Demodulatorkanal, wobei schließlich die
Summe beider Ausgangssignale gebildet wird. Gibt es ein *Fading* im oberen
Empfängerkanal, nimmt das Signal im unteren Empfängerkanal entsprechend
zu und umgekehrt. Eigentlich hätte die vektorielle Summe gebildet werden
müssen, was aus Aufwandsgründen jedoch meist unterbleibt. In der in Bild 7.10
dargestellten Lösung von CHIKAMA [CHIKAMA, JLWT 3/90] wird zusätzlich ein
Dithergenerator im Niederfrequenzbereich verwendet, um Unempfindlichkeitsstellen
bei der Nachregelung des L.O. zu vermeiden.

Das Prinzip kann unterschiedlichen Forderungen angepaßt werden. TSAO
[TSAO, JLWT 3/90] berichtet über einen Empfänger (Bild 7.11) für FSK,
bei dem die Trennung der Polarisationsrichtungen durch Wollaston-Prismen,
die Kopplung durch sogenannte 90°-Koppler in integrierter Form erfolgt. Das
Signalverarbeitungsschema ist hier etwas anders aufgebaut, das Prinzip jedoch
ähnlich.

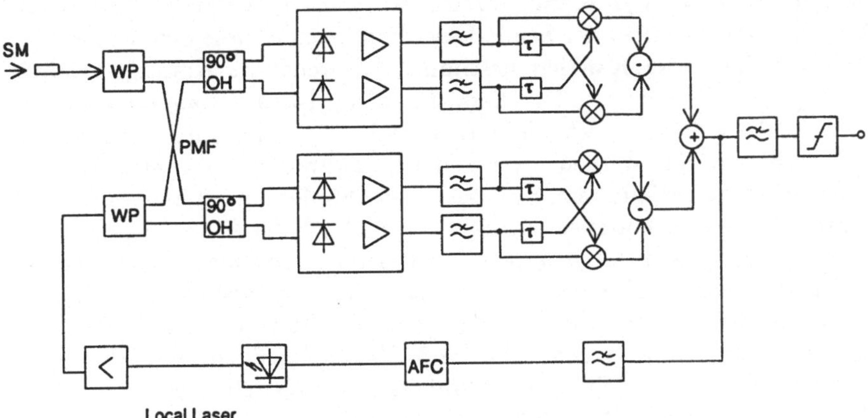

Bild 7.11 Polarisationsunempfindlicher Phase-Diversity Optical FSK-Empfänger nach [TSAO, JLWT 3/90], WP = Wollastone-Prisma, OH = Optical Hybrid, PMF = Polarisationserhaltende Faser

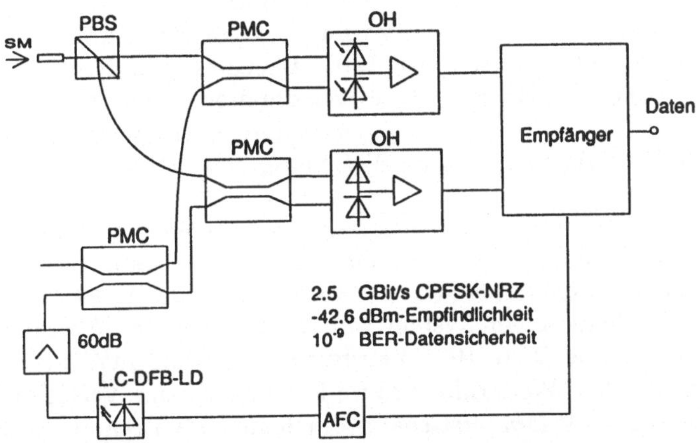

Bild 7.12 Polarization Diversity Empfänger-Eingangsstufe mit Long Cavity DFB (bzw. DBR)-Laserdiode als lokalem Oszillator nach [TAKAMASA, JLWT 6/91]

Das Empfänger-Frontend sollte möglichst vollständig integrierbar oder komplett in Fasertechnik realisiert werden können. Der Empfänger von TAKAMASA [TAKAMASA, JLWT 6/91] kommt dem schon sehr nahe (Bild 7.12). Er überträgt bereits 2,5 Gb/s bei $-42,6$ dBm Empfindlichkeit und 10^{-9} BER, was dem theoretisch möglichen schon sehr nahe kommt. PBS-Elemente in Fasertechnik werden heute bereits entwickelt. Eine Komplettintegration eines solchen Frontends für einen Pol. Div. Empfänger zusammen mit den Detektoren und Vorverstärkern ist in Kürze (aus Japan) zu erwarten bzw. teilweise bereits realisiert [SAULNIER et.alt., PTL 10/91].

Die mit der Heterodyntechnik erreichbare Kanalzahl hängt ausschließlich von der Wellenlängenstabilität der Sende-Laserdiode ab, da diese den Mindestfrequenzabstand zwischen zwei Kanälen bestimmt. Während die Kurzzeitstabilität über die AFC-Regelung heute gut beherrscht wird, ist die Langzeitstabilität oder auch Wellenlängendrift noch unbefriedigend. Eine absolute Frequenzstabilität kann jedoch erreicht werden, wenn die Laserlinie an ein absolutes Normal, z.B. die Absorptionslinie eines Gases oder Stoffes im Sinne eines optischen Phasenregelkreises angebunden wird [SEKAI, PTL 10/91]. Ein solches System würde über das Heterodynprinzip ein festes Kanalraster von wenigen GHz Kanalabstand ermöglichen, wodurch sich das interessante Übertragungsband bei 1550 nm von 2,6 THz (bis 20 THz erweiterbar) in ca. 520 Kanäle von je 2,5 Gbit/s Datenrate komfortabel aufteilen ließe. Jeder diese 2,5 Gbit/s-Kanäle erlaubt die Übertragung von mindestens 12 HDTV-Signalen, damit wäre eine Kanalkapazität der Faser allein im 1550 nm Bereich mit über 6000 HDTV-Kanälen zu erreichen.

Bei allen WDM-Systemen und auch bei der Heterodyntechnik ist jedoch zu beachten, daß die maximale von einer Monomodefaser übertragbare Leistung etwa bei +10 dBm liegt. Die Summe aller in die Faser eingekoppelter Leistungen darf diesen Wert nicht überschreiten. Andererseits ist die Empfindlichkeit der Heterodyntechnik so hoch, daß damit komfortable Dynamikbereiche gegeben sind.

Diese extremen Bandbreiten und Kanalzahlen sind mit elektrischen Mitteln nicht mehr beherrschbar, insbesondere lassen sich keine Repeater und Regeneratoren bauen, in denen auch nur annähernd diese Bandbreiten verarbeitet werden können. Es wird deshalb konsequent an All-Fiber-Systemen gearbeitet, wobei die Regeneration in optischen Verstärkern, die Verteilung mit optischen Schaltern erfolgt.

In der näheren Zukunft sind zunächst sternförmige Breitband-Verteilungssysteme für TV als direkte Anwendung der Multikanal-Hetrodyntechnik mit kurzen Verteilstrecken im unteren Kilometerbereich zu erwarten. SCHADT [SCHADT, JLWT 9/91] demonstrierte z.B. bereits ein System mit 21 Kanälen im Abstand von der 5fachen Bitrate, wobei die BER 10^{-9} betrug und nur 0,25 mW pro Kanal Sendeleistung benötigt wurden. Weiterhin wird im Fernbereich eine Vervielfachung der Kanalzahl zunächst durch WDM, erst später durch Hetrodyntechnik erfolgen.

7.3 Fernübertragung von Daten über Lichtwellenleiter durch Solitonen

Bei der Übertragung von Impulsen über große Entfernungen gibt es 2 mögliche Begrenzungen zu beachten:

- □ Begrenzung durch die Faserdämpfung,

- □ Begrenzung durch die Dispersion.

Während die Faserdämpfung durch optische Verstärker, z.B. EDFA mehr oder weniger kompensiert werden kann, ist die Dispersion, d.h. die Verbreiterung eines

Impulses beim Durchlauf durch eine Faser, nicht ohne weiteres kompensierbar und führt mit zunehmender Länge der Übertragungsstrecke zu einer spürbaren Bandbreitenbeschränkung bei Direktmodulation.

Lichtwellenleiter können jedoch nur bis zu einer bestimmten Leistungsgrenze von etwa 10 dBm bei Monomodefasern als lineare optische Gebilde betrachtet werden. Speist man höhere Leistungen in die Faser ein, so kommt es wegen eines Terms 2. Ordnung in der Suszeptibilität von Quarz zu einer Intensitätsabhängigkeit des Brechungsindex. Der dabei auftretende nichtlineare Brechungsindex bewirkt nun auch eine Dispersion.

Wie zuvor beschrieben läßt sich durch entsprechenden Aufbau der Faser eine Dispersionsabhängigkeit der Faser von der Wellenlänge herstellen, bei der 3 Nulldurchgänge vorhanden sind, wobei 2 hiervon positive Tangenten (normale Dispersion), der in der Mitte eine negative Tangente aufweist (anomale Dispersion).

Sendet man nun einen sehr leistungsstarken Impuls gerade dieser Wellenlänge anomaler Dispersion durch die Faser, kommt es zu einer gegenseitigen Kompensation der Faserdispersion und der durch die Nichtlinearität hervorgerufenen Dispersion, d.h. der Impuls wird unverzerrt über große Entfernungen übertragen. Ein solcher Impuls wird als *Soliton* bezeichnet, er darf sich mit andern Impulsen wegen des nichtlinearen amplitudenabhängigen Effektes nicht überlagern.

Typische Solitonen haben Impulslängen von einigen ps bei Leistungen im 500 mW-Bereich, damit könnten Datenraten von 100 Gbit/s bei Direktempfang erzielt werden [MOLLENHAUER und SMITH]. Das Prinzip wurde bereits über eine Strecke von 5000 km bei 2,3 Gbit/s Datenrate mit optischen Verstärkern alle 40 km demonstriert [WOOD, JLWT 7/90] und ist insbesondere für Interkontinentalverbindungen von Interesse.

Datenübertragung mit Solitonen ist heute noch ein Gegenstand der Grundlagenforschung, praktische Systeme sind noch nicht im Einsatz.

7.4 Optische Seekabelverbindungen

Interkontinentale Seekabelverbindungen gibt es seit 1866, als ein Kabel von England nach USA mit einer Kanalkapazität von 3 Worten/Minute (!) verlegt wurde. Erst 90 Jahre später wurde 1956 eine Telefonverbindung mit 36 Kanälen errichtet, seitdem nimmt die Kapazität und der Bedarf immer weiter zu , wobei heute im Atlantik etwa 100 000 Kanäle, im Pazifik etwa 50 000 Kanäle installiert sind mit einer jährlichen Zuwachsrate von 25 %.

Das erste verlegte Optische Seekabel war 1985 ein Kabel von USA zu den Canary Islands (OPTICAN 1) mit 120 km Länge und 3 Repeatern. Hierauf folgte eine ganze Anzahl von kürzeren und auch interkontinentalen Verbindungen weltweit (Tabelle 7.1).

Die interkontinentalen Verbindungen TAT-8 und TPC-3 verwenden 1300 nm Technologie mit InGaAs-Laserdioden und Germanium-Avalanche-Detektoren mit einem durchschnittlichen Repeaterabstand von 50 km (Bild 7.13). Die Datenrate

Tabelle 7.1 Optische Seekabelverbindungen nach [AMANO, JLWT 4/90]

Jahr	Bezeichnung	Installationsort	Hersteller	Länge in km
1985	OPTICAN 1	Canary Island	AT&T(USA)	120
1986	NL2	England - Belgien	BT/STC	120
1986	FS 400 M	Honsyu - Okkinava	NTT	800
1986	FS 400 M	Honsyu - Kokkaido	NTT	300
1987	S 280 M	Marseille - Ajaccio	PTT/Subm.	380
1988	TAT - 8	England / Fr. - USA	AT&T	ca. 6000
1988	TPC - 3	Japan - Hawai	NTT/AT&T	ca. 5000
1988	HAW - 4	Hawai - USA	AT&T	ca. 5500

beträgt in beiden Kabeln 295,6 Mbit/s, dies entspricht unter Abzug von Kontrollraten etwa 280 Mbit/s für Nutzkanäle oder 7560 Kanälen von je 64 kbit/s (ISDN). Das Modulationsverfahren ist Direktmodulation der Strahlungsleistung. Als Datenübertragungskode wird scrambled NRZ 24B1P-Kode verwendet, d.h. nach 24 Line-Bits folgt ein Parity-Bit (even).

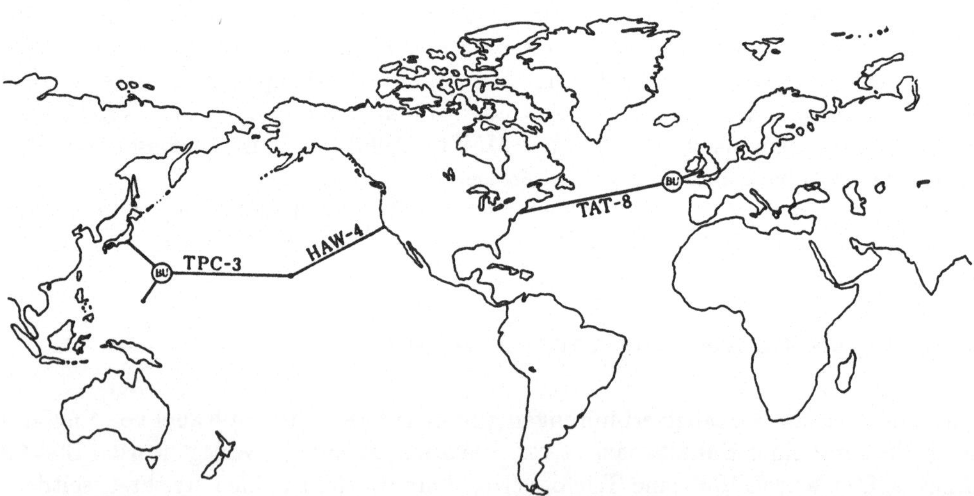

Bild 7.13 Übersee-Lichtwellenleiterverbindungen TPC-3, HAW-4 und TAT-8 nach [AMANO, JLWT 4/90]

Die Bitfehlerrate ist auf 10^{-9} ausgelegt. Das Kabel enthält 6 Glasfasern und wird bidirektional betrieben. Um die Zuverlässigkeitsforderungen von 10 Jahren MTBF bzw. weniger als 3 Reparaturen in 25 Jahren erfüllen zu können, ist in jeder Repeater-Unit ein zusätzlicher Reserve-Repeater für jede Übertragungsrichtung verfügbar. Die Laserdioden, als bezüglich der Lebensdauer besonders kritisch eingeschätzt, sind an jedem Transmitterausgang 4fach vorhanden, wobei nur jeweils eine in Betrieb ist. Die Umschaltung der Dioden und Repeater erfolgt mit optischen Schaltern (Bild 7.16).

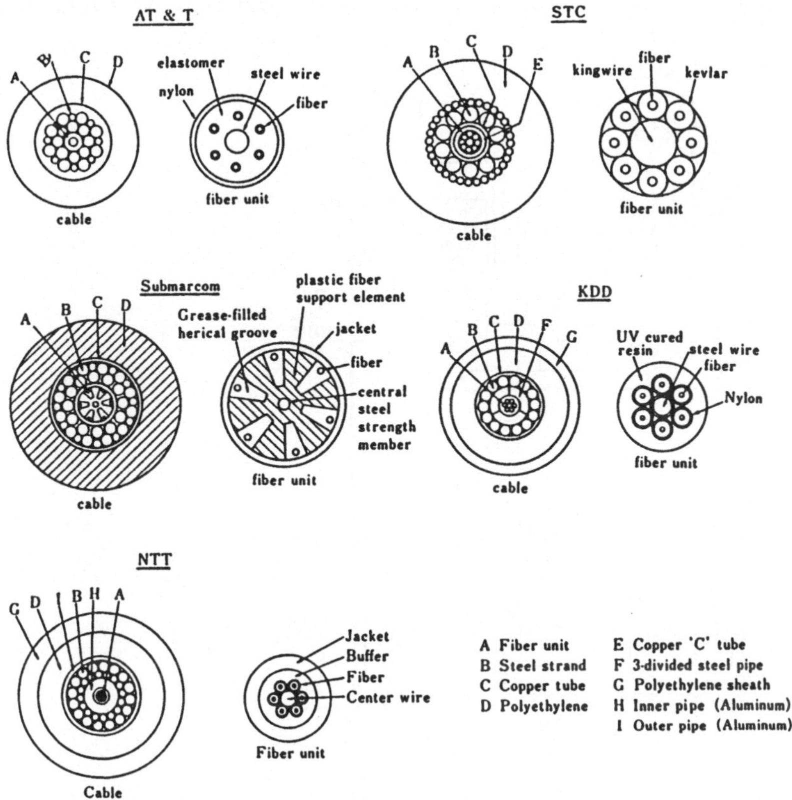

Bild 7.14 Ausführung verschiedener Unterwasserkabelkonstruktionen nach [AMANO, JLWT 4/90]

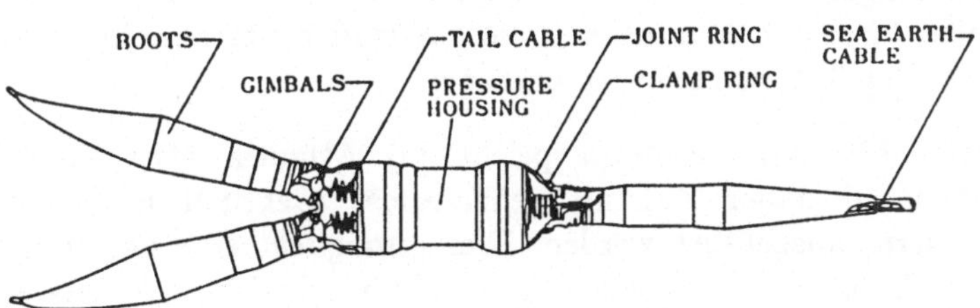

Bild 7.15 Unterwasserverzweigungseinheit [AMANO, JLWT 4/90]

Der Durchmesser der Kabel liegt bei 21 ... 26 mm, die Reißlänge über 22 km (Bild
7.15). TAT-8 verfügt über einen Unterwasser-Abzweig (Undersea-Branch, Bild 7.15)
nach Frankreich, auch TPC-3 nutzt eine solche Verzweigung nach Okinawa. Die
Abzweige ermöglichen eine flexiblere Verwendung der Datenübertragungskapazität
und eine direkte Verbindung von Kontinental-Europa mit USA.

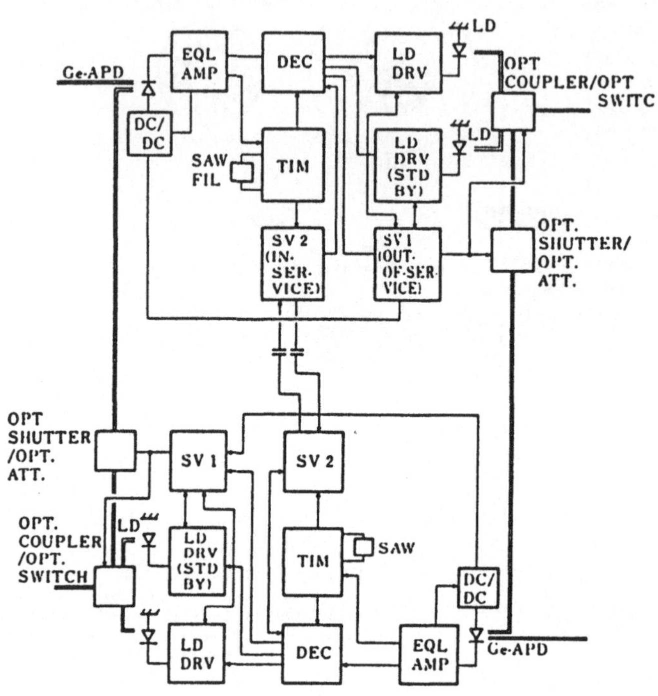

Bild 7.16
Blockdiagramm eines optischen Seekabel-Repeaters [AMANO, JLWT 4/90]

Zukünftige Kabel werden 1500 nm Technologie und Datenraten von 560 Mbit/s,
eventuell 1,2 Gbit/s aufweisen. Die Vorgehensweise ist wegen der hohen
Zuverlässigkeitsforderungen konservativ, da insbesondere neue Komponenten erst
lange Versuchsreihen durchstehen müssen. Dennoch sind heute bereits 2 wichtige
Trends bei Seekabeln der 3. Generation zu erkennen:

□ **Seekabel bis 400 km**, dies entspricht im Atlantik etwa 50 % des
  Bedarfs, werden in naher Zukunft repeaterlos, eventuell mit optischen
  EDFA-Verstärkern, ausgeführt werden. Dies ermöglicht eine kontinuierliche
  Anpassung der Endstellentechnologie ohne Austausch des Seekabels an den
  Stand der Technik und damit eine laufende Erweiterung der Übertragungs-
  kapazität bis hin zu Heterodyn-Wellenlängen-Multiplexverfahren.

▫ **Überseekabel** werden auf lange Zeit noch mit Direktmodulation und regelmäßig angeordneten Repeatern betrieben, allerdings mit zukünftig höheren Datenraten und mehr Fasern pro Kabel.

Die derzeit untersuchten IR-Fluorid Glasfasern mit potentiell extrem niedriger Dämpfung sind noch weit von einem Einsatz in realen Systemen entfernt. Selbst wenn es gelingt, hier Fasern mit einem Dämpfungskoeffizient von unter 0,01 dB/km herzustellen, ist ein Einsatz nur in Verbindung mit Heterodyn-Systemen wegen der Bandbreitenbegrenzung durch die endliche Dispersion der Fasern bei Direktmodulation zu erwarten. Dies wird frühestens in der übernächsten Generation möglich sein.

Fragen und Aufgaben zu Abschnitt 7:

1. Beschreiben sie den Aufbau einer optischen Nachrichtenverbindung mit Direktmodulation.

2. Beschreiben Sie das Prinzip der Heterodyn-Übertragungstechnik. Was ist ein Homodyn-Empfänger?

3. Welche Anforderungen sind an die Sende-Lichtquelle zu stellen, wie wird moduliert und welche Maßnahmen sind im Empfänger zur Stabilisierung der Übertragung zu ergreifen?

4. Skizzieren Sie das Blockschaltbild eines typischen Heterodyn-Empfängers für DPSK. Welche Baugruppen bestimmen die Bandbreite der Übertragung und damit letztlich die Empfindlichkeit?

5. Was versteht man unter einem Polarization-Diversity-Empfänger, wie ist er aufgebaut und wozu benötigt man ihn?

6. Was versteht man unter Solitonen, wie kann man sie erzeugen und wozu kann man sie verwenden?

8 Optische Netzwerke und Bussysteme

Die einzelne LWL-Verbindung ist die Ausnahme. Abgesehen vom öffentlichen Fernsprechnetz finden sich insbesondere im industriellen Bereich eine Vielzahl von LWL-Netzen, die sehr unterschiedlich organisiert sein können. In vielen Fällen lehnen sich diese Netze an die LAN-Konzepte an, mit denen sie teilweise sogar kompatibel sind (LWL-Ethernet). Grundsätzlich kann ein Netz eine Sternstruktur (Bild 8.1), eine Busstruktur (Bild 8.3) oder eine Ringstruktur (Bild 8.5) aufweisen.

8.1 Sternstruktur

Die Sternstruktur ist die „natürliche" Struktur eines Glasfasernetzes. Jeder Teilnehmer ist mit 2 Fasern, eine für jede Übertragungsrichtung, mit einer Zentralstation (*Master*) verbunden. Jede Verbindungsleitung ist somit unidirektional, eine Station braucht gleichzeitig nur einen Empfänger zu speisen.

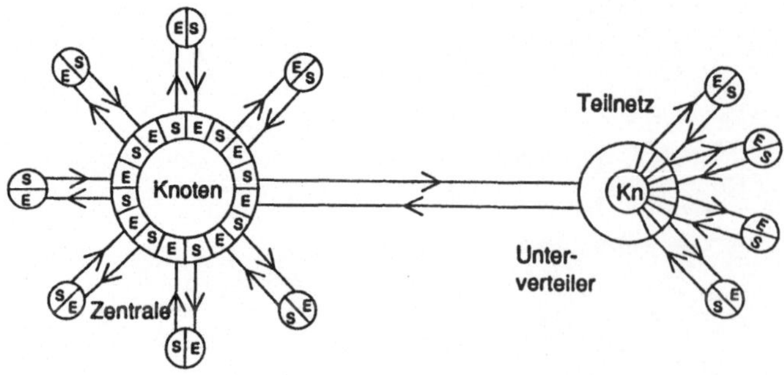

Bild 8.1 Sternförmige Netzstruktur mit Zentralstation und Unterverteiler

Die Signalübertragungsvorgänge sind zeitlich unabhängig voneinander und können asynchron und gleichzeitig erfolgen. Beispiel für diese Art des Netzes ist der öffentliche Netzbereich, der zumindestens auf Ortsamtsebene in Sternstruktur realisiert ist.

Vorteil der Sternstruktur ist die völlige Trennung aller Datenströme, was insbesondere bei Übertragung geschützter Information von Bedeutung sein kann. Die Übertragungsbandbreite ist zudem prinzipiell nicht limitiert und hängt nur von der Leistungsfähigkeit der Zentralstation und der Teilnehmerstationen ab. So sind unterschiedliche Transferraten und Protokolle innerhalb eines Netzes möglich, ebenfalls auch unidirektionaler Betrieb (z.B. Meßstationen).

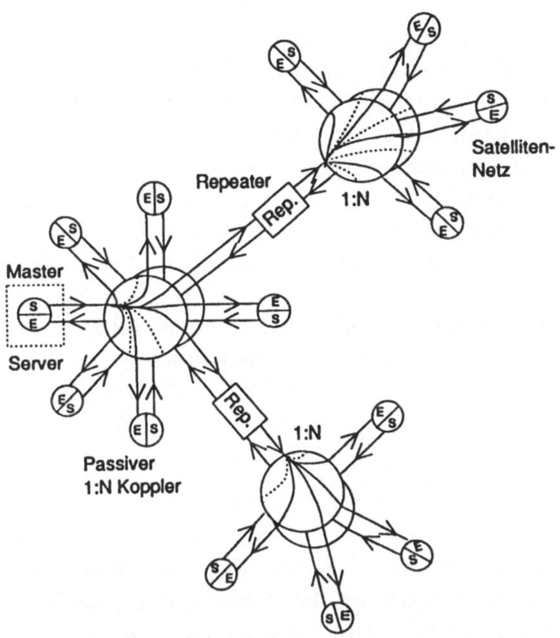

Bild 8.2 Topologie eines Netzes mit passiven Sternkopplern

Nachteil der Sternstruktur ist der hohe Verkabelungsaufwand und der Aufwand für die Zentralstation, die selbst wiederum ein Zuverlässigkeitsproblem darstellen kann (redundante Systeme erforderlich). Der Verkabelungsaufwand bei räumlich weit gestreuten Systemen läßt sich durch Schaffung von Satellitensternen (Datenkonzentratoren, Untervermittlungen) in Grenzen halten. Bei mehreren Teilnetzen größeren Umfangs werden die Zentralstationen häufig ringförmig (s.u.) oder mehrfach direkt miteinander verbunden, um die Zuverlässigkeit des Gesamtnetzes zu steigern. (z.B. öffentliches Netz). Typische Anwendung im industriellen Bereich findet sich bei zentralen Großrechnern, die eine Vielzahl von Terminals oder Meßstationen bedienen.

Die Sternstruktur ist damit die teuerste, allerdings auch die flexibelste und leistungsfähigste Netzstruktur. Sie ist mit LWL-Technik einfach zu errichten und problemlos zu betreiben.

Prinzipiell zu den Stern-Strukturen ist auch die Passiv-Star-Topologie zu zählen, bei der die Signale einer Zentralstation, dem Netz-Server, über einen 2 x 1 : N-Koppler auf N-Stationen verteilt werden (Bild 8.2). Umgekehrt können alle N-Stationen die Zentralstation über den Sternkoppler ansprechen. Im Stern kann jedoch immer nur eine Station aktiv sein, die Zugriffsverteilung kann entweder nach dem CSMA-Protokoll (Ethernet) oder durch Vergabe eines Token geregelt sein. Nachrichten von Satellitenstationen werden immer zuerst an die Zentralstation gerichtet und von dieser dann wiederholt, da die Satellitenstationen nicht direkt untereinander kommunizieren können.

Der Vorteil der Passiv-Star-Topologie ist der verhältnismäßig geringe Aufwand bei der Zentralstation, die im wesentlichen nur das Protokoll-Management erledigen muß, wozu sich heute jeder Personal Computer eignet. Der passive Sternkoppler in LWL-Technologie (Multimode) kann bis zu 32 Stationen bedienen, wobei eine gleichmäßige Aufteilung der optischen Eingangsleistung auf die angeschlossenen Stationen erfolgt. Werden mehr Anschlüsse benötigt, kann das durch einfache Repeater, an die ein weiterer Sternkoppler angeschlossen werden kann, oder durch intelligente Satelliten-Netze erfolgen. Dies sind gewichtige Gründe für die weite Verbreitung dieser Systeme.

Obwohl es sich räumlich und verkabelungsmäßig um Sternstrukturen handelt, sind passive Stern-Netze logisch eher als Bussysteme zu behandeln.

8.2   Busstruktur

Busstrukturen sind im Bereich der Rechnertechnik sehr verbreitet und werden auch in LANs gerne verwendet. Ihr Vorteil ist gerade die Entbehrlichkeit einer Zentraleinheit und eine erhebliche Vereinfachung der Verkabelung: alle Stationen hängen an einem einzigen Kabelstrang, dem Bus. Informationen werden auf dem Bus im Zeitmultiplex abgewickelt, wobei der Bus in beiden Übertragungsrichtungen, also bidirektional, verwendet wird. Die übertragenen Daten enthalten ähnlich wie ein Brief Adressat und Absender, jede Station ist intelligent genug, sich die für sie selbst bestimmte Nachricht herauszulesen.

Busstrukturen können sehr leicht um zusätzliche Stationen erweitert werden. Sie kommen dem allgemeinen Trend zur „verteilten Intelligenz" entgegen.

Gravierende Nachteile der Bus-Struktur sind die begrenzte Bandbreite, die sich aus dem Teilen der Übertragungskapazität mit den anderen Stationen ergibt und die Notwendigkeit eines einheitlichen Protokolls, welches sich an den Forderungen der höchstwertigsten Station orientiert. Die Zusammenkopplung von Stationen mit niedrigen Datenraten und solchen mit hohen Datenraten kann deshalb sehr unökonomisch geraten.

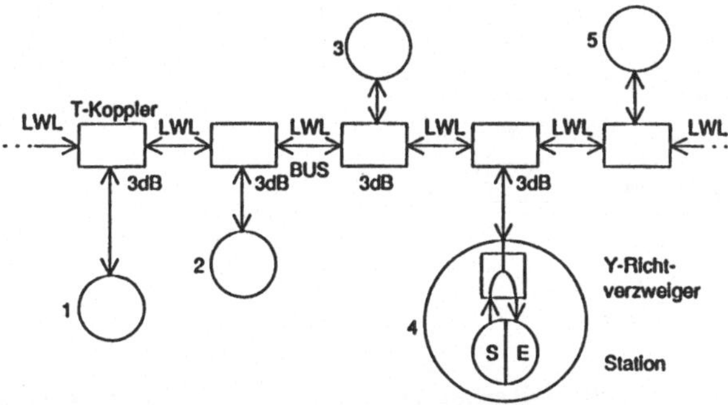

Bild 8.3 Lichtwellenleiternetz mit Busstruktur

Mit Lichtwellenleitern lassen sich Busstrukturen nicht oder nur sehr unvollkommen realisieren. Hierfür sind optische T-Koppler erforderlich sowie Y-Verzweigungen und Richtkoppler, die zwar alle existieren und grundsätzlich verfügbar sind, in der Praxis sich aber noch nicht bewährt haben. Maßgebend hierfür ist die Tatsache, daß die Information bei LWL-Übertragung in der Leistung verschlüsselt ist. Ein T-Koppler mit 3 dB Durchgangsdämpfung, bei dem also die Leistung gleichmäßig auf beide Ausgänge verteilt wird (Verluste seien hier vernachlässigt), vermindert also das optische Bussignal bei jeder Station um 3 dB. Bei ca. 25 dB Spielraum (von −15 dBm Sender zu −40 dBm Empfängerempfindlichkeit) sind somit gerade 8 Stationen am Bus zu verwirklichen. Diese Bedingung gilt für jede Station am Bus, die ja alle übrigen Stationen gleichzeitig mit Empfangsleistung versorgen muß.

Da die Sendediode und die Empfangsdiode räumlich getrennt sind, ist eine Aufteilung des bidirektionalen Strahls in einem Richtkoppler zu realisieren, der mindestens 50 dB Richtwirkung besitzen muß, wenn Senden und Empfangen gleichzeitig erfolgen sollen. Da es Richtkoppler dieser Qualität und für größere Wellenlängenbereiche (LED - Breite + Toleranz) nicht gibt, bleibt nur der sehr unökonomische Halbduplexbetrieb.

Die Realisierung von Bus-LWL-Netzen mit rein passiven optischen Komponenten ist deshalb unökonomisch. Ein Versuch zur Rettung der Bus-Struktur stellen die sogenannten aktiven T-Koppler dar (Bild 8.4).

In den LWL-Bus, bei dem nun für jede Richtung eine Faser vorhanden ist, sind als Koppler Repeater eingebaut, in denen das Lichtsignal in ein elektrisches Signal umgewandelt wird, verzweigt und wieder zurückgewandelt wird. Auch wenn hier nun theoretisch beliebig viele Stationen am Bus betrieben werden können, ist in der Praxis der Aufwand für den aktiven Koppler sehr hoch, da er die gesamte Bandbreite des Busses tragen muß. Hinzu kommen unvermeidbare Verzögerungen durch die Wandlung und die elektronischen Verknüpfungsschaltungen. Das Prinzip ist eng mit der Ringstruktur (Token-Ring) verwandt und wird beim FDDI-Ring in modifizierter Form verwirklicht.

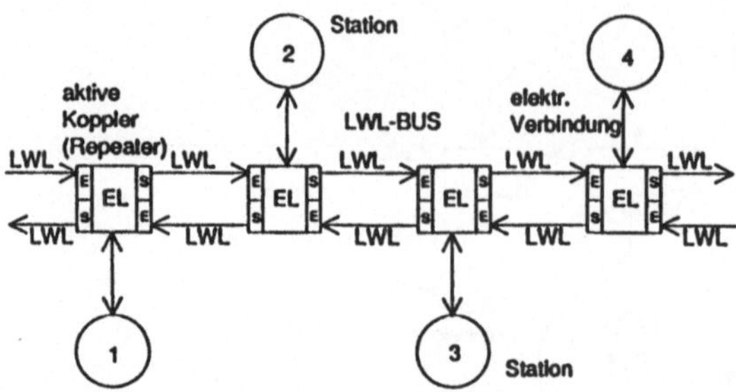

Bild 8.4 Bidirektionaler Lichtwellenleiterbus mit aktiven T-Kopplern (Repeatern)

8.3 Ringstruktur

Die Ringstruktur ist die dritte Möglichkeit, Netze von gleichberechtigten Stationen zu errichten (Bild 8.5).

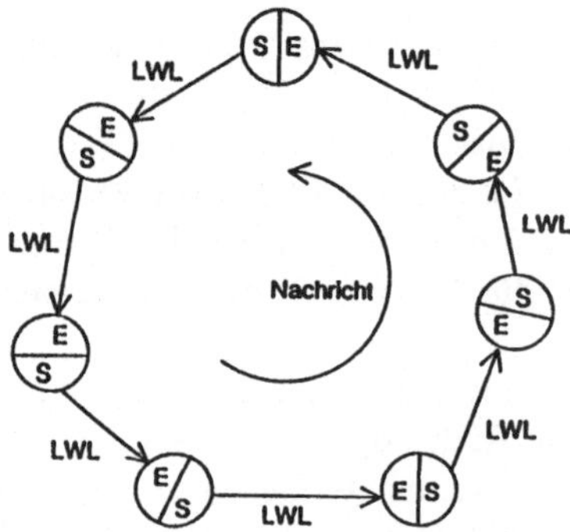

Bild 8.5
Lichtwellenleiter-Ring-Topologie

Die Ringstruktur verwendet eine unidirektionale Datenübertragung, wobei die Nachricht in einer Richtung durch den Ring weitergereicht wird, bis sie schließlich den Empfänger erreicht. Die Stationen sitzen damit wie Perlen an einer Schnur, das Einfügen einer weiteren Station ist ähnlich einfach wie bei der Busstruktur, ebenfalls die Verkabelung. Jede Station verfügt über eine optische Schnittstelle für Senden und Empfang und die Fähigkeit, die Adressen der Nachrichten auszuwerten. Der Zugang zum Ring erfolgt nach dem Token-Prinzip. Einzelheiten dieser Verfahren sind den einschlägigen Standards und der Literatur zu entnehmen.

Für die LWL-Übertragung ist von Bedeutung, daß jeder optische Sender nur einen optischen Empfänger treiben muß, die Sendeleistung kann deshalb gering und den Entfernungsgegebenheiten angepaßt sein. Die Bandbreitenforderung orientiert sich an der Bandbreite des Rings. Ringnetze können deshalb sehr kosteneffektiv und LWL-gemäß errichtet werden.

Nachteil der Ringnetze ist allerdings, daß die Stationen alle aktiv sein müssen, also nicht abgeschaltet werden können, ohne den Ring zu unterbrechen. Hierzu ist es notwendig, die Station bei Abmeldung aus dem Netz optisch zu überbrücken. Hierfür können optische Relais dienen, die in Ruhelage die ankommenden Lichtsignale direkt auf den Ausgang weiterleiten. Problematisch ist hier jedoch wieder die Durchgangsdämpfung, die deutlich unter 0,5 dB liegen sollte, sonst ergeben sich ähnliche Probleme wie bei den T-Kopplern.

Ringnetze sind hauptsächlich im Datenverarbeitungsbereich zur Rechner-kopplung geeignet, wo größere Datenpakete (*Files*) zwischen intelligenten Stationen in mittleren Zeitintervallen ausgetauscht werden. Sie sind weniger geeignet für Steuerungen, Datenerfassung und Echtzeitbetrieb mit hohen, mehr oder weniger kontinuierlichen Datenströmen.

8.4 Das FDDI-Ringnetz

Die bisher aufgebauten LWL-Netze sind im wesentlichen den elektrischen LAN-Netzen gleich, wobei die physikalische Schicht des ISO-Schichtenmodells durch optische Verbindungen ersetzt wird. Die potentiell riesigen Bandbreiten der Lichtwellenleitertechnik werden erst in einem neuen optischen Datennetzwerk genutzt, welches unter dem Kürzel FDDI = *Fiber Distributed Data Interface* standardisiert ist. Diese in Zusammenarbeit von über 80 internationalen Firmen erstellte Norm des American National Standards Institute ANSI X3T9.5 mit den Dokumenten ISO 9314/1 ... /5, einige davon befinden sich noch im Entwurfsstadium, definiert ein LWL-Doppelringbussystem (Bild 8.6) mit der Nettodatenrate von immerhin 100 Mbit/s pro Strang, was der 10 bis 20fachen Kapazität der heute eingeführten LANs auf Koaxialkabeltechnologie (Ethernet, Yellow Cable) entspricht [BARTH, Elektronik 21/91].

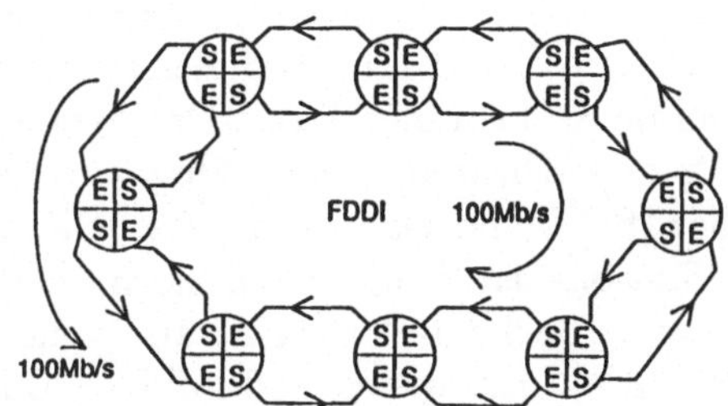

Bild 8.6
Doppel-Ring-Topologie des FDDI-Datennetzes

An dem Netz können bis zu 500 Stationen mit Vollanschluß (*Dual Attachment Stations*, DAS) oder bis zu 1000 Stationen mit Einfachanschluß (*Single Attachment Stations*, SAS) angeschlossen werden, wobei zwischen 2 Stationen eine Verbindungs-länge von maximal 2 km zugelassen ist. Die Gesamtlänge des Netzes darf 100 km bei DAS betragen, womit wohl auch sehr ausgedehnte Firmenkomplexe problemlos vernetzt werden können.

Als Übertragungsmedium dient ein LWL-Kabel mit 2 Glasfasern (*Duplex Fiber Cable*), wobei Gradientenindexfasern mit 62,5 μm Kern und 125 μm Mantel zur Anwendung kommen. Als Übertragungswellenlänge ist 1300 nm festgelegt. Das Kabel soll eine Dämpfung von 2,5 dB/km nicht überschreiten und ist in Form und Konfektionierung für FDDI genormt.

Jede Station verfügt über einen optischen Überbrückungsschalter, der den Ring bei Abschalten der Station passiv schließt. Die Verluste dieses Schalters sind mit 2,5 dB relativ großzügig bemessen.

Die Duplex-Steckverbindungen sind speziell für FDDI entwickelt und genormt. Der Stecker darf eine Übergangsdämpfung von 0,5 dB aufweisen.

Die mindest Empfängerempfindlichkeit ist mit −29 dBm bei einer Bitrate von 125 Mbit/s und einer BER von 10^{-12} (incl. Kodierung) festgelegt. Als Kode wird ein spezieller 4B/5B-Kode verwendet, bei dem maximal 3 „0" hintereinander auftreten können, so daß eine Taktrückgewinnung möglich ist. Die Übertragung erfolgt im NRZI-Format. Durch den 4B/5B-Kode kann bei 125 MHz Taktrate auf dem Bus immer noch eine Nettodatenrate von 100 Mbit/s erzielt werden, was gegenüber einem Manchesterkode eine erhebliche Verbesserung darstellt. Die Daten werden in Form von Datenrahmen (*Frames*) oder Paketen übertragen, das Zugriffsverfahren entspricht dem Token-Passing-Prinzip.

Die Duplexstruktur des primären Rings beinhaltet Redundanz, so daß bei Unterbrechung einer Faser (Störung) oder auch bei der physikalischen Neuinstallation einer Station im Ring der Datenbetrieb weitergeführt werden kann, allerdings nur noch mit der halben Datenrate. Dies ist bei ausgedehnten Netzen eine wichtige Forderung, da das Herabfahren eines Netzes von einigen hundert Teilnehmern und das Wiederanfahren mehrere Stunden benötigen kann, was nur für die Neuinstallation eines Teilnehmers völlig unwirtschaftlich wäre. Im Falle einer Störung ist die Lokalisierung der Unterbrechung durch den Netzmanager ebenfalls leicht möglich.

Das Token-Protokoll ist zusätzlich mit einer Zeitzuordnung verbunden, wobei Prioritäten bezüglich des Tokenzugriffs vergeben werden können. Damit kann sichergestellt werden, daß Stationen hoher Priorität in regelmäßigen Zeitabständen bedient werden (synchroner Betrieb). Die zwischen diesen synchronen Zugriffen liegenden freien Zeiträume können für asynchronen Paket-Datentransport verwendet werden. Damit wird das FDDI-Netz beschränkt echtzeitfähig, z.B. ist die Übertragung eines Sprachkanals realisierbar (für Demonstrationen sehr beliebt!).

Der Aufwand für *Dual Attachment Stations* ist heute noch hoch, deshalb wird FDDI heute zunächst in der Form von „Backbone"-Netzen, also zentralen Verteilungsnetzen eingesetzt werden (Bild 8.7). An dieses 100 Mbit/s Daten-„Rückgrad" sind über Netzverbindungsbaugruppen (*Bridges*) klassische Ring-, Bus- oder Sternnetze mit Datenraten im 10 Mbit/s-Bereich oder darunter anschließbar.

Der Hunger nach Netzbandbreite ist jedoch im Workstationbereich mit den stark graphisch orientierten Programmen und riesigen Datenbeständen so groß geworden, daß in zunehmenden Maße auch Workstations oder sogar PCs direkt an das primäre FDDI-Ringnetz angeschlossen werden, allerdings aus Kostengründen meist als *Single Attachment Stations*, wobei ein passiv aufgebauter Konzentrator

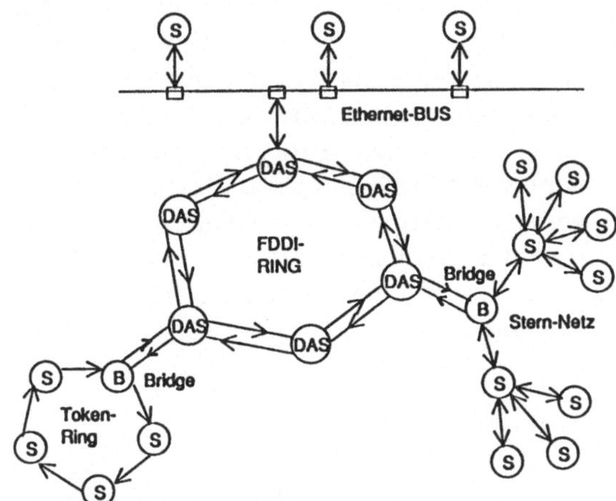

Bild 8.7   FDDI-Ring als „Backbone"-Netz hoher Datenrate für zahlreiche Unternetze diverser Topologie, DAS = Dual Attach Station, B= Bridge, S = Station

(Bild 8.8) die Verbindung herstellt. So können die z.B. 20 Workstations eines CAE-Zentrums lokal sternförmig auf einen solchen Konzentrator verkabelt werden, wobei dieser wiederum in das Primär-Ringnetz eingeschleift ist. Passende SAS-FDDI-Einsteckkarten für Workstation und PCs sind bereits im Handel, von Halbleiter-herstellern wie AMD, Motorola u.a. werden bereits komplette Chipsätze für die Schnittstellen angeboten. Es ist damit zu rechnen, daß auch ein 100 Mbit/s FDDI-Anschluß (SAS) bald unter DM 2000,- zu haben sein wird, was zu einer Ablösung der existierenden Datennetzwerke auf breiter Front führen wird.

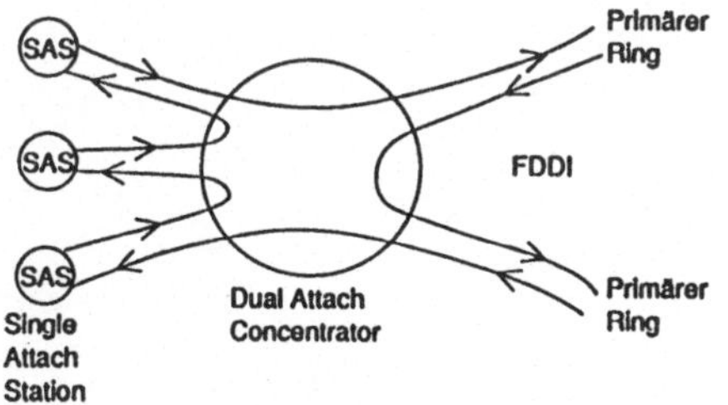

Bild 8.8
Anschluß von Einfachstationen (Single Attach Station, SAS) über einen passiven Konzentrator bei FDDI

Nebenbei bemerkt wird heute der für die optische Datenübertragung entwickelte FDDI-Standard in Form eines TPDDI = *Twisted Pair Data Distributed Interface* in die rein elektrische Welt zurückgeholt, um preiswerte Alternativen zu FDDI anzubieten.

Zur Zeit wird auf der Basis von FDDI ein weiterer Standard, als FDDI-II bezeichnet, entwickelt, der mit FDDI vollkompatibel den Bereich der Echtzeitanwendung besonders betont. War das bisherige System primär ein „Packet Switching"-System, ist FDDI-II ein „Circuit Switching"-System, wobei ein schnell umlaufender Token eine 125 ms-Zyklus-Struktur erzeugt, bei der jeder Zeitschlitz (*Time Slot*) von den Stationen beliebig belegt werden kann. In jedem Zeitschlitz kann z.B. ein 64 kbit/s Datensignal übertragen werden. Mehrere Zeitschlitze können flexibel zusammengefaßt und damit Datenübertragungsraten bis 6,144 Mbit/s in Echtzeit realisiert werden. Das Protokollmanagement regelt hierbei sozusagen die flexible Zuordnung von Übertragungsbandbreiten zu einzelnen Stationsverbindungen, wobei gleichzeitig unterschiedliche Verbindungen mit unterschiedlichen Kapazitäten hergestellt werden können. FDDI-II befindet sich noch in der Erprobung und Normung und wird einmal große Bedeutung im industriellen, nicht datenverarbeitenden Bereich gewinnen.

Fragen und Aufgaben zu Abschnitt 8:

1. Welche Netzwerktopologien gibt es und was sind die Vor- und Nachteile jeder Topologie?

2. Skizzieren Sie ein optisches Netzwerk mit passiven Sternkopplern, was ist bei der Auslegung zu beachten?

3. Erläutern Sie den Aufbau eines Ring-Netzes und die Vor- und Nachteile dieses Konzeptes.

4. Beschreiben Sie die wichtigsten Eigenschaften des FDDI-Standards. Welche Topologie liegt vor? Welche Art von Stationen können angeschlossen werden? Was passiert bei Leitungsunterbrechung? Nennen Sie einen typischen Anwendungsbereich.

5. Was ist FDDI-II?

9 Integrierte Optik

Bei dem Aufbau von Bussystemen aber auch in zahlreichen anderen Anwendungen benötigt man elektrooptische Komponenten, die eine Beeinflussung des Lichtes durch elektrische Signale erlauben. Darüberhinaus benötigt man Koppler, Verzweiger und andere passive Komponenten im Zusammenhang mit der LWL-Technik.

Unter *Integrierter Optik* versteht man nun die Zusammenfassung von optischen Bauelementen auf einem planaren Substrat. Die Integrationsdichte liegt heute unter 20 Bauelementen/Substrat und damit um Größenordnungen unter den in der Mikroelektronik erreichbaren Werten. Maßgebend hierfür ist die um den Faktor 10000 größere Wellenlänge von Licht gegenüber der Wellenlänge von Elektronen, so daß die Lichtleitstrukturen notgedrungen entsprechend größere Krümmungsradien aufweisen müssen. Eine vergleichbar hohe Integrationsdichte wie in der Mikroelektronik ist im optischen Bereich also nicht erreichbar.

9.1 Planare Lichtwellenleiter

Basis aller Anwendungen ist der planare Lichtwellenleiter (Bild 9.1), der ähnlich wie bei der Lichtleitfaser aus einem höherbrechenden Kern und einem umgebenden Mantel besteht. Den Mantel bildet jedoch beim eindiffundierten Wellenleiter auf 3 Seiten das Substrat, auf einer Seite die Luft (s.u.).

Eine weitere Möglichkeit zur Herstellung besteht durch Epitaxie oder CVD (*Chemical Vapor Deposition*, Ausscheidung aus der Dampfphase), also Aufwachsen einer kristallographisch ähnlich strukturierten Schicht auf einem Grundsubstrat. Hier wird der LWL auf 3 Seiten von der Luft umschlossen, nur auf einer Seite vom Substrat berührt (Bild 9.2).

Bedingung für Funktion und möglichst geringe Dämpfung sind: hohe Reinheit des Ausgangsmaterials, gute Oberfächenqualität und saubere Verarbeitung.

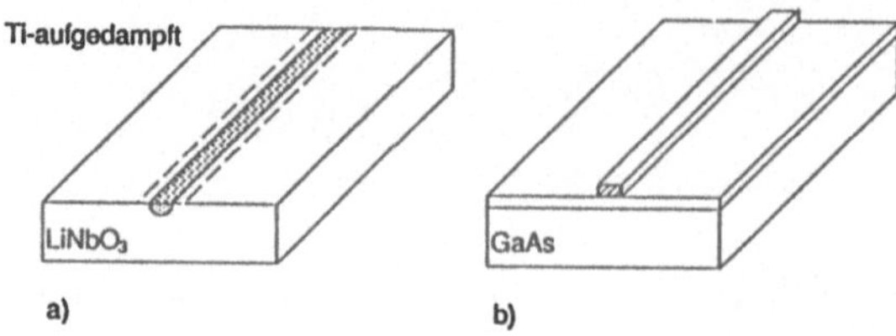

Bild 9.1 Integrierte planare Lichtwellenleiter, a) auf Lithium-Niobat-Substrat, erzeugt durch Eindiffusion von Titan, b) auf Gallium-Arsenid-Substrat, erzeugt durch epitaktisches Aufwachsen im MOCVD-Verfahren

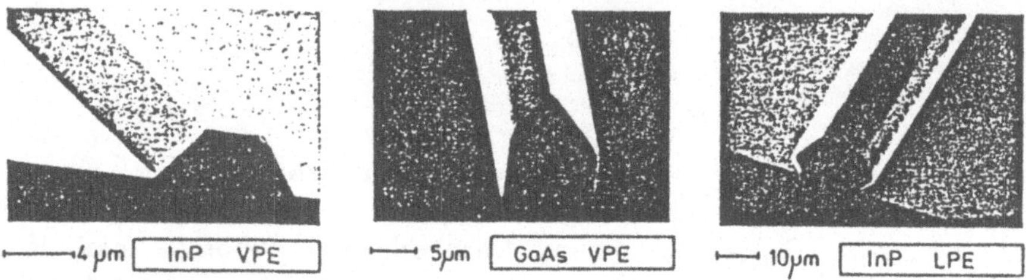

Bild 9.2 Epitaktisch aufgewachsene Wellenleiter auf GaAs

Erreicht werden heute Dämpfungen bis < 10 dB/mm, was zwar erheblich über den Werten für Glasfasern liegt, angesichts der geringen Dimensionen der Substrate aber völlig ausreicht.

Als Materialien und Verfahren werden angewandt:

- Substrat: Lithiumniobat, Titan aufgedampft und eindiffundiert,

- Substrat: Glas, K^+ und Na^+ Ionenaustausch in einer Salzschmelze,

- Substrat: III-V-Verbindungshalbleiter (GaAs, GaAlAs, InP), Epitaxie oder CVD.

Die geometrische Strukturierung erfolgt mit den aus der Halbleitertechnik bekannten Lithographieverfahren.

Lithiumniobat gehört zu den ferroelektrischen Materialien und zeigt einen ausgeprägten *elektrooptischen Effekt*: Die Brechzahl und damit die Ausbreitungsgeschwindigkeit des Lichtes in $LiNbO_3$ läßt sich in einem elektrischen Feld verändern.

Glas als Substrat ist billig und läßt sich gut verarbeiten. Der Bereich der Transmission ist jedoch nach langen wie kurzen Wellenlängen eingeschränkt (beschränkt auf den sichtbaren Bereich).

GaAs und ähnliche Verbindungshalbleiter sind dort von Interesse, wo auch aktive Bauelemente wie Laserdioden und Detektoren mitintegriert werden sollen.

Weiteste Verbreitung haben die Lithiumniobat/Titan Strukturen wegen ihrer relativ einfachen Herstellung und der Möglichkeiten, die der elektrooptische Effekt

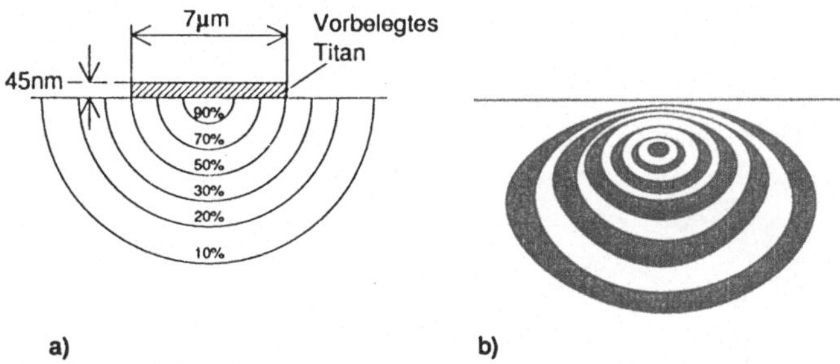

Bild 9.3 Diffusionsprofil und Feldverteilung in einem planaren, eindiffundierten Lichtwellenleiter

bietet. Bei diesen LWL findet der Lichttransport knapp unter der Substratoberfläche (Bild 9.3) statt, obgleich die Konzentration des eindiffundierten Titans an der Oberfläche am höchsten ist. Durch die Wellennatur des Lichtes kann die Grundwelle jedoch nicht direkt an der Oberfäche entlang sich ausbreiten. Es stellt sich vielmehr die in Bild 9.3 dargestellte Feldverteilung ein, die bezüglich Dämpfung auf Oberflächenfehler relativ unempfindlich ist.

9.2 Integrierte optische Bauelemente

Mit den Mitteln der Lithographie sind heute nahezu alle optischen Grundelemente wie

Linsen,	Gitter,	Spiegel,	Filter,
Resonatoren,	Polarisatoren,	Modulatoren,	Verzweiger,
Richtkoppler,	Phasenmodulatoren,	Schalter,	u.s.w.

herstellbar. Wir wollen uns hier auf einige wenige Elemente konzentrieren, die mit üblichen optischen Mitteln nicht oder nur schwierig zu realisieren sind.

Phasenmodulator
Ordnet man längs einem LiNb-LWL ein Elektrodenpaar an, erhält man ein Bauteil, welches die Phase des Lichtes zu modulieren gestattet (POCKELS-Effekt) (Bild 9.4). Durch das quer wirkende elektrische Feld wird der Brechungsindex des Substrats verändert und damit die Welle verzögert oder beschleunigt. Die Länge der Elektrode bestimmt dabei die Effizienz, so daß schon wenige Volt genügen, um eine ausreichende Modulation zu erzeugen.

Wegen der geringen Kapazität der Elektroden lassen sich Modulationsfrequenzen von mehreren GHz erreichen. Mit Lauffeldelektroden (fingerförmig) werden bis 10 GHz erreicht. Dieses Bauelement ist besonders interessant für die Heterodyntechnik.

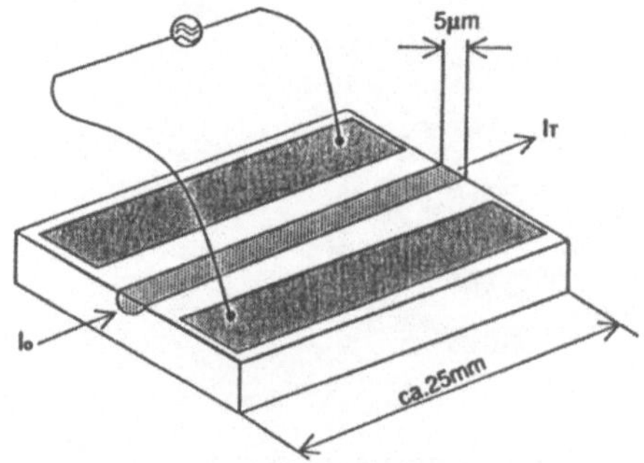

Bild 9.4
Typischer Aufbau eines Phasenmodu-
lators auf Lithium-Niobat-Substrat

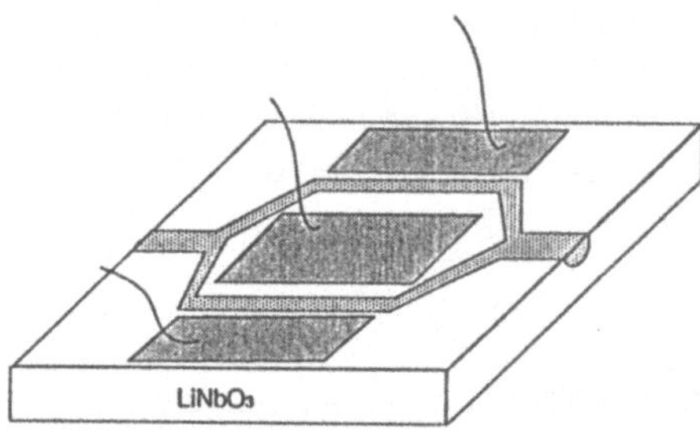

Bild 9.5   Amplitudenmodulator/Phasenmodulator als Mach-Zehnder-Interfero-
meter auf Lithium-Niobat

Amplitudenmodulator

Kombiniert man 2 Phasenmodulatoren mit 2 Y-Verzweigern, erhält man ein Mach-
Zehnder-Interferometer (Bild 9.5). In jedem Arm wird durch den Phasenmodulator
eine Phasenmodulation mit unterschiedlichem Vorzeichen erzeugt, was bei 90°
schließlich zur Auslöschung des Ausgangssignals und damit zur Helligkeits-
modulation dienen kann. Bauelemente dieser Art sind bis in den GHz-Bereich heute
zu kaufen. Der Modulationswirkungsgrad ist naturgemäß wellenlängenabhängig und
nimmt mit längeren Wellenlängen ab, so daß hier höhere Spannungen benötigt
werden.

Richtkoppler

Parallel geführte Wellenleiter beeinflussen sich ähnlich wie aus der HF-Technik
bekannt und können bei entsprechender Auslegung als Richtkoppler dienen, d.h.,
das Licht kann das Bauelement nur in einer Richtung passieren, während es in
Gegenrichtung ausgelöscht wird (Bild 9.6).

Optische Schalter

Von großer Bedeutung in der Nachrichtentechnik sind optische Schalter, die

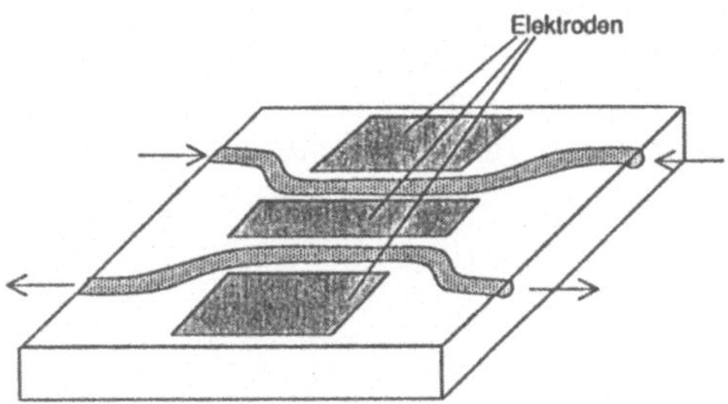

Bild 9.6   Planarer elektrisch steuerbarer optischer Richtkoppler

ebenfalls in Planartechnik hergestellt werden können (Bild 9.7). Auch hier wird
der elektrooptische Effekt ausgenutzt, um die Feldverteilung zu ändern. Geometrie
und Wellenlänge des geschalteten Lichtes stehen in engem Verhältnis zueinander.
Schalter dieser Art arbeiten deshalb nicht breitbandig, sondern nur für eine
bestimmte Wellenlänge. Die Bauweise ist relativ kurz, so daß mehrere Schalter
auf einem Substrat hintereinandergeschaltet werden können (Koppelfelder). Wegen
der kurzen Beeinflussungslänge sind allerdings relativ hohe Spannungen erforderlich
(60 V), was den Treiberaufwand bei hohen Schaltfrequenzen erhöht.

Spiegel und Linsen
Spiegel lassen sich in der Art dielektrischer Spiegel durch quer zum Wellenleiter
angeordnete Streifenstrukturen erzielen (Bild 9.8). Mit diesen Strukturen, die die
Gitterkonstante

$$G = \frac{\lambda}{2n} \qquad\qquad\qquad\qquad \textit{Gitterkonstante} \qquad (9.1)$$

aufweisen müssen und deshalb extreme Anforderungen an die Lithographie stellen,
lassen sich hochwertige planare LWL-Laser (DFB-Laser) herstellen.

   Da die Lichtwelle nahe der Oberfläche verläuft, wirken sich alle Dicken-
unterschiede und Belegungen der Oberfläche auf die Ausbreitung im LWL aus.
So kann durch eine erhabene Linsenstruktur (Bild 9.9) eine Linsenfunktion
erhalten werden, durch eine Gitterstruktur (Bild 9.10) eine Beugung um einen
definierten Winkel oder durch eine sogenannte geodätische Linse, eine kugelförmige Einschleifung ins Substrat, eine qualitativ hochwertige Konvexlinse. Diese
Bauelemente sind jedoch nur sinnvoll bei breiten LWL, z.B. zur Auffächerung oder
Fokussierung eines Laserstrahls.

   Die dargestellten Bauelemente sind nur eine kleine Palette der Möglichkeiten der
planaren LWL-Optik, die derzeit noch weitgehend in den Labors betrieben wird.

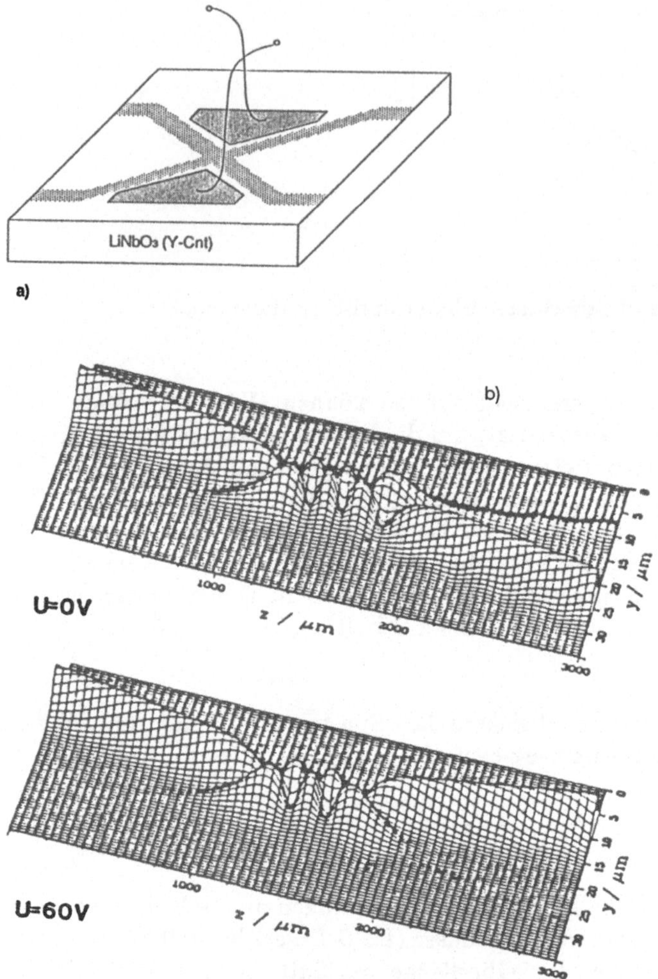

Bild 9.7 Planarer optischer Schalter und zugehörige Feldverteilung (gerechnet)

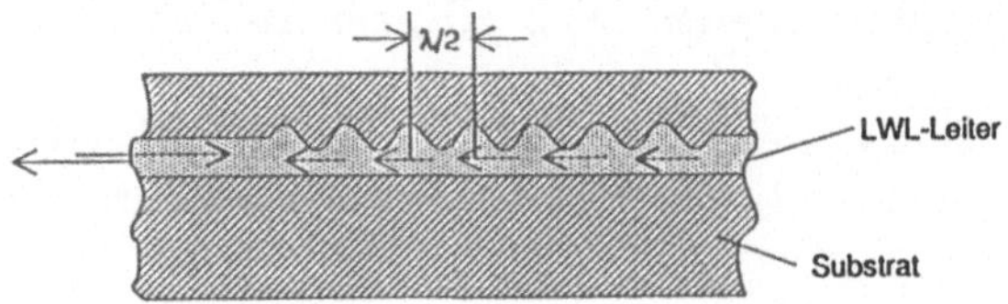

Bild 9.8 Planarer Spiegel mit periodischer Index-Modulation

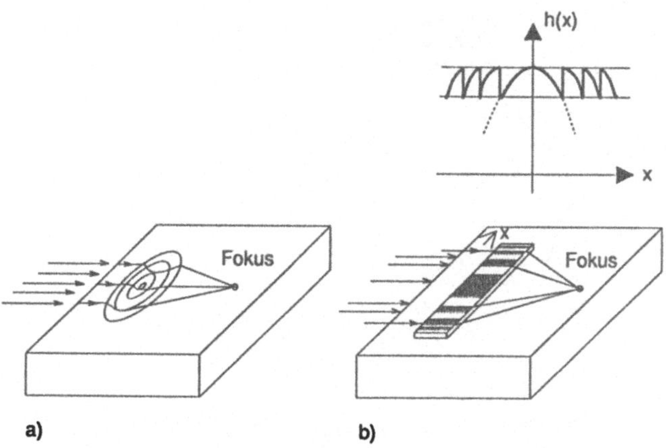

Bild 9.9 Planare Linsenstrukturen,
a) geodätische Linse, b) Fresnell-Linse mit zugehörigem Indexprofil

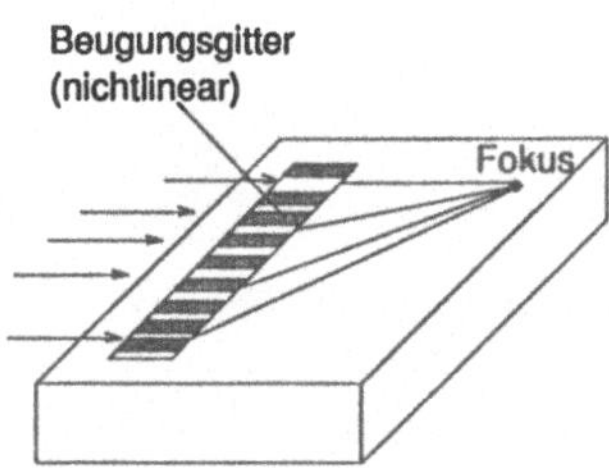

Bild 9.10
Planare Linse aus Beugungsgitter mit veränderlicher Gitterkonstante

Sie wird ergänzt durch die moderne Mikrostrukturtechnik, mit der z.B. winzig kleine Spiegel auf der Oberfläche eines Substrats hergestellt werden können. Auf entsprechende Beispiele wurde schon zuvor hingewiesen (Bild 9.11).

9.3 Optoelektronische Integrierte Schaltungen (OEIC)

Bei der Verwendung von GaAs oder InP als Substratmaterial besteht die Möglichkeit, neben den optischen Elementen auch gleich die erforderliche Ansteuerelektronik bzw. die Eingangsverstärker mit zu integrieren. Dies ist vor allem dann vorteilhaft, wenn sehr hohe Frequenzen im GHz-Bereich verwendet werden sollen, wo jede räumliche Trennung von Detektor und Verstärker zu einem Leitungsproblem führen kann. Weiterhin ist das Material GaAs wegen seiner hohen Elektronenbeweglichkeit hervorragend für HF-Transistoren geeignet.

Die in der integrierten Optik angewandten Verfahren der Epitaxie und CVD (*Chemical Vapor Deposition*) lassen sich gut mit Verfahren zur Herstellung von MOS-Transistoren vereinigen, auch die Entwurfstechniken über CAE-Anlagen

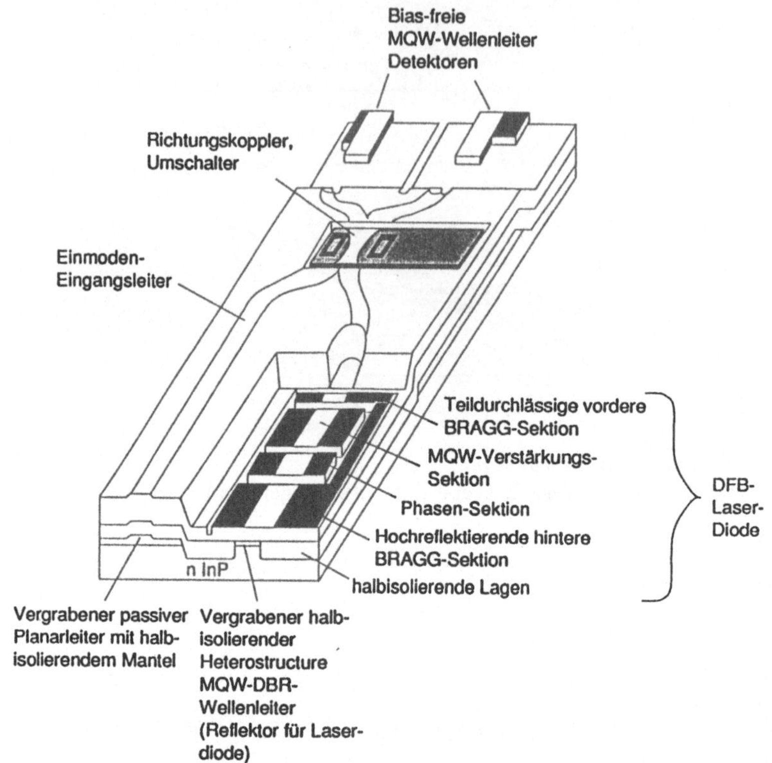

Bild 9.11   Schematischer Aufbau eines voll integrierten Heterodyn-Empfängers (balanced coherent receiver) als optoelektronischer integrierter Schaltung (OEIC) nach [KOCH, PTL 8/90]

sind eng miteinander verbunden. Auf entsprechende OEIC-Detektor-Verstärker-kombinationen wurde schon in vorhergehenden Kapiteln immer wieder hingewiesen [CHANG et alt.,PTL 3/90, HONG et alt., PTL 2/91].

Eine besondere Herausforderung stellt die Integration einer MQW-DFB-Laserdiode mit den entsprechenden optischen Leitungsstrukturen und Detektoren auf nur einem Chip dar. Bild 9.11 zeigt einen kompletten Heterodyn-Empfänger einschließlich eines abstimmbaren lokalen Lasers auf nur einem InP Substrat integriert [KOCH et alt., PTL 8/90]. Ein solcher Baustein, als Massenprodukt hergestellt, wird möglicherweise einmal die optische Teilnehmerschittstelle auch der Privathaushalte bilden und eine praktisch bandbreitenmäßig unbegrenzte weltweite Kommunikation ermöglichen.

Fragen und Aufgaben zu Abschnitt 9:

1. Welche Art von optischen Wellenleitern können integriert werden? In welchen Materialien?

2. Was ist der Elektrooptische Effekt? In welchen Materialien tritt er auf und wie kann er zur Modulation von Licht genutzt werden?

3. Skizzieren Sie den Aufbau eines integrierten Phasenmodulators/Amplitudenmodulators.

4. Wie können Spiegel und Linsen integriert werden?

5. Geben Sie ein Beispiel für einen OEIC (optoelektronischen integrierten Schaltkreis).

Literaturverzeichnis

Lehrbücher (gegliedert nach Erscheinungsjahr):

[1] SIEMENS AG: Halbleiter, Technische Erläuterungen und Kenndaten für Studierende, 1990.

[2] DAKIN, JOHN and CULSHAW, BRIAN: Optical Fiber Sensors, Artech House Inc., Boston 1988

[3] PALAIS, JOSEPH C.: Fiber Optic Communications, Prentice Hall International Editions, 1988.

[4] KILLEN, HAROLD B.: Digital Communications with Fiber Optics and Satellite Applications, Prentice Hall International Editions, 1988.

[5] KLEIN, MILES V.; FURTAK, THOMAS E.: Optik. Springer Verlag Berlin Heidelberg New York 1988.

[6] HENSCHEL, HANS JÜRGEN: Licht und Beleuchtung, Dr. Alfred Hüthig Verlag, Heidelberg 1987.

[7] PEDROTTI, FRANK L.; PEDROTTI, LENO S.: Introduction to Optics, Prentice Hall International Editions, 1987.

[8] HUTCHESON, LYNN D.: Integrated Optical Circuits and Components, Marcel Dekker, Inc. New York 1987.

[9] NUNLEY, WILLIAM; BECHTEL, J. SCOTT: Infrared Optoelectronics. Marcel Dekker, Inc. New York 1987.

[10] MURATA, HIROSHI: Handbook of optical Fibers and Cables. Marcel Dekker, Inc. New York 1987.

[11] HORNER, JOSEPH L.: Optical Signal Processing, Academic Press Inc. 1987.

[12] MAHLKE, GÜNTHE; GÖSSING, PETER: Lichwellenleiterkabel, Siemens AG Abt. Verlag, München 1986.

[13] STAHL, KONRAD; MIOSGA, GERHARD: Infrarottechnik, Dr. Alfred Hüthig-Verlag, 1986.

[14] YOUNG, MATT: Optics and Lasers, Springer Verlag Berlin Heidelberg New York 1986.

[15] BLUDAU, W.; GÜNDNER, H.M.; KAISER, M.: Systemgrundlagen und Meßtechnik in der optischen Übertragungstechnik, Teubner Studienskripten, Stuttgart 1985.

[16] BLEICHER, MAXIMILIAN: Halbleiteroptoelektronik, Dr. Alfred Hüthig Verlag, Heidelberg 1985.

[17] SENIOR, JOHN M.: Optical Fiber Communications. Prentice Hall International London 1985.

[18] MUSIKANT, SOLOMON: Optical Materials.Marcel Dekker, Inc. New York 1985.

[19] UNGER, HANS GEORG: Optische Nachrichtentechnik, Dr. Alfred Hüthig Verlag, Teil I:1984, Teil II:1985.

[20] TIMMERMANN, CLAUS CHRISTIAN: Lichtwellenleiterkomponenten und -Systeme, Vieweg Verlag, Braunschweig 1984.

[21] WILSON, J.; HAWKES, J.F.B.: Optoelectronics, An Introduction. Prentice Hall International, London 1983.

[22] IIZUKA, KEIGO: Engineering Optics. Springer Verlag 1983.

[23] FISCHBACH, JÖRN-UWE: Optoelektronik-Bauelemente der Halbleiteroptoelektronik, Expert Verlag Band 16 , Reihe Kontakt und Studium Elektronik 1982.

[24] ROSENBERGER, D. u.a.: Optische Informationsübertragung mit Lichtwellenleitern, Expert Verlag, Band 96 , Reihe Kontakt und Studium, 1982.

[25] ROSS, DOUGLAS A.: Optoelektronik, Bauelemente und optische Abbildungsmethoden. Oldenbourg Verlag, München Wien 1982.

[26] TIMMERMANN, CLAUS CHRISTIAN: Lichtwellenleiter, Vieweg Verlag, Braunschweig 1981.

[27] UNGER, HANS GEORG: Optische Nachrichtentechnik, Elitera Verlag, Berlin 1976.

[28] SCHMIDT, WOLFGANG; FEUSTEL, ORTWIN: Optoelektronik, Reihe: Kurz und bündig, Vogel Verlag 1975.

[29] SCHAEFFER, BERGMANN: Lehrbuch der Experimentalphysik, Band III: Optik, Verlag Walter de Gruyter.

Firmenschriften

[30] SPINDLER & HOYER: Präzisionsoptik. 1989.

[31] ANT: Nachrichtentechnische Berichte, Lichtwellenleitertechnik, Dezember 1986.

[32] PHILIPS: Passive Bauelemente für die optische Nachrichtentechnik, Philips Kommunikations Industrie AG.

[33] HIRSCHMANN: Optische Übertragungstechnik, Systeme und Bauteile, Ausgabe 2. Hirschmann Radiotechnische Werke.

[34] SONY: Semiconductor Laserdiodes, GaAs Devices, Sony Europa GmbH, 1988.

[35] TOSHIBA: Laserdiode with visible Wavelength, Product guide. Toshiba Corporation 1988.

[36] SIEMENS: Bauelemente, Technische Erläuterungen und Kenndaten für Studierende. 1988.

Zeitschriftenaufsätze (gegliedert nach Abschnitt und Erscheinungszeitpunkt):

Abschnitt 4
[4-1] KREBS, D.; HERRICK, R. et alt.: 22 W Coherent GaAlAs Amplifier Array with 400 Emitters. IEEE Photonics Technology Letters, Vol. 3, No. 4, April 1991.

[4-2] LEE, TIEN-PEI: Recent Advance in Long-Wavelength Semiconductor Lasers for Optical Fiber Communication, Proceedings of the IEEE, Vol. 79, No. 3, March 1991.

[4-3] LAMING, R.I. et alt.: High Power Erbium Doped Fiber Amplifiers Operating in the Saturated Regime. IEEE Photonics Technologie Letters, Vol. 3, No. 3, March 1991.

[4-4] NAKAGAWA et alt.: Trunk and Distribution Network Applikation of Erbium Doped Fiber Amplifier, IEEE Journal of Lightwave Technology, Vol. 9, No. 2, February 1991.

[4-5] SHIMIZU, MOKOTO et alt.: Compact and Highly Efficient Fiber Amplifier Modules Pumped by a 0.98 um Laser Diode. IEEE Journal of Lightwave Technology, Vol. 9, No. 2, February 1991.

[4-6] AINSLIE, B. JAMES: A Review of the Fabrication and Properties of Erbium-Doped Fibers for Optical Amplifiers. IEEE Journal of Lightwave Technology, Vol. 9, No. 2, February 1991.

[4-7] GOTO, M.; HIRONISHI, K. et alt.: A 10 Gbit/s Optical Transmitter Module with a Monolithically Integrated Electroabsorption Modulator with a DFB Laser. Photonics Technology Letters, Vol. 2, No. 12, December 1990.

[4-8] OSHIBA, SAEKO: Recent Progress in High-Power GaInAsP Lasers. Journal of Lightwave Technology, Vol. 8, No. 9, September 1990.

[4-9] CAPONIO, NUNZIO P. et alt.: Analysis and Design Criteria af Three-Section DBR

Tunable Lasers. IEEE Journal on Selected Areas in Communications, Vol. 8, No. 6, August 1990.

[4-10] AMANN, MARKUS CHRISTIAN; THULKE, WOFGANG: Contiuously Tunable Laser Diodes, Longitudinal Versus Transverse Tuning Scheme. IEEE Journal on Selected Areas in Communications, Vol. 8, No. 6, August 1990.

[4-11] KAZOVSKY, LEONID G. et alt.: Miniature Nd:YAG Lasers, Noise and Modulation Characteristics. Jounal of Lightwave Technology, Vol. 8, No. 3, March 1990.

[4-12] IWATSUKI, KATSUMI: Er-Doped Superfluorescent Fiber Laser Pumped by 1.48 um Laser Diode. IEEE Photonics Technology Letters, Vol. 2, No. 4, April 1990.

[4-13] NILSSON, ALAN C. et alt.: Eigenpolarization Theory of Monolithic Nonplanar Ring Oszillators. IEEE Journal od Quantum Electronics, Vol. 25, No. 4, April 1989.

[4-14] KWONG, N.S.K.: High Power High Efficiency GaAlAs Superluminescent Diodes with an Internal Absorber for Lasing Suppression. IEEE Journal of Quantum Electronics Vol. 25, No. 4, April 1989.

[4-15] MISSAGIA, L.J. et alt.: Microchannel Heat Sinks for Two-Dimensional High Power Density Diode Laser Array. IEEE Journal of Quantum Electronics, Vol. 25, No. 9, September 1989.

[4-16] HANSON, FRANK; IMTHURN, GEORGE: Efficient Laser Diode Side Pumped Neodynium Glass Slab Laser. IEEE Journal of Quantum Electronics, Vol. 24, No. 9, September 1988.

[4-17] STREIFER, WILLIAM et alt.: Advances in Diode Laser Pumps. IEEE Journal of Quantum Electronics, Vol. 24, No. 6, June 1988.

Abschnitt 5
[5-1] LEMME, HELMUTH: Solarstrom vor dem Durchbruch, ELEKTRONIK 22/1991.

[5-2] MAKIUCHI, M. et alt.: Easily Manufactured High-Speed Back-Illuminated GaInAs/InP P-I-N Photodiode, IEEE Photonics Technology Letters, Vol. 3, No. 6, June 1991.

[5-3] HONG, W.P. et alt.: Monolithically Integrated Waveguide-MSM Detector-HEMT Amplifier Receiver for Long Wavelength Lightwave Systems. IEEE Photonics Technology Letters Vol. 3, No. 2, February 1991.

[5-4] HOFFMANN, W.: MIS-Inversionsschicht Solarzellen und Module und zukünftige Siliziumsubstrate. Metall Heft 7, 1990.

[5-5] CHANG, G.K. et alt.: A 3 GHz Transimpedance OEIC Receiver for 1.3-1.55 um Fiber Optic Systems. IEEE Photonics Technology Letters, Vol. 2, No. 3, March 1990.

[5-6] KOSCIELNIAK, WACLAW C. et alt.: Intrinsic and Extrinsic Response of GaAs Metal-Semiconductor-Metal Photodetectors. IEEE Photonics Technology Letters, Vol. 2, No. 2, February 1990.

[5-7] KUWATSUKA, H. et alt.: An AlxGal-xSb Avalanche Photodiode with a Gain Bandwidth Product of 90 GHz. IEEE Photonics Technology Letters Vol. 2, No. 1, January 1990.

[5-8] YANG, LONG et alt.: High Performance of Fe: InP/InGaAs Metal/Semiconductor/-Metal Photodetectors Grown by Metalorganic Vapor Phase Epitaxy. IEEE Photonics Technology Letters, Vol. 2, No. 1, January 1990.

[5-9] YANG, LONG et alt.: Monolithycally Integrated InGaAs/InP MSM-FET Photoreceiver Prepared by Chemical Beam Epitaxy. IEEE Photonics Technology Letters, Vol. 2, No. 1, January 1990.

[5-10] GREEN, M. A.: Improvements in Silicon Cell and Module Performance, 9th E.C. Photovoltaic Solar Energy Conference, Proceedings, Freiburg 1989.

[5-11] HAGEDORN, G.: Hidden Energy in Solar Cells and Photovoltaic Powerstations. 9th E.C. Photovoltaic Solar Energy Conference, Proceedings, Freiburg 1989.

[5-12] BAMBACH, WOLFGANG; SCHMIDT, KARL et alt.: Aktive Module. ANT Nachrichtentechnische Berichte, Heft 3 Dezember 1986.

Abschnitt 6
[6-1] BUSSE, LYNDA E.; AGGARWAL, ISHWAR D.: Design Parameters for Fluride Multimode Fibers. IEEE Journal of Lightwave Technology Vol. 9, No. 7, July 1991.

[6-2] MESSERLY, MICHAEL J. et alt.: A Broad-Band Single Polarization Optical Fiber. IEEE Journal of Lightwave Technology Vol. 9, No. 7, July 1991.

[6-3] MONNOM, GERARD et alt.: Single Mode Optical Fibers in the Visible Range. IEEE Journal of Lightwave Technology Vol. 9, No. 3, March 1991.

[6-4] JANSEN, KLAUS; ULRICH, REINHARD: Drawing Glass Fibers with Complex Cross Section. IEEE Journal of Lightwave Technology Vol. 9, No. 1, January 1991.

[6-5] TSAI, HUN-HSIE et alt.: General Solutions for Stress-Induced Polarization in Optical Fibers. IEEE Journal of Lightwave Technology Vol. 9, No. 1, January 1991.

[6-6] CHIANG, KING SENG: Pressure Induced Birefringence in a Coated High Birefringent Optical Fiber. IEEE Journal of Lightwave Technology Vol. 8, No. 12, December 1990.

[6-7] SAFAI-JAZI, AHMED; LU, L.J.: Accuracy of Approximate Methods for the Evaluation of Chromatic Dispersion in Dispersion-Flattened Fibers. IEEE Journal of Lightwave Technology Vol. 8, No. 8, August 1990.

[6-8] SEARS, FREDERICK M.: Polarization-Maintanance Limits in Polarization Maintaining Fibers and Measurements. IEEE Journal of Lightwave Technology Vol. 8, No. 5, May 1990.

[6-9] TAJIMA, KATSUSUKE et alt.: A New Single-Polarization Optical Fiber. IEEE Journal of Lightwave Technology Vol. 7, No. 10, Oktober 1989.

[6-10] LOCH, MANFRED; HEINLEIN, WALTER: High-Resolution Measurement of Birefringence Profiles in Stress-Induced Polarization Maintaining Fibers. IEEE Journal of Lightwave Technology Vol. 8, No. 8, August 1989.

[6-11] KISHI, NAOTO; YAMASHITA, EIKICHI: Realization of Broad Band Phase Devices by Using W-Type Eccentric Core Optical Fibers. Journal of Lightwave Technology Vol. 8, No 8, August 1990.

[6-12] MORDON, SERGE R. et alt.: Zirkonium Fluride Glass Fiber Radiometer for Low Temperature Measurements. IEEE Journal of Lightwave Technology Vol. 7, No. 7, July 1989.

[6-13] TAJIMA, KATSUSUKE; SASAKI, YUTAKA: Transmission Loss of a 125 um Diameter PANDA-Fiber with Circular Stress-Applying Parts. IEEE Journal of Lightwave Technology Vol. 7, No. 4, April 1989.

[6-14] SAITO, MITSUNORI et alt.: Infrared Optical Fibers with Vapor-Deposited Cladding Layer. IEEE Journal of Lightwave Technology Vol. 7, No. 1, January 1989.

[6-15]
RITTLICH, DIETER et alt.: Physikalische Grundlagen der optischen Nachrichtentechnik, ANT Nachrichtentechnische Berichte, Heft 3 Dezember 1986.

[6-16] KRAHN, FRIEDRICH: Lichtwellenleiterkabel, ANT Nachrichtentechnische Berichte, Heft 3 Dezember 1986.

[6-17] FEILHAUER, HELMUT; ZIELINSKI, HANS GERD: Spleiß und Montagetechnik. ANT Nachrichtentechnische Berichte, Heft 3, Dezember 1986.

[6-18] BARTH, DIETER; BLUME, GEORG: Passive Komponenten. ANT Nachrichtentechnische Berichte, Heft 3, Dezember 1986.

[6-19] KLINGER, SIEGFRIED; MÜLLER, GERHARD u.a.: Sondersysteme. ANT Nachrichtentechnische Berichte, Heft 3, Dezember 1986.

[6-20] STOLEN, R.H.; LEIPOLT, W.N.: Optical Fiber Modes Using Stimulated four-Photon Mixing. Applied Optics, No. 15, 1976.

Abschnitt 7
[7-1] SAKAI, Y. et alt.: Frequency Stabilization of Laser Diode Using a Frequency- Locked Ring Resonator to Acetylene Gas Absorption Lines. Photonics Technology Letters, Vol. 3, No. 10, October 1991.

[7-2] SAULNIER, J. et alt.: Optical Polarization-Diversity Receiver Integrated on Titanium-Diffused Lithium Niobate. Photonics Technology Letters, Vol. 3, No. 10, October 1991.

[7-3] TONGUZ, OZAN K.; WAGNER, RICHARD E.: Equivalence Between Preamplified Direct Detection and Heterodyne Receivers. Photonics Technology Letters, Vol. 3, No. 9, September 1991.

Optical Transmission. Photonics Technology Letters, Vol. 3, No. 9, September 1991.

[7-5] SCHADT, DIETER; STEPHENS, TOM D.: Numerical Investigation of Signal Degradation Due to Four-Wave Mixing in a 21 Channel 2.5 Gb/s Coherent Heterodyne DPSK System. Journal of Lightwave Technology, Vol. 9, No. 9, September 1991.

[7-6] SUGIE, TOSHIHIKO et alt.: A Novel Repeaterless CPFSK Coherent Lightwave System Employing an Optical Booster Amplifier. Journal of Lightwave Technology, Vol. 9, No. 9, September 1991.

[7-7] IMAI, TAKAMASA et alt.: Polarization Diversity Detection Performance of 2.5 Gb/s CPFSK Regenerators Intended for Field Use. Journal of Lightwave Technology, Vol. 9, No. 6, June 1991.

[7-8] SAITO, SHIGERU et alt.: An Over 2200-km Coherent Transmission Experiment at 2.5 Gb/s Using Erbium-Doped-Fiber In-Line Amplifiers. IEEE Journal of Lightwave Technology, Vol. 9, No. 2, February 1991.

[7-9] IMAI, TAKAMASA et alt.: A High Sensivity Receiver for Multigigabit-Per Second Optical CPFSK Transmission Systems. Journal of Lightwave Technology, Vol. 9, No. 9, September 1990.

[7-10] ENG, KAI Y. et alt.: Star Coupler Based Optical Cross-Connect Switch Experiments with Tunable Receivers. IEEE Journal on Selected Areas in Communications, Vol. 8, No. 6, August 1990.

[7-11] TOBA, HIROMU et alt.: Factors Affecting the Design of Optical FDM Information Distribution Systems. IEEE Journal on Selected Areas in Communications, Vol. 8, No. 6, August 1990.

[7-12] CHIKAMA, TERUMI et alt.: Optical Heterodyne Image-Rejection Receiver for High-Density Optical Frequency Division Multiplexing Systems. IEEE Journal on Selected Areas in Communications, Vol. 8, No. 6, August 1990.

[7-13] WOOD, DAVID: Constrains on the Bit Rates in Direct Detection Optical Communication Systems Using Linear or Soliton Pulses. Journal of Lightwave Technology, Vol. 8, No. 7, July 1990.

[7-14] IMAI, YOH; IIZUKA, KEIGO; JAMES, ROBERT T.: Phase-Noise Free Coherent Optical Communication System Utilizing Differential Polarization Shift Keying (DpolSK), Journal of Lightwave Technologie Vol. 8, No. 5, May 1990.

[7-15] AMANO, KITSUTARO: Optical Fiber Submarine Cable Systems. IEEE Journal of Lightwave Technology Vol. 8, No. 4, April 1990.

[7-16] CHIKAMA, TERUMI et alt.: Modulation and Demodulation Techniques in Optical Heterodyne PSK Transmission Systems. Jounal of Lightwave Technology, Vol. 8, No. 3, March 1990.

[7-17] TSAO, HEN-WAI et alt : Performance Analysis of Polarization-Insensivitve Phase Diversity Optical FSK Receivers. Jounal of Lightwave Technology, Vol. 8, No. 3, March

[7-17] TSAO, HEN-WAI et alt : Performance Analysis of Polarization-Insensivitve Phase Diversity Optical FSK Receivers. Jounal of Lightwave Technology, Vol. 8, No. 3, March 1990.

[7-18] YAMAZAKI, SHUTARO et alt.: A Coherent Optical FDM CATV Distribution System. Jounal of Lightwave Technology, Vol. 8, No. 3, March 1990.

[7-19] WEDDING, BERTHOLD; SCHLUMP, DIETER et alt.: 2.24 Gbit/s 151 km Optical Transmission System Using High-Speed Integrated Silicon Circuits. Journal of Lightwave Technology, Vol. 8, No. 2, February 1990.

Abschnitt 8
[8-1] TAYLOR, MICHAEL G.; MIDWINTER, JOHN E.: Optically Interconnected Switching Networks. Journal of Lightwave Technology, Vol. 9, No. 6, June 1991.

[8-2] KAZOVSKY, LEONID G.: Optical Signal Processing for Lightwave Communications Networks. IEEE Journal on Selected Areas in Communications, Vol. 8, No. 6, August 1990.

[8-3] GOODMANN, MATTHEW S. et alt.: The LAMBDANET Multiwavelength Network: Architecture, Applications, and Demonstrations. IEEE Journal on Selected Areas in Communications, Vol. 8, No. 6, August 1990.

[8-4] GLANCE, BERNHARD S.; SCARAMUCCI, OLIVER: High Performance Dense FDM Coherent Optical Network. IEEE Journal on Selected Areas in Communications, Vol. 8, No. 6, August 1990.

Abschnitt 9
[9-1] SHIMADA, JUN-ICHI et alt.: Microlens Fabricated by the Planar Process. Journal of Ligthwave Technology, Vol. 9, No. 5, May 1991.

Sachwortverzeichnis

Verstärkertechnik

von Dietmar Ehrhardt

1992. X, 297 Seiten mit 274 Abbildungen. Kartoniert.
ISBN 3-528-03372-X

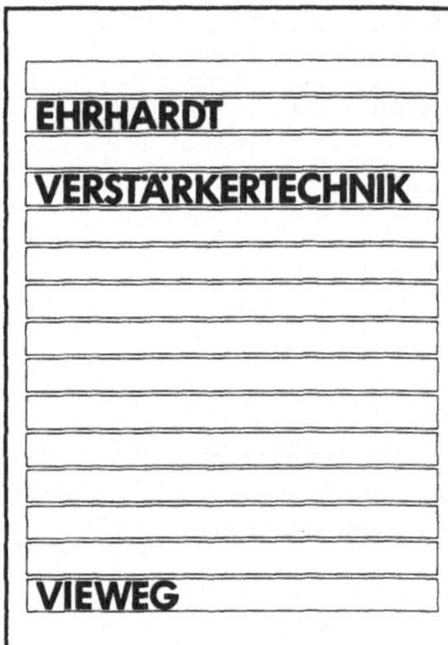

Inhalt: Bipolartransistoren – HF-Verhalten, Rauschen, Leistungs- und Differenzverstärkung des Feldeffekttransistors – Operationsverstärker – Grundschaltungen, Komparatoren, Filter und Rechenschaltungen mit OP – Verstärker als Baustein – Integrierte Schaltungstechnik – Analoge Schaltungssimulation (SPICE) – Digitale Signalverarbeitung – Oszillatoren – PLL-Funktionsgeneratoren.

Das Buch beschreibt den halbleiterphysikalischen Aufbau jedes Bauelementes, behandelt die Eigenschaften dieser Elemente in Grundschaltungen und im Gesamtsystem: Verstärkerbaustein. Die integrierte Schaltungstechnik wird ebenso unterstützt wie der rechnergestützte Schaltungsentwurf mit SPICE.

Beispiele aus der digitalen Verstärkertechnik und Oszillatorschaltungen ergänzen den Band.

Verlag Vieweg · Postfach 58 29 · D-6200 Wiesbaden 1